全国高等职业教育资源开发类专业“十三五”规划教材
高等职业教育应用型人才培养规划教材

矿井水害防治

主　编　李玉杰　田晓红
主　审　吕智海

黄河水利出版社
·郑州·

内 容 提 要

本书为全国高等职业教育资源开发类专业“十三五”规划教材,系统介绍了矿井水害防治基本知识,内容涵盖矿井水文地质基础知识、矿井水文地质工作、矿井水害条件及类型、矿井涌水量的预测、矿井水害预测与预防、矿区地表水的防治、带(水)压开采与疏水降压开采、注浆堵水、矿井防水设施与设备、矿井水害事故分析及突水抢险救灾技术。

本书可作为高职高专矿井水害防治课程及相关课程教学用书。同时,可供煤矿及相关矿业部门从事水害防治、安全技术与安全管理等专业的科技和管理人员及现场工程技术人员参考。

图书在版编目(CIP)数据

矿井水害防治/李玉杰,田晓红主编.—郑州:黄河水利出版社,2016.1

全国高等职业教育资源开发类专业“十三五”规划教材　高等职业教育应用型人才培养规划教材

ISBN 978-7-5509-1320-2

Ⅰ.①矿…　Ⅱ.①李…②田…　Ⅲ.①煤矿-矿山水灾-灾害防治-高等职业教育-教材　Ⅳ.①TD745

中国版本图书馆 CIP 数据核字(2015)第 304142 号

出 版 社:黄河水利出版社

地址:河南省郑州市顺河路黄委会综合楼 14 层　　邮政编码:450003

发行单位:黄河水利出版社

发行部电话:0371-66026940、66020550、66028024、66022620(传真)

E-mail:hhslcbs@126.com

承印单位:郑州龙洋印务有限公司

开本:787 mm×1 092 mm　1/16

印张:19.25

字数:468 千字　　印数:1—3 000

版次:2016 年 1 月第 1 版　　印次:2016 年 1 月第 1 次印刷

定价:39.00 元

全国高等职业教育资源开发类专业“十三五”规划教材
高等职业教育应用型人才培养规划教材

编审委员会

参 与 院 校

（排名不分先后）

辽宁地质工程职业学院
江西应用技术职业学院
湖南工程职业技术学院
重庆工程职业技术学院
湖北国土资源职业学院
福建水利电力职业技术学院
河北工程技术高等专科学校
湖南安全技术职业学院
黄河水利职业技术学院
广东水利电力职业技术学院
河南工业和信息化职业学院
辽源职业技术学院
长江工程职业技术学院
内蒙古工程学校
陕西能源职业技术学院
石家庄经济学院
山西水利职业技术学院
郑州工业贸易学校
山西工程技术学院
云南国土资源职业学院
兰州资源环境职业技术学院
甘肃工业职业技术学院
昆明冶金高等专科学校
河北地质职工大学
安徽工业经济职业技术学院
湖北水利水电职业技术学院
湖南有色金属职业技术学院
晋城职业技术学院
杨凌职业技术学院
河南建筑职业技术学院
江苏省南京工程高等职业学校
安徽水利水电职业技术学院
山西煤炭职业技术学院
昆明理工大学
河南水利与环境职业学院
云南能源职业技术学院
河南工程学院
吉林大学应用技术学院

出版说明

为更好地贯彻执行教育部《关于加强高职高专教育人才培养工作的意见》，切实做好高职高专教育教材的建设规划，我社以探索出版内容丰富实用、形式新颖活泼、符合高职高专教学特色的专业教材为己任，在充分吸收既有教材建设成果的基础上，通过大胆改革、积极创新，出版了一批特色鲜明的高职高专教材，得到了广大使用院校的一致好评。我们在走访高校过程中，有不少教师反映资源开发类专业教材相对缺乏，应广大师生要求，我社于2012年开始着手该系列教材的前期调研工作。在这个过程中，我们深入走访全国50多座城市的近百所开设该相关专业的高职院校，与近百位一线任课教师进行交谈，获得了大量的第一手资料，并最终确定了第一批拟编写的教材名称。当我们发送了教材编写邀请函之后，得到了相关院校的积极响应，共有200多位老师提交了编写意愿。介于首批拟编写教材数量所限，此次我们只能邀请部分教师参编。在此，特向所有提交编写意愿的老师们表示深深的感谢，希望您继续关心和支持我们的工作，争取在下一批组稿中，能把更多专家和老师纳入我们的编写队伍中来。

经过前期的充分调研，2014年7月，我社组织召开了"全国高等职业教育资源开发类与基础工程技术专业'十三五'规划教材大纲研讨会"，共有30多所高职高专院校老师及相关专家100余人参加会议。为确保教材的编写质量，参会老师分组对每种教材的编写大纲逐一进行了充分的研讨，有些讨论甚至持续到深夜还在进行，这种敬业精神深深地激励着我们，也为教材的高质量出版提供了保障。

本套教材适合高、中等职业教育资源开发类专业教学使用。在形式上，采用项目化教学模式组织编写，突出实用性与新颖性。在内容上，尤其注重将新技术、新方法等新知识融入其中，使学生在课堂上就能接触到较前沿的信息，在保证学习理论知识的同时，提高实际动手能力和操作技能。

本套教材的出版，得到了很多相关院校领导及专家的支持和帮助。为确保教材的编写质量，成立了由相关院校校级领导任主任委员的编审委员会。得益于各位委员大力支持，以及各位审稿专家不辞辛劳、认真细致的审稿，本教材才得以顺利出版。在此，我们再次向所有给予我们指导和帮助的各位领导和专家表示感谢！

尽管我们付出了百分之百的努力，但受条件所限，教材在编写及出版过程中难免还会存在一些问题和不足，恳请广大读者批评指正，以便教材再版时完善。

本套教材均附带相关教学课件，如有需要的任课老师，请联系黄河水利出版社陶金志（电话：0371－66025273；邮箱：838739632@qq.com）。本套系列教材建有学术交流群，内有相关资料及信息及时分享，欢迎各位老师积极加入，QQ交流群号：8690768。

黄河水利出版社

2015年10月

前 言

矿井水害防治技术属能源技术领域。近年来,随着采矿业的快速发展,矿井开采深度的不断加大,尤其是随着开采方法的不断改进,现代化采矿设备大范围应用,生产能力不断提升,在开采过程中承受的水压也越来越大。矿井水害产生的条件、威害程度及水害形成机理都在发生变化。矿井水害事故频发,特别是由水害事故造成的群死群伤特别重大事故时有发生,给国家和人民带来的经济损失和人身伤亡极为惨重,矿井水害防治越来越受到社会的广泛重视。

本书编写以《中华人民共和国安全生产法》《煤矿防治水规定》《煤矿安全规程》等法律法规和有关技术标准为依据,以矿井水害防治“预测预报,有疑必探,先探后掘,先治后采”十六字原则和“防、堵、疏、排、截”五项综合措施为主线,以我国矿山防治水经验及煤矿水害事故为案例,对矿井防治水有关知识进行了深入浅出的阐述。本书内容丰富,资料翔实,既有防治水理论知识,又有可进行实际操作的技术方法和措施,是将我国现行矿井防治水相关法律法规融合到高职高专相关专业教学课堂理论学习与实践学习的一部实用教材。

本书以项目驱动模式编写,每个项目均设置有学习目标、项目小结、基础训练等内容,以便于学生对相关内容的学习、复习、理解和掌握。全书共分十个项目,即项目一 矿井水文地质基础知识;项目二 矿井水文地质工作;项目三 矿井水害条件及类型;项目四 矿井涌水量预测;项目五 矿井水害预测与预防;项目六 矿区地表水的防治;项目七 带(水)压开采与疏水降压开采;项目八 注浆堵水;项目九 矿井防水设施与设备;项目十 矿井水害事故分析及突水抢险救灾技术。

本书由陕西能源职业技术学院吕智海教授担任主审,由陕西能源职业技术学院李玉杰、田晓红担任主编,由陕西能源职业技术学院郭力、辽源职业技术学院元永国担任副主编。全书由李玉杰统稿,并编写绪论、项目一、项目二、项目三;郭力编写项目四、项目五;田晓红编写项目六、项目八、项目十;元永国编写项目七、项目九。

本书在编写过程中得到了多位专家教授的指导,也参考了大量同行的学术成果。在此对为本书编写做出指导的专家教授以及本书中引用参考文献资料、插图的原作者表示衷心感谢。由于编者水平有限,书中内容可能有叙述不当或错误之处,敬请斧正!

编 者

2015 年 11 月

前　言

目　录

绪 论

一、我国煤矿水害的分区特征

根据我国聚煤区的不同水文地质特征和自然地理条件，以及矿井水对生产的危害程度，可将全国煤矿水害划分为 6 个水害区。

（一）华北石炭二叠纪岩溶—裂隙水水害区

该区主要分布在河北、山东、山西、河南、陕西、江苏、安徽等省份。

煤矿突水较频繁，涌水量大或特大（1 000 ~ 123 180 m^3/h），水害主要致灾因素包括奥灰水、断层、陷落柱等。

（二）华南晚二叠世岩溶水水害区

该区位于我国淮阳古陆以南、川滇古陆以东的长江流域，包括苏南、皖南、江西、湖南、广东、广西、贵州、云南、四川等地区。煤矿突水频繁，突水量大（2 700 ~ 27 000 m^3/h），容易造成淹井，矿井正常涌水量大（3 000 ~ 8 000 m^3/h）。水害主要致灾因素包括岩溶水（岩溶管道）、地表水等。

（三）东北侏罗纪煤田裂隙水水害区

该区位于东北和内蒙古东部的新华夏系巨型沉降带内。煤矿受山间谷地河流地表水和第四系松散层水影响严重。水害主要致灾因素包括煤层顶板水和导水裂缝带等。

（四）西北侏罗纪煤田裂隙水水害区

该区位于昆仑—秦岭构造带以北，包括新疆、青海、甘肃、宁夏、陕西北部和内蒙古西南部广大地区。该区顶板水害突出，第四系水害较严重。水害主要致灾因素包括煤层顶板水和导水裂缝带等。

（五）西藏—滇西中生代煤田裂隙水水害区

该区主要分布在昆仑山以南，西昌—昆明以西的广大区域。该区主要聚煤期为晚三叠世和早白垩世。该区属于湿润—亚湿润气候区，年降水量为 300 ~ 600 mm 的地区约占 55%，年降水量为 800 ~ 1 000 mm 的地区约占 35%，年降水量为 1 000 ~ 2 000 mm 的地区约占 10%。区内煤矿的特点是开采规模小，受水害威胁尚不严重。

（六）台湾古近纪煤田裂隙—孔隙水水害区

该区主要分布在台湾省区域。该区属于湿润气候区，年降水量为 1 800 ~ 4 000 mm 的地区约占 95% 以上。区内煤矿的特点是开采规模小，受水害威胁尚不严重。

综上所述，我国煤矿水害主要分布在华南、华北、东北和西北 4 大区域。

二、我国煤矿水害的主要类型

我国煤矿地质条件复杂，煤矿突水与地质构造、采矿活动、地应力、地下水水力特征等因素有关。水害类型，按水源可以分为地表水、孔隙水、裂隙水、岩溶水、老空水，按导水通道可以分为断层水、裂隙水、陷落柱水、钻孔水，按与煤层的相对位置可以分为顶板水、底板水。

三、我国煤矿水文地质类型

截至2012年6月30日，全国共有11 504个矿井开展了水文地质类型划分。其中极复杂型矿井78个，占总数的0.68%；复杂型矿井827个，占7.19%；中等型矿井4 141个，占36%；简单型矿井6 458个，占56.14%。

水文地质类型复杂、极复杂煤矿共有905个，主要分布在山西、黑龙江、安徽、山东、河南、湖南、重庆、四川、贵州、甘肃、河北、陕西、江西等地区。这些地区常发生重特大透水事故，是煤矿水害防治工作重点监管监察的地区。

四、近年来煤矿水害事故特征

近年来水害事故特征主要表现在以下几个方面。

（一）重大事故仍然多发，甚至出现反弹

2011年，全国煤矿发生水害事故44起，同比上升15.8%。其中较大水害事故16起，死亡78人，同比分别上升23.1%和30%。2013年，全国煤矿共发生水害事故21起，死亡89人。较大水害事故10起，死亡47人。重大水害事故2起，死亡28人。2009～2013年水害事故起数和死亡人数对比情况见图0-1。

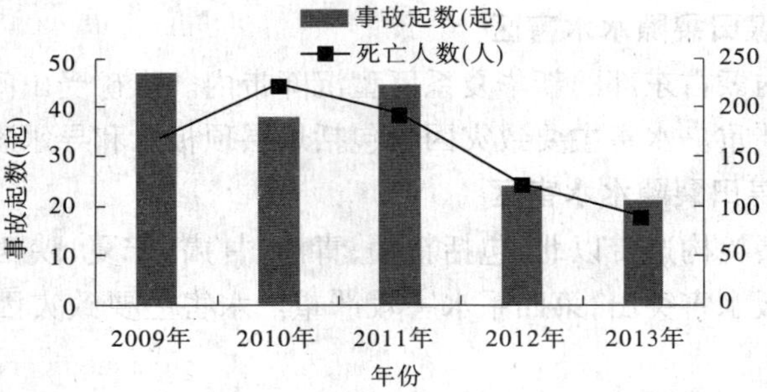

图0-1　2009～2013年水害事故起数和死亡人数对比情况

（二）较大以上事故所占比例大

2012年较大水害事故占全国煤矿较大事故总数的11.3%，重大水害事故占全国煤矿重大事故总数的31.3%；2013年较大水害事故占全国煤矿较大事故总数的21.7%，重大水害事故占全国煤矿重大事故总数的14.3%。

（三）老空水、灰岩水和地表水为主要水害水源

近5年来，63起较大水害事故中，老空水58起，占92%；灰岩水3起，占4.8%；地表水2起，占3.2%。23起重大事故中，老空水18起，占78.3%；灰岩水2起，占8.7%；地表水3起，占13%。近5年水害事故水源情况见表0-1、图0-2和图0-3。

表 0-1 近 5 年水害事故水源情况

年份	较大事故			重大以上事故		
	老空水	灰岩水	地表水(洪水、河流溃水等)	老空水	灰岩水	地表水(洪水、河流溃水等)
2009 年	14	1	1	3	1	0
2010 年	12	1	0	4	1	1
2011 年	15	1	0	5	0	1
2012 年	8	0	0	4	0	1
2013 年	9	0	1	2	0	0
合计	58	3	2	18	2	3

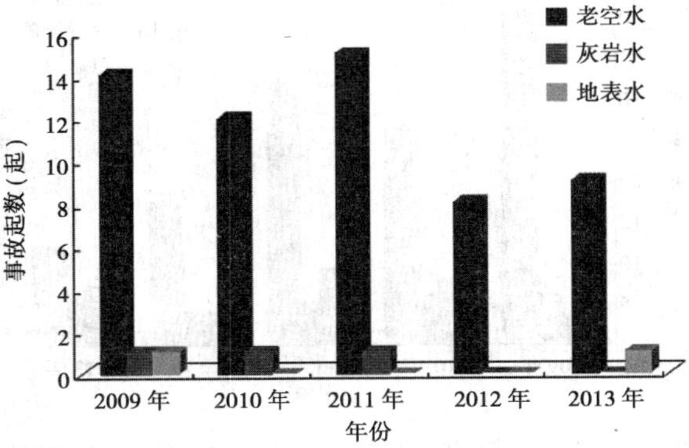

图 0-2 近 5 年较大水害事故水源统计柱形图

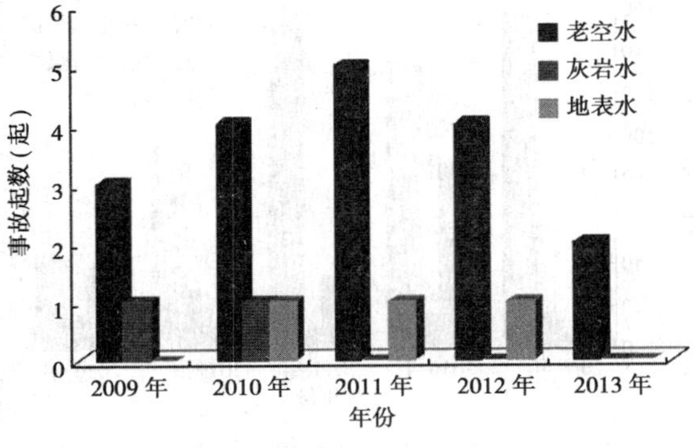

图 0-3 近 5 年重大以上水害事故水源统计柱形图

(四)乡镇煤矿水害事故最为严重

近 5 年来全国煤矿发生水害事故按所有制统计情况见表 0-2、图 0-4 和图 0-5。

表 0-2　近 5 年来全国煤矿发生水害事故按所有制统计情况

年份	国有重点煤矿		国有地方煤矿		乡镇煤矿	
	起数	人数	起数	人数	起数	人数
2009 年	2	2	5	12	40	152
2010 年	7	82	5	12	26	130
2011 年	8	30	4	6	32	156
2012 年	3	8	3	23	18	91
2013 年	6	37	4	12	11	40
合计	26	159	21	65	127	569

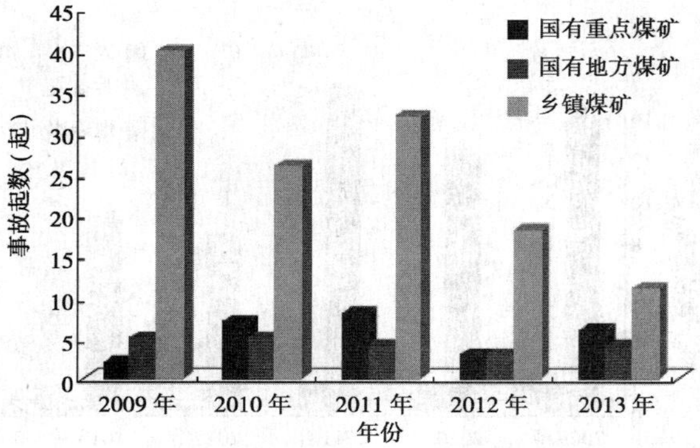

图 0-4　近 5 年全国煤矿发生水害事故数量按所有制对比图

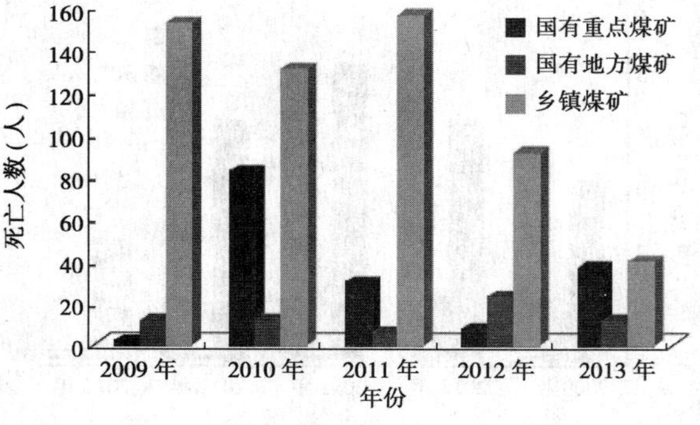

图 0-5　近 5 年全国煤矿水害事故死亡人数按所有制对比图

(五)掘进工作面为主要透水部位

近 5 年来,较大透水事故和重大及以上透水事故中,在掘进工作面发生的事故数分别占总数的 63.49% 和 69.57%。近 5 年水害事故发生部位相关统计情况见表 0-3、图 0-6 ~ 图 0-9。

表 0-3 近 5 年来水害事故发生部位统计情况

年份	较大事故矿井			重大及以上事故矿井		
	掘进工作面	采煤工作面	其他	掘进工作面	采煤工作面	其他
2009 年	10	1	5	3	1	0
2010 年	9	1	3	5	0	1
2011 年	9	5	2	4	1	1
2012 年	6	1	1	3	2	0
2013 年	6	3	1	1	1	0
合计	40	11	12	16	5	2

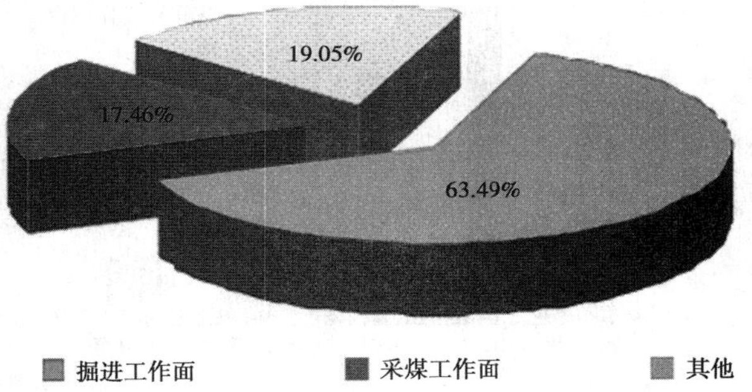

图 0-6 近 5 年来全国煤矿较大透水事故发生部位分布图

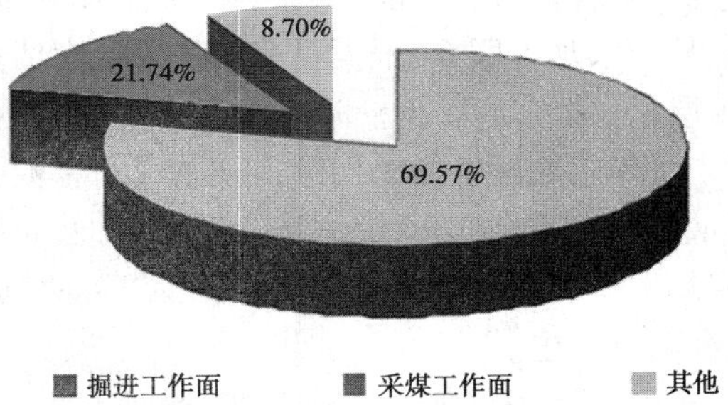

图 0-7 近 5 年来全国煤矿重大及以上透水事故发生部位分布图

五、我国煤矿水害防治重点

我国煤矿水害的类型、特点及其近年来的变化趋势主要受开采煤层赋存的地质、水文地质条件及其开采方式的控制，目前占主导位置的水害类型基本可归纳为 4 种：主采煤层底板高承压岩溶水突水水害、主采煤层顶板砂岩及其松散层孔隙水透水水害、废弃小煤窑及老矿井采空区水溃水水害与地表水倒灌充水水害。由于不同地区煤层赋存的地质与水文地质条件不同，占主导地位的矿井水害类型差别较大。在华北华东地区，主要开采煤层为石炭二叠系煤层，以地下开采方式为主且矿井开采深度普遍较大。统计资料显示，华北东部地区主要国有生产矿井目前平均开采深度超过 650 m，且平均每年以 12 ~ 20 m 的速度向深部延伸。

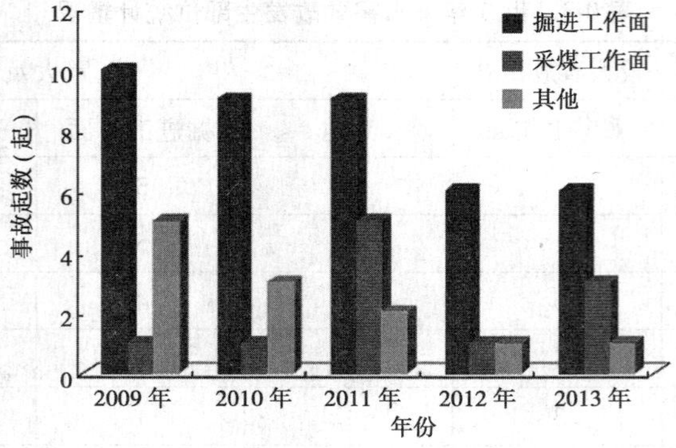

图 0-8　近 5 年全国煤矿较大透水事故发生部位对比图

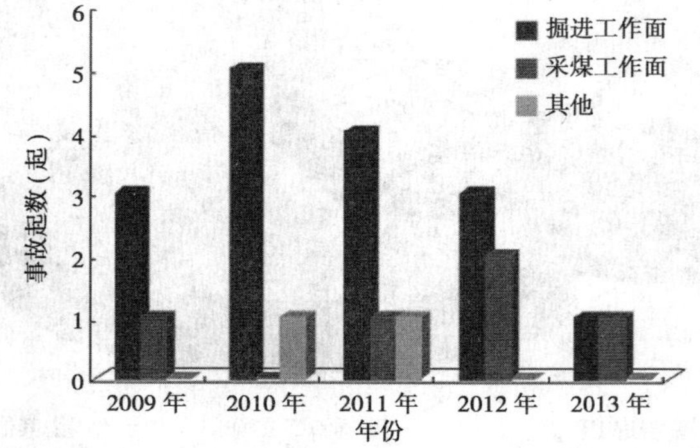

图 0-9　近 5 年全国煤矿重大及以上透水事故发生部位对比图

主采煤层下伏有太原群多层薄层灰岩和奥陶系巨厚灰岩含水层,多种构造因素通常使这些含水层之间存在水交替和水动力联系,根据目前的开采深度估算,这些含水层作用于开采煤层底板有限厚度隔水层(一般厚度为 20 ~ 50 m) 上的水压力达到 5 ~ 7 MPa,按现行的突水系数理论评价,我国华北华东地区已经全面进入开采受水害威胁煤炭资源阶段,而且随矿井采掘深度的增加,隔水层厚度不会变化,但水压会越来越大,矿井水害隐患会日趋严重,所以在这一地区矿井水害的主要类型为主采煤层底板高承压岩溶水突水水害,且随采掘深度的增加,这一水害特征会更显突出。

我国煤炭资源主要富集区,晋陕蒙、新疆等地区,将成为支撑我国煤炭工业可持续发展的远景区域,近年来在这一地区煤炭资源的勘探开发强度快速上升,长期以来人们固有观念认为这一地区属于干旱缺水区,对煤炭资源开采过程中水害的严重程度认识不足。其实,地下水也是地质历史过程的产物,在这一地区主要开采煤层的上覆地层中广泛发育有砂岩裂隙和第四系松散含水层,且水量比较丰富。由于本区煤层厚度大、埋藏浅,大尺度工作面机械化开采后对顶板覆岩扰动强度大,采掘扰动导水通道很容易沟通上覆含水层(甚至地表水体)造成回采工作面透水事故,有时还会造成工作面溃砂及地面塌陷等地质灾害。

在我国西部地区及内蒙古东部矿井水文地质条件的典型结构模式下,封闭不良钻孔、导水断层及采掘冒裂带都会导致顶板水溃入采煤工作面。特别是很多煤层顶板隔水层受隐伏古冲沟的深切影响,变薄或缺失,当工作面回采至这些区域时很容易发生顶板水溃入,且这种古冲沟具有很强的隐蔽性,很难预先勘探清楚。所以在这一地区矿井水害的主要类型为主采煤层顶板砂岩及其松散层孔隙水透水水害,必须高度重视。

由于小矿井整合和开采的规范化,近年来数以万计的小煤窑关闭废弃,同时许多国有大矿井因上组煤资源枯竭,逐渐转入下组煤开采,在这些矿井存在有大量的上组煤采空积水区。废弃矿井和上组煤开采留下的采空区充水后就像分布于生产矿井周边的地下水库,严重威胁着邻近矿井的安全生产。

统计资料表明,近年来,采空区及废弃的充水小煤窑每年占煤矿总突水事故的80%左右。

由于我国目前尚没有系统的矿井废弃关闭的相关技术规程,许多矿井关闭废弃时缺乏完整的关井技术资料和相应的工程保护措施,对于采空区积水及关闭废弃的小煤窑积水特征、积水范围及其潜在的突水危险性认识不足,矿井关闭过程中的水文地质工作及其关闭后对地下水活动情况的预测预报和监测监控不到位,导致对废弃矿井采掘空间分布情况及其积水淹没情况不清楚,防水煤岩柱留设不足或缺乏必要的防水煤岩柱,从而在采掘过程中直接或间接揭露采空区积水而造成矿井溃水灾害。该类型突水突发性强、冲击力大,通常造成瞬间淹井和惨重的人员伤亡。同时,在生产阶段,矿井通常是地下水的排泄区,大量的地下水在矿井生产过程中被排放,部分含水层会因矿井排水而疏干。一旦矿山关闭废弃后,地下水的循环运动规律会被打破,废弃矿井因停止排水而被地下水淹没,废弃矿井中被污染的地下水会逐渐补给在矿井采掘阶段已经疏干的洁净含水层直至溢出地表,地下水位的抬升会在很大程度上改变矿区区域性水文地质、工程地质与环境地质条件,使邻近矿井水文地质条件区域复杂。

我国秦岭以南的华南、西南主要煤矿区以低山丘陵地形为主,属亚热带湿润气候区,年降水量一般在1 000~2 500 mm,地表水系发育,水量充沛。煤系地层中广泛发育泥盆纪融县灰岩,石炭纪黄龙灰岩、船山灰岩、壶天灰岩,二叠系茅口灰岩、长兴灰岩,三叠纪大冶灰岩等可溶岩类地层,由于褶皱、断裂和岩浆活动作用,容易形成一些规模较小的褶皱、断裂盆地,强烈岩溶化的灰岩直接出露或与第四系松散层直接接触,地表水、第四系水与灰岩岩溶水水力联系密切,使煤矿床水文地质条件十分复杂,矿井突水通常是通过构造断层、裂隙、岩溶塌陷等导水构造直接把地表水、第四系水、地表洼地汇集的大气降水直接导入矿井并造成突发性突水事故。第四系覆盖下的强岩溶化岩溶含水层在矿区抽排水过程中经常引起大面积的地面塌陷,造成地表水砂溃入矿井。由于该区域地形起伏较大,地下水水力梯度大,水循环和水交替速度较快,地下水侵蚀能力较强,通常在灰岩的裂隙发育带或断层带形成地下水优先溶蚀和集中径流,大面积形成岩溶暗河管道。所以,岩溶暗河管道沟通地表水突水成为本区矿井岩溶水突入的独有特点。由于暗河管道与大气降水及地表水系水力联系密切,暗河水流量受大气降水控制明显,雨季时,水势凶猛,水量可比旱季增加几十倍到几百倍,暴雨后的暗河突水通常给矿井造成非常大的灾难。所以,该区域多数煤矿水害属于地表水通过岩溶管道倒灌充水水害类型。该类型岩溶矿床突水的最大特点是来水突然、水量大,雨后水量迅速衰减,矿井涌水的时间性和季节性极强,矿井涌水与大气降水及地表水关系密切。

项目一　矿井水文地质基础知识

学习目标

(1)掌握水文地质一般概念,熟悉水文地质基础知识;
(2)掌握矿井水文地质特征;
(3)掌握含水层与隔水层的划分方法;
(4)熟悉地下水的物理性质与化学成分;
(5)掌握地下水的分类方法及其特征等。

【导入】

在自然界中,地下水的各种变化以及运动现象被称为是水文地质。而水文地质学科是一门研究地下水如何形成、怎样分布、运动规律以及地下水的物理和化学性质,同时也研究和其他水体相互作用的、相互关系的学科。20世纪50年代开始,我国的水文地质学科主要是以普查勘探为主要手段进行,发展到80年代开始采用以模型技术对地下水资源进行定量评估,这个过程正是人们对于水文地质学科在地下水资源评估的一个由定性描述到定量刻画的逐渐深入认识的过程,与此同时,这个过程更是能够反映出我国在这几十年中,水文地质学科的发展速度是十分惊人的。

但是,作为国土资源十分辽阔的中国,地下水系统是十分庞大的,其开放性也很强,同时还具有复杂性和随机性。在实际的勘探工作中,由于勘探技术的落后,存在一些人为的忽视水文地质的基础工作现象。

例如,常常发生因为对水文地质条件分析的不够详细而致使误选防治水措施的事件发生,进而造成不必要的经济损失。在某大水岩溶矿床开采区,由于没有获得充足的第一手水文地质条件资料,片面认为该区内的岩溶层的含水层可以通过天窗上的自然降雨以及潜水的充足补给,因而错误地选择了稳定流模型来计算矿坑的涌水量,最终由于认识不足造成事故。因此,系统掌握矿井水文地质基础知识是学好防治水害技术的基础。

只有全面了解并掌握水文地质学基础知识,面对纷繁复杂的各种水害,才会得心应手地选择最适宜的防治技术,省资省时地安全治理。基于此,首先需系统地了解水文地质的一般基础知识。

【正文】

单元一　水文地质一般概念

自然界中的水，以气态、液态和固态分布于地球的大气圈、水圈和岩石圈中。

水资源是指地球水分中可供人类利用的那部分水量。

降水是指空气中的水汽冷凝并降落到地表、海洋面或植被表面的一切固态水。降水包括两部分，一是大气中水汽直接在地面或地物表面及低空的凝结物，如霜、露、雾和雾凇，又称为水平降水；另一部分是由空中降落到地面上的水汽凝结物，如雨、雪、霰雹和雨凇等，又称为垂直降水。

降水一部分蒸发重返大气中，另一部分则汇到地表的河湖中，还有一部分沿着岩石空隙渗入地下形成地下水。地下水在岩石中运动遇到适当的条件，又流出地表转变为地表水，完成了一个循环(见图 1-1)。大循环主要受全球气候控制，是全球性的，这是海洋、陆地之间的循环，又称外循环。小循环是局部循环，它是水自海洋表面蒸发，又降至海洋表面，或水从陆地上的河湖水面、地表或叶面蒸发，又降到陆地表面。小循环是地区性的，一般受局部气象因素控制。以上是水的自然循环。水的社会循环，是指人类活动和生产所排放的废水经处理后又重新加以利用，随着科学技术的不断进步这种循环量将会逐步增大。

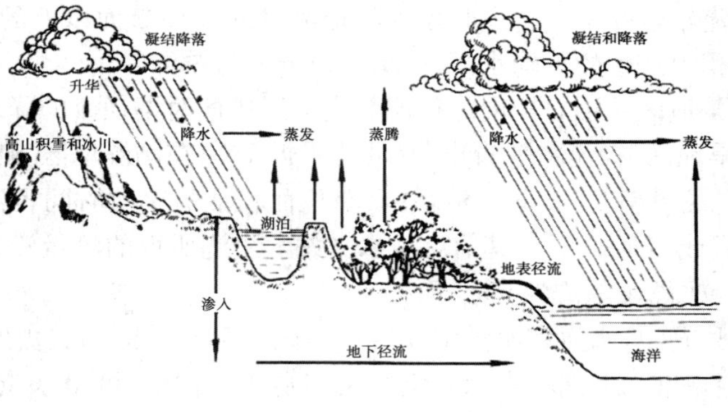

图 1-1　水循环示意图

蒸发是在太阳能作用下，水由液态转化为气态的过程。蒸发作用包括水面蒸发(洋面、海面、河湖面等)、地面蒸发和叶面蒸发。蒸发也影响地下水质。蒸发量是用蒸发器测量的，它比降水量大得多。

水系又叫“河系”，是流域内各种水体构成的脉络、沼泽、湖泊系统的总称。一般包括某干流及其各级支流、湖沼、流域内地下暗流等，如长江水系、黄河水系等。

流域是地表水及地下水分水线所包围的集水区域的统称，习惯上往往指地表水的集水区域。一般把某水系的集水区域称该水系的流域，水系中各支流的集水区域称该支流的流域。流域内包括不同级别的水系，同时也有不同级别的流域。如洪洞南涧河水系属汾河流域，汾河水系又属黄河流域等。地下水分水线与地表水分水线不一致的流域称“非闭合流域”，反之则称“闭合流域”。根据地形图上的分水线可以定出流域边界，此范围内的面积称流域面积。

分水岭是指相邻两流域之间的山岭和高地。降水形成的地表径流，沿两侧斜坡注入不同河流。地下径流分水线称地下分水岭。例如,秦岭、大别山是长江与淮河及黄河的分水岭,乡宁矿区黄河东断坳水文地质单元中西坡与枣岭之间奥灰岩水文地质条件不同,其间存在一条地下水分水岭。

分水线是指相邻流域的分界线,通常是分水岭最高点的连线。此线两侧的径流,注入不同的河流。分水线又分为地面分水线和地下分水线。由于流域内地质地貌条件影响,两者一般不相吻合,但通常以地面分水线作为流域分界线的标准。分水线是划分和计算流域的依据。

径流是指陆地上接受降水后,沿地表或地下运动的水流。可分为地表径流、地下饱和含水层中的地下径流和不完全饱和土层中的壤中流。径流是引起河流、湖泊水体情况变化的直接因素,也是陆地水最重要的水文过程。

径流带是指地下水向所在侵蚀基准面(如各大泉泉口标高)排泄的流水带。强径流带是指地下水的主要流水带,例如龙子祠泉的主要径流带是乔家湾复向斜轴部。一个水文地质单元往往只有一个侵蚀面,但也有例外,如黄河东断坳水文地质单元,其侵蚀基准面有禹门口黄河水面,还有鄂尔多斯深层奥灰溶裂水的最低水位,二者之间有一条地下分水岭。

径流量是指汇集到流域内的全部水流量。按所经历时间不同,可分为年径流量或月径流量等,均以立方米(m^3)计。一个闭合流域的多年平均径流量,等于该流域相应时期的降水量减去蒸发量及散发量后的剩余水量。

径流深度为河流给定断面上一定时段内的径流量除以该断面以上的流域面积之商,是该时段内全流域面积上产生的平均水深,以毫米(mm)为单位。

径流系数是指某地区一定时期内的径流深度与形成该时期径流的降水量的比值。介于0与1之间。在干旱地区,径流系数较小,有的几乎近于0;在潮湿地区,则径流系数较大。

径流模数亦称“径流率”。指某一流域内,单位面积上的单位时间径流量。在排水工程中,又称“排水模数”或“排水率”。其值可由水文站上实测所得的流量资料(单位为L/s)除以在该站以上的流域面积(单位为km^2)而得。

水位是指江、河、湖泊、水库和海洋中在某一地区及某一时刻的自由水面以及地下水的表面,以相对于特定基准面的高程表示。经过长期观测水位后,可得水位过程线及历时线,由此求得按月、年或多年的最高水位、最低水位、平均水位和不同历时的水位特征值。

流量指单位时间通过水渠或管道某一横断面的流体量,一般指体积流量,单位为m^3/s。

层流亦称“片流”,指流体质点不相互混杂,迹线有条不紊的流动。水流动于圆而直的管中,雷诺数小于2 300时,呈层流现象。

紊流即“湍流”,指流体质点相互混杂,迹线极不规则的流动。紊流流体运动的物理量如速度、压强等的时间平均值有不规则的涨落现象。水流动于圆而直的管中,雷诺数大于2 300时,呈紊流现象。

压力流亦称“有压流”。无自由液面(液体与气体的交接面)的液流。例如给水工程管道中的水流,管道边壁上各处都受到液体的压力,液体各点压强一般都大于大气压强(除由于特殊原因局部形成负压的情况)。

渗流指水在土壤、砂砾或岩石裂隙中流动的现象。液体在多孔介质中的运动叫渗透。绝大多数渗透属层流渗透,只有在少数的溶洞、宽大裂隙、卵砾石中,当流速较大时,才出现紊流渗透。

雷诺数是英国物理学家雷诺(Osborne Reyrolds)1842～1912 年发现的“无量纲”数。用来比较黏滞流体的流动状态。

$$Re = \frac{\rho l \nu}{\eta} \tag{1-1}$$

式中 ρ——流体的密度，kg/m^3；

η——流体的黏度，Pa·s；

ν——流体的流速，m/s；

l——物体的线度(如圆管的直径、渠道的深度、机翼的宽度等)，m。

雷诺数也是流体流动状态(层流和紊流)的判据，当其增大到某一临界数值(如流体在圆直管道中流动时为 2 300)时，流体的流动将从层流转变为紊流。

单元二　岩石的水文地质特征

一、岩石的空隙性

岩石的空隙是地下水赋存和运动于地壳岩石圈的先决条件。空隙的大小、多少、连通充填程度及其分布规律直接支配着地下水的埋藏和径流条件。岩石空隙的成因类型有以下几种：

(1)孔隙：指岩石块体单元中未被固态物质充填的空间。在松散沉积物和胶结不良的粒状岩石中孔隙发育。其特征是呈多孔状，相互连通、分布均匀。孔隙大小和数量取决于岩石颗粒的大小和形状、分选程度、排列方式、胶结程度以及充填物的性质等因素。按孔隙大小分为大孔隙($\phi > 0.5$ mm)、小孔隙($0.5\ \text{mm} \geq \phi > 0.002$ mm)、微孔隙($\phi \leq 0.002$ mm)。其定量指标为

$$\text{孔隙率}(n) = \frac{\text{孔隙体积}}{\text{岩石总体积}} \times 100\% \tag{1-2}$$

$$\text{孔隙比}(\varepsilon) = \frac{\text{孔隙体积}}{\text{岩石骨架体积}} \tag{1-3}$$

(2)裂隙：指岩石块体单元中自然形成的裂缝。在坚硬碎屑岩石中裂隙较发育，有明显的不均匀性，其大小、分布及连通性主要取决于岩石性质、裂隙的成因、岩石所处的构造部位以及裂隙在形成过程中的各种自然因素(如气候、地形、地下水活动等)。裂隙类型有风化裂隙、成岩裂隙和构造裂隙。其定量指标为

$$\text{线裂隙率}(K_{iL}) = \frac{\text{测线穿过裂隙宽度之和}}{\text{测线长度}} \times 100\% \tag{1-4}$$

$$\text{面裂隙率}(K_{if}) = \frac{\text{裂隙面积之和}}{\text{测量岩石的面积}} \times 100\% \tag{1-5}$$

测量面积一般取 1～2 m^2。

(3)溶隙：指可溶性岩石(以石灰岩为主)在地表水和地下水长期溶蚀作用下形成的各种洞穴，一般大小悬殊、形态多样、分布不均匀。溶隙发育程度、形态、分布规律、连通状况等主要与构造和地下水活动有关，表现为溶蚀裂隙、溶孔、溶沟、溶洞、天然井、落水洞、地下湖、地下暗河等大型岩溶空间。在不同地区或同一地区不同地段、不同深度，岩溶发育情况

变化很大,这与岩性、构造、地貌、气候、地壳运动等因素综合作用有关。其定量指标为

$$线岩溶率(K_{ki}) = \frac{钻孔所遇溶洞溶裂长度}{钻孔穿过溶岩长度} \times 100\% \tag{1-6}$$

$$体积岩溶率(K_{kv}) = \frac{岩溶体积}{岩石总体积} \times 100\% \tag{1-7}$$

上述空隙类型可组合成混合空隙类型,如孔隙—裂隙、裂隙—溶隙、溶隙—孔隙类型等。岩石的空隙分布一般是不均一的,研究时,要区分是区域性的,还是局部性的。前者在成因上包括风化裂隙、区域性的构造裂隙(如节理)等,后者在成因上包括断层破碎带、不同岩性接触带以及岩溶强烈发育带的大溶洞等,它们一般呈脉状、带状分布。岩石中空隙的性质以及不同性质空隙的发育程度,都会影响到地下水的存在条件及其水量的丰富程度。

二、岩石空隙的形式

岩石空隙有以下几种形式:

(1)坚硬岩层中的构造裂隙。

(2)坚硬岩层中的风化及构造裂隙。

(3)可溶性岩层中的溶隙。

(4)分选性好的砂质岩层中的孔隙。

(5)分选性差的砂质岩层中的孔隙。

(6)被部分胶结或充填的砂质岩层中的孔隙。

(7)黄土及黄土类土层中的大孔隙与毛细孔隙。

(8)黏性土层中的毛细孔隙。

(9)经压密而减小的孔隙。

(10)少量钙质胶结的砂岩,具有较大的孔隙。

(11)少量钙质胶结的贝壳灰岩,有大量互相连通的孔隙。

(12)白云岩中次生孔隙、大孔隙均由化石碎片溶解形成。

三、水在岩石中存在的形式

地壳岩石中存在着如图 1-2 所示各种形式的水:

- 地壳岩石中的水
  - 岩石"骨架"中的水(矿物结合水)
    - 沸石水
    - 结晶水
    - 结构水
  - 结合水(矿物表面结合水)
  - 岩石空隙中的水
    - 结合水
      - 强结合水
      - 弱结合水
    - 液态水
      - 重力水
      - 毛细水
    - 固态水
    - 气态水

图 1-2　水在岩石中存在的形式

水文地质学重点研究的对象是岩石空隙中的水。

(一)结合水

松散岩石的颗粒表面及坚硬岩石空隙壁面均带有电荷,水分子又是偶极体,由于静电吸

引，固相表面具有吸附水分子的能力（见图1-3）。根据库仑定律，电场强度与距离的平方成反比。因此，离固相表面很近的水分子受到的静电引力很大；随着距离增大，吸引力减弱，而水分子受自身重力的影响就越显著。受固相表面的引力大于水分子自身重力的那部分水称为结合水。此部分水束缚于固相表面，不能在自身重力影响下运动。

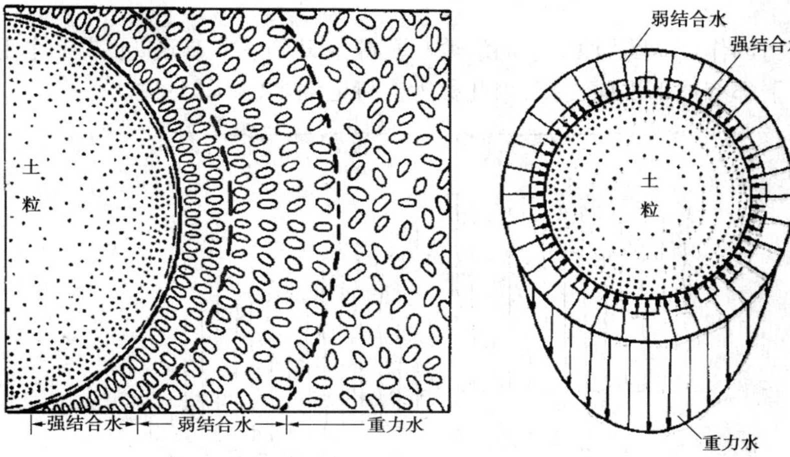

注：椭圆形小粒代表水分子，结合水部分的水分子带正电荷一端朝向颗粒；箭头代表水分子所受合力方向

图1-3　结合水与重力水

由于固相表面对水分子的吸引力自内向外逐渐减弱，结合水的物理性质也随之发生变化。因此，将最接近固相表面的结合水称为强结合水，其外层称为弱结合水（见图1-3）。

强结合水（又称吸着水）的厚度，不同研究者说法不一，一般认为相当于几个水分子的厚度；也有人认为，可达几百个水分子厚度。它所受到的引力可相当于 $101\ 325 \times 10^4$ Pa，水分子排列紧密，其密度平均达 2 g/cm^3 左右。不能流动，但可转化为气态水而移动。

弱结合水（又称薄膜水）处于强结合水的外层，受到固相表面的引力比强结合水弱，但仍存在范德华尔斯（Van der Waals）引力和强结合水最外层水分子的静电引力的合力的影响，不同学者认为其厚度为几十、几百或几千个水分子厚度。水分子排列不如强结合水规则和紧密，溶解盐类的能力较低。弱结合水的外层能被植物吸收利用。

结合水区别于普通液态水的最大特征是具有抗剪强度，即必须施一定的力方能使其发生变形。结合水的抗剪强度由内层向外层减弱。当施加的外力超过其抗剪强度时，外层结合水发生流动，施加的外力越大，发生流动的水层厚度也加大。

（二）重力水

距离固体表面更远的那部分水分子，重力对它的影响大于固体表面对它的吸引力，因而能在自身重力影响下运动，这部分水就是重力水。

重力水中靠近固体表面的那一部分，仍然受到固体引力的影响，水分子的排列较为整齐。这部分水在流动时呈层流状态，而不做紊流运动。远离固体表面的重力水，不受固体引力的影响，只受重力控制。这部分水在流速较大时容易转为紊流运动。

岩土空隙中的重力水能够自由流动。井泉取用的地下水都属重力水，是水文地质研究的主要对象。

(三)毛细水

将一根玻璃毛细管插入水中,毛细管内的水面即会上升到一定高度,这便是发生在固、液、气三相界面上的毛细现象。

松散岩石中细小的孔隙通道构成毛细管,因此在地下水面以上的包气带中广泛存在毛细水。

由于毛细力的作用,水从地下水面沿着小孔隙上升到一定高度,形成一个毛细水带,此带中的毛细水下部有地下水面支持,因此称为支持毛细水(见图1-4)。

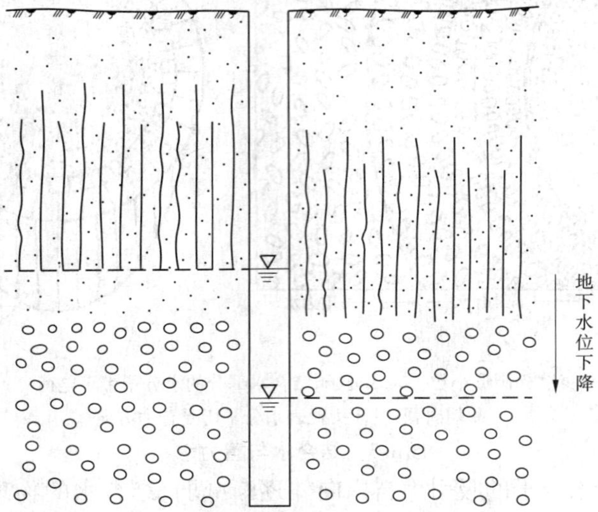

注:井左侧表示高水位时砂层中支持毛细水;右侧表示水位降低后砂层中的悬挂毛细水;砾石层中孔隙直径已经超过了毛细管,故不存在支持毛细水

图1-4 支持毛细水与悬挂毛细水

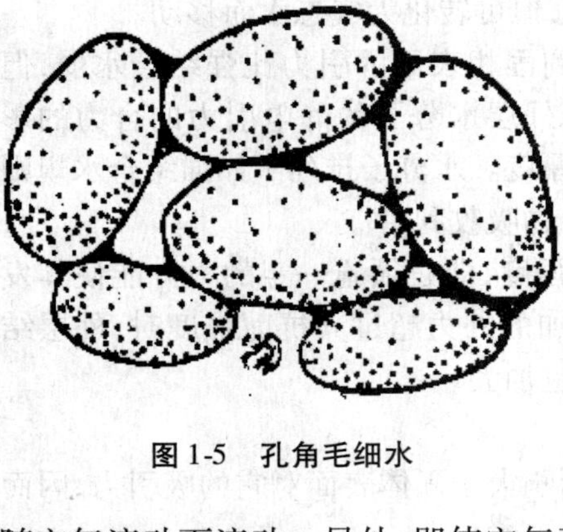

图1-5 孔角毛细水

细粒层次与粗粒层次交互成层时,在一定条件下,由于上下弯液面毛细力的作用,在细土层中会保留与地下水面不相连接的毛细水,这种毛细水称为悬挂毛细水(见图1-4)。

在包气带中颗粒接触点上还可以悬留孔角毛细水(触点毛细水),即使是粗大的卵砾石,颗粒接触处孔隙大小也总可以达到毛细管的程度而形成弯液面,将水滞留在孔角上(见图1-5)。

(四)气态水、固态水及岩石"骨架"中的水

在未饱和水的空隙中存在着气态水,气态水可以随空气流动而流动。另外,即使空气不流动,它也能从水汽压力(绝对湿度)大的地方向小的地方迁移。气态水在一定温度、压力条件下,与液态水相互转化,两者之间保持动平衡。

岩石的温度低于0℃时,空隙中的液态水转为固态水。我国北方冬季常形成冻土。东北及青藏高原,有一部分岩石中赋存的地下水多年保持固态,这就是所谓多年冻土。

除了存在于岩石空隙中的水,还有存在于矿物结晶内部及其间(岩石"骨架"中)的水(也称矿物结合水),这就是沸石水、结晶水及结构水。例如,方沸石($Na_2Al_2Si_4O_{12}\cdot H_2O$)中

就含有沸石水，这种水在加热时可以从矿物中分离出去。

四、岩石的水理性质

(1)容水性:岩石能容纳一定水量的性质。

(2)持水性:在重力作用下岩石仍能保持一定水量的性能。其强弱决定于岩石颗粒表面吸附水的能力，岩石颗粒越小，滞留的水越多，持水度越大，反之亦然。具体划分见表 1-1。

表 1-1 按岩石持水性划分

持水性	粒径(mm)	持水度(%)	岩石名称
不持水的	>1~2	<0 接近 0	极粗砂、砾石、卵石、致密块状坚硬岩石及岩溶裂隙发育的岩石
弱持水的	0.5~0.25 0.25~0.10	1.60 2.73	粗、中、细砂，裂隙微细的坚硬岩石及泥灰岩、白垩、疏松砂岩等
持水的	0.10~0.05 0.05~0.005	1.75 10.18	极细砂、粉砂
强持水的	<0.005	44.85	黏土、泥炭、淤泥等

(3)给水性:饱水岩石在重力作用下能自由流出一定水量的性能。其性能好坏与孔隙大小、多少、连通程度有关。常见岩石的给水度见表 1-2。

表 1-2 常见岩石的给水度

岩石名称	给水度	岩石名称	给水度
砂砾	0.35~0.30	强裂隙岩层	0.05~0.02
粗砂	0.30~0.25	弱裂隙岩层	0.02~0.002
中砂	0.25~0.20	强岩溶化岩层	0.15~0.05
细砂	0.20~0.15	中等岩溶化岩层	0.05~0.01
极细砂	0.15~0.10	弱岩溶化岩层	0.01~0.005
亚砂土	0.10~0.07	页岩	0.005~0.000 5
亚黏土	0.07~0.04		

(4)贮水(或释水)性：承压含水层当水位上升(或下降)时，引起弹性贮存(或释放)一定水量的性能。

(5)透水性:指土或岩石允许水通过的能力。其强弱取决于土或岩石中的孔隙、裂隙大小和连通性，以渗透系数表示，可分为 5 个等级(见表 1-3)。

表1-3 按岩石透水性划分

透水性等级	透水系数(m/d)	岩石名称
Ⅰ强透水的	>10	良透水岩石(卵石、砾石、粗砂、岩溶发育的岩层)
Ⅱ良透水的	10~1	透水岩石(砂、裂隙岩石)
Ⅲ半透水的	1~0.01	微透水岩石(亚砂土、粉砂、泥灰岩、砂岩)
Ⅳ弱透水的	0.01~0.001	极微透水岩石(亚黏土、黏土质砂岩)
Ⅴ不透水的	<0.001	不透水岩石,即隔水岩石(黏土)

(6)导水性:岩石传导水的性能。用渗透系数 K 表示,单位为m/d。

(7)导压性:岩石传递水压的性能。导压性用导压系数 a,其含义是表示水压从一点传到另一点的速率,或表示在承压含水层中抽水,不同时间降落漏斗扩展的速度(m^2/d)。

(8)毛细性:饱水岩层水面以上,在毛细力作用下,水能上升一定高度的性能。毛细上升现象是地下水表面张力和重力、空隙壁面对水分子的吸附力平衡作用的结果,毛细水可以传递水压力。

某些松散岩层最大毛细上升高度见表1-4。

表1-4 某些松散岩层最大毛细上升高度

岩石名称	最大毛细上升高度(cm)	岩石名称	最大毛细上升高度(cm)
粗砂	2~4	亚砂土	120~250
中砂	12~35	亚黏土	250~350
细砂	35~120	黏土	500~600

单元三 含水层与隔水层

一、名词含义

含水层是指赋存有地下水的透水层,成为含水层的必备条件是:有赋存地下水的空间,有能聚集和赋存地下水的条件,有水的补给量。

隔水层也称“不透水层”,是指透水性很低的岩层,一般指渗透系数小于0.001 m/d的岩层。

隔水层在特定条件下具有两面性。如黏土岩隔水,如果裂隙发育则可透水,也能贮水;此外,在较大水压作用下,有的黏土和黏土岩石可使其中一部分结合水产生运动而具有透水性,可由隔水层转化为含水层。

透水层是指能使水流透过的岩层,一般指渗透系数大于0.001 m/d的岩层。

二、透水性划分

(一)一般划分原则

岩层透水性一般划分原则如下:

(1)注意岩层透水、隔水和含水的相对概念及其相互的转化关系。

(2)考虑形成条件,并能反映客观实际。

(3)有利于生产实际需要和工作方便。

(二)根据生产目的划分

根据生产目的的不同,可按以下方法对岩层进行划分:

(1)以供水目的划分:能满足供水量的岩层均可视为含水层。按水量大小进一步划分为主、次含水层。由于供水规模和要求不同,相同含水层在不同富水地区,可以看作弱的、次要的含水层,甚至当作隔水层处理。

(2)以防治水为目的划分:凡水量足以威胁矿井生产的岩层均可视为含水层。按其威胁程度可进一步分成主、次含水层。一般水量大、水压高、距开采煤层近的含水层(如岩溶化灰岩等)应作为主要含水层考虑。

(三)根据岩层含水性的变化划分

根据岩层含水性的变化可将岩层划分为以下几种:

(1)含水层:对于厚度很大的含水层,考虑岩性差异、裂隙或岩溶发育程度在垂直方向上的变化,进一步划分出含水性不同的层,如奥陶系中统含水层。

(2)含水层组段:从简化地质条件,有利于生产工作出发,可将一些岩性和含水层相近的含水层综合归并成一个含水层组。如 K_8 和 K_9 砂岩含水层,可归并成 2 号煤层顶板直接或间接进水的含水组。又如奥陶系中统溶裂含水层进一步可划分为下马家沟组(O_{2x})、上马家沟组(O_{2s})和峰峰组(O_{2f}),每组又分为 2 ~3 段。

(3)含水带:不含水的岩层,由于局部裂隙和断裂影响可以透水并含水。因此,在岩层水平分布方向上,应按实际含水性划分出含水带(静止水位以下)。

(4)富水带:背水岩层由于局部岩性变化,裂隙和岩溶发育可以存在透水和含水性很强的地段(如古河床、岩溶集中径流地带等)。在水平分布上应划分出富水带。

单元四　地下水的物理性质与化学成分

一、地下水的主要物理性质及其定性表示方法

(一)水温

地下水的温度与埋藏深度有关,近地表的水、温度受气温的影响(见表 1-5),在恒温带(距地表约 30 m)以下的水温,则随深度的加大而逐渐升高,其变化的规律决定于地区的地热增温梯度,即地温梯度。正常地温区地温梯度小于或等于 3 ℃/100 m。

表 1-5　地下水按温度分类

类别	非常冷的水	极冷的水	冷水	温水	热水	极热的水	沸腾的水
温度(℃)	<0	0 ~4	0 ~20	20 ~37	37 ~42	42 ~100	>100

(二)颜色

地下水的颜色决定于水中的化学成分及其悬浮杂质。当其化学成分或悬浮杂质不同

时,呈现的颜色亦不同(见表1-6)。

表1-6 水中存在物质与水的颜色

水中存在的物质	硬水	低价铁	高价铁	硫化氢	硫细菌	锰的化合物	腐殖酸盐
水的颜色	浅蓝	灰蓝	黄褐	翠绿	红色	暗红	暗黄或灰黑

(三)透明度

地下水的透明度决定于水中固体物质与胶体颗粒悬浮物的含量。地下水透明度的野外鉴别特征见表1-7。

表1-7 地下水透明度的野外鉴别特征

分级	野外鉴别特征
透明的	无悬浮物及胶体,60 cm 水深可见 3 mm 的粗线
微浊的	有少量悬浮物,大于 30 cm 水深可见 3 mm 的粗线
混浊的	有较多的悬浮物,半透明状,小于 30 cm 水深可见 3 mm 的粗线
极浊的	有大量的悬浮物或胶体,似乳状,水深很小也不能清楚看见 3 mm 的粗线

(四)气味

地下水是否具有气味,主要取决于水中所含的气体成分和有机质。气味的强度等级见表1-8。

表1-8 气味的强度等级

等级	程度	说明
0	无	没有任何气味
Ⅰ	极微弱	有经验分析者能察觉
Ⅱ	弱	注意辨别时,一般人能察觉
Ⅲ	显著	易于觉察,不加处理不能饮用
Ⅳ	强	气味引人注意,不适饮用
Ⅴ	极强	气味强烈扑鼻,不能饮用

(五)口味

水中存在的化学成分与口味的关系见表1-9。

表1-9 水中存在的化学成分与口味的关系

存在物质	$NaCl$	Na_2SO_4	$MgSO_4$ $MgCl_2$	大量有机物	铁盐	腐殖物	H_2S 与碳酸气同时存在	CO_2 及适量 $Ca(HCO_3)_2$ $Mg(HCO_3)_2$
口味	咸	涩	苦	甜	涩	沼泽味	酸	可口

(六)导电性

地下水的导电性决定于水中所溶盐分的数量,这是因为各种盐类的水溶液一般都是良好的电解质。因此,即使是矿化度很低的淡水,也具有微弱的导电性。

(七)放射性

地下水的放射性决定于水中所含放射性元素的数量。可以认为所有地下水都具有不同程度的放射性,但一般甚为微弱。埋藏于放射性矿床附近的地下水,通常具有较强的放射性。

二、水化学成分的分析及表示方法

水中发现的化学元素有62种。其含量多少决定于不同元素在岩石中的含量及其物理、化学性质。其存在的形态有离子状态、分子(化合物)状态和游离的气体状态。

(一)水质分析项目

水质分析项目见表1-10。

表1-10 水质分析项目

分析方法	分析项目
简分析(简单分析)	除测定物理性质(色、水温、气味、口味、浑浊度或透明度)外,还需分析 Na^{+}、K^{+}、Ca^{2+}、Mg^{2+}、[HCO_3^{-}]、[Cl^{-}]、[SO_4^{2-}]、游离 CO_2、pH、碱度、总硬度、总固形物等
全分析(精确分析)	除测定物理性质(色、水温、气味、口味、浑浊度或透明度)外,还需分析 Na^{+}、K^{+}、Ca^{2+}、Mg^{2+}、Fe^{3+}、Fe^{2+}、NH_4^{+}、[HCO_3^{-}]、[Cl^{-}]、[SO_4^{2-}]、[NO_2^{-}]、游离 CO_2、可溶性 SiO_2、耗氧量、pH、碱度、酸度、总硬度、暂时硬度、永久硬度、负硬度、总固形物等
专门分析(特殊分析)	根据具体任务要求而定。如饮用水,需分析水中有无Cu、Pb、As、F、Hg等有毒元素存在;对工程建筑有无影响时,应分析侵蚀性碳酸、硫酸等含量

(二)水分析成果表示法

(1)离子毫克(或克)数表示法:指以1 L水中所含离子毫克数表示的方法,单位为mg/L。当离子含量极少时,也可用μg/L和ng/L表示。

(2)百分含量表示法:即以1 000 g水中含某离子毫克数表示的方法。当水的密度为1时,其值与每升离子毫克值相等。当离子含量极少时,也常用μg/kg和ng/kg表示。

(3)离子毫克当量数表示法:指以1 L水中所含离子毫克当量数表示的方法,单位为mEq/L。

$$离子毫克当量=\frac{离子毫克数}{离子当量} \qquad 离子当量=\frac{离子量}{离子价}$$

(4)离子毫克当量百分数表示法:指以1 L水中某阴(或阳)离子毫克当量数占水中阴(或阳)离子的毫克当量总数的百分比,按下式计算:

$$某阴(或阳)离子毫克当量百分数=\frac{该离子毫克当量数}{阴(或阳)离子毫克当量总数}\times 100\%$$

(5)分析结果的审查:根据电离理论,水溶液中阴、阳离子总的毫克当量数应基本相等,误差应小于2%。可溶性固体总量与分析测得的离子总和减去重碳酸根离子含量的一半,再减去铵离子,并加上二氧化硅的含量,结果应接近,一般误差不应超过 ±5%。

Ca^{2+}(mEq/L) + Mg^{2+}(mEq/L) = 总硬度(mEq/L),其误差不应超过 2 毫克当量或 10 mg CaO。暂时硬度等于重碳酸根离子的含量。

(三)地下水按水化学特征分类

(1)地下水按矿化度分类见表 1-11。

(2)地下水按酸碱度分类见表 1-12。

表 1-11　地下水按矿化度分类

名称	总矿化度(g/L)
淡水	<1
微咸水(弱矿化水)	1~3
咸水(中等矿化水)	3~10
盐水(强矿化水)	10~50
卤水	>50

表 1-12　地下水按酸碱度分类

名称	pH 值
强酸性水	<5.0
弱酸性水	5.1~6.4
中性水	6.5~8.0
弱碱性水	8.1~10.0
强碱性水	>10.0

(3)地下水按硬度分类见表 1-13。

表 1-13　地下水按硬度分类

名称	硬度	
	(Ca^{2+} + Mg^{2+})(mEq/L)	德国度
极软水	<1.5	<4.2
软水	1.5~3.0	4.2~8.4
微硬水	3.0~6.0	8.4~16.8
硬水	6.0~9.0	16.8~25.2
极硬水	>9.0	>25.2

(4)地下水按水垢系数(K_n)分类见表 1-14。

表 1-14　地下水按水垢系数(K_n)分类

名称	K_n 值	K_n 公式
软沉积物的水	<0.25	$K_n = \frac{H_n}{H}$
中硬沉积物的水	0.25~0.50	
硬沉积物的水	>0.50	

注: $H_n = SiO_2 + 20r[Mg^{2+}] + 68(r[Cl^-] + r[SO_4^{2-}] - rNa^+ - rK^+)$。

$H = S + C + 36rFe^{2+} + 17rAl^{3+} + 20rMg^{2+} + 59rCa^{2+}$。

式中，H_n 为硬锅垢的质量(g/L)；H 为软锅垢的质量(g/L)；S 为悬浮物的质量(g/L)；C 为胶体物质($SiO_2+Al_2O_3+Fe_2O_3$)的质量(g/L)；rNa^+、rMg^{2+}…为各种离子的含量(mEq/L)。

(5)地下水按主要离子成分分类。按常见的 6 种离子：[HCO_3^-]、[Cl^-]、[SO_4^{2-}]、Ca^{2+}、Mg^{2+}、Na^+(包括 K^+)组合，阴离子在前，阳离子在后；含量大的在前，含量小的在后。

(四)水化学中常用资料和数据

(1)铁、镁等离子浓度折算成硬度的系数见表 1-15。

表 1-15 铁、镁等离子浓度折算成硬度的系数

离子名称	系数	
	折合成 mEq/L	折合成德国度
钙(Ca^{2+})	0.049 9	0.139 9
镁(Mg^{2+})	0.082 2	0.230 5
铁(Fe^{2+})	0.035 8	0.100 4
锰(Mn^{2+})	0.036 4	0.102 1
钡(Ba^{2+})	0.014 6	0.040 9
锶(Sr^{2+})	0.022 8	0.063 9
锌(Zn^{2+})	0.030 6	0.085 8

注：将水中测得的各种离子浓度值(mg/L)乘以系数后相加，即为总硬度。

(2)各种硬度单位及其关系见表 1-16。

表 1-16 各种硬度单位及其关系

硬度单位	单位硬度的标准	不同硬度单位的换算系数				
		mEq	德国度	法国度	英国度	美国度
mEq/L	每升水中含 Ca^{2+}、Mg^{2+} 毫克当量总数	1	2.804	5.005	3.511	50.045
1 德国度	每升水中含 10 mg CaO 或 7.2 mg MgO	0.356 63	1	1.784 8	1.252 1	17.847
1 法国度	每升水中含 10 mg $CaCO_3$	0.199 82	0.560 3	1	0.701 5	10
1 英国度	每升水中含 14 mg $CaCO_3$	0.284 83	0.798 7	1.425 5	1	14.255
1 美国度	每升水中含 1 mg $CaCO_3$	0.019 98	0.056 0	0.100 0	0.070 2	1

(3)不同 pH 值的水中各种弱酸存在的形式见表 1-17。

表1-17 不同pH值的水中各种弱酸存在的形式

pH	4	5	6	7	8	9	10	11
	酸占总数的百分数(%)							
$[H_2CO_3^- + CO_2]$	99.7	99.62	74.08	22.22	2.76	0.27	0.62	—
$[HCO_3^-]$	0.3	3.38	25.95	77.74	96.72	94.62	64.94	15.46
$[CO_3^{2-}]$	—	—	—	0.04	0.52	5.00	35.04	84.54
$[H_3PO_4]$		0.10	0.01	—	—	—	—	—
$[H_2PO_4^-]$		97.99	83.67	33.90	4.88	0.51	0.05	—
$[HPO_4^{2-}]$		1.91	16.32	60.10	95.12	99.45	99.54	96.53
$[PO_4^{3-}]$		—	—	—	—	0.04	0.36	3.47
$[H_2SiO_3]$	100	100	100	99.98	99.79	97.90	82.23	30.68
$[HSiO_3^-]$	—	—	—	0.02	0.21	2.10	17.68	65.79
$[SiO_3^{2-}]$	—	—	—	—	—	—	0.09	3.35
$[H_2S]$	99.91	99.10	91.66	52.35	9.81	1.09	0.11	—
$[HS^-]$	0.09	0.90	8.34	47.65	90.19	98.91	99.89	—
$[S^{2-}]$	—	—	—	—	—	—	0.002	—

单元五　地下水的分类及其特征

一、地下水的主要类型

地下水的主要类型见表1-18。

二、各类地下水的主要特征

影响地下水形成的自然地理因素有气象因素、水文因素、地形与地下水。地下水按埋藏条件可分为上层滞水、潜水、承压水(层间水)。

(一)饱气带上层滞水的特征

(1)埋藏在饱气带中局部隔水层之上的重力水,主要是降水、凝结水或地表水下渗过局部隔水层聚集而形成的季节性地下水。

(2)分布不广、分布范围与补给范围一致,以蒸发及向周围流散下渗进行排泄。

(3)具自由水面,属无压性水。

表 1-18　地下水的主要类型

按埋藏条件		按含水层空隙的性质		
		孔隙水（松软沉积孔隙中的水）	裂隙水（坚硬岩石裂隙中的水）	岩溶水（岩溶化岩石中的水）
饱气带	上层滞水	饱气带中局部隔水层以上季节存在的水。广义上也包括饱气带中其他形式的水，如土壤水等	岩石风化层中季节性存在的水。区域地下水位以上局部隔水层上的季节性存在的水	岩溶化岩石垂直渗入带中季节性存在的水
饱水带	潜水	各种成因类型松散沉积物中的水。当十分接近或成片出露于地表时成为沼泽水。沙漠及滨海沙丘中的水	坚硬岩石上部风化裂隙和构造裂隙中的水	裸露岩溶化岩层中的水
	承压水	由松散沉积物构成的自流盆地，单斜山前平原中的水，以及平原的深部水	构造盆地，向斜或单斜构造中层状裂隙岩层中的水。构造破碎带中的水以及独立裂隙系统中的脉状水	构造盆地，向斜或单斜构造中岩溶化岩层中的水

注：另外还有特殊类型水，如多年冻结区及火山活动区的地下水。

(4)水量不大，并随季节明显变化，一般雨季有，旱季干。

(5)易受污染。

意义：小型季节性供水，对建筑施工及露天采矿有影响。

(二)饱水带潜水的特征

饱水带潜水的特征如下(见图 1-6)：

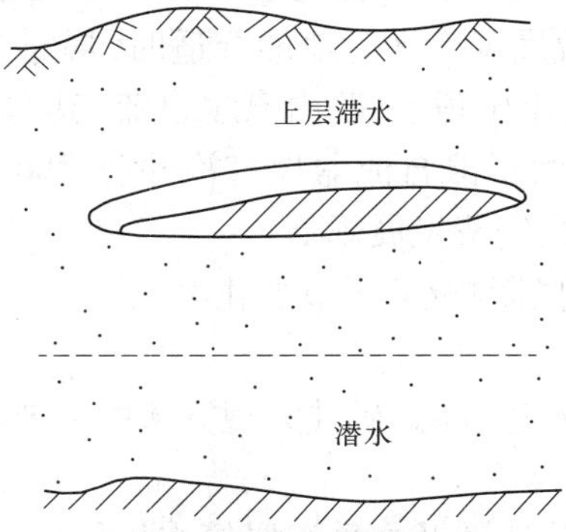

图 1-6　饱水带潜水

(1)埋藏于地表以下第一个稳定隔水层之上的重力水，主要为渗入形成，亦有凝结成因。

(2)一般分布区与补给区一致,以蒸发及泉的形式排泄。

(3)具有自由水面,属无压水。潜水面形态波状起伏,与岩性、厚度、地形、隔水底板形态变化有关。

(4)水位、水量随季节变化,旱季水位下降,水量减少,雨季反之。

(5)易受污染。

意义:工农业供水的主要水源,厚松散层潜水,对建井施工和浅部煤层开采有一定影响。

潜水面表示法:①在水文地质剖面图中用潜水位表示,也可反映出含水层、隔水层岩性和厚度以及其他地质要素;②在平面图上绘出潜水等水位线,最好编制出高水位和低水位两份潜水等水位线图,可以确定潜水的流向,确定某点潜水的埋深,确定井田内潜水与地表水的补给关系。

(三)饱水带承压水(层间水)特征

饱水带承压水(层间水)的特征如下(见图1-7)。

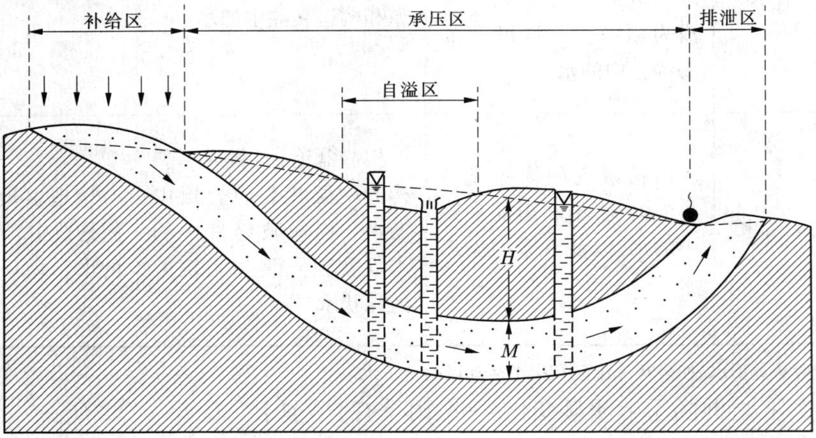

图1-7 饱水带承压水

(1)充满于两个隔水层之间的重力水(未充满者称无压层间水),它有不透水的底板与顶板,主要来源为大气降水渗入、地表或潜水补给,亦有地质封存形式。

(2)分布区、补给区及承压区常不一致,主要以泉的形式排泄。

(3)有假想的承压水面,故属承压水。地形合适时,揭露含水层能自流(也称自流水)。如陕西省石泉县政府大院建在小山顶上,院内泉水自流,其水源来自远处高山上的溶隙水。又如,2001年山西省曲沃县在太子滩自流盆地打深井(1 580 m),奥灰极热水(46 ℃)自流水量86.1 L/s,现已列入县重点经济发展规划。

(4)水位、水量、水温受气候影响小,季节变化不显著。

(5)不易受污染。

意义:是大型供水的主要水源,亦是矿井大型突水的主要水害,可作为医疗用水、热源及提取有用原料。

承压水面表示方法:等水位线图及主采煤层等水压线图,据此可判断地下水流向、水力坡度,确定顶底板突破的可能地段、所需采取的预防措施,以避免突水事故发生。

三、泉的类型及其特征

泉是在地表上地下水的天然露头，是地下水的一种重要排泄方式。泉的类型如图 1-8 所示。

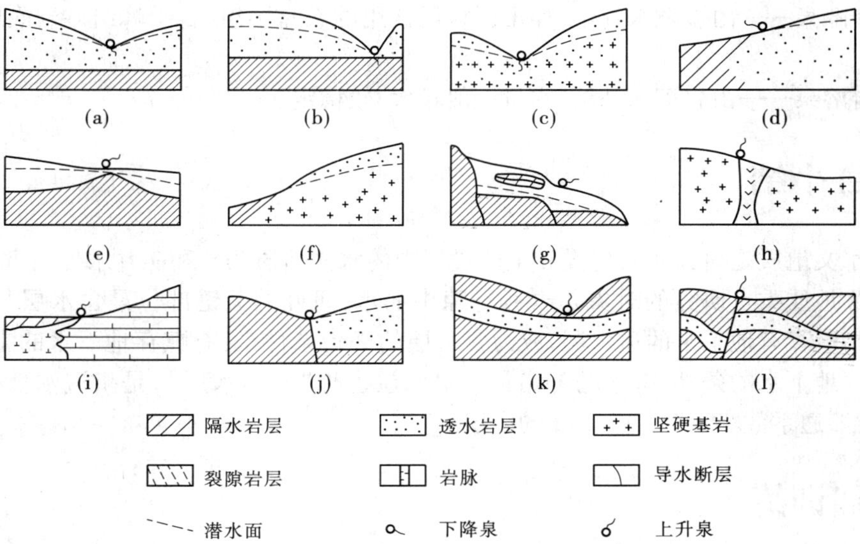

图 1-8 泉的类型示意图

(一)按形成原因分类

按形成原因，泉可分为以下几类：

(1)侵蚀泉——河谷、冲沟侵蚀切割潜水层，潜水出露成泉(见图 1-8(a))。

(2)接触泉——河谷、冲沟切割含水层直到底部隔水层，迫使潜水在含水层与隔水层接触处流出地表成泉(见图 1-8(b)、图 1-8(c))。

(3)溢出泉——地下水流动受阻，水位抬高溢出地表成泉(见图 1-8(d)、图 1-8(e)、图 1-8(h)、图 1-8(i))。

(4)断层泉——地下水沿断裂带上升至地表成泉(见图 1-8(j)、图 1-8(l))。

(二)按补给方式分类

按补给方式，泉可分为以下两类：

(1)上升泉——泉水在含水层中自下而上运动(见图 1-8(i)、图 1-8(j)、图 1-8(k)、图 1-8(l))。

(2)下降泉——泉水在含水层中自上而下运动(见图 1-8(a)、图 1-8(b)、图 1-8(c)、图 1-8(d)、图 1-8(f)、图 1-8(g))。

(三)按补给水源分类

按补给水源，泉可分为以下几类：

(1)悬挂泉(上层滞水泉)——由于上层滞水补给，多出露于河谷阶地前缘陡坎上或风化裂隙发育的基岩陡坡上。水量很小，极不稳定(见图 1-8(f)、图 1-8(g))。

(2)潜水泉——由潜水补给，当潜水源在低洼处出露或局部受阻时溢出地表成泉，常分布于河谷冲沟的坡谷或坡脚。其动态不稳定，随季节变化明显(见图 1-8(a)、图 1-8(b)、

图1-8(c)、图1-8(d)、图1-8(e))。

(3)承压(水)泉——由承压水补给,当承压含水层被断层切割或隔水顶板被侵蚀而使承压水涌出地表成泉。动态稳定,水量决定于含水层的富水性(见图1-8(k)、图1-8(l))。

(4)孔隙泉——由孔隙水补给,如河谷第四系全新统中出现的泉水,水量随季节变化。

(5)裂隙泉——由裂隙水补给,如山区村民饮用的石盒子组、石千峰组砂岩裂隙水补给的泉水。

(6)岩溶泉——由岩溶水补给,水量一般较大,较稳定。

■ 项目小结

矿井水文地质是研究矿井建设和生产过程中的水文地质条件和矿井水处治方法的地质工作。水文地质重点研究的对象是岩石空隙中的水,研究的关键部位是含水层与隔水层。含水层是指赋存有地下水的透水层,成为含水层的必备条件是:有赋存地下水的空间,有能聚集和赋存地下水的条件,有水的补给量。隔水层也称"不透水层",是指透水性很低的岩层,一般指渗透系数小于0.001 m/d的岩层。

■ 基础训练

1. 什么是径流量、径流深度、径流系数和径流模数?
2. 层流与紊流有什么区别?
3. 岩石空隙有哪些形式?
4. 水在岩石中存在形式有哪些?
5. 岩石的水理性质有哪些?
6. 什么是含水层、隔水层与透水层?
7. 地下水的主要物理性质有哪些?
8. 水质分析的项目有哪些?分析成果有哪些表示方法?
9. 地下水的主要类型有哪些?各有什么主要特征?

项目二　矿井水文地质工作

学习目标

(1)熟悉勘探阶段水文地质资料的应用方法及应注意的问题;
(2)掌握矿区(井)水文地质补充调查的内容及其特点;
(3)掌握矿区(井)水文地质补充勘探的要求及勘探方法;
(4)掌握矿井水文地质动态观测的内容及观测方法。

【导入】

矿井水文地质工作是指从矿井建设至整个生产过程中的全部水文地质工作。以井下生产实践为基础的一整套矿井水文地质工作方法正在逐步完善,如井巷调查、超前探水、疏干勘探、长期观测等。然而它们的基础仍然是地质勘探阶段的基本工作方法,采用的技术手段也大同小异。

矿井水文地质工作,一方面对勘探阶段提供的水文地质资料,通过建井、生产实践来验证,考查资料的可靠性;另一方面根据建井、生产发现的新问题,在勘探阶段的基础上,有选择性地进行水文地质补充勘探,解决矿井建设和生产过程中实际存在的水文地质问题,以便安全经济合理地回收煤炭资源。其主要任务有以下6个方面:

(1)研究矿井投入生产后水文地质条件的演变趋向,抓住矿井水形成的主要影响因素,并及时处理解决。

(2)为矿井延深、井田边界扩大作必要的水文地质调查,布置适当的勘探工作量以及进行补充抽水试验及放水连通试验等。

(3)验证和预测矿井涌水量。

(4)研究和制定矿井地面及井下防治水措施并付诸实施。

(5)井上下长期观测工作,进行水害预测预报工作。

(6)研究和解决矿区供水水源及矿井水的综合利用问题。

上述工作要求认真、果断,讲究实效。因此,平时要深入细致地收集资料,一旦发现问题就应及时处理。为此,建立水文地质工作的有关制度,以保证掌握水情动态,对井下一些可疑现象要及时观测、正确分析、果断处理、消除隐患。

矿井水文地质类型不同,矿井工作也有所区别。一般水文地质条件简单的矿井,矿井水文地质工作的任务是将勘探阶段的资料进行分析、研究和验证,在长期的实际资料收集、汇总中积累与矿井水作斗争的经验。要掌握矿井水的补给来源、强径流地段以及地下水动态规律,提出切实可行的防治水措施和方法。这样大体上即可取得工作上的主动权。

对于矿井水文地质条件复杂的,一般要分为地面工作和井下工作两部分。

矿井水文地质工作的内容很多,视具体条件和要求而不同。现介绍一般的矿井水文地质工作。

【正文】

单元一 勘探阶段水文地质资料的应用

在一个矿井设计、建井和投产之前,必须进行一系列的地质勘探工作,提供一整套必要的地质资料,其中水文地质资料,一般应阐明如下几方面问题:

(1)勘探区内主要含水层的分布范围、埋藏条件、含水层的一般特征及补给和排泄条件、含水层之间的水力联系,以及勘探区内井、泉调查资料和地表水体的分布情况。

(2)井田范围内含水层岩性、埋藏深度、厚度及其变化规律、裂隙及溶洞的发育程度,以及含水层的水量大小、水位、水质和地下水动态资料。

(3)矿区(井)有关地表水体的受水面积、最大洪水量和最高洪水位,以及洪水淹没矿区范围和持续时间。

(4)地表水体(主要河流、沟渠、湖泊、水库等)对含水层及采空塌陷区、老空区的补给范围和渗漏量。

(5)主要含水层对矿井的影响程度。

(6)不同成因类型的断裂构造分布规律,及其在地表水和地下水以及各含水层之间发生水力联系上所起的作用。确定最可能的导水和含水地段。

(7)穿过含水层、采空区和含水断层的钻孔封闭情况。

(8)预计矿井涌水量及其随季节、开采范围及深度的变化关系。

(9)邻近矿井的开发情况,矿井涌水量、水质、水温、矿井充水条件、地下水出露情况、矿井突水现象及原因,涌水量与开采面积、深度、产量、降水量的关系等。

矿井水文地质的首要工作就是收集和整理上述资料,并对其进行分析、对比、验证,从而在此基础上去伪存真,对即将建设的矿井和采区的涌水条件作出明确的结论,指出矿井涌水的水源、通路和水量,提出今后防治水的措施和方法,并对供水水源作出评价。

但是勘探阶段所获得的水文地质资料,常常由于该阶段所做工作的局限性,与实际情况有较大的出入,不能完全满足上述要求。在这种情况下,一般需要在矿区(井)建设和生产的同时,进行补充水文地质调查及勘探。有时,由于经济建设的迫切需要,部分矿井在缺乏资料的情况下,就开始设计和建设,或者在老矿井延伸以及扩大井田边界等情况下,补充水文地质调查及勘探工作就显得更加必要。

单元二 矿区(井)水文地质补充调查

当矿区(井)现有水文地质资料不能满足生产建设的需要时,应针对存在的问题进行单项、多项或全面的水文地质补充调查工作。矿区(井)未进行过水文地质调查或者水文地质工作程度较低的,应当进行补充水文地质调查。调查范围应当覆盖一个具有相对独立补给、径流、排泄条件的地下水系统。除采用传统方法外,还可采用遥感、全球卫星定位、地理信息系统等新技术、新方法。

水文地质条件复杂的大水矿井，虽然在勘探阶段进行了大量的水文地质工作，但水害的威胁依然存在。因此，在对以往资料系统地分析、核对、验证的基础上，必须进一步查清采掘后水文地质条件的变化趋势，以使矿井防排水措施正确、经济、合理、可靠。根据需要与可能，进行适当的水文地质补充调查。这一工作可连续完成，也可断续完成，由实际需要来确定。其主要调查内容有以下几方面。

一、主要气象要素的调查

距离气象台(站)大于 30 km 的矿区(井)，设立气象观测站。站址的选择和气象观测项目，应符合气象台(站)的要求。距气象台(站)小于 30 km 的矿区(井)，可以不设立气象观测站，仅建立雨量观测站，表征一个矿区的气候特征，主要有 6 个气象要素：气温、气压、风速、相对湿度、降雨(水)和蒸发。气象资料搜集一般包括降水量、蒸发量、气温、气压、相对湿度、风向、最大风级。降雨(水)和蒸发直接影响地下水的增减变化。其他要素可视为形成与制约降雨(水)和蒸发的因素，其中对矿井防治水和防洪工作特别有意义的是降雨。

地貌单元可作如下划分：

一是按起伏程度分为高中山(2 000 ~3 500 m)、中山(1 000 ~2 000 m)、低山(500 ~1 000 m)。

二是按起伏高差分为大起伏(1 000 ~2 500 m)、中起伏(500 ~1 000 m)、小起伏(200 ~500 m)。

三是按外应力或岩性特征分为侵蚀山地、喀斯特侵蚀山地、黄土覆盖山地(黄土覆盖 >70%，黄土厚度 >20 m)、丘陵(相对起伏小于 200 m，起伏和缓且无明显脉络的形态)、台地(具有坡度较陡的台坡和坡度较缓的台面，且台面面积大于台坡的地貌形态，台坡高度大于 100 m 为高台地，60 ~100 m 为中台地，30 ~60 m 为低台地)。

(一)雨量资料

雨量资料包括历年各月降雨(水)量、历年雨季各月逐日降雨量、历年各月一日最大降雨(水)量、历年雨季日降雨量大于等于 50 mm、100 mm、150 mm、200 mm 的降雨日数，以及本地区最大的暴雨现场调查等。

(二)暴雨调查

历史上发生大洪水的水位是设计井口高程必备的资料。相应的暴雨，时隔已久，难以调查到确切的雨量。一般可以用已知的近期某次暴雨与历史大洪水的降雨相比，大多少，少多少，降雨时间延续多久，回忆雨势中地面坑塘的积水情况和沟渠的流水情况，从中分析雨量及降雨过程。同时收集群众的观测成果，了解群众院内的水桶、水缸或其他器皿接雨水的程度，估算暴雨量。

二、地貌调查

调查收集由开采或地下水活动诱发的崩塌、滑坡、人工湖等地貌变化、岩溶发育矿区的各种岩溶地貌形态资料。对第四系松散覆盖层和基岩露头，查明其时代、岩性、厚度、富水性及地下水的补排方式等情况，并划分含水层或相对隔水层。查明地质构造的形态、产状、性质、规模、破碎带(范围、充填物、胶结程度、导水性)及有无泉水出露等情况，初步分析研究其对矿井开采的影响。

不同地区地貌地质调查的主要内容参考表2-1。在调查的基础上，初步分析研究地貌地质条件对矿井开采的影响。

表2-1 地貌地质调查的主要内容

地区	主要内容
平原区	1. 第四系厚度、岩性变化、地质时代、成因类型及其岩相变化规律； 2. 地貌的成因形态类型和形态组合类型及微地貌形态特征、分布、组成物质、形成时代；阶地形态特征、结构与类型，水文网的发育变迁，古河床，牛轭湖埋藏谷的分布与埋藏情况； 3. 新构造运动性质与特征，根据地震活动性地形变化特征，地貌差异及水热活动等判定活动构造
丘陵山区	1. 不同地层的岩性组合与变化规律； 2. 测区所属构造体系类型及所在构造部位和各类构造的形态特征、产状、性质规模、分布、及其组合关系； 3. 不整合面沉积间断面，玄武岩孔洞发育层，围岩接触带、红层、岩溶层等的特征与分布； 4. 各类岩层和各类构造的不同部位裂隙发育程度与特征，以及断裂破碎带的充填胶结情况； 5. 不同岩层，不同地貌形态风化壳的发育特征与风化带的划分； 6. 新构造运动的分布与特征，根据地震活动性、地貌差异、水热活动等迹象，判定活动构造
岩溶地区	1. 碳酸盐类地层的岩性、厚度及夹层； 2. 可溶岩与非可溶岩界线及分布范围； 3. 不同构造单元内岩溶发育的差异性； 4. 各种岩溶地貌形态特征与规模，岩溶发育规律与地层岩性及地质构造的关系
滨海地区	1. 滨海地区的海岸地貌，第四纪地质以及新构造运动； 2. 三角洲的形成与变迁，海成阶地特征，海岸线性质； 3. 河流冲积层和海相沉积层的空间分布位置； 4. 沼泽、洼地的形成与分布； 5. 高潮和低潮时期的潮汐界线及影响范围
黄土地区	1. 对黄土、黄土状土及其第四纪沉积物划分成因类型，地层层序和地质时代； 2. 划分地貌形态类型（黄土丘陵、黄土塬河谷平原—丘间谷盆区）并按黄土下伏岩层种类划分地质结构型； 3. 黄土下伏不同时代不同成因类型的第四纪沉积物及前第四纪基岩的分布，分析基底构造轮廓
冻土地区	1. 多年冻土的分布规律、特征及成因，注意调查多年片状冻土、岛状冻土的分布规律及上部活动层的厚度； 2. 河、湖融区及构造融区的形成与分布； 3. 冻融产生的各种物理地质现象的形成、分布

三、地质调查

(1)第四系松散覆盖层、基岩露头。应基本查明其时代、岩性、厚度、富水性及地下水的出露等,并划分出含水层或相对隔水层。

对第四纪地层研究的内容主要是:定出土石的名称(如砾石、砂、亚砂土、亚黏土和黏土等),描述颜色、组织结构,确定其成因和时代,并在图上画第四纪地质界线(时代、成因及岩性的界线);对基岩含水层根据地层岩性、地质时代、岩石的孔隙性,以及泉、井等地下水的露头情况,确定基岩地层的富水性,划分出含水层和隔水层(相对隔水层)。

(2)地质构造应基本查明其形态、产状、性质、规模、破碎带(范围、充填物、胶结程度、导水性)及有无泉水出露等。在裂隙发育带要选择代表性的地段,进行裂隙统计。褶皱构造要查明形态、位置、规模、沿走向的变化规律和倾伏情况。

(3)收集以往勘查研究成果,动态观测资料,勘探钻孔、供水井钻探及抽水试验资料。

四、地表水体调查

每月进行一次调查,收集矿区河流、水渠、湖泊、积水区、山塘、水库的历年水位,以及流量、积水量、最大洪水淹没范围、含砂量、水质和地表水体与下伏含水层的关系等资料。对可能渗漏补给地下水的地段应进行调查,并进行渗漏与监测。

如果地表水常年补给矿井,应设观测站,取得具体数据。一些矿区,河流改道就是由于地表水补给量大才提出来的。当矿区地表水体附近有塌陷坑时,地表水有可能涌入井下,此时更应对河流作详细的研究。

例如,某矿1号井的茹草溪河流、溪底渗透性好,开采后产生大量塌陷坑,溪水全部灌入井下,使矿井涌水量由363 m^3/h增加到578 m^3/h。通过补充调查,提出了处理措施,解决了实际问题。

五、井泉调查

井泉调查是指在原有资料的基础上,调查矿井排水形成的补给半径范围内外井、泉的水位,流量的年变化幅度以及它们断流、干涸情况。具体讲应调查井泉的位置、标高、深度、出水层位、涌水量、水位、水质、水温、有无气体溢出、溢出类型及其补给水源,并描述泉水出露的地形地质平面图、剖面图。

由于矿井排水的影响,地下水天然流场被破坏,矿区地下水位逐年下降,补给半径逐年扩大。这些变化因矿井的水文地质条件不同,情况亦不一样。对于地下开采的矿井,有的矿井在近地表第四系松散岩层中有稳定而厚层的黏土分布,在一定的阶段内保持了地下水的天然状态。潜水含水层由于受矿井排水影响小些,潜水比较丰富。有些矿井则是另外的情况,如灰岩裸露、岩溶发育、煤层上覆岩层水力联系好的煤矿,在矿井排水影响下,上覆岩层含水层中的水被疏干。如某矿在长期排水影响下,使距离矿井10 000 m、原流量为396 m^3/h的泉断流,使距离矿井20 000 m远的几个泉的流量减少。再如,某矿原预测排水补给半径不到40 000 m,之后使相距80 000 m远的泉水相继断流。这都说明随着矿井开发,改变了矿区地下水的运动规律,使天然条件下地下水的排泄点变为矿井水的补给区。由采掘而引起的地下水演变,必须通过井上井下动态长期观测资料加以阐明。

六、古井老窑的调查

古井老窑是矿区(井)潜在的危险,做好古井老窑的调查是防治水工作的重要任务之一。在水文地质调查时应详细调查古井老窑的位置及收集开采、充水、排水及老窑停采原因等资料,察看地形,圈出采空区,并估算积水量,准确掌握老窑和采空区的特征。此项调查工作应结合后面的地面勘探(地震、电法勘探)等手段进行。古井老窑由于年代已久,缺乏可靠的资料,积水范围往往难以确定,古井老窑的存在常常会给矿井的建设和生产带来很多困难,甚至会造成矿井突水事故。为了保证矿井建设和生产的安全,做好对古井老窑积水的防范工作,就必须首先把古井老窑的分布情况和积水特点了解清楚。

(一)古井老窑采空区积水的特点

古井老窑采空区积水的特点如下:

(1)由于采掘条件的限制,古代小窑只能开采浅部煤层,因此古井老窑多分布于煤层标高较高的地方。

(2)由于排水能力的限制,古代小窑开采顶底板为含水层的煤层时,古井老窑多数在含水层的水位标高以上。

(3)古井老窑的积水量取决于小窑的标高、开采范围、顶底板岩性、地质构造情况及老窑与其他水源的关系等。小者可能无水,大者水量可达数万立方米、数十万立方米、数百万立方米。

(4)古井老窑积水一般补给来源少,水量以静储量为主。

(5)古井老窑积水由于长期处于停滞状态,一般呈黄褐色,具有铁锈味、臭鸡蛋味或涩味,酸性较大。

(6)采空区内经常积存有大量 CO_2、CH_4和 H_2S 等有害气体,突水时会随水溢出。

(7)由于古井老窑多分布在井田的浅部及周围,其积水具有一定的静水压力。在采掘过程中,当工作面接近采空区时由于静水压力的作用,在一定条件下往往会突然涌进巷道,造成事故。

(二)古井老窑的调查内容

应调查古井老窑的位置及开采范围、停采原因、充水、排水等情况,察看地面塌陷地形,圈出采空区,并估算积水量。具体内容包括以下4个方面:

(1)古井老窑位置及开采概况:如井深及井上下标高、井筒直径、开采煤层层数及名称,各煤层的开采范围和巷道布置情况、产量、采煤方法和顶板控制方法、通风、运输、提升、排水情况、巷道规格以及停采原因等。

(2)地质情况:如煤层(及各分层)厚度及其变化、层间距、产状及其变化、顶底板岩性及厚度、煤层的物理机械性质、断层的产状、落差及其变化、地质储量及残留煤柱的大小、与相邻小窑采空区的关系等。

(3)水文地质情况:如出水原因、来源和水量大小、水头高度、相邻小窑间及小窑与地表水或井泉的水力联系。

(4)古井老窑造成的地表塌陷深度、裂缝的分布情况、塌陷的范围大小等。

通过上述调查,必须弄清古井老窑开采的煤、开采范围以及积水量、水头压力和相互关系等,用以作为确定采空区边界和布置防治采空区积水工程的依据。

古井老窑调查方法,可采用走出去、请进来的方法,或登门拜访,或邀请熟悉情况的人员开座谈会。最好是根据上述内容拟订提纲,邀请老工人及熟悉小窑情况的人员到现场进行调查,并根据地面的遗迹(地形、矸石堆等)确定古井老窑位置,调查情况应进行详细记录和初步测绘草图。而后将收集到的资料加以分析整理,制成适当比例尺(1∶1 000、1∶2 000 或1∶5 000)的平面图和剖面图。在此基础上,进一步采用物探结合钻探的手段进行探查。

七、小煤矿调查

调查小煤矿的位置、范围、开采煤层、地质构造、采煤方法、采出煤量、隔离煤柱、与大矿的空间关系,并收集系统完整的采掘工程平面图及有关资料。对已报废小井的图纸资料必须存档备查。

对于生产小煤矿,还应调查其生产安排、排水能力、井巷出水层位、水量、水质、涌水量、充水因素,以及与大矿之间可能发生的水害关系。

八、地面岩溶调查

详细调查岩溶发育的形态、分布范围。对地下水运动有明显影响的进水口、出水口和通道等,必要时可进行连通试验和暗河测绘工作、分析岩溶发育规律、地下水径流方向,圈定补给区,测定补给区内的渗漏情况,估算地下水径流量。有岩溶塌陷的区域,还应进行岩溶塌陷的测绘工作。

九、周边矿井的情况

调查周边矿井的位置、范围、开采层位、充水情况、地质构造、采煤方法、采出煤量、隔离煤柱以及与相邻矿井的空间关系,以往发生水害的观测研究资料,并收集系统完整的采掘工程平面图及有关资料。

十、地下水动态观测

观测点应当布置在下列地段和层位:

(1)对矿井生产建设有影响的主要含水层。

(2)影响矿井充水的地下水强径流带(构造破碎带)。

(3)可能与地下水有水力联系的含水层。

(4)矿井先期开采的地段。

(5)在开采过程中水文地质条件可能发生变化的地段。

(6)人为因素可能对矿井充水有影响的地段。

(7)井下主要突水点附近,或者具有突水威胁的地段。

(8)疏干边界或隔水边界处。

观测点的布置,应当尽量利用现有钻孔、井、泉等。观测内容包括水位、水温和水质等。对泉水的观测,还应当观测其流量。

观测点应当统一编号,设置固定观测标志,测定坐标和标高,并标绘在综合水文地质图上。观测点的标高应当每年复测1次,如有变动,应当随时补测。

矿井应当在开采前的1个水文年内进行地面水文及地质观测工作。在采掘过程中,应当坚持日常观测工作;在未掌握地下水的动态规律前,应当每 7 ~10 日观测 1 次;待掌握地下水的动态规律后,应当每月观测 1 ~3 次;当雨季或者遇有异常情况时,应当适当增加观测次数。水质监测每年不少于 2 次,丰、枯水期各 1 次。

技术人员进行观测工作时,应当按照固定的时间和顺序进行,尽可能在最短时间内测完,并注意观测的连续性和精度。钻孔水位观测每回应当有 2 次读数,其差值不得大于 2 cm,取值可用平均数,测量工具使用前应当校验。水文地质类型属于复杂、极复杂的矿井,应当尽量使用智能自动水位仪观测、记录和传输数据。

十一、井下水文地质观测

(一)新掘井巷观测内容

对新开凿的井筒、主要穿层石门及开拓巷道,应当及时进行水文地质观测和编录,并绘制井筒、石门、巷道的实测水文地质剖面图或展开图。

当井巷穿过含水层时,应当详细描述其产状、厚度、岩性、构造、裂隙或者岩溶的发育与充填情况,揭露点的位置及标高、出水形式、涌水量和水温等,并采取水样进行水质分析。

遇含水层裂隙时,应当测定其产状、长度、宽度、数量、形状、尖灭情况、充填程度及充填物等,观察地下水活动的痕迹,绘制裂隙玫瑰图,并选择有代表性的地质测定岩石的裂隙率。测定的面积:较密集裂隙,可取 1 ~2 m^2;稀疏裂隙,可取 4 ~10 m^2。其计算公式为

$$K_T = \frac{\sum lb}{A} \times 100\% \qquad (2\text{-}1)$$

式中 K_T——裂隙率(%);

A——测定面积,m^2;

l——裂隙长度,m;

b——裂隙宽度,m。

遇岩溶时,应当观测其形态、发育情况、分布状况、有无充填物和充填物成分及充水状况等,并绘制岩溶素描图。

遇断裂构造时,应当测定其断距、产状、断层带宽度,观测断裂带充填物成分、胶结程度及导水性等。

遇褶曲时,应当观测其形态、产状及破碎情况等。

遇陷落柱时,应当观测陷落柱内外地层岩性与产状、裂隙与岩溶发育程度及涌水等情况,判定陷落柱发育高度,并编制卡片、附平面图、剖面图和素描图。

遇突水点时,应当详细观测记录突水的时间、地点、确切位置、出水层位、岩性、厚度、出水形式、围岩破坏情况等,并测定涌水量、水温、水质和含砂量等。同时,应当观测附近的出水点和观测孔涌水量和水位的变化,并分析突水原因。各主要突水点可以作为动态观测点进行系统观测,并应当编制卡片,附平面图和素描图。

对于大中型煤矿发生 300 m^3/h 以上的突水、小型煤矿发生 60 m^3/h 以上的突水,或者因突水造成采掘区域和矿井被淹的,应当将突水情况及时上报所在地煤矿安全监察机构和地方人民政府负责煤矿安全生产监督管理的部门、煤炭行业管理部门。

(二)涌水量观测与水质监测

矿井应当加强矿井涌水量的观测工作和水质的监测工作。

矿井应当分井、分水平设观测站进行涌水量的观测,每月观测次数不少于3次。对于出水较大的断裂破碎带、陷落柱,应当单独设立观测站进行观测,每月观测1~3次。对于水质的监测每年不少于2次,丰、枯水期各1次。涌水量出现异常、井下发生突水或者受降水影响矿井的雨季时段,观测频率应适当增加。

对于地下新揭露的出水点,在涌水量尚未稳定或尚未掌握其变化规律前,一般应当每日观测1次。对溃入性涌水,在未查明原因前,应当每隔1~2 h观测1次,以后可适当延长观测间隔时间,并采取水样进行水质分析。涌水量稳定后,可按井下正常观测时间观测。

当采掘工作面上方影响范围内有地表水体、富水性强的含水层、穿过与富水性强的含水层相连通的构造断裂带或接近采空区积水区时,应当每日观测涌水情况,掌握水量变化。

对于新凿立井、斜井,垂深每延深10 m,应当观测1次涌水量。掘进至新的含水层时,如果不到规定的距离,也应当在含水层的顶底板各测1次涌水量。

当进行矿井涌水量观测时,应当注重观测的连续性和精度,采用容积法、堰测法、浮标法、流速仪法或者其他先进的测水方法。测量工具和仪表应当定期校验,以减少人为误差。

当井下对含水层进行疏水降压时,在涌水量、水压稳定前,应当每小时观测1~2次钻孔涌水量和水压;待涌水量、水压基本稳定后,按照正常观测的要求进行。疏放采空区水的应当每日进行观测。

单元三 矿区(井)水文地质补充勘探

我国许多矿区受煤层上部含水层和下部岩溶水的威胁严重,突水和淹井事故时有发生,其主要原因是矿区水文地质条件不清、水文地质勘探程度低。

因此,为保障煤炭工业可持续健康发展,需开展水文地质补充勘探工作,查明深部地质构造、水文地质条件,分析矿井充水水源、充水途径、充水通道,预测矿井涌水量,为实施带压开采和矿井防治水提供水文地质技术依据,保障煤矿安全生产。

矿井建设生产阶段所进行的水文地质勘探,一般视为煤炭资源勘探阶段水文地质工作(以下简称煤田水文地质勘探)的继续与深入,是在资源勘探中水文地质勘探基础上进行的。由于煤炭资源勘探受勘探网度、设备、资金、施工条件等诸多方面因素的制约,不可能解决矿井建设和生产中的全部水文地质问题,因此为了经济合理地回收煤炭资源,有效地与矿井水害作斗争,保证矿井安全生产,必须进行矿井建设和生产阶段的水文地质补充勘探。简单地说,水文地质补充勘探是在矿山基建过程中或已经投产的情况下,为了解决某一项或若干项水文地质问题而进行的专门性水文地质勘探。煤田水文地质勘探的基本任务是为煤炭工业的规划布局、煤矿建设和正常安全生产提供水文地质依据,并为水灾地质研究积累资料,一般应分阶段循序进行。矿井水文地质补充勘探是为矿井建设、采掘、开拓延深、改扩建提供所需的水文地质资料,并为矿井防治水工作提供水文地质依据,它是在煤田水文地质勘探的基础上进行的。

一、矿井水文地质补充勘探的范围和要求

矿井有下列情形之一的,应当进行水文地质补充勘探工作:

(1)矿井主要勘探目的层未开展过水文地质勘探工作的。一是指一些老矿区由于上组

煤资源枯竭,准备或已经开采下组煤,而未进行深部水文地质勘探的;再者是指一些准备开采或新开的煤矿,由于某种原因未进行相应的水文地质勘探的。

(2)矿井原勘探工程量不足,水文地质条件尚未查清的。是指矿井在勘探阶段,由于种种原因,投入的水文地质工程量未达到相关规范要求,且未能查清水文地质条件的。

(3)矿井经采掘揭露煤岩层后,水文地质条件比原勘探报告复杂的。是指矿井在采掘过程中,经井下水文地质观测发现水文地质条件比水文地质勘探报告复杂的。

(4)矿井经长期开采,水文地质条件已发生较大变化,原勘探报告不能满足生产要求的。是指矿井由于长期开采,改变了矿井直接或间接充水含水层水文地质条件,对矿井生产产生不良影响,且原水文地质勘探报告已不能指导矿井生产的。

(5)矿井开拓延深、开采新煤系(组)或者扩大井田范围设计需要的。是指当矿井因开拓延深、开采新煤系(组)、扩大井田范围进行矿山开采(补充)设计时,原水文地质勘探报告不能满足,需要进行水文地质勘探的。

(6)矿井巷道顶板处于特殊地质条件部位或者深部煤层下伏强充水含水层,煤层底板带压,专门防治水工程提出特殊要求的。

(7)各种井巷工程穿越强富水性含水层时,施工需要的。

二、水文地质补充勘探的任务

水文地质补充勘探,是在煤田水文地质勘探的基础上,进一步查明矿区(井)水文地质条件的重要手段,因为矿井水文地质勘探程度不同,需要解决的专门性问题不同,水文地质补充勘探的目的、任务也不同。其任务主要是通过水文地质钻探、物探、化探和水文地质试验(主要是抽水试验、注水试验和连通试验)解决如下几个方面问题。

(1)查明矿区延探水平或矿区范围扩大地段的水文地质条件。

(2)查明新采区接近地表水体或含水松散岩层的充水性。

(3)查明新采区接近断层、破碎带的富水性和导水性。

(4)为取得深部含水层参数需进行矿井放水试验。

(5)查明水体下开采时矿井充水或溃砂的可能性。

(6)查明断层和地表水体或强含水层之间的水力联系。

(7)增加供水量,扩大或寻找新水源地。

(8)布置地下水动态观测网。

(9)为注浆选择帷幕位置,为堵截地下水源查清充水通道和集中径流地段。

(10)为查明隔水层位置和分布规律,确保带水压采矿的安全。

三、水文地质补充勘探工程的布置原则

(1)矿井水文地质勘探工作应结合矿区的具体水文地质条件,对区域地下水系统进行整体分析研究,针对矿井主要水文地质问题及其水害类型,做到有的放矢。从区域着眼,立足矿区,把矿区水文地质条件和区域水文地质条件有机地结合起来,进行统一、系统的勘探研究,确保矿区查明、区域控制。牢记地下水具有系统性和动态性的特点,实行动态勘探、动态监测和动态分析的矿井水文地质勘探理念。对区域以水文地质测绘调查为主,在井田内以水文地质物探、钻探和抽(放)水试验等为主。

（2）在水文地质条件勘探方法的选择上，应根据矿井水文地质类型和具体条件，坚持重点突出、综合配套的原则。在勘探工程的布置上，应立足于井上下相结合，采区和工作面应以井下勘探为主，配合适量的地面勘探。对区域地下水系统，应以地面勘探为主，配合适量的井下勘探。应综合运用水文地质补充调查、地球物理勘探、水文地质钻探、抽（放）水试验、水化学和同位素分析、地下水动态观测、采样测试等各种勘查技术手段，积极采用新技术、新方法。

（3）无论是地面勘探或是井下勘探，都应把勘探工程的短期试验研究和长期动态监测研究有机地结合起来，达到勘探工程的整体空间控制和长期时间序列控制。应重视水文地质测绘和井上下简易水文地质观测与编录等基础工作，把矿井地质工作与水文地质工作有效地结合起来。

（4）地球物理勘探应着重于对地下水系统和构造的宏观控制，钻探应对重点区域进行定量分析并为专门水文地质试验和防治水工程设计提供条件和基础信息，专门水文地质试验（包括抽放水试验、化学检测与示踪试验、岩石力学性质试验、突水因素监测试验及其相关的计算分析）是定量研究和分析矿井水文地质条件的重要方法。

（5）水文地质勘探工程的布置，应尽量构成对勘探区地质与水文地质有效控制的剖面，既要控制地下水天然流场的补给、径流、排泄条件，又要控制开采后地下水系统与流场可能发生的变化，特别是导水通道的形成与演化，达到防治水工作的要求，应满足相应的工作需要。

（6）进行抽放水试验时，主要放（抽）水孔宜布置在主要充水含水层的富水段或强径流带。必须布设足够的观测孔（点）。观测孔布置必须建立在系统整理、研究各勘探资料的基础上，根据试验目的、水文地质分区情况、矿井涌水量计算方案等要求确定。应尽可能利用地质勘探钻孔或人工露头作为观测孔（点）。

（7）矿井水文地质补充勘探应编制补充勘探设计，经集团总工程师组织审查后实施补充勘探设计应当依据充分、目的明确、工程布置针对性强，并充分利用矿井现有条件，做到井上、下相结合。

水文地质补充勘探工作完成后，应当及时提交成果报告或者资料，由集团总工程师组织审查、验收。

四、地面勘探方法

（一）物探 化探、监测测试

物探、化探、监测测试部分内容见本教材项目五单元二。

（二）地面水文地质钻探

水文地质钻孔的类型包括地质及水文地质结合孔、抽水试验孔、水文地质观测孔、探采结合孔、探放水孔。每个钻孔都应当按照勘探设计要求进行单孔设计，包括钻孔结构、孔斜、岩芯采取率，封孔止水要求、终孔直径、终孔层位、简易水文观测、抽水试验、地球物理测井及采样测试、封孔质量、孔口装置和测量标志要求等。

钻孔施工主要技术指标，应当符合下列要求：

（1）以煤层底板水害为主的矿井，其水文地质补充勘探钻孔的终孔深度，以揭露下伏主要含水层段为原则。

(2)所在勘探钻孔均进行水文测井工作。对有条件的,可以进行流量测井、超声成像、钻孔电视探测等,配合钻探取芯划分含、隔水层,为取得有关参数提供依据。

(3)主要含水层或试验段(观测段)采用清水钻进。遇特殊情况需改用泥浆钻进时,经钻孔施工单位地质部门同意后,可以采用低固相优质泥浆,并采取有效的洗孔措施。

(4)钻孔孔径视钻孔目的确定。抽水试验孔试验段孔径,以满足设计的抽水量和安装抽水设备为原则;水位观测孔观测段孔径,应当满足止水和水位观测的要求。

(5)抽水试验钻孔的孔斜,满足选用抽水设备和水位观测仪器的工艺要求。

(6)钻孔取芯钻进,并进行岩芯描述。岩芯采取率:岩石大于70%;破碎带大于50%;黏土大于70%;砂和砂砾层大于30%。当采用水文物探测井,能够正确划分地层和含(隔)水层位置及厚度时,可以适当减少取心。

(7)在钻孔分层(段)隔离止水时,通过提水、注水和水文测井等不同方法,检查止水效果,并作正式记录;不合格的,重新止水。

(8)除长期动态观测钻孔外,其余钻孔都使用高标号水泥浆封孔,并取样检查封孔质量。

(9)观测孔竣工后,进行抽水洗孔,以确保观测层(段)不被淤塞。

水文地质钻孔应当做好简易水文地质观测,其技术要求参照有关规程、规范进行。对没有简易水文地质观测资料的钻孔,应当降低其质量等级或者不予验收。

水文地质观测孔,应当安装孔口装置和长期观测测量标志,并采取有效措施予以保护,保证坚固耐用、观测方便;遇有损坏或堵塞时,应当及时进行处理。

(三)钻孔抽水试验

抽水试验可以获得含水层的水文地质参数,评价含水层的富水性,确定影响半径和了解地表水与地下水以及不同含水层之间的水力联系。这些资料是查明水文地质条件、评价地下水资源、预测矿坑涌水量和确定疏干排水方案的重要依据。抽水试验钻孔的孔斜,满足选用抽水设备和水位观测仪器的工艺要求。

水文地质试验类型:按抽水孔与观测孔的数量可分为单孔抽水试验、多孔抽水试验和群孔抽水试验,按试段含水层的多少可分为分层抽水试验、分段抽水试验和混合抽水试验。

抽水试验质量:应当达到有关国家标准、行业标准的规定。

抽水试验的水位降深:应与根据设备能力达到最大降深,降深次数不少于3次,降距合理分布。当受开采影响导致钻孔水位较深时,可以仅做1次最大降深抽水试验。在降深过程的观测中,应当考虑非稳定流计算的要求,并适当延长时间。

对水文地质复杂或者极复杂型的矿井,如果采用小口径抽水不能查明水文地质、工程地质(地面岩溶塌陷)条件时,可以进行井下放水试验;如果井下条件不具备的,应当进行大口径、大流量群孔抽水试验。采取群孔抽水试验,应当单独编制设计,经煤矿企业总工程师组织审查同意后实施。

大口径群孔抽水试验的延续时间,应当根据水位流量过程曲线稳定趋势而确定,一般不少于10日;当受开采疏水干扰,导致水位无法稳定时,应当根据具体情况研究确定。

为查明受采掘破坏影响的含水层与其他含水层或者地表水体等之间有无水力联系,可以结合抽(放)水进行连通(示踪)试验。

抽水前,应当对试验孔、观测孔及井上、井下有关的水文地质点,进行水位(压)、流量观测。必要时,可以另外施工专门钻孔测定大口径群孔的中心水位。

(四)钻孔注水试验

矿山生产中注水试验的主要目的在于测定矿层顶底板岩层及构造破碎带的透水性及变化,为矿山注浆堵水、帷幕截流及划分含水层与隔水层提供依据。

按止水塞堵塞钻孔的情况分为分段注水和综合注水两类。

(1)分段注水:自上而下分段注水,随着钻孔的钻进分段进行;钻孔结束后自下而上分段止水后进行。

(2)综合注水:在钻孔中进行统一注水,试验结果为全孔综合值。

对于因矿井防渗漏研究岩石渗透性,或者因含水层水位很深致使无法进行抽水试验的,可以进行注水试验。

注水试验应当编制试验设计。试验设计包括试验层段的起、止深度;孔径及套管下入层位、深度及止水方法;采用的注水设备、注水试验疗法,以及注水试验质量要求等内容。

注水试验施工主要技术指标,应当符合下列要求:

(1)根据岩层的岩性和孔隙、裂隙发育深度,确定试验孔段,并严格做好止水工作。

(2)注水试验前,彻底洗孔,以保证疏通含水层,并测定钻孔水温和注入水的温度。

(3)注水试验正式注水前及正式注水结束后,进行静止水位和恢复水位的观测。

物探工作布置、参数确定、检查点数量和重复测量误差、资料处理等,应当符合有关国家标准、行业标准的规定。

进行物探作业前,应当根据勘探区的水文地质条件、被探测地质体的地球物理特征和不同的工作目的等因素确定勘探方案。进行物探作业时,可以采用多种物探方法进行综合探测。

物探工作结束后,应当提交相应的综合成果图件。物探成果应当与其他勘探成果相结合,经相互验证后,可以作为矿井采掘设计的依据。

(五)坑道疏干放水试验

(1)水文地质勘探:已进行过水文地质勘探的矿井,在基建过程中发现新的问题,需要进行补充勘探。此时,水泵房建成,可以把工程布置在坑内,以坑道放水试验代替地面水文地质勘探,计算矿坑涌水量。

(2)生产疏干:以地下水疏干为主要防治水方法。水文地质条件比较复杂时,在疏干工程正式投产前,选择先期开采地段或具有代表性的地段,进行放水试验,了解疏干时间、疏干效果,核实矿坑涌水量。

五、井下水文地质勘探

井下水文地质勘探的有关规定:

(1)采用井下物探、钻探、监测、测试等手段。

(2)采用井下与地面相结合的综合勘探方法。

(3)井下勘探施工作业时,保证矿井安全生产,并采取可靠的安全防范措施。

(一)井下水文地质勘探的对象

矿井有下列情形之一的,应当在井下进行水文地质勘探:

(1)采用地面水文地质勘探难以查清问题,需在井下进行放水试验或者连通(示踪)试验的。

(2)煤层顶、底板有含水(流)砂层或者岩溶含水层,需进行疏水开采试验的。

(3)受地表水体和地形限制或者受开采塌陷影响,地面没有施工条件的。

(4)孔深或者地下水位埋深过大,地面无法进行水文地质试验的。

(二)井下水文地质勘探的要求

(1)钻孔的各项技术要求、安全措施等钻孔施工设计,经矿井总工程师批准后方可实施。

(2)施工并加固钻机硐室,保证正常的工作条件。

(3)钻机安装牢固。钻孔首先下好孔口管,并进行耐压试验。在正式施工前,安装孔口安全闸阀,以保证控制放水。安全闸阀的抗压能力大于最大水压。在揭露含水层前,安装好孔口防喷装置。

(4)按照设计进行施工,并严格执行施工安全措施。

(5)进行连通试验,不得选用污染水源的示踪剂。

(6)对于停用或者报废的钻孔,及时封堵,并提交封孔报告。

(三)放水试验原则

(1)编制放水试验设计,确定试验方法、各次降深值和放水量。放水量视矿井现有最大排水能力而定,原则上放水试验能影响到的观测孔应当有明显的水位降深。其设计由煤矿企业总工程师组织审查批准。

(2)做好放水试验前的准备工作,固定人员,检验校正观测仪器和工具,检查排水设备能力和排水线路。

(3)放水前,在同一时间对井上下观测孔和出水点的水位、水压、涌水量、水温和水质进行一次统测。

(4)根据具体情况确定放水试验的延续时间。当涌水量、水位难以稳定时,试验延续时间一般不少于10~15日。选取观测时间间隔,应当考虑到非稳定流计算的需要。中心水位或者水压与涌水量进行同步观测。

(5)观测数据及时登入台账,并绘制涌水量—水位历时曲线。

(6)放水试验结束后,及时进行资料整理,提交放水试验总结报告。

(四)用穿层石门疏水降压

对于受水害威胁的矿井,采用常规水文地质勘探方法难以进行开采评价时,可以根据条件采用穿层石门或者专门凿井进行疏水降压开采试验。

进行疏水降压开采试验,应当符合下列规定:

(1)有专门的施工设计,其设计由煤矿企业总工程师组织审查批准。

(2)预计最大涌水量。

(3)建立能保证排出最大涌水量的排水系统。

(4)选择适当位置建筑防水闸门。

(5)做好钻孔超前探水和放水降压工作。

(6)做好井上下水位、水压、涌水量的观测工作。

矿井可以根据本单位的实际,采用直流电法(电阻率法)、音频电穿透法、瞬变电磁法、电磁频率测探法、无线电波透视法、地质雷达法及浅层地震勘探、瑞利波勘探、槽波地震勘探方法等物探方法，并结合钻探方法对资料进行验证。

(五)连通试验

1. 连通试验的目的

连通试验的目的如下：

(1)查明断层带的阻水性。

(2)查明断层带的导水性，证实断层两盘含水层有无水力联系，证实断层同一盘的不同含水层之间有无水力联系。

(3)查明地表可疑的井、泉、地表水体、地面潜蚀带等同地下水或矿坑出水点有无水力联系。

(4)查明河床中的明流转暗流的去向及其与矿坑出水点有无水力联系。

(5)检查注浆堵水效果并研究岩溶地下水系的下述问题：①补给范围、地下分水岭、补给速度、补给量与相邻地下水系的关系；②径流特征、实测地下水流速、流向、流量；③与地表水的转化、补给等关系；④配合抽水试验等，确定水文地质参数，为合理布置供水井提供设计根据；⑤查明渗漏途径、渗漏量及洞穴规模、延深方向以及为截流成库、排洪引水等工程提供依据。

(6)查明煤层露头带冲积层中的含水层、煤层顶底板方向不同层位的含水层同井下突水点有无水力联系，或不同含水层之间有无水力联系。

(7)检查注浆堵水效果。

(8)监视水体下采煤后的冒落带、导水裂隙带高度是否会直接或间接接触水体。

2. 试验段(点)的选择原则

试验段(点)的选择原则如下：

(1)断层两侧含水层对接相距最近的部位。

(2)根据水文地质调查或勘探资料分析，认为有连通性的地段(点)。

(3)针对专门的需要进行水力连通试验的地段(点)。

(4)能达到施工目的，施工与观测又很方便的地段(点)。

单元四 矿井水文地质动态观测

在矿井水文地质工作中，水文地质调查与观测是经常性的、十分重要的长期工作，是矿井水文地质工作的主要项目，是长期提供水文地质资料的重要手段。通过水文地质调查与观测所获得的资料，有助于解决如下几方面的问题：

(1)地下水的动态与大气降水的关系。

(2)各充水含水层之间的水力联系以及它们与地表水体之间的关系。

(3)各含水层与矿井涌水的关系，分析矿井涌水水源。

(4)分析断层的导水性及其随采掘的变化。

(5)研究含水层的富水性，以便对各含水层疏干的可能性作出评价。

(6)研究矿井涌水量与开采面积、深度、巷道掘进长度(包括走向与倾斜方向)的关系，预计矿井涌水量。

(7)为防治矿井水提供依据，指导采掘工作的进行。

(8)对矿井水文地质条件作综合性的评价。

矿井水文地质条件,不仅受自然因素的影响,同时也受采矿活动的影响。在矿井建设和生产过程中,为了及时掌握地下水的动态,保证工作安全,就必须经常了解水文地质条件的变化情况。因此,矿井水文地质调查与观测是矿井水文地质工作必不可少的项目。

矿区(井)建设和生产过程中的水文地质调查与观测工作,一般包括两部分内容:地面水文地质观测和井下水文地质观测。

一、地面水文地质观测

地面水文地质观测包括气象资料观测、地表水观测、地下水动态观测及采矿后形成的冒落带和导水断裂带发育高度的观测等4个方面。

(一)气象资料观测

凡距离气象台(站)大于30 km的矿区(井),应设立气象观测站,站址的选择应符合气象台(站)的要求;距气象台(站)小于30 km的矿区(井),可只建立雨量观测站。

气象观测资料,应整理成气象要素变化图(见图2-1),以说明矿区(井)范围内气象要素变化情况。此外,还应当把气象要素变化同矿井建设和生产的实践结合起来分析研究。如编制降水量、蒸发度与矿井涌水量、地下水位变化相关曲线图,以帮助分析矿井涌水条件。

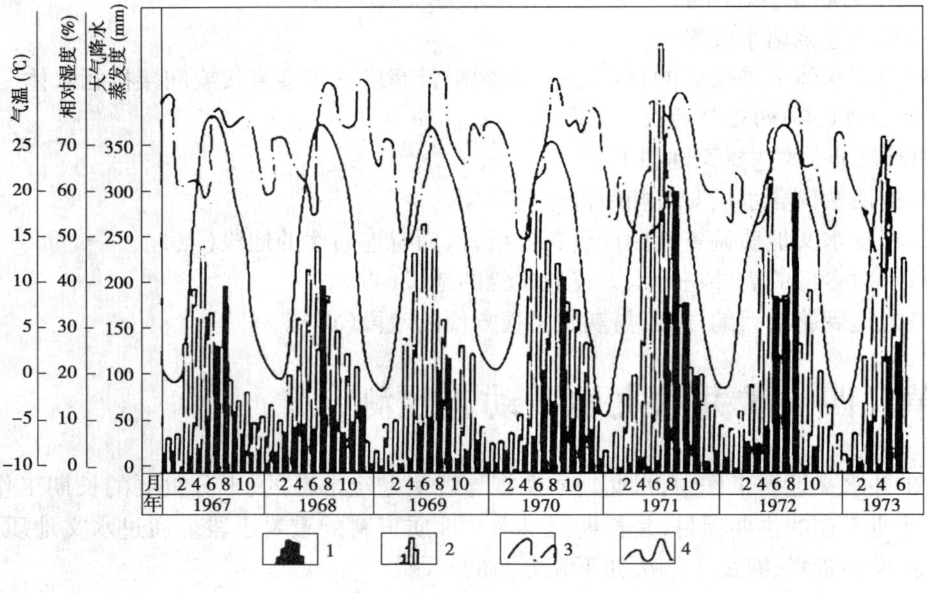

1—降水量;2—蒸发度;3—相对湿度;4—气温

图2-1 气象要素变化图

(二)地表水观测

地表水主要是指河流、溪流、大水沟、湖泊、水库、大塌陷坑积水等。对分布于矿区(井)范围内的地表水体,都应进行定期观测。

对于通过矿区(井)的河流、溪流、大水沟,一般在其出入矿区(井)或采区、含水层露头区、地表塌陷区及支流汇入的上下端设立观测站,定期地测定其流量(雨季最大流量)、水位(雨季最高洪水位),通过矿区(井)、地表塌陷区、含水层露头及构造断裂带等地段的流失量，河流泛滥时洪水淹没区的范围和时间。其中水位和流量是江河湖库水文现象的两个基本因素。观测水位的目的主要有两个：一是为矿区（井）防洪排水、工程设计提供基础资料；二是为推算流量、指挥防汛抢险救灾和做好水文预报提供依据。

对分布在矿区（井）范围内的湖泊、水库、大塌陷坑积水区，也必须设立观测站、进行定期观测。观测的内容主要是积水范围、水深、水量及水位标高等。

上述观测内容，在正常情况下，一般每月观测一次，但如果采掘工作面接近或通过地表水体之下，或者通过与地表水有可能发生水力联系的断裂构造带时，观测次数则应根据具体情况适当增加。此外雨季或暴雨后根据需要也要增加观测次数。

通过上述观测所获得的资料，应整理成曲线图（见图 2-2），以便研究其流量（水量）、水位的变化规律，找出其变化原因，并预测地表水对矿井涌水的影响。此外，还应将河水漏失地段、洪水淹没范围等标在相应的图纸上。

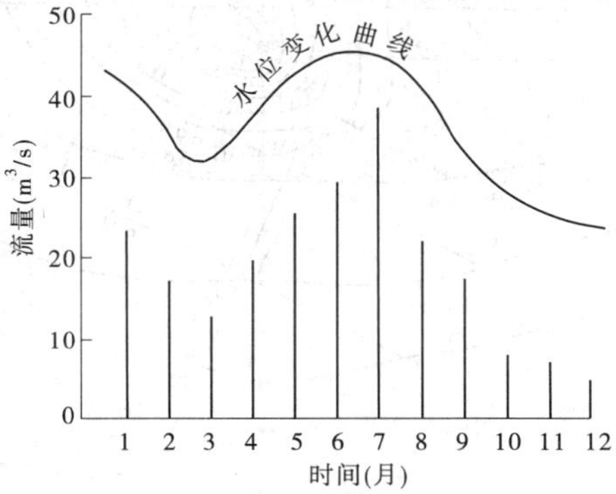

图 2-2 河水流量、水位变化曲线

（三）地下水动态观测

地下水动态观测是研究地下水动态的重要手段。在矿区进行地下水位（压）动态观测，是为了掌握地下水的动态特征，从而判断其与大气降水、地表水体之间以及各含水层之间的水力联系，判断突水水源、预测水害，分析地下水的疏干状况以及同矿井开采面积、深度的关系等，为防治水害和利用地下水资源服务。

1. 地下水动态观测方法

在矿区（井）建设和生产过程中，应该选取一些具有代表性的井、泉、钻孔、被淹矿井以及勘探巷道等，作为观测点，进行地下水的动态观测。如果已有的观测点不能满足观测要求时，则需根据矿区（井）的水文地质特征和建设及生产要求，增加新的观测点，与已有的观测点组成观测系统（如观测线或观测网）。

1）观测点的布置

观测点的布置，除根据矿区（井）的水文地质特征、地质构造、地表水的分布等情况外，还应该根据矿井建设和生产的分布情况及要求来确定。一般应考虑布置在以下的地段：

（1）对矿井生产建设有影响的主要含水层。

（2）影响矿井充水的地下水集中径流带（构造破碎带）。

（3）可能与地表水有水力联系的含水层。

（4）矿井先期开采的地段。

（5）在开采过程中水文地质条件可能发生变化的地段。

(6)人为因素对矿井充水有影响的地段。

(7)井下主要突水点附近或具有突水威胁的地段。

(8)疏干边界或隔水边界处。

【例 2-1】 华东某矿东翼的先期试验采区,为了解井下开采所引起的水文地质条件变化以及泥灰岩、流砂层水对井下开采的影响程度,并为未来整个东翼的开发确定合理、安全的回采上限标高,在试采区的上方地表布置了 21 个观测孔,如图 2-3 所示。

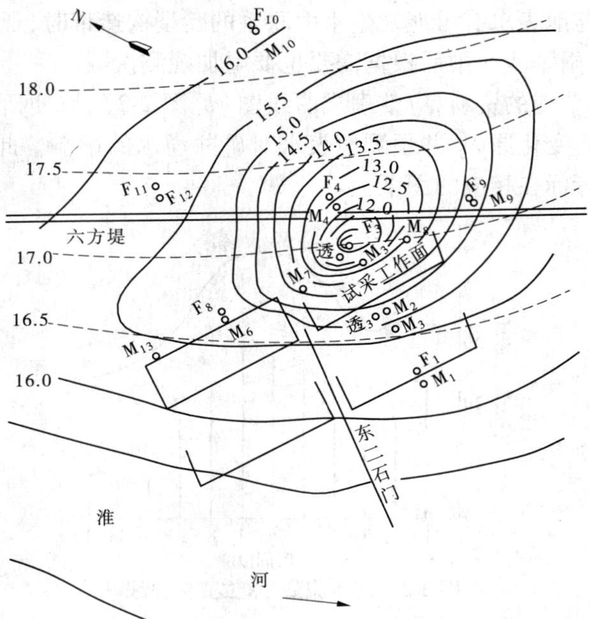

图 2-3 某煤矿试采区观测孔布置图

此外,观测孔要尽可能做到一孔多用,井上井下、矿区、矿井与矿井之间密切配合,先急后缓,短期使用与长期使用相结合。同时,观测孔的布置应尽量少占或不占农田,不影响农业生产。

观测网布孔设点前,必须有专门详细的设计。在设计中对每一个观测孔都应该提出明确的目的和要求。如观测项目、观测层位、钻孔深度、钻孔结构、施工要求、止水方法、止水深度以及孔口装置等。在施工过程中,设计人员必须经常深入现场,与施工人员紧密配合,发现问题及时研究处理。

【例 2-2】 利用水位观测预报井下透水事故的发生

如河北开滦唐山煤矿,其含煤地层被百余米厚的冲积层所覆盖。在冲积层下部分布着较厚的卵石层,含水极为丰富(见图 2-4)。为了开采冲积层下面的急倾斜煤层,避免冲积层中的地下水突然涌入矿井而造成事故,于是在采煤工作面上方打了观测孔,由专人观测地下水位的变化。一天,观测人员发现观测孔内水位突然下降了 1 m,这是井下突水的明显预兆,随后采取了紧急措施,将回采工作面的人

图 2-4 唐山煤矿水观测孔示意图

员立即撤出，次日果然有大量地下水携带泥沙涌入井下。通过钻孔对潜水位的观测，准确预报了井下透水事故的发生，对保证职工人身安全起到了重要作用。

【例 2-3】　利用水位观测了解突水水源

如淄博某煤矿，在开采"10 行头炭"这一煤层时，回采工作面底板突然透水（见图 2-5）。涌水量达 300 m^3/h，有部分巷道被淹没。突水后，则发现打在本溪组徐家庄灰岩中的 CK_1 钻孔水位明显下降，而打在奥陶系石灰岩的 CK_2 观测孔，水位没有变化。因此，这次底板突水的水源主要是徐家庄灰岩水，而与奥灰水并无直接关系。

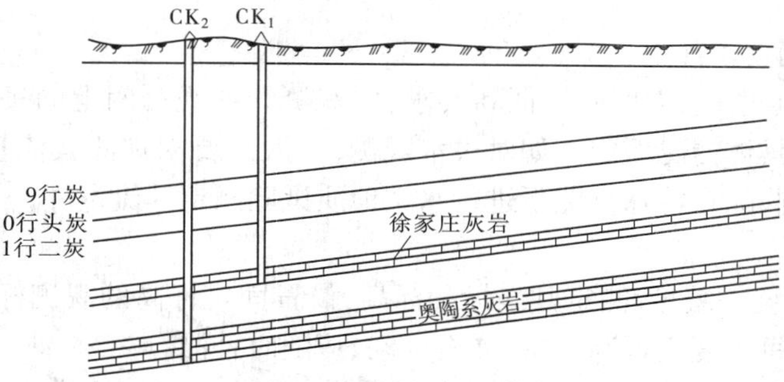

图 2-5　淄博某煤矿示意剖面图

【例 2-4】　利用水位观测检查断层的导水性

如焦作某煤矿，在巷道掘进时发现许多小断裂，在断裂带附近都有涌水现象，有些小断层被巷道揭露后涌水仍然较多，如果巷道继续掘进，前方将遇到一落差为 23 m 的较大断层。为使巷道能安全通过，需查明该断层的导水性，于是在断层两盘分别布置了观测孔，观测断层两盘同一含水层的水位变化（见图 2-6）。经过对两个钻孔水位的观测，发现水位差别很大，说明断层两盘没有直接的水力联系，当前不会导水。于是巷道继续掘进，当巷道穿越此断层时果然无水。

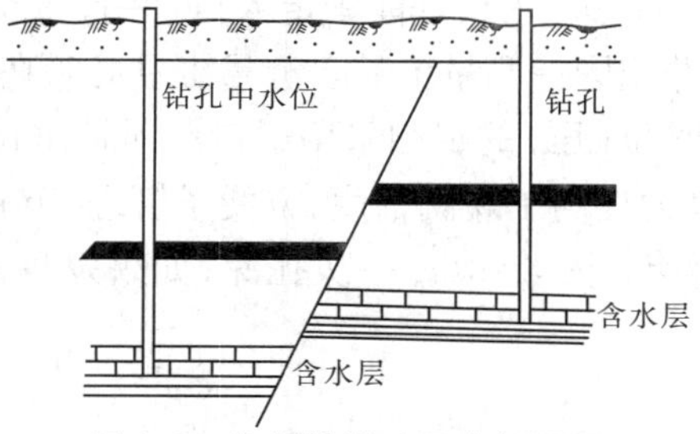

图 2-6　焦作某煤矿示意剖面图

【例 2-5】　利用水位观测了解地下水和地表水的补给关系

如西南某煤矿，在掘进底板（茅口灰岩）运输行人巷时，发生了突水事故，最大涌水量达 8 000 m^3/h，最初有人推测水源来自附近的河流，为了证实这一推断，在河流的岸边打了 CK_1、CK_2 两个钻孔（见图 2-7）。

经过对两个钻孔中水位的观测，发现 CK_1 中水位高于河流水面，CK_2 中水位又高于 CK_1。因为地下水是由水位高势位向低势位流动的，所以此处为地下水补河流水，井下突水与河水无关。后经详细调查，终于查明这次突水主要是因为巷道遇到了地下暗流，从而为今后制定防水措施提供了依据。

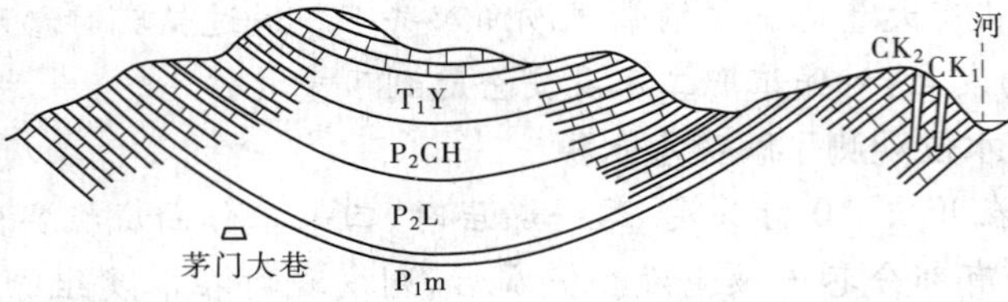

T_1Y—玉龙山灰岩；P_2CH—长尖灰岩；P_2L—乐平煤系；P_1m 茅口灰岩

图 2-7　西南某煤矿示意剖面图

2）观测要求

对测点的观测要求如下：

（1）根据矿区（井）水文地质特征和要求，对观测线或观测网上的每一个观测点进行观测时，观测项目视具体情况而定。如对泉水观测，一般只要求观测其流量、水温、水质；对于井及钻孔等的观测，除在特殊情况下进行水文地质试验测定其流量外，一般也只要求观测其水位、水温及水质。

（2）观测点要统一编号，测定其坐标和标高，设置固定标高的观测标志。这个标志不能损坏和移动，并须每年复测标高一次，如有变动，应随时补测。

（3）观测时间间隔。上述观测工作，在开采前一个水文年即应进行，在采掘过程中亦必须坚持观测。在未掌握地下水的动态规律以前，一般每 5 ~ 7 d 观测一次，随后每月观测 1 ~ 3 次。在雨季或其他特殊情况下（如矿井发生突水等），则要根据具体情况，适当增加观测次数。掌握规律后，观测的时间间隔可适当延长。

（4）观测流量水位时，同时观测水温。在观测水温时，温度计沉入水中的时间一般不应少于 10 min。

（5）为了减少误差，每次水位观测至少有两个读数，其误差不能超过 2 cm，其差值不得大于 2 cm，水温误差不超过 0.2 ℃。如果发现异常现象，要立即分析，必要时进行重测。

（6）观测工作一般要求同步进行，最好能固定人员，并且每次尽可能按固定时间和顺序在最短的时间内观测完毕，并用同一测量工具。测量工具必须在观测前进行检查校正。

随着科技的发展，钻孔水位（压）的观测采用了自动遥控水位实时监测系统代替人工观测，可随时读取观测数据，大大提高了观测精度，方便了管理，节省了人力。

（7）观测钻孔，一般每半年到一年检查一次孔深，如果发现有淤塞现象，应及时加以处理。

3）观测资料的整理

进行地下水动态观测的目的在于通过日常观测，了解一个矿区（井）水文地质条件随时间的延续所发生的变化规律。为此，对地下水的观测资料，应及时进行整理和分析。每一个观测点的资料，应编制成水位变化曲线图、流量变化曲线图等（见图 2-8、图 2-9），以便掌握该点地下水的动态。对整个观测系统的资料，定期整理，编制成综合图件，如等水位线图（等水压线图）、水化学剖面图等，以掌握整个矿区（井）范围内某一时期的水文地质条件变化，以便分析矿井的涌水条件及其变化。

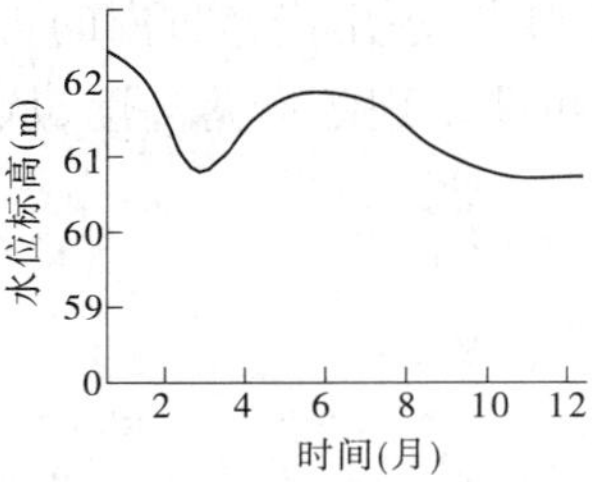

图 2-8 钻孔水位历时变化曲线

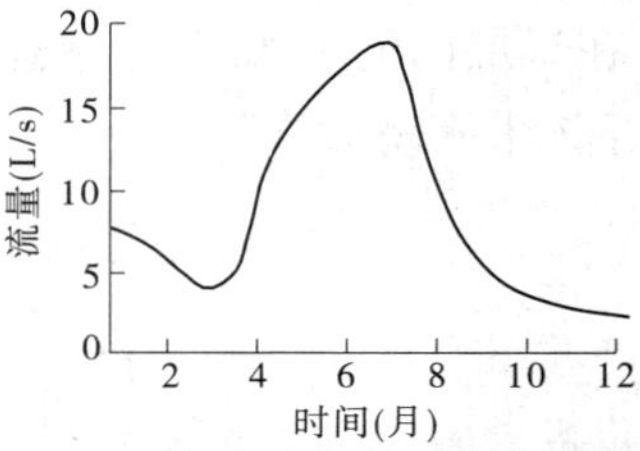

图 2-9 泉水流量历时变化曲线

【例 2-6】 华东某煤矿东翼先期试采区,1972 年 8 月(回采前)根据各观测点在同一时间内测得的流砂层水位,作出了流砂层等水位线图(图 2-3 中的断线)。8 个月之后,试采区第一阶段回采完毕,地表下沉,地面出现了塌陷坑,采区涌水量由采前的 3 m^3/h 增加到 28.5 m^3/h,于 1973 年 4 月,又同时观测了流砂层各观测孔的水位,作出等水位线图(图 2-3 中的实线)。

通过对上述同一地段内同一含水层不同时期所作的等水位线图的对比发现,流砂层水的流动方向在局部地段发生了变化,而该地段又正是由于井下开采地表出现塌陷的地段。由此可知,流砂层水通过塌陷区下部的导水裂隙向井下渗漏。所以利用这种图件,可帮助人们分析矿井涌水水源,同时还可以进行流砂层水渗漏量的大致计算(采用辐射水流法计算)。

对钻孔水位和泉水流量作历时观测后,作出的变化曲线如图 2-8、图 2-9 所示,可了解水位和流量随时间的变化规律,选择在曲线低值期探放水为宜。

(四)垮落带、导水断裂带发育高度的观测

主要是观测煤层采空后,其上覆岩层失去支撑而发生变形、移动以致垮落、开裂形成的垮落带(冒落带)和导水断裂带的高度。

煤层开采后,采空区顶板岩层失去支撑,发生变形、移动而后垮落,充填采空区。在垮落带上方岩层中发育大量导水裂隙,其发育高度对矿井涌水量的影响极大,如果导水断裂带将各含水层贯通,地下水将源源不断流入矿井,若当导水断裂带发育高度达到地表,沟通地表水体时,将地表水引入矿井,成为矿井充水水源,因此对垮落带、导水断裂带观测非常必要。通常在地面利用钻孔钻进过程中观测岩芯破碎程度及冲洗液消耗量来确定垮落带及导水断裂带的高度。当钻进到导水断裂带,岩芯破碎,冲洗液大量消耗;当钻进到垮落带时,岩芯非常破碎,冲洗液完全消耗,水位消失。

观测孔的具体布设方法如下:

(1)开采缓倾斜煤层时,在采区或一个回采工作面的上部地表,沿煤层走向、倾向各布置一条观测线,每条观测线上都布置 3 个观测钻孔,以了解钻孔下方煤层采空后,不同时间岩层垮落带与断裂带的高度。观测孔的施工时间,应安排在回采后 2 ~ 3 个月内进行。如果煤层顶板比较坚硬,采区或工作面上部的垮落带、断裂带的高度,要比工作面中部和下部高,因此可省略沿倾斜方向的钻孔,只布置一条沿煤层走向的观测线。

(2)开采急倾斜煤层的地区,观测孔一般布置在采区或采面中部一条沿倾斜的剖面上,由 3 ~ 5 个钻孔组成,如图 2-10 所示,由于影响急倾斜煤层围岩破坏的因素较多,也可在观测线两侧各补一个钻孔，以便控制和了解顶板岩层的破坏形态，求出铅直方向的岩层导水断裂带高度，在煤层内的 1、4 、5 号钻孔，用以观测煤层向上可能出现的滑落高度，从而预测煤层滑落是否破坏地表水体。

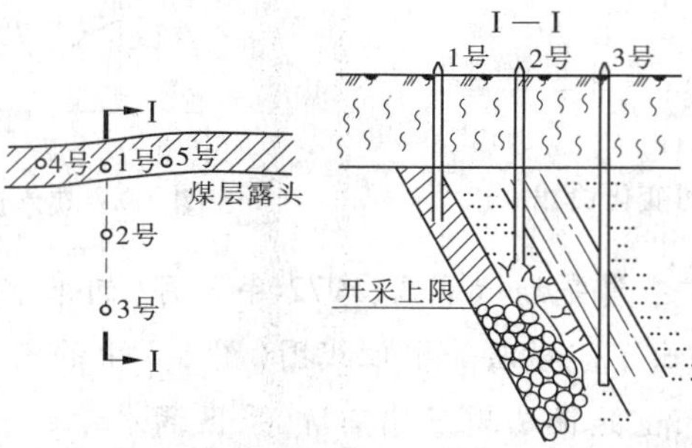

图 2-10　急倾斜煤层围岩破坏情况及观测孔的布置

目前，部分矿区采用的是在井下工作面周边向采空区上方的导水断裂带内施工仰斜钻孔，分段注水观测采后 3 带发育高度。采用一种称为“双端封堵测漏装置”的观测系统，该观测系统由孔内双端堵水器、连接管路和孔外控制台 3 部分构成，孔外控制台主要包括流量表、压力表和相应的阀门，用以控制封孔压力、注水压力及测量注水量大小；孔外仪表与孔内封堵器之间通过耐压管路连接。

采用双端堵水器观测导水断裂带高度，与传统的地面打钻采用钻孔冲洗液消耗量观测法相比，该方法工程量小、成本低、精度高、简单易行。

二、井下水文地质观测

井下水文地质观测工作是随着矿井开拓和采掘工作同时进行的，观测内容包括以下几方面。

（一）矿井巷道充水性观测

1. 含水层观测

当巷道通过含水层时，须详细地记述其厚度、岩性、裂隙或岩溶发育情况、揭露点的标高、涌水量、水压及水温等。必要时，取水样进行水质化验。

2. 岩层裂隙发育调查及观测

对巷道穿过的含水层应进行裂隙发育情况调查，记述裂隙的产状要素、长度及宽度、成因类型、张开的或是闭合的、充填程度及充填物的成分、地下水活动痕迹及裂隙的消失情况等，并选择有代表性的地段、测量其裂隙率。裂隙率的测定方法一般是在选定的块段内用小钢尺逐条测量裂隙的长度、宽度，然后按式(2-2)计算裂隙率：

$$K_T = \frac{\sum ab}{F} \times 100\% \tag{2-2}$$

式中　K_T——裂隙率；

$\sum ab$——裂隙面积，$\sum ab = a_1 b_1 + a_2 b_2 + \cdots + a_n b_n$，$m^2$；

F——测量块段的面积，m^2。

3. 断裂构造观测

断裂构造往往是地下水活动的主要通道。因此，当巷道揭露断层时，首先应确定断层的性质，同时测量断层的产状要素、落差、断层带的宽度、充填物质及其透水情况等，并一一做出详细的记录。

4. 出水点观测

随着矿井巷道掘进或回采工作面的推进，如果发现有出水现象，水文地质人员应及时到现场进行观测。观测的内容包括出水时间、地点、出水层位、岩性、厚度、出水形式、水量、水压、标高、出水点围岩及巷道的破坏变形情况等，找出出水原因，分析水源。必要时，应取水样进行化学分析。上述内容也必须做出详细的记录。编制出水点记录卡片（见表2-2），并绘制出水点素描或剖面图（见图2-11、图2-12）及出水点水量变化曲线（见图2-13）。

表2-2 出水点记录卡片

出水时间	出水地点	出水层位	出水形式	出水标高 H（m）	水压 p（kg/cm^2）	出水量 a（m^3/min）	水质分析	出水原因	水源分析	对生产的影响	备注

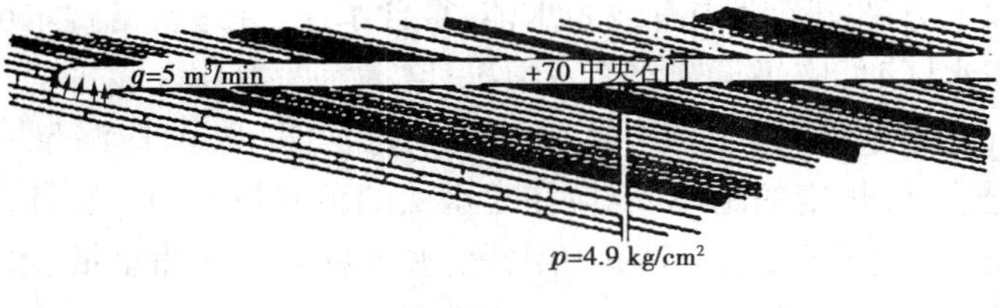

图2-11 某煤矿中央石门灰岩突水点剖面图

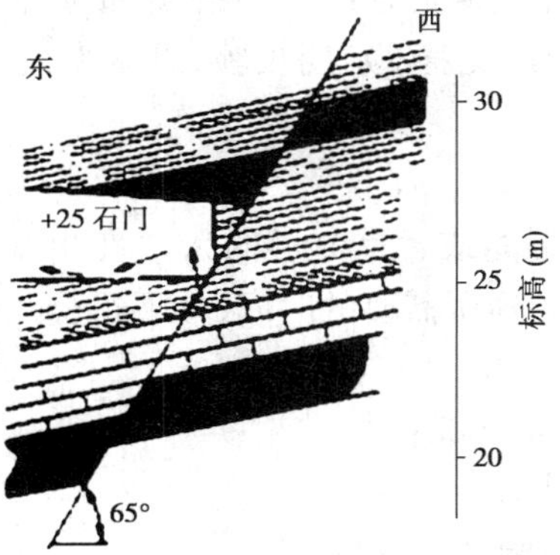

图2-12 某煤矿+25石门突水点剖面图

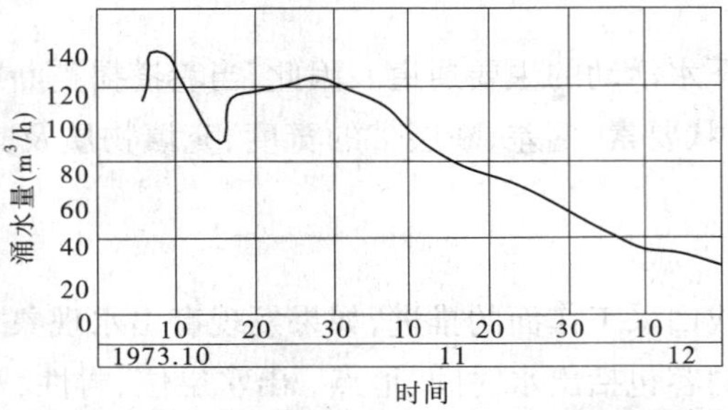

图2-13　某煤矿+25石门突水点水量变化曲线

5.出水征兆的观测

随着井下巷道的开拓和回采工作面的推进,水文地质工作人员要经常深入现场,观测巷道工作面是否潮湿、滴水、淋水以及顶底板和支柱的变形情况,如底鼓、顶板陷落、片帮、支柱折断、围岩膨胀、巷道断面缩小等。这些现象都是可能出水征兆,在观测时都要作出详细记录。

(二)矿井涌水量动态观测

一般应分矿井、分水平设站进行观测。每月观测1~3次。复杂型和极复杂型矿井应分煤层(或煤系)、分地区、分主要出水点设站进行观测,每月观测不少于3次。受降水影响的矿井,雨季观测次数应适当增加。

对井下新揭露的出水点,在涌水量尚未稳定和尚未掌握其变化规律前,一般应每天观测一次。对溃入性涌水,在未查明突水原因前,应每隔1~2 h观测一次,以后可适当延长观测间隔时间。涌水量稳定后,可按井下正常观测时间观测。

当采掘工作面上方影响范围内有地表水体、富含水层、穿过与富含水层相连通的构造断裂带或接近老窑积水区时,应每天观测充水情况,掌握水量变化。

新凿立、斜井,立井垂深每延深10 m,斜井斜长每延深20 m,应测量一次涌水量。掘进至新的含水层时,虽不到规定的距离,也应在含水层的顶底板各测一次涌水量。

井下疏水降压(疏放采空区水)钻孔涌水量、水压观测。在涌水量、水压稳定前,应每小时观测1~2次,涌水量、水压基本稳定后,按正常观测要求进行。

矿井涌水量的观测,应注重观测的连续性和精度,要求采取容积法、堰测法、流速仪法或其他先进的测水方法。测量工具仪表要定期校验,以减少人为误差,矿井涌水量观测方法,常用的有如下几种。

1.容积法

用一定容积的量水桶(圆形的或者是方形的),放在出水点附近,然后将出水点流出的水导入桶内,用秒表记下流满一桶所需要的时间,按下述公式计算其涌水量:

$$Q = V/t \tag{2-3}$$

式中　Q——涌水量,m^3/h或m^3/min;

V——量水桶的容积,m^3或L;

t——流满水桶所需的时间,h、min或s。

在井筒开凿时,常常利用迎头的水窝来测量涌水量。其方法是:用水泵将井底水窝内的水位降低一部分,然后停泵,测量水头升高到一定位置所需的时间,按下式计算其涌水量:

$$Q = FH/t \tag{2-4}$$

式中　F——水窝断面面积，m^2；

H——水位上升高度，m。

t——水位上升到 H 时所需的时间，h、min 或 s。

测量巷道顶板滴水和淋水的水量时，也可用容积法测定。一般是采用一块长约 2 m，宽与巷道的宽度大致相等的铁皮或塑料布，将水聚集起来，然后倒入量水桶中，用前述公式计算其涌水量。

容积法测定涌水量一般比较准确，但有局限，当涌水量过大时，这种方法不宜使用。

2. 浮标法

这种方法是在规则的水沟上下游选定两个断面，并分别测定这两个断面的过水面积 F_1 和 F_2，取其平均值 F，再量出这两个断面之间的距离 L，然后用一个轻的浮标（如木片、树皮、厚纸片、乒乓球之类），从水沟上游以上投入水中，经过上游断面时记下时间，等浮标到达下游断面时，再记下时间，两个时间的差值，即浮标从上游断面到下游断面，流经 L 长的距离所需的时间 t，然后按下式计算其涌水量 Q：

$$Q = LF/t \tag{2-5}$$

这种方法简单易行，特别是涌水量大时更适用，但精度不太高，一般还需乘上一个经验系数。经验系数的确定，需考虑到水沟断面的粗糙程度、巷道风流方向及大小等，一般取 0.85。

3. 堰测法

这种方法的实质就是使排水沟的水通过一固定形状的堰口。测量堰口上游（一般在2 h 的地点）的水头高度，就可以算出流量。堰口的形状不同，计算的公式也不一样。常用的有如下 3 种堰形：

(1) 三角堰。三角堰如图 2-14 所示，这种堰适合于流量小于 0.5 m^3/s 的情况。计算公式为

$$Q = 0.014H^2\sqrt{h} \tag{2-6}$$

式中　Q——流量，L/s；

H——堰口上游 2 h 处的水头高度，cm；

h——水深，cm。

(2) 梯形堰。梯形堰如图 2-15 所示，其计算公式为

$$Q = 0.186BH\sqrt{h} \tag{2-7}$$

式中　B——堰口底宽，cm。

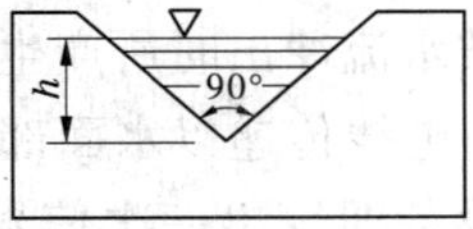

图 2-14　三角堰

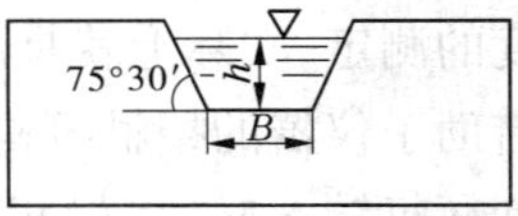

图 2-15　梯形堰

(3) 矩形堰。矩形堰如图 2-16 所示，其计算公式为

有缩流时（即堰口窄于水沟）：

$$Q = 0.01838(B - 0.2H)\sqrt{h} \tag{2-8}$$

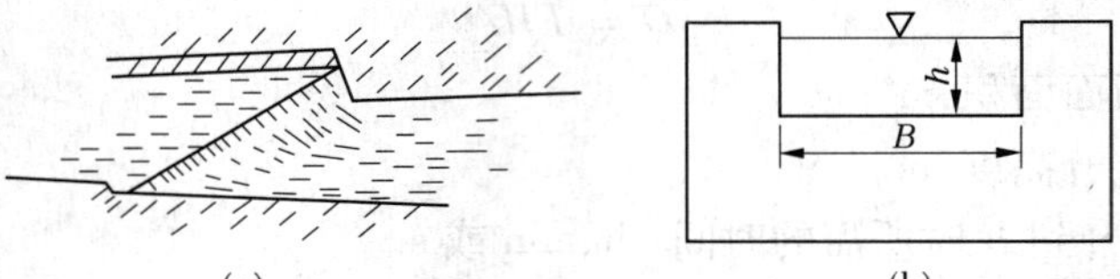

图 2-16　矩形堰

无缩流时(即堰口与水沟一样宽):

$$Q = 0.018\ 38BH\sqrt{h} \tag{2-9}$$

使用堰测法时,必须注意堰口的上下游一定要形成水头差(跌水),如图 2-17 所示,否则测量的结果不准确。

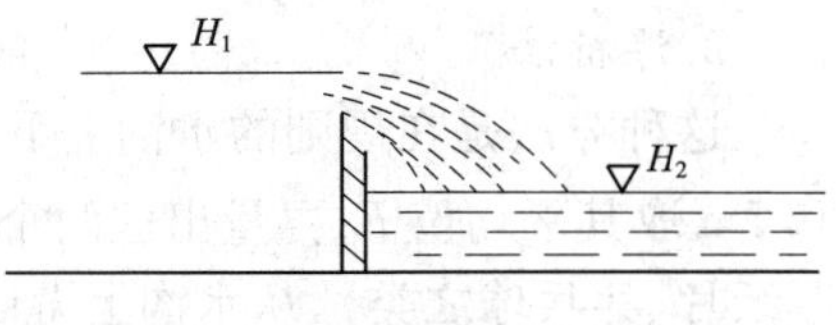

图 2-17　堰口跌水示意图

为了计算方便,可根据上述各堰形的公式编制成水量换算表,在观测水量时,只要测出水头高度即可从表中查出水量的数字。

4. 流速仪法

使用流速仪测定矿井涌水量,一般是在巷道水沟中选定一个断面,然后用流速仪测定水沟过水断面中预定测点的平均流速,从而确定该断面的流量。

流速仪主要由感应部分(包括旋杯、旋轴、顶针)、传讯盒部分(包括偏心筒、齿轮、接触丝、传导机构)及尾翼等 3 部分组成。测量时,将仪器放入水沟中,当水流作用到仪器的感应元件——旋杯时,由于左右两边的杯子具有凹凸形状的差异,因此压力不等,其压力差即形成了转动力矩,并促使旋杯旋转。水流的速度越快,旋杯的转速也越快,它们之间存在着一定的函数关系,此关系是通过检定水槽的实验而确定的。每架仪器检定的结果均附有如下检定公式:

$$V = Kn + C \tag{2-10}$$

式中　V——流速,m/s;

n——旋杯转速,等于旋杯总转数 N 与相应的测速历时 T 之比,即 $n = N/T$;

K——仪器的常数;

C——仪器的摩阻系数。

常数 K 和 C 是表征仪器性能的系数,与旋杯的大小、形状、旋轴的轴向间隙、顶针与顶窝的圆弧、光洁度、接触丝的松紧度等因素有关。因此,对该部分的配合关系必须严格地遵照技术要求进行检查和调整。

水流速度的测定,实际上就是测量在预定时间内旋杯被水流冲出时所产生的转数。旋杯的转数是借助于仪器的接触机构转换为电脉冲信号,经由电线传递以水面部分的电信设备来测得。旋杯每转 5 转,接触机构接通电路一次,电信设备即发出一次信号(铃响或灯亮)。测量者统计此信号数(乘以 5 即为旋杯的总转数“N”)和相应的测速历时“T”,即可按上式计算水流速度。

5. 水泵有效功率法

这种方法是利用水泵的铭牌排水量和它的实际效率来换算涌水量的。

【例 2-7】 某矿井，井下泵房装有3台大泵，3台大泵的排水能力都是一样的(240 m^3/h)，但其实际效率只有铭牌的95%。每个班只需要其中的一台工作4 h，即可将井下的水排完，则该矿井每天(24 h)的涌水量为 $240\times0.95\times4\times1=912(m^3)$，则涌水量每分钟为0.63 m^3，每小时为38 m^3。

(三)观测资料的整理及分析

井下和地面水文地质观测资料，只有经过系统的、科学的整理之后，才具有实用价值。这个过程一般通过制表(台账)、编制图纸来实现。

1. 矿井水文地质台账

矿井水文地质台账包括以下内容：

(1)气象资料台账。

(2)钻孔水位动态观测成果台账。

(3)地表水文观测成果台账。

(4)钻孔水位、井泉动态观测成果及河流渗漏台账。

(5)抽(放)水试验成果台账。

(6)矿井突水点台账。

(7)井田地质钻孔综合成果台账。

(8)井下水文地质钻孔成果台账。

(9)水质分析成果台账。

(10)水源水质受污染观测资料台账。

(11)水源井(孔)资料台账。

(12)封孔不良钻孔资料台账。

(13)矿井和周边煤矿采空区相关资料台账。

(14)水闸门(墙)观测资料台账。

(15)其他专门项目的资料台账。

矿井防治水基础台账，应当认真收集、整理，实行计算机数据库管理，长期保存，并每半年修正一次。

2. 水文地质图纸

(1)主采煤层充水性图，1:2 000 或 1:5 000。

(2)煤层充水性图 ，1:2 000。

(3)地形地质及水文地质图，1:2 000 ~ 1:10 000。

(4)水文地质剖面图(走向、倾向)，1:1 000 ~ 1:5 000。

(5)综合水文地质柱状图，1:500。

(6)主要含水层等水位线图，1:2 000 ~ 1:10 000。

(7)矿井涌水量与降雨量、蒸发量、水位动态曲线图。

(8)矿井排水系统示意图。

3. 主要水文地质图编制要点

1)X号煤层充水性图

矿井X号煤层充水性图是综合记录井下观测资料的图纸，是分析矿井充水规律、开展

水害预测及制定防治水措施的重要依据之一,也是矿井水害防治的必备图纸。主要内容有:

(1)以同一主采煤层采掘工作面图(1:2 000~1:5 000)为底图进行编制。

(2)探煤孔孔号、孔口标高、终孔层位及标高,主采煤层上覆含水组、煤厚、底板标高、终孔层位及标高。

(3)水文地质钻孔孔口标高、终孔层位及标高,奥灰岩单位涌水量、静止水位标高、水质类型。

(4)供水水井编号、井口标高、终孔层位及标高和孔径、取水层位、涌水量、静止水位标高、水质类型。

(5)老窑、废井井巷、井口三度坐标、开采煤层、关闭时间、老硐等的破坏范围和积水量。

(6)本矿采空区积水面积、积水量、水位标高。

(7)井下放水钻孔、水闸门(墙)及防水煤柱位置。

(8)井下突水点编号、时间、地点、突水时间、层位、出水形式、水压、水温、水位、突水量、水质类型、处理方式。

(9)井下充水断裂、陷落柱位置和水文特征。

(10)出现矿山工程地质现象,如巷道冒顶、底鼓、变形的地点,井下涌水量观测站(点)的位置。

(11)矿井排水设施的分布情况,数量及排水能力。井底主、副水仓容积、水质类型,采区水仓容积、水泵型号、排水量。双回路排水管路规格、单管排水能力。大巷、采区排水沟流向、排水能力。地面静压洒水池标高、容积。

(12)井下探水线、警戒线位置。

矿井充水性图随采掘工程的进展要定期填绘,通常在水文地质条件复杂的矿井,每季度或半年填绘一次;一般矿井,每年填绘一次;水文地质条件十分简单的不存在水害威胁的矿井,可视具体情况而定。

2)矿井地形地质及水文地质图

该图是一张全面反映矿井水文地质条件的综合性图纸,是分析矿井充水性因素、研究矿井防治水工作的主要依据,比例尺为1:2 000~1:5 000。该图主要反映以下内容:

(1)矿井边界、各井筒位置及三度坐标,水文地质钻孔及其抽水试验成果。

(2)井田范围内的地表水体——河(沟)、水池、塌陷积水区、河沟(含季节性的)渗漏段、集中渗漏段等,水文观测站。

(3)与矿井地下水赋存条件有密切联系的背、向斜褶曲构造及对矿井充水起控制作用的导水断层和有重大威胁的陷落柱范围。

(4)井田内的井、泉、动态观测孔的位置及有关水文地质参数。

(5)基岩含水层的露头(包括岩溶、掩覆区为虚线)、冲积层底部含水层(流砂、砂砾、砂僵层等)的平面分布状况等水位线及地下水的运行方向。

(6)地表滑坡、塌陷位置。

(7)地下水分水岭、控制水文地质单元的阻水断层。

(8)地形等高线、地质界线、地层产状、探煤孔及水文孔、勘探线剖面位置,井下主干巷道、回采范围及井下突出点资料。

矿井地形地质及水文地质图一般2~3年修改一次。

3)矿井涌水量与各种相关因素动态曲线图

该图是综合反映矿井充水变化规律,预测矿井涌水趋势的图件。应当根据具体情况,选择不同的相关因素绘制下列几种关系曲线图:

(1)矿井涌水量与降水量、地下水位关系曲线图。

(2)矿井涌水量与单位走向开拓长度、单位采空面积关系曲线图。

(3)矿井涌水量与地表水补给量或水位关系曲线图。

(4)矿井涌水量随开采深度变化曲线图。

4)矿井综合水文地质柱状图

矿井综合水文地质柱状图是反映含水层、隔水层及煤层之间的组合关系和含水层层数、厚度及富水性的图纸。一般采用相应比例尺随同矿井综合水文地质图一道编制。主要内容有:

(1)含水层年代地层名称、厚度、岩性、岩溶发育情况。

(2)各含水层水文地质试验参数。

(3)含水层的不同类型。

(4)矿井水文地质剖面图。

5)矿井水文地质剖面图

矿井水文地质剖面图主要是反映含水层、隔水层、褶皱、断裂构造等和煤层之间的空间关系。主要内容有:

(1)含水层岩性、厚度、埋藏深度、岩溶裂隙发育深度。

(2)水文地质孔、观测孔及其试验参数和观测资料。

矿井水文地质剖面图一般以走向、倾向有代表性的地质剖面为基础绘制。

6)矿井含水层等水位(压)线图

等水位(压)线图主要反映地下水的流场特征。水文地质复杂型和极复杂型的矿井,对主要含水层(组)应当坚持定期绘制等水位(压)线图,以对照分析矿井疏干动态。

等水位(压)线图一般比例尺为1:2 000~1:10 000。主要内容有:

(1)含水层、煤层露头线,主要断层线。

(2)水文地质孔、观测孔、井、泉的地面标高,孔(井、泉)口标高和地下水位(压)标高。

(3)河、渠、山塘、水库、塌陷积水区等地表水体观测站的位置,地面标高和同期水面标高。

(4)矿井井口位置、开拓范围和公路、铁路交通干线。

(5)地下水等水位(压)线和地下水流向。

(6)可采煤层底板下隔水层等厚度(当受开采影响的主含水层在可采煤层底板下时)。

(7)井下涌水、突水点位置及涌水量。

7)区域水文地质图

区域水文地质图一般在1:10 000~1:100 000区域地质图的基础上经过区域水文地质调查之后编制。成图的同时,尚需写出编图说明书。矿井水文地质复杂型和极复杂型矿井,应当认真加以编制。主要内容有:

(1)地表水系、分水岭界线、地貌单元划分。

(2)主要含水层露头,松散层等厚线。

(3)地下水天然出露点及人工揭露点。

(4)岩溶形态及构造破碎带。

(5)水文地质钻孔及其抽水试验成果。

(6)地下水等水位线,地下水流向。

(7)划分地下水补给、径流、排泄区。

(8)划分不同水文地质单元,进行水文地质分区。

(9)附相应比例尺的区域综合水文地质柱状图、区域水文地质剖面图。

8)矿区岩溶图

岩溶特别发育的矿区,应当根据调查和勘探的实际资料编制矿区岩溶图,为研究岩溶的发育分布规律和矿井岩溶水防治提供参考依据。

岩溶图的形式可根据具体情况编制成岩溶分布平面图、岩溶实测剖面图或展开图等。

(1)岩溶分布平面图可在矿井综合水文地质图的基础上填绘岩溶地貌、汇水封闭洼地、落水洞、地下暗河的进出水口、天窗、地下水的天然出露点及人工出露点、岩溶塌陷区、地表水和地下水的分水岭等。

(2)岩溶实测剖面图或展开图,根据对溶洞或暗河的实际测绘资料编制。

(四)新建矿井要求

新建矿井应当按照矿井建井的有关规定,在建井期间收集、整理、分析有关矿井水文地质资料,并在建井完成后将资料全部移交给生产单位。

新建矿井应当编制下列主要图件:

(1)水文地质观测台账和成果。

(2)突水点台账、记录和有关防治水的技术总结,以及注浆堵水记录和有关资料。

(3)井筒及主要巷道水文地质实测剖面。

(4)建井水文地质补充勘探成果。

(5)建井水文地质报告(可与建井地质报告合在一起)。

(五)闭坑报告

矿井在废弃关闭之前,应当编写闭坑报告。闭坑报告应当包括下列主要内容:

(1)闭坑前的矿井采掘空间分布情况,对可能存在的充水水源、通道、积水量和水位等情况的分析评价。

(2)闭坑对邻近生产矿井安全的影响和采取的防治水措施。

闭坑报告(包括图纸资料)应当报所在地煤炭行业管理部门备案。

矿井应当建立水文地质信息系统,实现矿井水文地质文字资料收集、数据采集、图件绘制、计算评价和矿井防治水预测预报一体化。

■ 项目小结

矿井水文地质的首要工作就是收集和整理水文地质相关资料,并对其进行分析、对比、验证,从而在此基础上去伪存真,对即将建设的矿井和采区的涌水条件作出明确的结论,指出矿井涌水的水源、通路和水量,提出今后防治水的措施和方法,并对供水水源作出评价。水文地质条件复杂的大水矿井,虽然在勘探阶段进行了大量的水文地质工作,但水害的威胁依然存在。因此,在对以往资料系统地分析、核对、验证的基础上,必须进一步查清采掘后水文地质条件的变化趋势,以使矿井防排水措施正确、经济、合理、可靠。

水文地质补充勘探是在矿山基建过程中或已经投产的情况下,为了解决某一项或若干项水文地质问题而进行的专门性水文地质勘探。煤田水文地质勘探的基本任务是为煤炭工业的规划布局、煤矿建设和正常安全生产提供水文地质依据,并为水灾地质研究积累资料,一般应分阶段循序进行。矿井水文地质补充勘探是为矿井建设、采掘、开拓延深、改扩建提供所需的水文地质资料,并为矿井防治水工作提供水文地质依据,它是在煤田水文地质勘探的基础上进行的。

矿井水文地质条件,不仅受自然因素的影响,同时也受采矿活动的影响。在矿井建设和生产过程中,为了及时掌握地下水的动态,保证工作安全,就必须经常了解水文地质条件的变化情况。

基础训练

1. 勘探阶段水文地质资料应阐明哪些问题?

2. 矿区(井)水文地质补充调查的主要内容有哪些?

3. 试述矿井水文地质补充勘探的范围和要求。

4. 水文地质补充勘探的主要任务是什么? 主要解决哪些问题?

5. 矿区(井)建设和生产过程中的水文地质调查与观测工作一般包括哪两部分内容?各部分又包含哪些具体内容?

项目三 矿井水害条件及类型

学习目标

(1)熟悉矿井水害的条件及类型;
(2)掌握充水水源的赋存条件、特征及对矿井生产的影响;
(3)掌握涌水通道类型及充水特征;
(4)熟悉影响矿井充水的因素及各自特点;
(5)掌握矿井水文地质类型及其划分方法;
(6)熟悉各类充水矿井的特征;
(7)熟悉矿井水害的基本类型和特征。

【导入】

在矿井生产过程中,煤层附近各水体均可能通过各种通道进入矿井,流入矿井的水统称为矿井水。矿井水的来源主要有地表水、地下水、大气降水和老窑积水等四种充水水源。

【正文】

单元一 充水水源

一、煤层及煤系围岩中的地下水

(一)孔隙水

孔隙水是指存在于疏松岩土孔隙中的地下水,它广泛分布于第四系松散沉积物(坡积物、洪积物等)中。

1. 煤系上覆第四系孔隙水

赋存条件:呈角度不整合覆盖于不同时代煤系的地层之上。

含水层特征:含水层松散未经胶结,属孔隙潜水;水量大小取决了含水层的成因类型、岩性结构、颗粒成分、厚度和分布面积。

对生产矿井的影响:在井筒施工中和开采接近含水层底部的煤层时,出现涌水、涌砂、片帮等问题;第四系含水层被采空区垮落高度沟通或井筒穿层时,可能成为煤系中含水层的补给源。

2. 煤系地层中的孔隙水

赋存条件:经常构成煤层的直接或间接顶板。

含水层特征:含水层通常胶结,以孔隙承压水为主;水量决定于含水层岩性厚度,并随煤盆地范围内不同地段的沉积特征不同而有所变化。水压随含水层埋深增加而增大。

对生产矿井的影响:揭露含水层时出现涌水、涌砂、片帮、冒顶,尤其是在胶结程度差的粉、细砂岩含水层中,涌砂、片帮和冒顶更严重,涌水量一般不大。

(二)裂隙水

裂隙水是饱含在各种成因的岩石裂隙中的地下水。

1. 风化裂隙水

赋存条件:基岩裸露区和被第四系沉积物覆盖的基岩风化带中。

含水层特征:多为潜水,局部为承压水。呈层状(或似层状)分布, 风化裂隙带厚度一般30~60 m;随深度增加裂隙不发育,含水层也相应减弱;富水性与岩性、风化程度、地貌条件等有关。

对生产的影响:揭露时经常涌水,但水量不大,雨季有显著增加,一般可以疏干。

2. 层间裂隙水

赋存条件:含水层与隔水层呈互层状,分布于沉积岩、喷出岩和变质岩的一定层位中。

含水层特征:多数是承压水,局部潜水。呈层状分布,含水性与岩性、区域性裂隙、成岩裂隙的发育程度有关;不同构造部位富水性有明显变化,如褶曲转折端部比翼部裂隙水丰富。

对生产的影响:揭露时水量一般不大(在无其他水源补给时),经过长期排水可以逐渐疏干,水压往往很大,可以发生突水。

3. 带状裂隙水

赋存条件:各类碎性岩石的构造破碎带(断层带)中。

含水层特征:多为承压水,呈带状沿一定方向分布。含水性与构造破碎带的规模大小、力学性质、充填情况、补给条件等有关;断层带的不同部位因裂隙发育不均一,富水性也有很大差别。

对生产的影响:破碎带本身含水量有限,可以疏干,但当沟通了上下含水层或地表水体及采空区积水时会导致严重的突水事故。不仅瞬时涌水量大,动水量也十分充沛,甚至造成淹井。

(三)岩溶水

埋藏在石灰岩、白云岩等可溶性岩石溶隙中的地下水统称岩溶水。岩溶的发育必须具备以下条件:有可溶性岩层,有裂隙而透水,水有溶蚀性,水在岩层中是流动的。岩溶水具有吸水量多、富水性强和径流快的特点。

1. 浅埋型岩溶地下水

1)裸露型岩溶地下水

(1)岩溶裂隙潜水:

赋存条件:弱岩溶化的白云岩、薄层灰岩,以及不纯的碳酸岩类地区。

含水层特征:富水性与岩溶发育程度有关。岩溶水量分布不均一,含水层埋藏浅,属潜水。地下水一般做无压层流渗流运动,动态变化很大。

对生产的影响:揭露时井巷涌水不大,但雨季显著增加。

(2)地下暗河水:

赋存条件:气候湿润,均质厚层灰岩分布区,尤其是产状平缓、构造破碎的地段。

含水层特征:岩溶发育,分布极不均一。强烈的差异溶蚀形成地下岩溶通道,构成地下暗河。地下水流速大,一般作无压紊流运动,局部为有压流、层流,动态变化幅度很大。

对生产的影响:井巷涌水季节变化悬殊,暴雨后涌水量猛增,对矿井造成严重威胁。

矿井大幅度疏干可能引起排泄暗河的河水倒灌。

2)覆盖型岩溶地下水

(1)脉状岩溶裂隙水,系指岩溶岩层被松散岩层覆流的地区。

赋存条件:多在第四系松散岩与岩溶岩层接触面附近或断层带中。

含水层特征:岩溶不发育,分布不均一,含水层埋藏浅,属浅层承压水或局部承压水,但水压不大。地下水一般为层流渗流运动,水位变化幅度不大。

对生产的影响:巷道涌水量一般不大,季节性变化不如裸露区明显,强烈排水可引起漏斗范围内岩溶区地表塌陷。

(2)集中径流带地下水:

赋存条件:在不均一的互层碳酸岩岩层的断裂带及其两侧裂隙中,或均一厚层灰岩岩溶发育地段。

含水层特征:岩溶发育段集中,不均一,埋藏较深,属承压水。地下水层流与紊流取决于通道情况,水位变化幅度小。

对生产的影响:地下径流带为富水性强的地段,井巷涌水量大且稳定,不易疏干。在径流带排水疏干也会引起地面塌陷,塌陷带沿径流带分布,增大了雨季矿井涌水量。

2. 深埋型岩溶地下水

深埋型岩溶区,系指岩溶岩层被非岩溶岩层所覆盖的地区。如山西石炭二叠系下伏奥陶系裂隙岩溶地下水,浅部对煤层开采无影响,深部“带压开采”时会产生突水问题。

1)层间裂隙岩溶水

赋存条件:分布在上覆和下伏非岩溶岩层所限制的岩溶岩层中。

特征:岩溶发育较均一,埋藏深,但有减弱的趋势,属承压水。水压一般较大。地下水多作层流运动,动态稳定。

对生产的影响:揭露时瞬时突水量和水压较大(尤为厚层灰岩),动水量也较稳定,很难疏干。

2)脉状裂隙岩溶水

赋存条件:赋存在很厚的碳酸岩石的构造破碎带中,呈条带状分布。

特征:岩溶发育较均一,埋藏深,有时形成深部水循环。属承压水,地下水为层流渗流运动,动态稳定。

对生产的影响:井巷涌水量大小决定于补给源情况,来源充足时,涌水量大且稳定。

二、地表水源

类型:河、湖、水库、水塘等。

充水途径:洪水冲毁井口围堤直接灌入;通过地表水体下松散岩层、基岩含水层露头再渗入井巷;通过采后顶板垮落带、导水断裂带、地表塌陷裂隙渗入;通过构造破碎带、老窑、现开小窑越界巷直接溃入。

对生产的影响：充水程度决定于井巷距离地表水体的远近以及地表水体下岩层岩性、厚度和构造情况；地表水作为充水水源经常构成定水头的供水边界，因此动储量稳定，不易疏干；贯通岩溶断裂带时往往造成严重的淹井事故。

因此，井口必须建在历年最高洪水位线以上，同时井口排洪沟渠必须经常保持畅通。

三、大气降水的渗入

大气降水是地下水的主要直接补给来源或间接来源（通过补给含水层后再进入矿井中）。大气降水的渗入量，与当地气候、地形、岩石性质、地质构造等因素有关。大气降水的主要类型是降雨和融雪。

（一）直接渗入

充水途径：通过采空区垮落带和导水裂隙带贯通地表塌陷裂缝渗入，或通过地裂缝渗入或通过天坑沟通地表的陷落柱灌入。

对生产的影响：涌水量大小与降水量、降水强度、频率及延续时间密切有关；涌水量有明显的季节变化；涌水量“高峰”与降水“高峰”大致吻合（有时后延 24 ~ 48 h）；涌水量随井巷深度增加显著减小。

（二）经含水层渗入

充水途径：作为被揭露含水层的补给源再渗入井巷。

其途径有：

（1）通过第四系松散砂、砾层及基岩露头裂隙补给地下水，在适当条件下再进入井巷；

（2）通过构造带或老窑直接溃入井下；

（3）洪水期通过井口直接灌入，或通过贯通巷道间接灌入；

（4）水体下采煤时，通过垮落带、导水断裂带进入井下。

对生产的影响：涌水量增加有明显的季节性；涌水量“高峰”与降水量“高峰”时间不吻合，往往延后几天至十几天，这决定于含水层导水性、厚度、补给区的远近；随开采深度增加，降水的影响显著减小。

四、老窑及淹没井巷积水

（一）老窑积水

积水特征：积水水源主要是通过露头带或采后地表塌陷的裂缝渗入；煤层顶板裂隙水或溶隙水渗入（以上为动储量），水量决定于老窑采空区体积大小，一般为静储量；水压大小取决于井巷与老窑位置的相对高差，积水空间位置和范围不易确定。

（二）采空区及废井巷积水

积水特征：积水水源主要是含水层水的渗入，积水空间位置和范围较容易查清；相邻井巷或深部矿井排水时能部分疏干。

老窑及采空区积水对生产的影响：突水迅猛，水量、水压大，且具强大冲击力，破坏性很大。无其他水源联系时，一般突水量很快减小，水压下降，容易疏干；如果有动储量水源时，排水能力只有远远大于动储量时，才容易疏干，否则不易疏干。

【例 3-1】 山西霍州曹村煤矿经反复调查，井田内有老窑 108 处，新中国成立初期有小窑7对,均开采山西组2号煤层,煤层平均厚度3.5 m左右。前后历经400余年(1522～1567年)。根据老(小)窑平面所在位置、大致开采范围划定的破坏区及其开采系数(0.3),初步估算其积水总计达8万余立方米。这些老窑绝大部分窑口坍塌,已被黄土充填覆盖,现今地面踪迹皆无。天长日久,接受K8砂岩裂隙含水层及第四系松散孔隙含水层的补给,其破坏区已基本充满了水。它们犹如盲湖(只补不泄的静水盆地)或小量暗流(有补有泄),居高临下,这些"水老虎"对矿井和人身安全的威胁极大。

1966年11月,该矿设计的一盘区溜煤眼在老窑破坏区下,而且采用反井施工法。反掘多半后,自下而上布置了3孔,呈扇形,由于在3孔连线方向上两孔见煤层底板的间距大于老窑巷宽,在3孔连线的垂线方向未布置探水孔,掘至煤层底板4 m处,探水孔有流水。早8时接班后,在专业技术人员再三建议下,安排新工人一律在交岔点外等候,由两名老工人监视水情,不一会儿老窑发生突水。老窑水冲出的大石头堵住平硐大巷,涌水倒流,该小队13名工人迅速从平硐撤离,平硐深处的两个小队从通风斜井撤离。此次突水量4×10^4 m^3左右,未造成人员伤亡,井下掘进设备被淹,突水点附近轻轨被扭成了"麻花",倒流的水淹了暗斜井。此次老窑突水造成的经济损失达数十万元。

单元二　涌水通道

矿井涌水通道是指连接充水水源与矿井之间的流水通道。

一、自然通道

(一)矿井自然涌水通道类型

矿井自然涌水通道类型见表3-1。

表3-1　矿井自然涌水通道类型

类型	决定通道透水能力的因素	采掘工作面揭露时涌水特征
孔隙通道	多见于松散沉积层内,透水性取决于颗粒大小、形状、分选程度和排列方式。粗粒、均匀(分选性好)者,透水性大,反之则小	全面渗水、淋水或涌水,出水点多,水量较小,流速慢,水流喷出时压力已显著下降,降压漏斗扩展较慢;突水威胁较小,对生产影响见单元一
裂隙通道	主要存在于坚硬脆性岩石、风化壳、构造破碎带内,岩体透水性取决于裂隙的成因、大小、密度、充填情况及相互连通性。裂隙发育,又未充填者,透水性大	裂隙淋水、涌水、突水。对矿井充水影响见单元一;断层破碎带充水特征见(二)断裂带充水特征
溶隙通道	只存在于可溶性岩层或被可溶性物质胶结的碎屑岩中,为地下水沿裂隙、节理溶蚀扩展而成。岩体透水性取决于溶隙率及岩溶发育的均一性,就单个溶隙而言,取决于溶隙大小、充填情况和连通性。溶隙发育且充填率低者,透水性强	涌水、突水最为常见。突水时水压大,传递快,降压漏斗扩展迅速,瞬时涌水量大,对矿井危害最严重。具体参见单元一

注:1. 孔隙、裂隙、溶隙三通道可互相组合。

2. 煤层长期自燃后,围岩形成的"烧变岩"裂隙属特殊类型。

（二）断裂带充水特征

1. 阻水断裂带

阻水断裂带包括以下两种情况：

（1）天然状态下阻水开采后仍然隔水。其特征为：断层两侧多为塑性岩层组成。多属压性或压扭性断裂，少数为张性或张扭性，但断裂带充填良好，胶结致密，不透水（见图3-1(a)）。

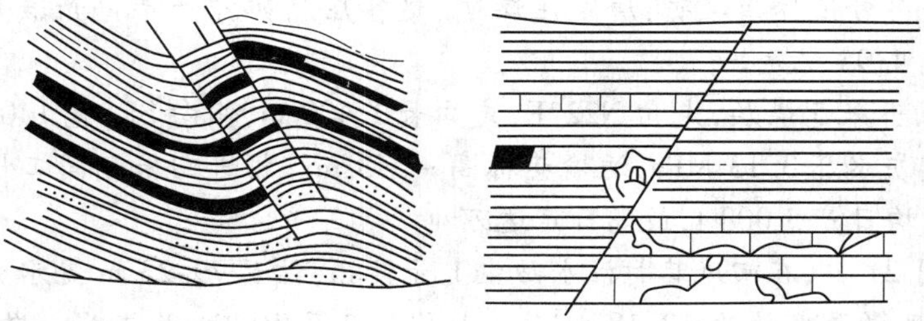

(a)开采后仍然隔水　　(b)开采后变为透水

图3-1　阻水断裂带

（2）天然状态下阻水，开采后变为透水。其特征为断层两侧为不透水的塑性岩层，但距离高压含水层较近，围岩强度较低，井巷开采后，在含水层水压和矿山压力作用下，促使围岩微裂隙扩大，或断裂带充填物被冲蚀、压出而透水（见图3-1(b)）。

2. 透水断裂带

透水断裂带包括以下两种情况：

（1）不沟通其他水源者。其特征为：多属张性、张扭性断裂。断层两侧常见脆性岩层组成。断裂带本身含水，但储水量有限。井巷初次揭露可能突水，以后逐渐疏干（见图3-2(a)）。

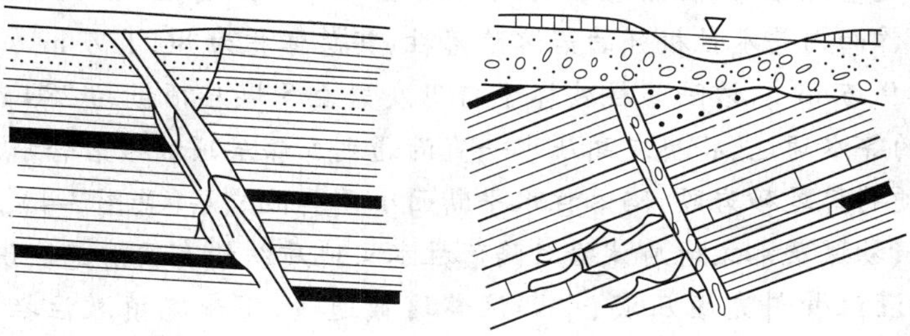

(a)不沟通其他水源　　(b)沟通其他水源

图3-2　透水断裂带

（2）沟通其他水源者。其特征为：张性、张扭性断裂较多，也可以是压性断裂带同侧低序次张性羽状透水断裂带，当与一侧强含水层对接或沟通上部强含水层、地表水体时断层突水量大，水量稳定，不易疏干（见图3-2(b)）。

（三）陷落柱充水特征

充填不好、胶结不好或周边伴生张裂隙特别发育的陷落柱，往往构成强含水层的良好通道，系煤矿突水的重大隐患。

【例3-2】　1984年6月2日10时20分，河北开滦范各庄煤矿2171综采工作面发生了世界采矿史上罕见的陷落柱透水事故，11 h内平均涌水量为123 180 m^3/h，仅仅20 h 55 min,便淹没了一个年产 310 万 t、开采近 20 年的大型机械化矿井,9 名工人遇难。同时以 23 328 m^3/h 的过水量溃入相邻的吕家坨煤矿,吕家坨煤矿也被迫停产。6 月 25 日,吕家坨煤矿向林西煤矿渗水,最大渗水量为 1 059.6 m^3/h,林西煤矿被迫停产。与林西煤矿相邻的唐家庄煤矿、赵各庄煤矿因无完整的矿界隔离煤柱而被迫半停产。

此次事故使范各庄煤矿减产 641.7 万 t;,损失资产 27 782 万元(固定资产 24 657.7 万元,流动资产 3 124.3 万元),治水费 6 011.58 万元,矿井恢复费 9 195.9 万元,停工费 3 285.86 万元。另外使林西煤矿、唐家庄煤矿、赵各庄煤矿停产半停产减产 1 141.7 万 t。治水直接损失达 4.95 亿元。

2171 工作面开采 5 煤层,走向 N22°E,走向长 1 400 m,倾向 SE,宽 140 m,回风巷标高 −313 m,承受奥灰水压 3.13 MPa,运输巷标高 −343 m。掘进回采期间工作面总涌水量为 18 ~24 m^3/h,平均日产 3 000 t,最高日产达万吨。

1984 年 3 月 21 日,在回风巷打注水防尘 1 号钻孔,钻至 79.23 m 见水并有压力。81 m 终孔,拔出钻杆测得涌水量为 12.18 m^3/h。4 月 1 日至 10 日,施工岩$_1$、岩$_2$、岩$_3$ 顶板探水孔,岩终孔 73.33 m,水量由 23.16 m^3/h 增至 35.34 m^3/h,水压 3.21 MPa。接着施工煤$_1$、煤$_2$、煤$_3$、煤$_4$ 孔,分别钻进 50 ~60 m,均见水终孔,其中煤$_4$ 孔涌水区为 18 m^3/h,水色杏黄浑浊。此后,延深岩$_1$孔到 100 m,又增打岩$_4$、岩$_6$、煤$_5$三孔,其中煤$_5$孔钻至 46.49 m 开始见水,55.86 m 终孔,初始涌水量为 30.12 m^3/h,水量不稳定,时有堵塞现象,水压为 1.90 ~ 3.02 MPa。4 月 24 日,处理煤$_5$ 孔堵水,发生钻孔突水,水量为 298.38 m^3/h。

5 月 20 日 2 时,煤$_5$ 孔堵塞,该孔北 8 m 处下帮煤层顶板喷水,南 13.5 m 处底部涌水。6 月 2 日 10 时 20 分,在 2171 工作面回风巷 170 m 处发生突水,巨大的水柱往下帮煤层壁喷出,十几分钟运输巷便被淹没。6 月 3 日 4 时 45 分,突出点发生第二次大突水,到 7 时 15 分泵房被淹(见图 3-3)。

治水过程中大量的钻探、物探及水文地质试验等资料证明,2171 工作面透水水源通道是隐伏在采煤工作面内导水性极强的岩溶陷落柱,其总体积为 86.1 万 m^3,其中 7 煤层附近大空洞体积为 3.9 万 m^3。该陷落柱破坏了自奥灰岩至 5 煤层顶板约 280 m 厚地层的完整性,并构成良好的导水通道,将奥灰高压水一直沟通到 5 煤层顶板砂岩含水层。

据探测,坚硬的厚尾砂岩段,陷落柱水平断面小于其他岩层(见图 3-4)。

在运用钻探、物探及水文地质试验对陷落柱水文地质结构有较清楚认识的基础上,制订了对陷落柱上部灌注骨料充填压实、中部注浆堵截通道、下部充填灌注拦截水源的"三段式"综合治水方案。经过半年多的治理,共打钻孔 35 个,总进尺 173 333 m,注入水泥 37 911.98 t,砂 4 653.37 m^3,石渣 25 945.14 m^3,水玻璃 3 662.95 m^3,计算堵水效果达 99% 以上。经过一段时间加固、排水,到 1985 年四季度部分恢复生产,出煤 10 万 t,同时又进一步对陷落柱加固注浆,到 1986 年 6 月 7 日,钻孔总进尺 34 303.2 m,共注水泥 68 569.06 t,砂 6 478.34 m^3,石渣 25 945.14 m^3,水玻璃 4 220.89 m^3,成功地治服了这次世界罕见的特大透水灾害。

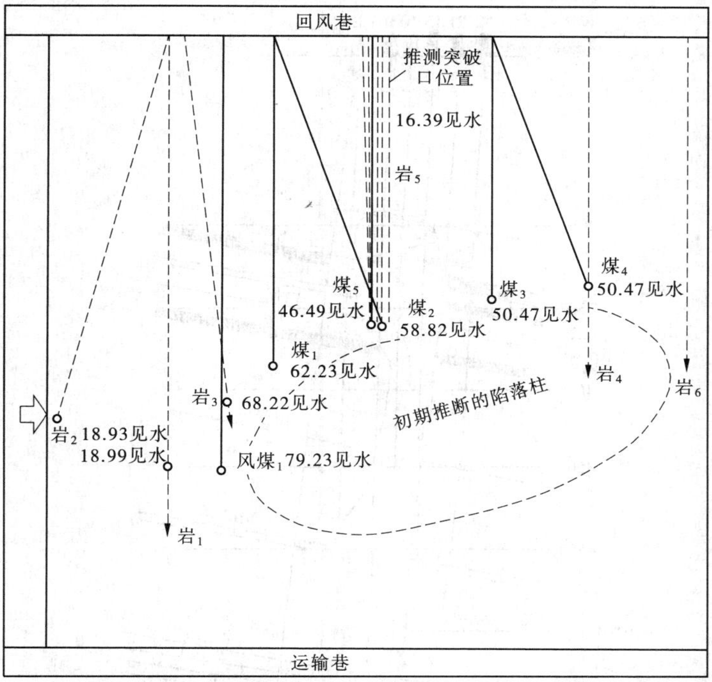

图 3-3 范各庄煤矿 2171 工作面探水钻孔平面分布

二、人为通道

(一)未封闭或封闭质量差的钻孔

特征及对生产的影响:起沟通煤层上下含水层和地表水作用;回采揭露时涌水,水量、水压取决于是否贯通强含水层或地表水,以及钻孔孔径和水压差。对排水能力较小的矿井可能造成淹井事故(见图 3-5)。

底板充水矿床常因封孔质量不良,某些钻孔变成了人为导水通道,当掘进巷道或采区工作面经过没有封好的钻孔时顶底板含水层地下水将沿着钻孔补给煤层,造成涌(突)水事故。

封闭不良钻孔是典型的由于人类活动所留下的点状垂向导水通道,该类导水通道的隐蔽性强,垂向导水通畅,一旦发生该类导水通道的突水事故,不仅初期水量大,而且还会有比较稳定的水补给量。所以在进行矿井设计和生产时,必须查清井巷揭露区或其附近地区各种钻孔的技术参数及其封孔技术资料,以确保不会因钻孔封闭不良而引发突水事故。

【例 3-3】 如开滦东风煤矿 7 号、8 号、9 号、10 号煤层,第四灰岩是八煤层的直接顶板,石灰岩平均厚度 4 m 多,裂隙发育,透水性强。如图 3-6 所示。

该煤矿自 1960 年 10 月在南石门打通四灰岩以后,井下涌水量骤然增加,虽然采取超前钻探放水,开凿疏水巷道等措施,但全矿总涌水量仍达 855 m^3/h ,其中四灰岩水量达 788 m^3/h,占全矿总涌水量的 92%。排水 5 年多,水仍没有疏干。该层灰岩水为何这么大?动储量是从哪里来的?

通过分析,认为与旧钻孔有关。为此打开了水 28 号钻孔,井下涌水量立刻减少 309 m^3/h。接着又打开水 16 号钻孔,井下涌水量又减少 86 m^3/h。前后共打开 18 个旧钻孔之

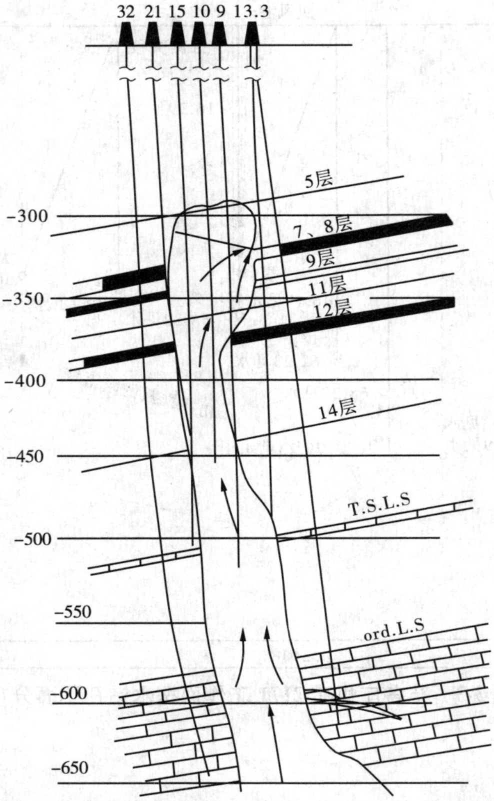

图 3-4　范各庄煤矿 2171 陷落柱垂向切面示意图

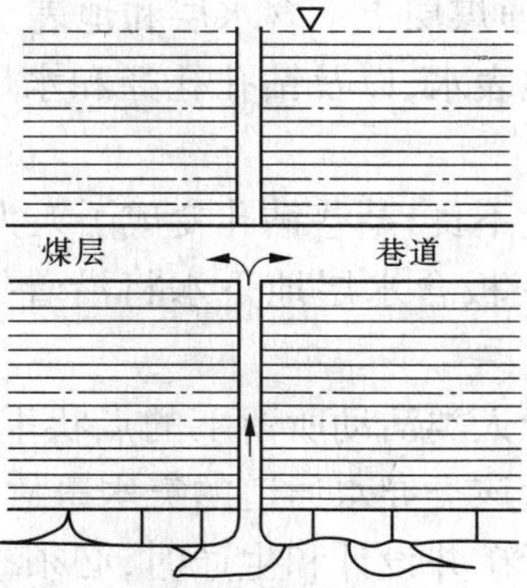

图 3-5　未封闭的钻孔

后，全矿总涌水量减少了 84%。事实证明四灰水的补给来源主要是因为封闭质量不好的旧钻孔把煤层底板（本溪组徐家庄灰岩 C2x 和奥陶系灰岩 O）水引了进来。通过对旧钻孔的处理，该煤矿不仅恢复了原来的设计生产能力，而且也解放了 8 号、9 号、10 号三层可采煤层。

（二）开采后顶板垮落和底板鼓胀裂隙

特征及对生产的影响：在无地表水体，沟通直达地表的垮落裂隙，在雨季和融雪期，矿井涌水量也会增加。加强地面防水，可避免淹井事故；垮落裂隙沟通强含水层或地表水体，其水压大小与隔水层厚度和底板岩石的力学强度（抗水压能力）有关。水压大的强含水层突

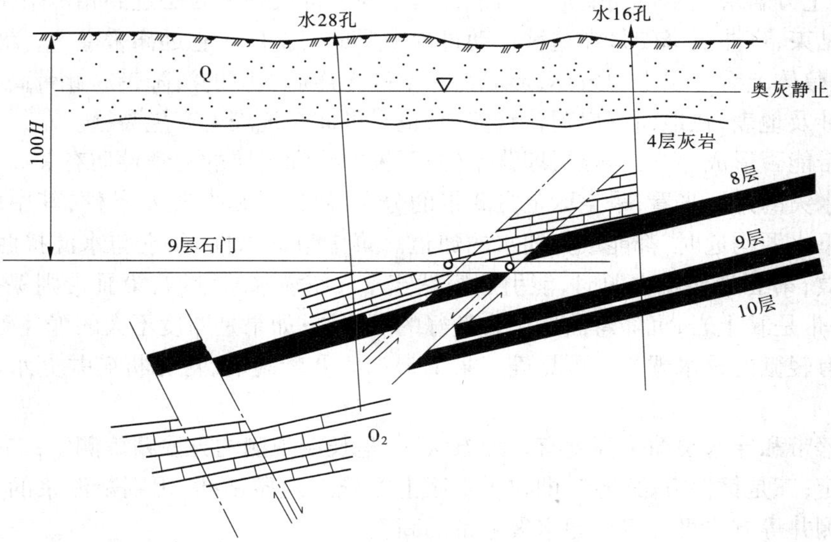

图 3-6　东风煤矿贯穿石门涌水点示意图

破底板，容易发生淹井事故（见图 3-7）。

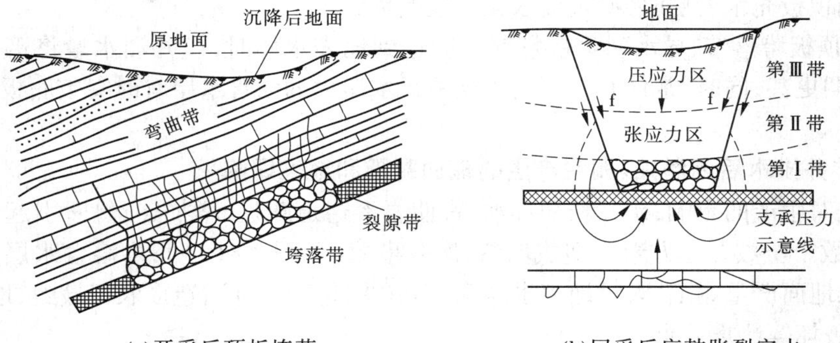

(a)开采后顶板垮落　(b)回采后底鼓胀裂突水

图 3-7　开采后顶板垮落和底鼓胀裂突水

采矿活动对矿井涌水的影响不仅表现为煤层采空后矿山压力对采空区上部岩层的破坏，同时也破坏煤层底板隔水层的完整性。

煤层开采以后，采空区上方的岩层因其下部被采空而失去平衡，产生塌陷裂隙，岩层的破坏程度向上逐步减弱。在缓倾斜煤层的矿井，根据采空区上方岩层变形和破坏的情况不同，可划分为 3 带。

第Ⅰ带为垮落带。煤层采出后出现采空区，由于顶板岩层支撑不住而遭到破坏垮落，垮落下来的岩石碎块自由堆积，无规则地填满了采空区和垮落空间，这就形成了垮落带。

第Ⅱ带为导水裂隙带。垮落带的上覆岩层，在重力作用下急剧向下移动，在层理、节理等岩层结合薄弱的部位，会产生较大的层间滑动与断裂，从而形成导水裂隙带。这一带在靠近垮落带的位置裂隙很多，越是向上则裂隙越少以至消失，它是从导水裂隙带顶点对采空区煤层的垂直距离。

第Ⅲ带为弯曲带。位于导水裂隙带上部的岩层，由于导水裂隙带、垮落带的岩层向下移动,从而导致上方岩层发生弯曲变形。当下部垮落与上部沉降的岩层达到相对平衡时,岩层移动即全部结束,弯曲沉降带是在这种移动过程中形成的。由于它远离采空区,受煤层采动影响最小,从整体上看岩层未遭破坏,形成与采空区无连通裂隙的沉降带。此带高度一般较大。有时可涉及地表,在地面下出现盆状洼地,也有可能在地表上产生裂缝。

上述3带能否形成,主要与煤层埋藏条件、开采方法和岩层的力学性质有关。

从矿井水灾的角度来看,采空区上方3带的分布,决定了矿井充水条件,其中垮落带与地表水和地下水源沟通时,都能成为涌水的通道。第Ⅰ带透水性好,它与水源接触时,往往造成突水事故;第Ⅱ带接触水源时,能引起突然充水 ,使涌水量剧增;第Ⅲ带则保持原有性能,如果这一带是黏土岩,沉降弯曲后仍为良好的隔水层;如果是厚度不大的脆性砂岩层,沉降弯曲后则有轻微的透水现象。可见确定第Ⅰ带和第Ⅱ带高度,对分析矿井充水条件具有重要意义。

确定垮落带和导水裂隙带高度有3种方法,一是长期观测的方法精确测定;二是用计算方法近似确定;三是钻探方法确定,即在采空区上方施工地质钻孔,用判断泥浆的大量漏失标高及物理测井等方法可确定出导水裂隙带的高度。

采空区垮落后,形成的垮落带和导水裂隙带是矿坑充水的人为通道,其特点如下:

(1)当垮落带、导水裂隙带发育高度达到顶板充水岩层时,矿坑涌水量将有显著增加,当未能达到顶板充水岩层时,矿坑涌水无明显变化;

(2)当顶板垮落带、导水裂隙带发育高度达到地表水体时,矿井涌水量将迅猛增加,在雨季、融雪期更甚,同时,常伴有井下涌砂现象。水压大的强含水层有时突破底板,而发生淹井事故。

(三)矿井排水后因潜蚀、掏空产生的疏通裂隙和地表塌陷

特征及对生产的影响:矿井长期排水后,使岩溶通道疏通,增加连通性,引起大量涌水、涌砂(可达数千至数万立方米),造成堵巷、淹井事故(见图3-8(a));岩溶含水层大量排水,引起岩溶区地面严重塌陷,大量地表水溃入矿井(见图3-8(b)),造成农田被毁、地面建筑物坍塌、道路破坏等严重后果。

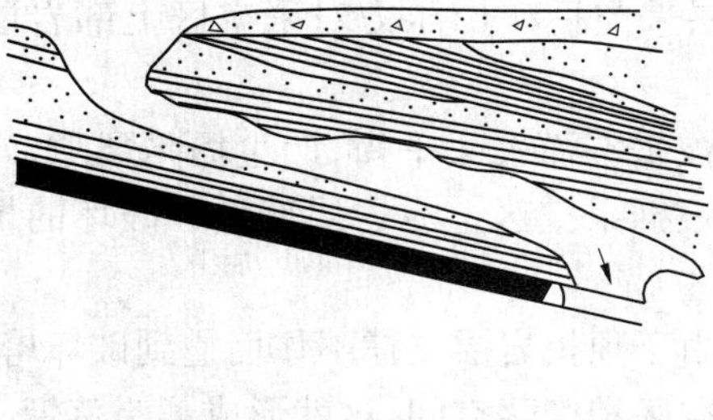

(a)潜蚀、掏空疏通裂隙突水

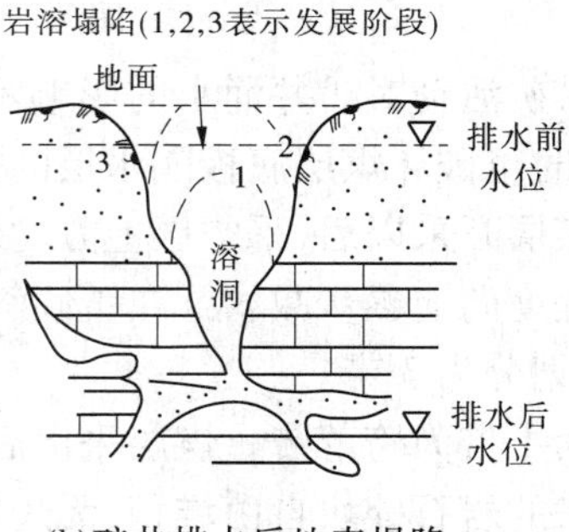

(b)矿井排水后地表塌陷

图3-8　矿井排水后地表塌陷和潜蚀、掏空疏通裂隙突水

(四)流沙溃出引起地表塌陷

对矿井的影响与上节相似,但严重程度及危害性不如岩溶地面塌陷(见图3-9)。

随着我国岩溶充水矿床大规模抽放水试验和疏干实践,矿区及其周围地区的地表岩溶塌陷随处可见。地表水和大气降水通过塌陷坑充入矿井。有时随着塌陷面积的增大,大量

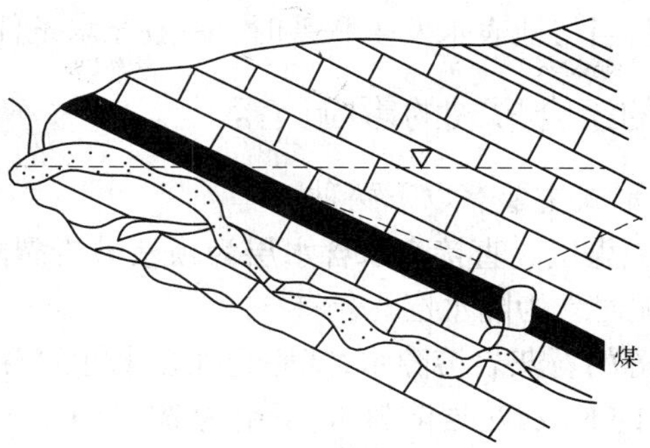

图 3-9 流砂溃出

砂砾石和泥沙与水一起溃入矿坑。

单元三 影响矿井充水的因素

影响矿井充水的因素可概括为自然因素和人为因素。其中自然因素又包括自然环境因素、煤层上下岩层的组合形式影响因素、构造因素、地表水体与矿井的关系影响因素等。

这些因素是综合分析矿井充水条件的主要依据,也是评价水文地质条件复杂程度的重要指标。

一、自然环境因素

(1)气候。降水为主,降水量多少决定了补给矿井水的动储量大小。

(2)地形。地形直接控制了含水层的出露部位和出露程度,控制着降水和地表水的汇集与渗入,地下水以水平运动为主。因此,矿区地形就间接地影响矿井涌水程度。

当矿区位于当地侵蚀基准面以上时,涌水量通常较小,而且易排除。开采深度低于当地侵蚀基准面时,一般水文地质条件比较复杂,涌水量也大。

地表水和大气降水能否渗入地下,其渗入地下的数量多少,与煤层上覆岩层的透水性及围岩的出露条件有着直接关系。

覆岩的透水件好,则补给水量和井下涌水量也大。一般认为,矿区内若分布有一定厚度(大于 5 m)的稳定弱透水层时,就可以有效地阻挡地表水和大气降水的下渗。

如煤层围岩是透水的,其出露地表的面积愈大,则接受降水和地表水下渗补给量就愈大,井下涌水量也大。

在地形平缓的情况下,厚度大的缓倾斜透水层最易得到补给,因此流入井巷水主要为动储量,其涌水量将长期稳定在某个数值上,且不易防治。若缺乏补给水源或煤层上覆岩层透水性弱,则流入井巷的水量主要是静储量,这时涌水特征是水量由大变小,较易防治。

(3)煤层上下岩层的组合形式决定了含水层赋存条件、含水层类型、水量、承压以及充水方式(来自顶板或底板,自接或间接)。

(4)地质构造的型式与规模决定了地下水天然储量的大小。不同构造部位富水性存在差异,储水程度不同;断裂发育程度影响含水层之间以及含水层与地表水之间的水力联系,促使矿井充水条件复杂化。

(5)地表水是充水的主要水源之一,矿井距离地表水体远近不同(垂直与水平方向距离),充水影响程度也不同;当与地表水发生联系时,一般充水条件复杂,动储量大。

二、煤层上下岩层的组合形式的影响因素

煤层上下岩层的组合形式主要有以下两种:

(1)泥岩、砂岩为主,夹煤层。直接充水含水层为顶板砂岩裂隙水,一般裂隙不发育,连通性差,含水性弱。塑性泥岩常为隔水层。

(2)顶板为含水性中等的石灰岩溶隙水,基底为强含水性的石灰岩溶隙水。

直接顶为含水性中等的 K_2 石灰岩溶隙水,下部为 20 ~ 40 m 厚的本溪组隔水层,主要充水影响是 K_2 灰岩溶隙水,主要水威胁是基底强含水性的奥灰岩溶裂隙水,矿井水文地质条件复杂。

三、构造因素

(一)矿井构造型式

1. 褶曲构造

1)背斜隐伏式

含水层未出露,煤层上覆隔水层完整;含水层补给排泄条件极差,近代岩溶不发育,古岩溶多充填或封存。含水性弱;矿井水主要消耗静储量,易疏干(见图 3-10)。

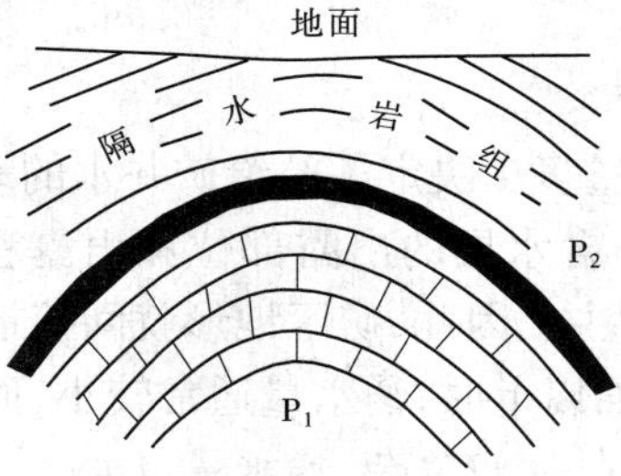

图 3-10　背斜隐伏式

2)背斜裸露式

(1)以下伏含水层为充水来源(见图 3-11)。含水层被侵蚀裸露于地面,直接受大气降水、地表水补给。矿井充水程度取决于含水层厚度、裸露面积、地形以及地下水动力条件。如短轴闭合背斜(见图 3-11(a))含水层仅在核部出露,面积有限;倾伏背斜(见图 3-11(b))

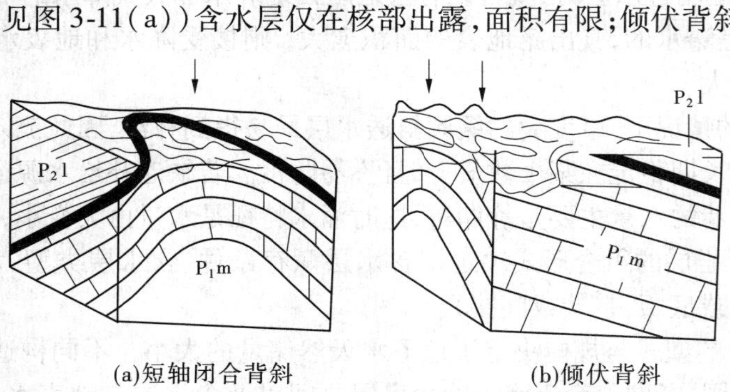

(a)短轴闭合背斜　　(b)倾伏背斜

P_2l—乐平煤系;P_1m—茅口灰岩

图 3-11　以下伏水为水源

含水层在挠起端出露,面积较大,因此动储量比例大。若在岩溶含水层中,浅部水循环条件好,向两翼深部减弱,矿井水以消耗静储量为主。

(2)以上覆含水层为充水来源(见图 3-12)。其基本特征与下伏含水层充水相似。但上覆含水层一般两翼倾角较平缓,含水层裸露面积更广,矿井充水条件好。

3)向斜裸露式

(1)以下伏含水层为充水来源(见图 3-13)。常为典型的汇水构造盆地(自流水盆地),含水层沿盆地边裸露,接受大气降水、地表水补给,动储量大。水交替条件好,浅部近代岩溶易发育,水动力分带明显;深部岩溶较弱,并受层间不纯碳酸岩或非可溶岩层面控制。

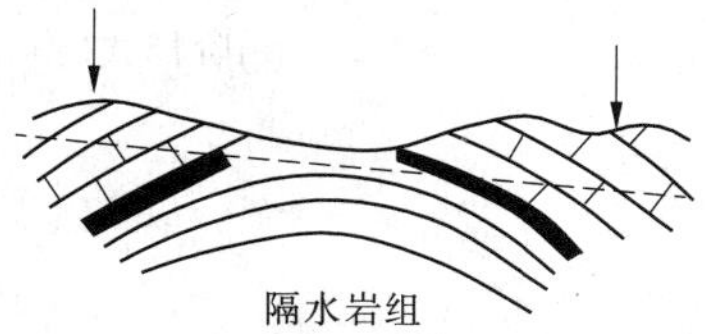

图 3-12 背斜以上覆水为水源

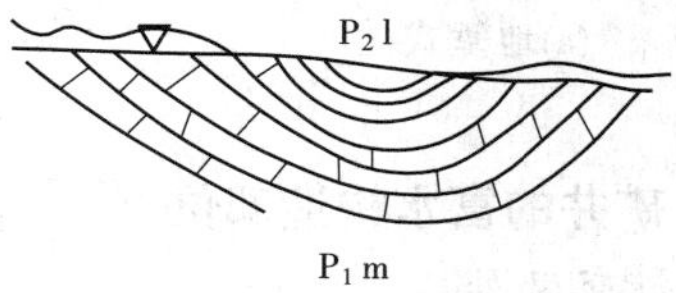

图 3-13 向斜以下伏水为水源

(2)以上覆含水层为充水来源。其基本特征与下伏含水层充水相似。主要包括以下几种:

①小型闭合向斜(见图 3-14(a)),核部含水层被裸露,形成潜水盆地。因含水层出露面积有限,四周又为隔水边界,矿井水动储量补给不足。

②大型闭合向斜(见图 3-14(b)),上覆含水层有隔水层分布,充水条件与自流盆地相似。

③倾伏向斜,倾伏端含水层裸露面积更大,当其他条件相似时,比闭合向斜充水性更好。

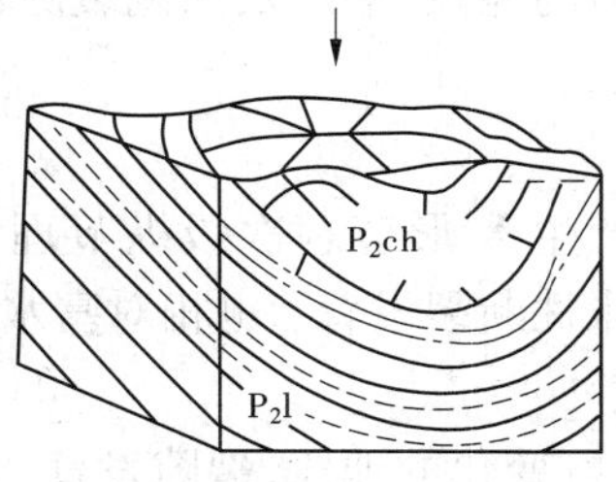

(a)小型闭合向斜

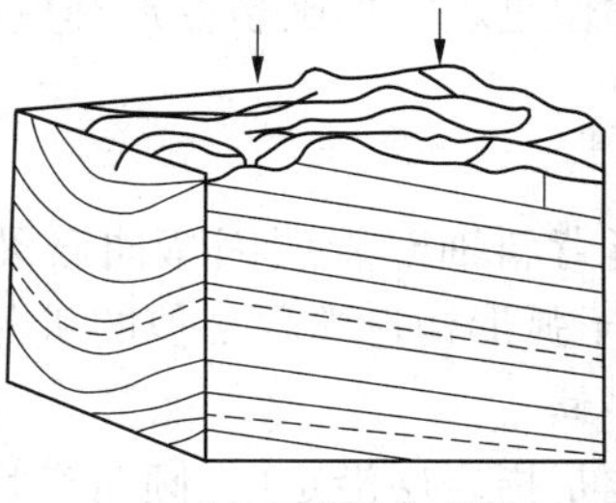

(b)大型闭合向斜

P_2ch—长尖灰岩

图 3-14 向斜以上覆水为水源

2. 断块构造

断块构造充水性与本身含水层的厚度、透水性有关。另外,还与构成断块断层带的性质、落差、导水性有关。

(1)图 3-15(a)所示为地堑式。山西石炭系太原组煤层与奥陶系灰岩对接,大多构成供水边界,矿井充水强,水压大,可发生突水淹井事故。

(2)图 3-15(b)所示为地垒式。山西石炭系太原组煤系与透水性较弱的二叠系岩层对接,断层带为隔水边界或是供水边界,但对接含水层的含水性弱,与奥陶系灰岩的间距增大,一般矿井充水条件简单。

(3)图 3-15(c)所示为阶梯式。断块两侧含水层对接情况不同,一侧为供水边界,另一侧为隔水边界，矿井充水影响程度介于以上两者间。

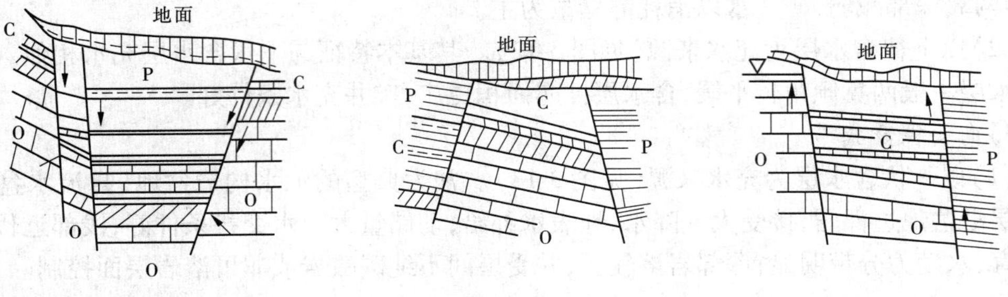

(a)地堑式 (b)地垒式 (c)阶梯式

图 3-15 断块构造

(二)矿井的富水构造部位

1. 断裂交叉处

断裂交叉处是指同一个断裂带内的主干断裂与分支断裂的交叉处(如人字形构造)或两个断裂带交接和几条断层的收敛部，由于应力集中，岩体承受压力变形也相对强烈，岩石破裂，充填胶结差，导水性好。在矿山压力作用下，该部位容易突水。位于构造复合部位的矿井，水文地质条件也相应复杂。

2. 断裂密度大的块段

此块段为应力集中或有多次构造应力叠加的块段。表现为较大断裂伴生一系列小断裂，裂隙发育。该地段富水性相对较强。

3. 断层的端点部位

断层的端点部位是以密集破裂变形释放应力的地段，端点及两侧裂隙较发育，导水性较好。

4. 褶曲轴部

褶曲轴部是指背斜轴部岩层因弯曲破裂，产生 X 形节理次级纵节理等构成的富水地段。推而广之，处于弧形构造弧顶部位的矿井，张性断裂发育，也相对富水。

5. 挠曲转折部位

挠曲转折部位是指岩层沿走向、倾向产状急剧变化的地段，裂隙发育，相对富水。

(三)断裂结构的力学性质与矿井充水的关系

1. 压性断裂面

压性断裂面承受压力应最大，断裂面被紧密挤压。充填胶结较好，井巷揭露一般不突水，能起隔水作用。但其两侧有低序次羽状断裂发育时，可形成局部富水带。

2. 张性断裂面

张性断裂面主要由拉伸张力作用产生。断裂面的张裂程度大，充填物松散，胶结差。

多为尖角状或棱角状大小不等的角砾所组成的角砾岩，孔隙多，孔隙率大，当两侧常伴生的低序次断裂连为一体时，断层带既是富水带，又是水源进入矿井的良好通道。

3. 扭性断裂面

扭性断裂面主要在剪切力作用下产生。破裂带内有糜棱岩，两侧破碎角砾岩和棱体呈规律排列。扭裂面一般呈闭合型或较窄的裂缝，延展远，深度大。因此，当扭裂面及其两侧低序次张裂隙较发育时，导水性较强，也可成为水源进入巷道的良好通道。

一般纯属扭性的断层面不多,常见为张扭性和压扭性断裂。其特征和对矿井充水的影响介于二者之间。

(四)同一构造体系不同部位对矿井涌水的影响程度不同

(1)任一断层面形成时,其不同部位受力是不均衡的,因此造成同一断层不同部位破碎程度的不均匀性。另外,就其端点而言,都不是以位移消失应力,而是以破裂、变形消失应力。故在断层的端点部位及其两侧的岩层裂隙发育,为地下水运动、埋藏创造了良好的条件。

(2)一个构造体系的主干断裂与分支断裂的交叉点,应力比较集中,各种裂面均很发育,岩石破裂,充填和胶结程度较差,尤其在石灰岩中,岩溶也特别发育。故在断层的交叉点处,突水性强，导水性也好。采掘工作面如接近上述地段,则经常发生突水事故。

(3)断层密度大的地段,不仅应力集中,且受多次应力作用,造成岩层破碎、裂隙发育,这是地下水运动和赋存的良好场所,一旦采掘工作面接近或通过这些块段时,则易发生突水。

(4)断层的形成是两盘相对运动的结果,在相对运动过程中,必然有主动与被动之分,这种“主动”与“被动”是受力的边界条件和重力作用造成的。如高角度断层的发生,因上部临空,故在水平外力作用下,上盘易向上滑动;在重力作用下,它又易向下滑动。所以从作用力与反作用力来看,上盘为“主动”盘,其中低序次的断裂相应比下盘(被动盘)发育，故在上盘部位突水性强。这与断裂面两盘的岩性、富水性及补给条件也有一定关系。

综上所述,地质构造对矿井涌水的影响是复杂的,是多种因素决定的。在分析矿井涌水条件时,既要看到地质构造决定了地下水的埋藏条件,也要看到地质构造控制了地下水的运动和影响矿井涌水量的大小。所以,在分析判断断层导水性及其富水性时,绝不能凭主观臆断,必须用辩证唯物主义观点对每一条断层的具体情况作具体分析,从而确定每一条断层的导水与涌水的相对性、可变性、不均一性。

矿井涌水条件的分析无非是从具体资料中去伪存真来分析和研究矿井涌水的水源和通路。分析得准确与否,不仅关系到涌水量大小及计算参数的选择,还关系到如何采取经济合理有效的措施,保证安全生产的问题。为此,在日常工作中,必须详细搜集资料,对本矿区、本井田的地质、水文地质条件进行调查和研究,对断层可能存在的位置、规模断裂面力学性质,两侧岩层的错动关系及其岩性、含水层的分布及其富水性、采空区边界、旧钻孔的空间位置等,皆应调查清楚,并且要有系统完整的图纸和方案等原始资料,只有这样才能正确地判断矿井涌水因素之间相互制约和相互依存的内在联系及规律,找出涌水的主导因素,采取有效措施,确保安全生产。

(五)防治隔水层与阻水断裂滞后突水(泥)

在煤矿最常见的隔水层有泥岩、砂质泥岩、泥质胶结的粉砂岩等。在一定的自然条件下,这些隔水层有可能转化为含水层或透水性能较好的岩层。隔水层的微粒之间多被结合水所占据,几乎不含重力水,故为隔水层。有时因黏土干裂而收缩,裂隙很发育,具有一定透水性,能贮存地下水而失去原有的隔水性,由隔水层转变为透水层或含水层。在较大水压及矿压作用下,可使隔水层中一部分结合水产生运动而具有透水性,从而转化为含水层。可见隔水层在特定条件下具有两面性。在煤矿生产中,如果忽视这种转化因素,就容易被某些现象所迷惑,而造成突水事故。

【例 3-4】 20 世纪 80 年代,湖南煤炭坝五亩冲煤矿运输大巷布置在已疏干的茅口灰岩强含水层中。一天大巷遇到一条宽 1.5 cm 的裂缝,其内充填有干红泥,认为是阻水带而继续掘进。因水压与矿压使干泥产生裂缝,地下水随之渗入裂缝。3 个月后大巷所见干红泥变软而具弹性,再过一星期之后,具弹性红泥的抗压强度低于水压面变成稀泥涌入具有自由面的大巷,所幸未造成人员伤亡,仅使工期延长 5 个月,造成部分经济损失。这是滞后突泥的典型事例。

【例 3-5】 因射流作用的滞后突水。霍州矿区曹村煤矿据精查资料奥灰水静止水位为 517~519 m。该矿把 500 m 水平大巷布置在奥灰岩中,大巷带水压大于 1 MPa。20 世纪 80 年代初,暗斜井落底后送巷 50 余 m 时,揭露了一条宽 1.5 cm 左右的开口裂隙,无水。曹村煤矿位于距奥灰水补给区仅 3 km 的径流区,有限的水流沿该煤矿主径流带向郭庄泉排泄。该裂隙距主径流带约 0.8 km,因射流作用无水而充气。大巷掘进两个多月后,因矿井为负压通风,局部通风机回风流不断将该裂隙中的气体缓慢带出,其气压小于射流带的水压,在水压、矿压和爆破震动的诱发下,奥灰水终于从该裂隙中涌出。由于所掘临时水窝容积小,临时水泵排量小,大巷及部分暗斜井被淹,调泵强排水月余。

临汾市不少煤矿缺水,为寻找供水水源而打深井揭露奥灰岩百余米,有的在 200 m 以上,但无水或涌水甚微,这是因为这些矿井距地下分水岭不远,不在径流带上,有限的奥灰水沿地下水主径流带流动,形成射流。水源井如果布置在奥灰水径流带上的话,将会取得较好的效果。

【例 3-6】 山东肥城杨各庄煤矿的断层滞后重大突水事故

1985 年 5 月 27 日 9 时左右,该煤矿在已经停止掘进达 4 个月之久的 9101 回风巷发生突水,标高 −32 m。初期涌水量为 600 m^3/h 左右,17 时增至 4 000 m^3/h,最大时达到 5 237 m^3/h,最后稳定在 4 409 m^3/h。

该煤矿把排水能力从 1 680 m^3/h 努力提到 2 360 m^3/h ,因抵不住涌水量,到当月 28 日 4 时 35 分淹没了矿井, 停产半年,无人员伤亡,设备全部被淹 ,其损失达 2 001.5 万元。

该突水点位于地堑内,东南部有两条正断层,走向 NE,倾向 NW,倾角 68°,落差分别为 18 m 和 8 m,西北有两条正断层,走向 NE,倾向 SE,倾角 70°,落差分别为 7 m 和 15 m。其落差均为地堑内侧小于外侧。突水点在东南侧落差 8 m 断层的中部巷道揭露处。

该工作面开采 9 号煤层,煤厚 1.2 m 左右,下距本溪组徐家庄灰岩(C2x)21 m。徐家庄灰岩厚 13.5 m,徐家庄灰岩下距奥陶系灰岩 12 m 左右,奥陶系灰岩厚 800 m 左右。这两层灰岩含水极为丰富,两者水力联系密切,其水位动态及水质特征基本一致。

此次突水的主要原因是对所揭露的断层点未采取加固(砌碹、筑防水墙、灌浆等)防水措施,使其长期裸露,断层带被水浸泡,断层泥(岩块)变软,强度降低,而发生了滞后突水。

【案例点评】 上述事例告诫我们:井下遇到有滞后突水危险的断层、张节理时 ,一定要立即采取防范措施,以杜绝后患。

四、地表水体与矿井的关系影响因素

(1)煤层位于地表水体之上(见图 3-16(a)),矿井充水与地表水体无关。

(2)地表水体位于煤层之上甚远,其间有相当厚的隔水岩组(岩组垂向厚大于垮落带高度),不论采用何种采煤顶板控制方法,矿井涌水量与地表水体无关(见图 3-16(b))。

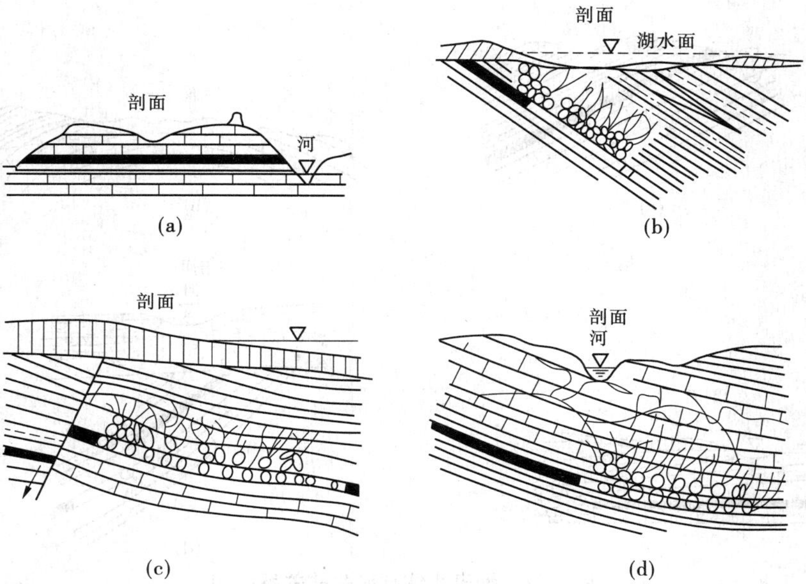

图 3-16　地表水体与矿井的关系(一)

(3)地表水体位于煤层之上很近,其间隔水层厚度小于垮落带高度(见图 3-16(c))。

回采后,垮落带可以贯通地表水体,井巷涌水量剧增,可能淹井。

(4)地表水体位于煤层之上,间距较大,但其间无隔水层或隔水层分布不连续(见图 3-16(d))。

地表水可通过含水层或天窗进入井巷,通道透水性越大,水体距井巷进水途径越近,威胁就越大。

(5)地表水体距矿井较近(小于排水影响半径),充水含水层被切割或通过导水断层与之发生水力联系(见图 3-17(a))。

地表水体构成矿井的定水头供水边界,矿井涌水量大而稳定。水量少的池塘,最终可能逐渐疏干。

地表水体平行走向切割含水层补给矿井水量较垂直走向切割含水层的矿井涌水量要大,防治工作也较困难。

(6)在地表水体距矿井较远,但地表水体距井巷的间距大于排水影响半径,或含水层与断层的透水性弱时,地表水渗量有限(见图 3-17(b)、图 3-17(c))。

地表水体仅作为含水层的补给源,矿井涌水量主要取决于直接充水含水层的透水性及过水断面大小等因素。

(7)地表水体下有不厚的第四系冲积层覆盖煤系地层,冲积层具有一定的透水性(见图 3-17(d))。

地表水体对矿井充水影响决定于冲积层的渗透压、厚度及过水断面大小等因素。涌水量季节性变化较小。

五、人为因素

人为因素主要包括矿井开拓方式、采煤方法和疏干方法 3 个方面。

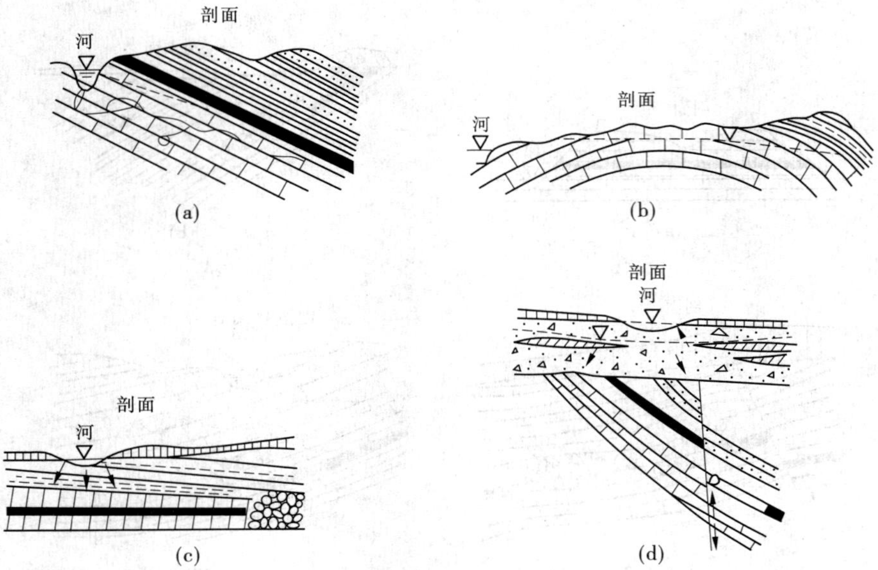

图 3-17　地表水体与矿井的关系(二)

(一)矿井开拓方式

1. 平硐开拓

1)沿煤层开平硐及巷道

(1)煤层顶底板有隔水层,沟谷近垂直走向深切时采用。

(2)可不直接揭露含水层,平硐、巷道涌水量减到最低限度。

(3)可起到探测煤层变化和构造,边探边掘的作用。

2)垂直岩层走向开平硐

(1)沟谷沿走向延展时采用。

(2)直接揭露煤层以上(或以下)数个含水层,起预先疏干或降低水头压力的作用。可利用揭露自流排水,不需排水设备,节约排水费用。

(3)开凿后,应将距顶底板较远与采煤无关的含水层地段封闭。

3)在煤层底板含水层内沿走向开平硐

(1)兼作含水层超前疏干巷道时采用。

(2)平硐不压煤,但涌水量大,须按疏干巷道设计,利用坡度自流,不需排水设备,节省排水费用。

2. 斜井开拓

1)在煤层内开拓

(1)可兼探测煤层变化和地质构造,尤其副井超前掘进时经常采用。

(2)当煤层顶底板有隔水层时,可不直接揭露含水层,井筒涌水量减少到最低限度。

(3)当矿井水文地质条件复杂时(如岩溶类矿井),应避免在地下水位以下开斜井。

2)在含水层内开拓

(1)可超前疏干含水层。当直接充水含水层在底板时,还可避免井筒压煤。但只有在含水层涌水量少,并通过经济比较后才可采用。

(2)强含水层内不宜采用。因井筒断面小，涌水量大，排水困难，易造成淹井事故，不利于排水恢复。

3)在顶底板相对隔水岩组内开拓

(1)适用于水文地质条件复杂的矿井，尤其岩溶类矿井应优先采用，且按阶段斜井设计。同理，适用于下山开拓。

(2)可避免井筒早期遇到强含水层，待井筒(下山)达到设计深度，筑好水仓、泵房后，再开拓强含水层进行疏降最为有利。

3. 立井开拓

1)从顶板开凿立井

(1)主要含水层位于煤层底板以下时采用。

(2)因井筒避开了强含水层，减少了涌水量，故便于施工，须留井筒保安煤柱。

2)从底板开拓立井

(1)强含水层位于顶板以上，煤层倾角很大时采用。

(2)可减少井筒施工的复杂性和基础期的涌水量，避免井筒压煤。

4. 初期采区设计

孔隙含水层岩相变化大，岩溶含水层富水性极不均一的矿区，初期采区设计如下：

(1)独立开采的中小型矿井宜选在弱富水区段，可显著减少初期涌水量及排水费用，降低吨煤成本，强富水区段可留待后期开采。

(2)通过经济比较后，认为需要超前作大面积疏干或降压的矿井，可选在强富水区段。

5. 井口位置选择

(1)矿井的各个地面出口应选在河流历年最高洪水位或山洪洪水位之上，以免洪水沿井口倒灌，造成淹井事故。除非井口加围堰，并确保在水浸时不致溃决。

(2)地面广泛覆盖冲积层的矿井，井口尽量选在第四系薄层、透水性弱，土层物理力学性质较好的区段，以减少井筒施工的困难。

(二)采煤方法

1. 壁式采煤，全部垮落法控制顶板

正常情况下，我国煤矿冒高、裂高与采煤比例(缓倾斜，倾斜煤层)见表3-2。

表3-2　我国煤矿冒高、裂高与采高比例(缓倾斜，倾斜煤层)

覆岩岩性	冒高比值			裂高比值		
	一分层	二分层	三分层	一分层	二分层	三分层
坚硬	4~5	3~4		18~28	13~18	8~12
中硬	3~4	3~4	3~3.5	12~16	8~11	6~8
软弱	1~2			9~12	6~8.5	4.7~5.9

注：1. 单层开采者取表内一分层数据。

2. 急倾斜煤层最大冒裂高度在垂线上方，当顶底板岩层很坚硬时，垮落可沿煤层上边界向上扩展，超过表内比值数倍。

2. 房柱、条带法、刀柱法采煤

本法适用于顶板坚硬、完整的采区。可使部分煤柱及煤柱带起支撑顶板的作用，减小裂缝带上延高度，在一定条件下，可避免顶板以上含水体的水进入矿井。目前这些采煤方法已极少采用。

3. 采煤工作面长度、控顶距、近距离多煤层联合布置开采

工作面长度和采空区面积大，控顶距大，以及近距离多煤层联合布置开采，都能增大矿山压力，尤其是初次来压，破坏底板（或围岩）隔水层，引起地下水突入矿井。

（三）疏干方法

1. 深降强排

（1）降落漏斗扩展大，尤其在厚层岩溶发育的灰岩含水层内影响范围超过 5 ~ 8 km，甚至 10 km 以上，大范围地改变了地下水的运动状态，引进了新水源，增加了矿井水的动储量。

（2）造成泉水干涸，河水向矿井倒灌，岩溶裂隙疏通，地表塌陷，降水渗入，增大了矿井涌水量。

2. 联合疏干

（1）采用几对矿井在地面和井下同时开拓，疏降同一含水层，使各井之间互相干扰排水。

（2）此法能加速地下水疏干，联合疏干时，单个矿井涌水量比独立疏干涌水量可减少 10% ~30%，疏干井数量越多，井间距越近，效果越明显。

【例 3-7】 湖南煤炭坝煤矿开采的煤层顶部与底部均为灰岩溶隙强含水层，用联合疏干法，使煤层开采段位于已疏干的降位漏斗内，免除强突水威胁。同时加大排水力度，该煤矿安装好的 130 kW 排水泵 26 台，13 台同时工作。煤炭坝煤矿是我国联合疏干后采煤的成功范例。

单元四　矿井水文地质类型划分

一、矿井水文地质类型

根据矿井受采掘破坏或者影响的含水层及水体、矿井及周边采空区水的分布状况、矿井涌水量或者突水量分布规律、矿井开采受水害影响程度以及防治水工作的难易程度，矿井水文地质类型划分为简单、中等、复杂、极复杂 4 种（见表 3-3）。

矿井水文地质类型划分报告，应当包括下列主要内容：

（1）矿井所在位置、范围及四邻关系，自然地理等情况。

（2）以往地质和水文地质工作评述。

（3）井田水文地质条件及含水层和隔水层分布规律和特征。

（4）矿井充水因素分析，井田及周边采空区分布状况。

（5）矿井涌水量的构成分析，主要突水点位置、突水量及处理情况。

（6）对矿井开采受水害影响程度和防治水工作难易程度评价。

表 3-3 矿井水文地质类型

分类依据		简单	中等	复杂	极复杂
受采掘破坏或影响的含水层及水体	含水层性质及补给条件	受采掘破坏或影响的孔隙、裂隙、岩溶含水层，补给条件差，补给来源少或极少	受采掘破坏或影响的孔隙、裂隙、岩溶含水层，补给条件一般，有一定的补给水源	受采掘破坏或影响的主要是岩溶含水层、厚层砂砾石含水层、老空水、地表水，其补给条件好，补给水源充沛	受采掘破坏或影响的是岩溶含水层、老空水、地表水，其补给条件很好，补给来源极其充沛，地表泄水条件差
	单位涌水量 q(L/(s·m))	$q \leqslant 0.1$	$0.1 < q \leqslant 1.0$	$1.0 < q \leqslant 5.0$	$q > 5.0$
矿井及周边老空水分布状况		无老空积水	存在少量老空积水，位置、范围、积水量清楚	存在少量老空积水，位置、范围、积水量不清楚	存在大量老空积水，位置、范围、积水量不清楚
矿井涌水量 (m^3/h)	正常 Q_1 最大 Q_2	$Q_1 \leqslant 180$（西北地区 $Q_1 \leqslant 90$）$Q_2 \leqslant 300$（西北地区 $Q_2 \leqslant 210$）	$180 < Q_1 \leqslant 600$（西北地区 $90 < Q_1 \leqslant 180$）$300 < Q_2 \leqslant 1\ 200$（西北地区 $210 < Q_2 \leqslant 600$）	$600 < Q_1 \leqslant 2\ 100$（西北地区 $180 < Q_1 \leqslant 1\ 200$）$1\ 200 < Q_2 \leqslant 3\ 000$（西北地区 $600 < Q_2 \leqslant 2\ 100$）	$Q_1 > 2\ 100$（西北地区 $Q_1 > 1\ 200$）$Q_2 > 3\ 000$（西北地区 $Q_2 > 2\ 100$）
突水量 Q_3(m^3/h)		无	$Q_3 \leqslant 600$	$600 < Q_3 \leqslant 1\ 800$	$Q_3 > 1\ 800$
开采受水害影响程度		采掘工程不受水害影响	矿井偶有突水，采掘工程受水害影响，但不威胁矿井安全	矿井时有突水，采掘工程、矿井安全受水害威胁	矿井突水频繁，采掘工程、矿井安全受水害严重威胁
防治水工作难易程度		防治水工作简单	防治水工作简单或易于进行	防治水工程量较大，难度较高	防治水工程量大，难度高

注：1. 单位涌水量以井田主要充水含水层中有代表性的为准。

2. 在单位涌水量 q，矿井涌水量 Q_1、Q_2 和矿井突水量 Q_3 中，以最大值作为分类依据。

3. 同一井田煤层较多，且水文地质条件变化较大时，应当分煤层进行矿井水文地质类型划分。

4. 按分类依据就高不就低的原则，确定矿井水文地质类型。

（7）矿井水文地质类型划分及防治水工作建议。

矿井水文地质类型应当每 3 年进行重新确定。当发生重大突水事故后，矿井应当在 1 年内重新确定本单位的水文地质类型。

重大突水事故，是指突水量首次达到 300 m^3/h 以上或者造成死亡 3 人以上的突水事故。

二、一般概念

(1)直接进水:指含水层与煤层之间无隔水层,或有较薄的隔水层但开采时不能起到隔水作用。

(2)间接进水:指含水层与煤层之间有隔水层,在正常情况下能起到隔水作用,但可能通过断层带(导水断层、煤层因断层而与含水层对接)、采动破坏带(冒裂带、塌陷带)进水。

(3)水文地质类型按表3-3划分,命名采用水文地质条件、充水岩层、进水方式三者组合顺序,如水文地质条件复杂的溶隙水底板间接进水型矿井,水文地质条件简单的砂岩裂隙顶板直接进水型矿井等。

(4)如果一个矿井开采煤层较多(如1号、2号、3号、9号、10号、11号等),而不同层位煤层的水文地质条件有很大变化时,可以按分煤层的水文地质条件来划分类型。

三、矿井水及泉水等级的划分

(一)突水点突水量的等级标准

突水点突水量 Q_t 的等级标准如下:

(1)小突水点:突水量≤60 m^3/h(≤1 440 m^3/d)。

(2)中等突水点:60 $m^3/h < Q_t \leqslant 600\ m^3/h$。

(3)大突水点:600 $m^3/h \leqslant Q_t \leqslant 1\ 800\ m^3/h$。

(4)特大突水点:$Q_t > 1\ 800\ m^3/h$。

(二)钻孔单位涌水量 q(含水层富水性)等级标准

《矿区水文地质工程地质勘探规范》(GB 12719—91)中钻孔单位涌水量 q(含水层富水性)等级标准见表3-4。

表3-4 含水层富水性分级

含水层富水性分级	按钻孔单位涌水量 q(L/(s·m))	按天然泉流量 Q(L/s)
弱富水性	0.1	<1.0
中等富水性	0.1~1.0	1.0~10.0
强富水性	1.0~5.0	10.0~50.0
极强富水性	>5.0	>50.0

(三)泉水按其天然流量划分

泉水按其天然流量 Q 可分为以下几种:

(1)极强含水层:天然流量 $Q > 50$ L/s。

(2)强含水层:天然流量 10 L/s $< Q \leqslant 50$ L/s。

(3)中等含水层:1 L/s $\leqslant Q \leqslant 10$ L/s。

(4)弱含水层:$Q \leqslant 1$ L/s。

单元五　各类充水矿井的特征

水害在煤矿五大灾害中排列第二,是影响煤矿安全生产的重大关键问题之一,对其进行防治工作具有十分重要的现实意义和长远的战略意义。

一、以孔隙含水层为主的充水矿井的充水特征

(一)水文地质条件简单的矿井

这种矿井主要含水层为半胶结或松散的细砂层,含水层厚度小或呈透镜体,补给条件差。含水层与地表水之间无水力联系,涌水量一般小于 1 m^3/min,个别出现涌砂,甚至较严重。

防治措施如下:

(1)正常排水。

(2)留设一定厚度防水煤柱。

(3)穿过流沙层时,采用特殊施工方法,或设置挡沙墙等。

(二)水文地质条件中等的矿井

这种矿井主要充水岩层为半胶结成松散的中—粗粒砂、卵砾石层。含水层厚度较大,与煤层之间的隔水层较薄,或含水层与古河床、地表水之间有一定联系。涌水量一般小于 10 m^3/min。

防治措施如下:

(1)适当加强排水能力。

(2)留设足够的防水煤柱,防止垮落带贯通含水层。

(3)采取地表防治水措施,减少矿井涌水量。

(三)水文地质条件复杂的矿井

这种矿井有地表水和含水丰富的冲积层直接覆盖于煤层之上,其间隔水层薄,分布稳定,与地表之间有密切联系,涌水量大于 10 m^3/min。

防治水措施:

(1)适当加强排水能力。

(2)留设足够的防水煤柱,防止垮落带贯通含水层。

(3)采取地表防治水措施,减少矿井涌水量。

(4)在可能条件下处理地表水体(改道,修防漏层,铺人工河床等),以减少矿井涌水量。

二、裂隙含水层为主的充水矿井的充水特征

(一)水文地质条件简单的矿井

这种矿井位于侵蚀基准面以下,但远离地表水体,区域降水量小,补给条件差。主要充水岩层为细砂岩、裂隙不发育,构造简单,涌水量小于 5 m^3/min,一般为 1 ~ 2 m^3/min。

防治措施:正常排水。

(二)水文地质条件中等的矿井

这种矿井位于侵蚀基准面以下,主要含水层为粗砂岩、砂砾岩,裂隙较发育,含水层裸露

于地表，降水影响大，或受煤系基底承压裂隙水的补给，动储量较充沛，涌水量为 5 ~ 10 m^3/min。

防治措施如下：

(1)以足够的排水能力进行疏干。

(2)加强预防地表水涌入的措施，以减少涌水量。

(3)对井下裂隙发育的出水点适当进行堵水。

(三)水文地质条件复杂的矿井

这种矿井位于侵蚀基准面以下，煤系上有较厚的砂砾冲积层，并与地表水体有水力联系，涌水量可达 10 m^3/min 以上。

防治措施如下：

(1)强排疏干。

(2)留设防水煤柱，预防煤柱塌陷、裂隙贯通地表水体。

三、溶隙含水层为主的充水矿井

(一)水文地质条件简单的矿井

这种矿井是指位于干旱、半干旱区，侵蚀基准面以上，以溶隙为主含水层充水的矿井；或者位于侵蚀基准面以下，构造简单，与地表水无水力联系，厚度不大的以溶隙为主含水层充水的矿井，涌水量小于 10 m^3/min。

防治措施如下：

(1)准备足够的排水能力，正常排水。

(2)适当地采取堵水措施。

(二)水文地质条件中等的矿井

水文地质条件中等矿井的特征如下：

(1)降水丰沛区，溶隙充水层裸露地表，或有厚层砂、砾石层覆盖的矿井。

(2)主要充水层以溶隙为主的含水层，但厚度不大，与地表水无水力联系的矿井。

(3)主要充水层以溶隙为主的含水层，裂隙构造发育，与地表水有水力联系的矿井，涌水量为 10 ~ 20 m^3/min。

防治措施如下：

(1)地面加强防洪排涝措施。

(2)井下加强排水能力，疏水降压。

(3)井下大突水点注浆堵水。

(4)设置防水闸门。

(5)留设防水煤柱。

(三)水文地质条件复杂的矿井

水文地质条件复杂矿井的特征如下：

(1)降水充沛区，岩溶发育的充水岩层裸露地表，地形低洼，有利于地表水汇集的矿井。

(2)处于地表水体下，或临近地表水体岩溶发育的矿井。

(3)处于地下暗河或岩溶集中径流带附近的矿井。

(4)顶底板有高压强岩溶化含水层,隔水层薄或虽厚但断层裂隙发育,经常与强岩溶化含水层对接的矿井。

(5)与第四系等强烈充水含水层有密切水力联系的岩溶充水矿井。

(6)涌水量大于20 m^3/min。

防治措施如下:

(1)加强排水能力,留有充分余地。

(2)设置密闭式泵房,建筑防水闸门,分区隔离。

(3)对地表河流采取防渗、改道等措施。

(4)查明集中径流带、暗河通道进行堵塞,灌注防水帷幕截流。

(5)堵塞地表塌陷裂缝和井下突水点。

(6)留设防水煤柱。

(7)加强对断层和强含水层的探放水。

(8)带压开采或疏水降压。

单元六 矿井水害的类型及特征

近年来,矿井水害事故时有发生。据统计,2002~2012年全国煤矿共发生水灾事故816起、死亡3 805人,分别占死亡事故总起数和死亡总人数的3.0%和8.2%,平均每起事故死亡4.66人。虽然目前不少学者已在矿井水害防控研究上取得了可喜成果,但其总体形势依然严峻。

在矿井水害研究方面,不同类型的水害往往对应不同的防控技术,因此对矿井水害依据其不同特点的分类便凸显必要,但因矿井水害的多样性与复杂性,目前对矿井水害进行的系统性、整体性、全面性分类尚不多见。事实上,矿井水害的科学分类是一个庞大的系统分类工程,需要制定定性、定量及其相结合的分类方法,并需要大量的现场数据和水害案例,更需要相关科学理论的支撑。因此,矿井水害分类对其基础理论研究、调查与勘探、预测预报评价、探测仪器与装备研发、预防与治理技术、矿井水综合利用和矿山生态环境保护等均具有重要的理论指导意义和实用价值。

一、矿井水害分类依据

在对矿井水害类型划分前,首先需确定划分依据。根据我国大量矿井水害案例及其具体特征等,本书将充水水源、导水通道、危害形式、经济损失与人员伤亡和时效特征等作为水害类型的划分依据。充水水源是指赋存于矿体和其周围岩层中的及与之存在水力联系的在开采过程中造成矿坑持续涌(突)水的水源总称;导水通道是这些水源进入矿坑的途径;危害形式主要指具有温度异常和腐蚀性等特征的矿坑涌(突)水;经济损失和人员伤亡指矿坑涌水所造成的直接经济损失大小和人员伤亡数量;时效特征主要指矿坑涌(突)水与采掘工程推进之间的时间关系。

二、主要水害类型的划分

(一)按矿井水害的充水水源分类

依据充水水源性质,可划分为天然充水水源和人为充水水源两大类(见图3-18)。

- 充水水源型矿井水害分类
  - 天然充水水源型水害
    - 大气降水型水害
      - 大气降雨、冰雪型水害
      - 降雨诱发的洪水型水害
      - 暴雨诱发的山洪型水害
      - 暴雨滑坡泥石流型水害
    - 地表水体型水害
      - 海洋水型水害
      - 江河、湖泊、水库、沟渠型水害
      - 塌陷区积水、塘坝水型水害
      - 地表水诱发的滑坡、尾矿库泥石流型水害
      - 地面生产用水型水害
    - 地下水源型水害
      - 依据充水含水层介质特征
        - 孔隙水型水害
          - 第三系砂砾含水层型水害
          - 第四系松散孔隙含水层型水害
          - 未成岩古地层含水层型水害
        - 裂隙水型水害
          - 砂岩裂隙含水层型水害
          - 砾岩裂隙含水层型水害
          - 岩浆岩、变质岩裂隙含水层型水害
        - 岩溶水型水害
          - 奥陶系(茅口)厚层灰岩水型水害
          - 矿系地层薄层灰岩水型水害
          - 可溶性地层地下水型水害
      - 依据充水含水层水力特征
        - 上层滞水含水层型水害
        - 潜水含水层型水害
        - 承压含水层型水害
  - 人为充水水源型水害
    - 地下水袭夺水源型水害
    - 矿井老空积水型水害

图3-18　充水水源型矿井水害分类

天然充水水源型水害包括以大气降水为直接补给源的矿井水害、地表水(大型地表水体,如海、湖、河流、水池、沼泽和水库等)充水水源型矿井水害和地下水充水水源型矿井水害。其中地下水充水水源型水害依据充水含水层介质特征可划分为松散岩孔隙充水水源水害、基岩裂隙充水水源水害和可溶岩岩溶充水水源水害;依据充水含水层水力特征可划分为上层滞水、潜水和承压含水层充水水源水害。人为充水水源型水害包括地下水袭夺水源型水害和矿井老空积水型水害。

(二)按可采矿层与充水含水层的彼此位置和接触关系分类

依据矿层与充水岩层相对位置,可划分为顶板充水水源、底板充水水源和周边充水水源3种矿井水害类型;依据矿层与充水岩层接触关系,可进一步划分为顶板直接和间接充水水源、底板直接和间接充水水源、周边直接和间接充水水源6种水害类型。

(三)按矿井水害的导水通道分类

导水通道首先可分为矿井充水天然通道和矿井充水人为通道两大类。其中天然通道型矿井水害可分为点状岩溶陷落柱通道型水害、线状断裂(裂隙)带通道型水害、窄条状隐伏露头通道型水害、面状裂隙网络(局部面状隔水层变薄区)通道型水害和地震通道型水害;人为通道型矿井水害可分为顶板冒落裂隙带通道型水害、顶板切冒裂隙带通道型水害、抽冒带通道型水害、底板矿压破坏带通道型水害、底板地下水导升带通道型水害、地面岩溶塌陷带通道型水害和封孔质量不佳钻孔通道型水害。

(四)按矿井水害的危害形式分类

矿井水害按危害形式可分为常温水害、中高温水害和腐蚀性水害。

(五)按矿井水害造成的经济损失或人员伤亡分类

依据矿井水害造成的人员伤亡或直接经济损失,可分为特别重大型水害、重大型水害、较大型水害、一般型水害。

(六)按矿井水害发生的时效特征分类

按矿井水害发生的时效特征,可分为即时型水害、滞后型水害、跳跃型水害和渐变型水害。

三、不同类型水害的主要特征

(1)大气降水型水害。大气降水是地下水的主要补给来源,所有矿床充水都直接或间接地与大气降水有关。此处所述大气降水水源,是指矿床直接充水的唯一水源,其致灾时间与大气降水时间具有同步相关性或固定时间的延迟相关性,其致灾性与降水强度和降水量有关,且一般与降水量呈正比关系。

(2)地表水源型水害。在有大型地表水体分布(海、湖、大河流、水库、水池)的矿床地区,查清天然条件下和矿床开采后的地表水对矿床开采的影响是矿区水文地质勘探和矿井水文地质工作的关键。地表水体分布一般较为集中,水量较大,采矿活动及其影响范围一旦与其形成水力联系,其致灾性往往较大。

(3)地下水源型矿井水害。地下水源型水害类型复杂。依据充水含水层介质特征可划分为松散岩孔隙充水水源型水害、基岩裂隙水源型水害、可溶岩溶水型水害;依据充水含水层水力特征可划分为上层滞水水源型水害、潜水和承压含水层水源型水害。

从不同性质含水介质导致的矿井水害看,一般而言,由于岩溶水含水层富水性较强,故一旦采矿活动及其影响范围导通该类型含水层,形成的岩溶水源型矿井水害往往具有较强的致灾性;从含水层的水力特征看,由于承压含水层富水性往往较强,导致该种类型的矿井水害的致灾性相应较强。

(4)地下水袭夺水源型水害。由于矿床开采,地下水降落漏斗不断扩展,采矿活动强烈改造着矿区天然地下水流场,人工地下水流场获得新的补给水源称为袭夺水源。袭夺水源存在下列几种情况:①位于矿区地下水排泄区的泉水;②位于矿区地下水排泄区的地表水(海、湖、河)体;③位于矿区地下水径流带内的排泄区一侧的相邻含水层;④相邻水文地质单元的地下水。故其致灾效果一般与补给水源的富水性呈正比关系。

(5)矿井老空积水型水害。由于过去的矿山开采(包括同一矿山的开采和周围其他矿山的开采)之后遗留的一部分采空区,其被后期的地下水或地表水等充填,形成了老空积水。如果后期的地下采掘工程触及其水体边缘,该部分老空水就会以突然溃入的方式涌入井下,造成突发性的矿井水害事故。据统计,恶性矿井水害以该种类型数量为最多且致灾性最强,2006~2010 年,全国范围内老空水害共发生 129 起、死亡 971 人,占较大以上水害事故总期数的 92.1% 和死亡总人数的 89.7%。

该种类型的矿井水害主要有如下特点:①突发性;②老空水往往呈酸性状态;③老空积水中硫化氢气体的浓度较高;④涌水量大,破坏性强,但因其储水空间较封闭导致其涌水持续时间短,较易疏干。

(6)充水水源型矿井水害。当采矿活动及其影响范围(冒落裂隙带、导水构造等)触及矿体上部的充水岩层,便引发顶板矿井水害。依据矿体与充水岩层的接触关系,可划分为顶板直接充水水源型水害和顶板间接充水水源型水害。顶板水源型矿井水害的致灾性与其导通的充水含水层富水性和连通性直接相关,若采矿活动影响范围内的含水层富水性和连通性较强,其对矿山安全开采的致灾性则较强。

(7)底板充水水源型矿井水害。当采矿活动及其影响范围(矿压破坏带、导水构造等)触及矿体下部的充水岩层时,便引发底板矿井水害。依据矿体与充水岩层的接触关系,底板水害亦可划分为底板直接充水水源型水害和底板间接充水水源型水害。同理,底板水源型矿井水害的致灾性与其矿压破坏带触及的充水含水层富水性和连通性直接相关,若采矿活动影响范围内的含水层富水性和连通性较强,其对矿山安全开采的致灾性则较强。

(8)周边充水水源型矿井水害。当采矿活动及其影响作用(造成裂隙萌生、断裂活化等)触及矿体周边的充水岩层时,便引发周边水源型矿井水害。依据矿体与充水岩层的接触关系,周边水源型水害亦可划分为直接充水水源型水害和间接充水水源型水害。其致灾性与周边充水含水层的富水性和裂隙连通性呈正比增长关系。

一般而言,以上3种类型矿井水害中的直接充水水源是指水源与开采矿体直接接触或矿体开发过程中诱发导水冒裂带或矿压破坏带能够触及的水源,间接充水水源是指通过某种导水构造穿过隔水围岩或通过越流方式进入矿井的充水水源,其主要分布于开采矿体周围,但与矿体并未直接接触或处于正常冒裂带或矿压破坏带以外。常见的直接充水水源有煤层直接顶板含水层、直接底板含水层和露天矿井剥离扰动的含水层;常见的间接充水水源含水层有顶板间接含水层、底板间接含水层、侧帮间接含水层或其之间的某种组合。

(9)天然导水通道型矿井水害。矿体开采时,充水水源进入矿坑的各种途径称为导水通道,而经非人为导水通道进入矿坑的涌水造成的矿井水害称为天然导水通道型矿井水害。此种类型的矿井水害包括:①点状岩溶陷落柱通道型水害;②线状断裂(裂隙密集)带通道型水害;③窄条状隐伏露头通道型水害;④面状裂隙网络(局部面状隔水层变薄区)通道型水害;⑤地震通道型水害。

点状岩溶陷落柱通道沟通了煤系充水含水层中地下水与中奥陶统灰岩水的联系,特别位于富水带上的岩溶陷落柱,可造成不同充水含水层组中地下水的密切水力联系,从而使该种类型矿井水害的致灾性增强。作为导水通道的岩溶陷落柱导水形式多种多样,有的柱体本身导水,有的则是阻水的,但陷落柱四周或者局部由于受塌陷作用影响而形成较为密集的次生裂隙带,从而成为沟通多层含水层组之间地下水的水力联系;还有的岩溶陷落柱柱体内部分导水,部分阻水。线状断裂(裂隙密集)带通道多分布在断层密集带、断层交叉点、断层收敛处或断层尖灭端等部位,其沟通了充水岩层组之间密切的水力联系,从而形成矿井水害。

在我国大部分煤矿,煤系薄层灰岩充水含水层、中厚层砂岩裂隙充水含水层以及巨厚层的碳酸盐岩充水含水层,多呈窄条状的隐伏露头与上覆第四系松散沉积物不整合接触,如果煤系和巨厚层的碳酸盐岩充水含水层组在隐伏露头的风化带部位渗透性较好,呈高承压水头的巨厚层碳酸盐岩充水含水层组地下水首先直接通过“越流”或“天窗”部位,上补第四系松散孔隙含水层组,而第四系孔隙水又以同样方式下补被疏降的煤系薄层灰岩含水层组或中厚层砂岩裂隙含水层组。第四系孔隙含水层组在煤系和巨厚层碳酸盐岩充水含水层组两个窄条状隐伏露头处,沟通了彼此间的水力联系,形成窄条状隐伏露头通道型水害,其致灾性往往较强。

根据含煤岩系和矿床水文地质沉积环境分析,在华北型煤田的北部一带,煤系含水层组主要以厚层状砂岩含水层组为主,薄层灰岩沉积较少。在厚层砂岩含水层组之间沉积了以细砂岩、粉细砂岩和泥岩为主的隔水层组。在地质历史的多期构造应力作用下,脆性的隔水岩层受力后以破裂形式释放应力,致使隔水岩层产生了不同方向的较为密集的裂隙和节理,形成了较为发育的呈整体面状展布的裂隙网络,此种裂隙网络随着上、下充水含水层组地下水水头差增大,以面状越流形式形成了垂向水量交换,形成面状裂隙网络(局部面状隔水层变薄区)通道型水害。

强震发生时,震中附近地层受地震力的周期拉压与剪切耦合作用形成较多规模不一的裂隙,如果煤层附近的裂隙发育到沟通其周围含水层组,将发生煤矿井突水灾害,即地震通道型水害,而由地震作用形成的裂隙则被称为地震裂隙通道。据开滦唐山矿在唐山地震时矿井涌水量和地下水位观测资料,地震前区域含水层受张力作用时,区域地下水位下降,矿坑涌水量减少。当强震发生时,区域含水层压缩,区域地下水位瞬间上升数米,矿坑涌水量瞬时增加数倍。

(10)人为导水通道型矿井水害。矿体开采时,经人为导水通道进入矿坑的涌水造成的矿井水害称为人为导水通道型矿井水害。此种类型的矿井水害包括:①顶板冒落裂隙带通道型水害;②顶板切冒裂隙带通道型水害;③顶板抽冒带通道型水害;④底板矿压破坏带通道型水害;⑤底板地下水导升带通道型水害;⑥地面岩溶塌陷带通道型水害;⑦封孔质量不佳钻孔通道型水害。

①、②和③具有相似性,均为采矿活动触发的顶板岩体破坏沟通了上部含水层而导致的矿井水害,不同的是①中的冒落裂隙带主要发育在水平或缓倾斜岩层中,而②中的抽冒带发育在急倾斜岩层中,③中的切冒裂隙带则主要发育在煤层顶板为厚层或巨厚层的弹性模量较大的砂岩或粗砂岩地层中,开采范围有限时不冒落,但一旦发生冒落,即为大范围冒落,这样对顶板或底板的破坏性均很大。同理,④和⑤亦具有相似性,均为采矿活动诱发的底板岩体破坏沟通了下部含水层而形成的矿井水害,所不同的是④中的矿压破坏带发育在紧邻矿体下部的岩层中,而⑤中的地下水导升带则孕育在矿体下伏含水层的顶部。

根据我国岩溶充水矿床大规模抽放水试验和疏干实践,矿区及其周围地区的地表岩溶塌陷发育较多,地表水和大气降水通过塌陷坑充入矿井,形成⑥,即地面岩溶塌陷带通道型水害。有时随着塌陷面积的增大,大量砂砾石和泥沙与水一起溃入矿坑。

由于矿区钻孔封孔质量不佳,其转变为矿井突水的人为导水通道,当掘进巷道或采区工作面触及此类封孔不良钻孔时,煤层顶、底板充水含水层地下水将沿着钻孔突入采掘工作面,形成⑦,即封孔质量不佳钻孔通道型水害,这是人为条件造成矿井水文地质条件复杂化的一种类型。

(11)常温水害、中高温水害和腐蚀性水害。常温水害指突水水温在当地地下水正常温度范围内的水害;受地热异常影响致使突水水温高于正常水温的水害为中高温水害;腐蚀性水害指突水水源中含有对采掘机械设备、排水设备和巷道等有腐蚀作用的水害。

(12)特别重大型水害、重大型水害、较大型水害和一般型水害。特别重大型水害是指造成30人以上死亡,或100人以上重伤,或1亿元以上直接经济损失的水害;重大型水害是指造成 10 人以上 30 人以下死亡,或 50 人以上 100 人以下重伤,或 5 000 万元以上 1 亿元以下直接经济损失的水害;较大型水害是指造成 3 人以上 10 人以下死亡,或 10 人以上 50 人以下重伤,或 1 000 万元以上 5 000 万元以下直接经济损失的水害;一般型水害是指造成 3 人以下死亡,或 10 人以下重伤,或 1 000 万元以下直接经济损失的水害。其中"以上"均包括本数,"以下"均不包括本数。

(13)即时型水害、滞后型水害、跳跃型水害和渐变型水害。即时型水害是指发生在矿井采掘的工作面突水灾害;滞后型水害是指发生在采掘工作面后方采空区中的突水水害,随着矿井开采深度逐渐加大和下组煤大规模开发,采掘环境的地应力和水压也在逐渐增大,因断裂构造、裂隙密集带或岩溶陷落柱等不同类型通道诱发的滞后型水害正在增多,应该引起高度重视;跳跃型水害是指突水水量随时间不断变化的突水灾害;渐变型水害是指突水水量随时间逐渐增加或者减小的突水灾害。

项目小结

矿井水的来源主要有地表水、地下水、大气降水和老窑积水等四种充水水源。矿井涌水通道包括自然通道和人为通道两大类。影响矿井充水的因素也可概括为自然因素和人为因素。其中自然因素又包括:自然环境因素、煤层上下岩层的组合形式影响因素、构造因素、地表水体与矿井的关系影响因素等。人为因素主要包括矿井开拓方式、采煤方法和疏干方法三个方面。

根据矿井受采掘破坏或者影响的含水层及水体、矿井及周边采空区水的分布状况、矿井涌水量或者突水量分布规律、矿井开采受水害影响程度以及防治水工作的难易程度,矿井水文地质类型划分为简单、中等、复杂、极复杂 4 种。不同水文地质类型的矿井水害类型也不同。矿井水害分类对其基础理论研究、调查与勘探、预测预报评价、探测仪器与装备研发、预防与治理技术、矿井水综合利用和矿山生态环境保护等均具有重要的理论指导意义和实用价值。

基础训练

1. 矿井主要充水水源有哪些?
2. 矿井涌水主要通道有哪些?
3. 影响矿井充水的因素有哪些?请简要说明。
4. 矿井水文地质类型划分的依据是什么?如何划分?
5. 矿井突水量不同可划分为哪几个等级?如何划分?
6. 溶隙含水层为主的充水矿井充水特征有哪些?如何防治?
7. 矿井水害分类的依据是什么?
8. 矿井主要水害类型如何划分?

项目四 矿井涌水量预测

学习目标

(1)掌握矿井涌水量的相关概念。

(2)掌握矿井涌水量计算的基本方法和基本步骤。

(3)了解矿井涌水量计算在生产中的重要性。

【导入】

某矿开凿一直径为6 m的立井,井筒即将穿过岩溶发育的石灰岩充水含水层,并掘至含水层底板。含水层厚度为6 m,根据钻孔抽水测得水位降低值$S=40$ m,影响半径$R=1\ 520$ m,石灰岩含水层的渗透系数$K=9.07$ m/d,试预计该井筒涌水量。

【正文】

单元一 概 述

一、矿井涌水量基本概念

凡是在矿井开拓、采掘过程中,渗入、淌入、淋入、流入、涌入和溃入井巷或工作面的任何水源水,统称为矿井水。

矿井涌水量是指矿井在建设开发过程中,不同水源的水通过不同途径单位时间内流入矿井的水量,是矿井井筒涌水量、巷道涌水量和采区涌水量的总和。

其预测计算的内容包括:

(1)矿井正常涌水量:指矿井开采系统在某一标高(水平)时,正常状态保持相对稳定的总涌水量,一般指平水期和枯水期涌水量的平均值。

(2)矿井最大涌水量:指开采系统在正常开采时雨季期间的最大涌水量。

(3)井巷工程涌水量:包括井筒(立井、斜井、平硐)和巷道(平巷、斜巷、石门等)开拓过程中的排水量。

(4)矿井疏干排水量:指在规定的疏干时间内,将水位降到规定标高时必需的疏干排水强度。它是指坑道系统还未开拓,或疏干漏斗还未形成,受人为因素(规定的疏干期限)所决定的排水疏干工程(钻孔或排水坑道)的排水量。

(5)矿井突水量:指井巷工程开拓过程或矿床开采时对围岩或顶、底板含水层影响和破坏,产生瞬时溃入矿坑的水量,是矿井在不可预知的充水条件发生时所产生的涌水量。从理论上讲,矿井突水量是不可预知的,是无法通过预测计算所获得的矿井涌水量。这一不可预知性主要来自矿井涌水的过水通道类型(如小煤窑、断层、陷落柱等)不可预知。

矿井涌水量大小是评价矿井充水条件复杂程度的主要标志。这一标志在已采矿井或采区可以通过实测获得,但对未采矿井或采区涌水量大小就不能实测,必须根据不同条件进行预测。正确计算未来井巷及采区的涌水量大小,是一项重要的工作。它不仅对矿井的技术经济评价有很大影响,而且矿井涌水量的大小及其在矿井三维空间中的分布,也是开采设计部门选择采掘方案、确定排水设备和制定相配套的防治水工程设计、防水安全技术措施的主要依据,所以做好矿井涌水量的预测工作,对于煤炭资源安全开采有着重要意义,正确预计矿井涌水量是矿井水文地质工作的重要任务之一。

矿井涌水量预计常用的方法有:①水文地质比拟法;②稳定流解析法;③水均衡法;④相关分析法;⑤数值法。

二、影响矿井涌水量的因素

(一)矿区煤系地层覆盖层的透水性和围岩出露条件

矿区煤系地层覆盖层的透水性好,则补给量和井下涌水量大。一般认为,矿区内若分布有大于5 m的、稳定的弱透水层时,就可有效地阻挡地表水和大气降水的下渗。透水的围岩在地表出露面积越大,则接受地表渗水就越多,井下涌水量也越大。

(二)矿区地形条件

矿区位于当地侵蚀基准面以上时,涌水量通常较小,由于排泄条件良好,水可以由平硐流出,补给水渗透对矿井涌水的影响也不大。而开采深度低于当地侵蚀基准面的矿体,或位于河谷凹地以及地形低洼地区的矿床时,涌水量会比较大,特别是在暴雨期间,涌水量可能大为增加。

(三)矿区地质构造条件

矿区地质构造断裂面力学性质的不同和同一构造体系不同部位矿井涌水的影响程度是不一样的。如张性断裂面矿井涌水的影响大于压性断裂面的影响;而交叉点导水性好,涌水性强。

三、矿井涌水量预测的特点

虽然矿井涌水量预测方法与供水勘探中的水资源评价类同,但其预测条件与思路仍有诸多特点:

(1)供水水资源评价,一般以确保枯水期最小开采量为目的;而矿井涌水量预测则以准确地预测丰水期最大涌水量为目标。

(2)我国矿床大多分布于基岩山区,充水条件差异悬殊,补排条件复杂。在边界条件概化中,非确定性因素多,含水介质非均匀性突出,参数的代表性难于解决;地下水流态复杂,常出现紊流、非连续流与管道流。组成概化模型的三大要素——边界、结构与流态复杂,定量化难度大。

(3)矿山井巷类型与空间分布千变万化,开采方法、开采速度与规模等生产条件复杂且不稳定,与供水的取水建筑物简单、生产条件稳定形成鲜明对比,给矿井涌水量预测带来诸多不确定性因素。

(4)矿井涌水量预测多是大降深。大降深疏干又必然导致对矿区水文地质条件的严重干扰与破坏;其破坏强度又比较难于预料与定量化。这与供水小降深采水有明显差异,使用供水时的计算理论与方法,通常难以满足要求。

(5)在矿床地质调查中,一般对水文地质工作投入的技术条件较差,投资少、工程控制程度低,在客观上也给涌水量预测带来较大困难。

以上特点,决定了矿井涌水量预测中存在诸多产生误差的客观条件。因此,勘探阶段的涌水量预测,应属于评价性计算,其精度难以与供水水资源评价相提并论。为了满足生产要求,除了通过完善勘探方法,提高预测精度外,还应完善预测成果的表达形式,指出预测成果的使用方法与注意事项,为设计与生产部门结合生产条件进行成果再开发提供依据,以提高预测成果的使用价值。

四、矿井涌水量预测失误的原因分析

矿井涌水量预测虽为矿床地质调查的核心工作,但研究得还很不够,仍处于近似计算水平,预测失误的例子屡见不鲜,突水灾害还时有发生。据岩溶充水矿山回访调研,将勘探时期预测的矿井涌水量值与开采后实际涌水量对比后发现:误差小于30%的矿区仅占总数的10%;有80%的矿区的误差均超过50%;个别矿区误差竟达数10倍,甚至100倍以上。

正确的预计矿井涌水量至今仍是一项复杂和困难的工作,其原因是:①人们对复杂的自然条件(地质、水文地质条件)认识有局限性;②对开采活动引起地下水天然的动态变化认识不足;③地下水向井巷运动过程中,无论是在空间上还是时间上均呈现出复杂的运动形式,且在计算方法上常将自然条件理想化和简单化,因而影响计算结果的精度。

为了使涌水量预计结果尽量符合客观实际,一般来说,应从以下两方面着手:

(1)查清条件。查清充水含水层的几何特征(边界、厚度等)、物理特征(各种水文地质参数和变化情况)以及地下水的补给、排泄条件和动态变化规律等。为此,应当在精查勘探设计中就要考虑到涌水量的计算,制订出矿井涌水量计算方案。投入适当的工作量,以便获得完整的资料,为矿井涌水量计算提供足够的数据。

(2)根据查清的条件,选取适合各种条件包括未来开采方式的计算方法和公式或根据实际研究新的方法,并合理地确定参数。

单元二　水文地质比拟法预测

计算矿井涌水量的水文地质比拟法,目前生产上应用最广泛,尤其是老矿区,用此方法预计矿井涌水量更为方便,也比较接近实际情况。它的特点是:计算过程简单,经济实用,效果较好。

一、原理和应用条件

水文地质比拟法,是在水文地质条件相似的情况下,从已知涌水量推测未知涌水量。为此,借助老矿区收集和整理的矿井涌水量实际资料,根据对新矿井的地质和水文地质条件的了解,将获得的资料,依据经验列出数学表示式,反映出它们之间的关系,达到预计新矿井涌

水量的目的。

水文地质比拟法的应用条件，最主要的是新、老矿井的水文地质条件要基本相似；老矿井要有长期详尽的矿井水观测资料。此方法也可用于根据矿区勘探阶段的抽水试验资料来预测未来矿井的涌水量。

二、常用的方法

用水文地质比拟法预计矿井涌水量，常用的有以下三种方法。

（一）根据老的生产矿井的单位涌水量，确定新矿井的涌水量

若某矿由于开采面积（F）的扩大，矿井水位的降深（S）及涌水量（Q）加大。此时，单位涌水量（q）相应增大，用数学式表示为

$$q = \frac{Q}{FS} \tag{4-1}$$

上式表明，单位涌水量的物理意义，是单位水位降深、单位开采面积的矿井平均实际涌水量。

由于新矿井与老矿井地质、水文地质条件相似，因此可以视其单位平均实际涌水量相同。那么，在新矿井设计水位降深为 S_0、开采面积为 F_0 时，预计的矿井涌水量 Q_0 为

$$Q_0 = qS_0F_0 \tag{4-2}$$

式中 q——老矿井单位涌水量，m^3/h；

S_0——新矿井设计水位降深值，m；

F_0——新矿井设计开采面积，m^2。

（二）Q—S 曲线比拟法

由于 Q—S 曲线不仅反映含水层的水力特征，而且也表明含水层补给条件和导水性的好坏。因此，依据地面抽水试验或井下放水试验所获取的实际资料，作出涌水量与水位降深的关系曲线图，即 Q—S 曲线，用数学方法配出 Q—S 曲线方程。然后，根据 Q—S 曲线的数学表达式来预计矿井设计水平的涌水量，一般分三个步骤：①判断 Q—S 曲线及列出涌水量方程式；②确定曲线方程的参数，③预计涌水量计算工作。

1. Q—S 曲线判断及涌水量曲线方程的建立

目前，稳定流涌水量方程式有以下几种类型。

对于无压水，在层流条件下，试验资料的 Q—S 曲线表示式为

$$Q = Q_1 \frac{(2H - S)S}{(2H - S_1)S_1} \tag{4-3}$$

式中 S、Q——矿井设计水位降深值与相应的涌水量；

S_1、Q_1——同一抽（放）水试验的水位降深与相应的涌水量。

这类曲线的特点是，随着水位下降 S 的增大，涌水量 Q 也不断增加。但 Q 增量愈来愈小。由于无压水，只有一种涌水量曲线方程，可直接应用来预计设计水平的涌水量。为了保证预计涌水量的精度，比拟计算时，要求设计的水位降深值 S，不得大于抽（放）水试验最大降深（S_{max}）的 1.5 倍，也不得大于含水层厚度的一半。

对于承压水，由抽（放）水试验所绘的实际 Q—S 曲线图，怎样配出涌水量方程式呢？

首先，要看 $Q = f(S)$ 是直线还是曲线，若 $Q = f(S)$ 是直线，则涌水量方程式为

$$Q = Q_1 \frac{S}{S_1} = qS \tag{4-4}$$

上式表明,抽(放)水试验降深为 S 时,地下水呈层流运动,涌水量与水位降深为正比例关系。根据裘布依公式

$$Q = \frac{2\pi KMS}{\ln \frac{R}{r}} \tag{4-5}$$

只有当 K、M 为常数时,才表现这种情况。

自然界含水层多非均质,厚度总是变化的。因此,抽(放)水试验取得的 $Q = f(S)$ 多为非直线。此时,则要判读曲线类型。先是在方格纸上或单对数纸、双对数纸上作一些变换,使 $Q—S$ 曲线图变为直线,一般有三种情况:

(1)抛物线:变换后,若当 $S_0 = f(Q)$ 为直线时,其涌水量方程式为

$$S = aQ + bQ^2$$

$$Q = \frac{\sqrt{a^2 + 4bS} - a}{2b} \tag{4-6}$$

式中 a——层流运动部分的阻力系数;

b——紊流运动部分的阻力系数。

上式抛物线方程表明,抽(放)水试验降深为 S 时,抽水孔中及其附近地下水流呈紊流状态,除此之外的范围为层流状态。

(2)幂函数曲线:特点是,曲线上有明显的下垂现象,即当水位降深小时,涌水量随水位降深大幅度增加,当水位降深到一定深度后,出水量随水位降深增加很小。它表明含水层补给条件差,导水性强。变换后当 $\lg Q = f(\lg S)$ 为直线时,其涌水量方程为

$$Q = a\sqrt[b]{S} \tag{4-7}$$

上式为幂函数方程式,它表明抽(放)水试验降深为 S 时,地下水流呈混合流状态。

(3)对数曲线:其特点是,一般要靠近 S 轴,钻孔抽水量随水位降深增加很少。表明含水层补给条件差,水文地质条件比较简单,变换后,当 $Q = f(\lg S)$ 是直线关系时,则其涌水量方程为

$$Q = a + b\lg S \tag{4-8}$$

上式为单对数方程式,它表明抽(放)水过程中,由于水位降深较大,地下水呈不稳定流动,贮存量不断被消耗。

上述通过判读曲线类型后,建立的涌水量曲线方程,都有参数 a 和 b 。

2. 涌水量曲线方程参数的确定

实际工作中,常常用图解法和最小二乘法,来确定曲线方程中的参数。

(1)图解法:将抽(放)水试验的实测数据,作必要的整理变换,而后绘入选定的坐标图上,根据实际资料在图上的分布情况,作一直线,让它通过的实际资料点数目最多,没有通过的实际资料点均匀分布它的两侧。这样,即可选取该直线上的任意一点来计算参数。

对于抛物线方程式, a 值等于直线与 S_0 轴的交点, b 等于直线的斜率(见图 4-1)。

对于幂函数方程式, $\lg a$ 值等于直线与纵坐标 $\lg Q$ 的交点,$1/b$ 为直线的斜率。

对于半对数方程式, a 等于直线与 Q 轴的交点, b 等于直线的斜率。

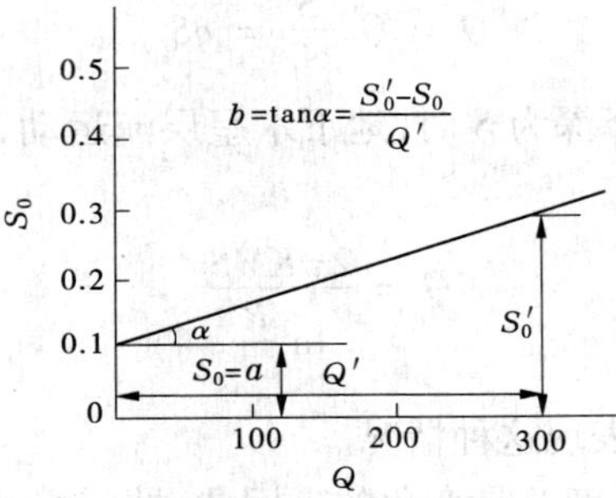

图 4-1　Q 与 S_0 关系图解

(2)最小二乘法:还是让我们以抛物线方程为例来介绍。

将抛物线方程变换整理后的直线方程为

$$S_0 = a + bQ \tag{4-9}$$

如果做了几次抽水试验,就有几对(S_0—Q)数据,即在 S_0—Q 曲线图上有几个实际资料点,由于误差原因,在 S_0—Q 曲线图上,作出的表征 $S_0 = a + bQ$ 方程的直线,不可能通过所有的实际资料点。因此,把实际资料代入方程中不可能都满足

$$S_{0i} - (a + bQ_i) = 0$$

而是有下式关系

$$S_{0i} - (a + bQ_i) = V_i$$

V_i 称之残差。根据最小二乘法原理,所求的参数 a、b 最精确时,其残差的平方和($\sum_{i=1}^{n} V_i^2$)应为最小值。即

$$\sum_{i=2}^{n} V_1^2 = \sum_{i=1}^{n} (S_{0i} - a - bQ_i)^2 = 0 \tag{4-10}$$

将式(4-10)进行偏微分计算整理得

$$\begin{cases} b = \dfrac{n\sum_{i=1}^{n} S_i - \sum_{i=1}^{n} S_{0i}\sum_{i=t}^{n} Q_i}{n\sum_{i=1}^{n} Q_i^2 - (\sum_{i=t}^{n} Q_i)^2} \\ a = \dfrac{\sum_{i=1}^{n} S_{0i} - b\sum_{i=1}^{n} Q_i}{n} \end{cases} \tag{4-11}$$

同理,可求得幂函数方程中的参数为:

$$\begin{cases} b = \dfrac{n\sum_{i=1}^{n} (\lg S_i)^2 - (\sum_{i=1}^{n} \lg S_i)^2}{n\sum_{i=1}^{n} \lg Q_i \lg S_i - \sum_{i=2}^{n} \lg Q_i \sum_{i=1}^{n} \lg S_i} \\ \lg a = \dfrac{\sum_{i=1}^{n} \lg Q_i - \frac{1}{b}\sum_{i=1}^{n} \lg S_i}{n} \end{cases} \tag{4-12}$$

半对数方程式中的参数由下式求得

$$\begin{cases} b = \dfrac{n\sum\limits_{i=1}^{n}(Q_i \lg S_i) - \sum\limits_{i=1}^{n}Q_i\sum\limits_{i=1}^{n}\lg S_i}{n\sum\limits_{i=1}^{n}(\lg S_i)^2 - (\sum\limits_{i=1}^{n}\lg S_i)^2} \\ a = \dfrac{\sum\limits_{i=1}^{n}Q_i - b\sum\limits_{i=1}^{n}\lg S_i}{n} \end{cases} \tag{4-13}$$

直线方程式即 $Q = qS$ 中的 q 可由下式求得

$$q = \frac{\sum\limits_{i=1}^{n}Q_iS_i}{\sum\limits_{i=1}^{n}S_i^2} \tag{4-14}$$

上述生产上常用计算参数的两种方法,图解法简便易行,只要作图仔细,精度一般能满足要求。最小二乘法精度要高一些,但工作量较大。

3. 预计矿井涌水量

用曲线比拟法预计矿井涌水量,必须把抽水钻孔涌水量换算为矿井涌水量。为了进一步掌握预计涌水量的曲线比拟法,下面举个实例。

某矿井灰岩含水层为承压水,静止水位标高 +144 m,在开拓 -50 m 水平大巷前于井下较高水平进行了钻孔组(四孔)放水试验,做了四次水位降深,结果列于表 4-1。

表 4-1 放水试验数据

项目	水位降次			
	1	2	3	4
S(m)	34	76	129	149
Q(m^3/min)	2.5	5.2	8.2	9.4

预计 -50 m 水平大巷疏干涌水量步骤如下:

(1)根据原始资料,作出 $Q = f(S)$ 曲线(见图 4-2)。它是一条曲线,说明涌水量曲线方程属于曲线类型中的一种,需要进行曲线类型判断。

于是,变换坐标后(见图 4-3),可判断它符合直线 $S_0 = a + bQ$,故 $Q = f(S)$ 曲线为抛物线型,其曲线方程为

$$S = aQ + bQ^2$$

(2)确定公式中的参数 a、b,根据最小二乘法,将所需计算资料列于表 4-2。

计算结果为:

$$b = \frac{n\sum\limits_{i=1}^{n}S_i - \sum\limits_{i=1}^{n}S_{0i}\sum\limits_{i=t}^{n}Q_i}{n\sum\limits_{i=1}^{n}Q_i^2 - (\sum\limits_{i=t}^{n}Q_i)^2} = \frac{4\times 388 - 59.91\times 25.3}{4\times 188.89 - 25.3^2} = 0.314\ 2$$

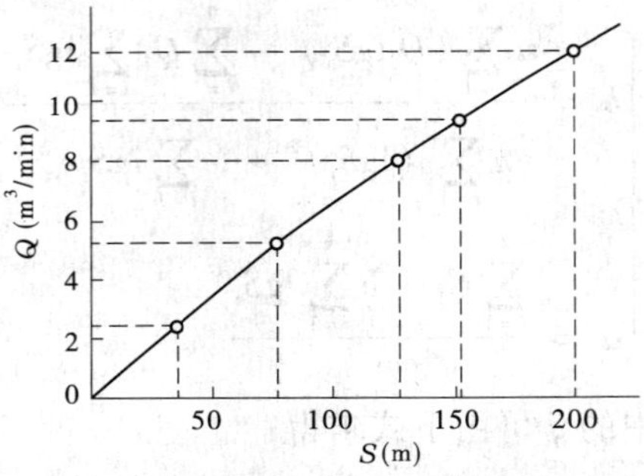

图 4-2　某矿灰岩含水层放水试验的 $Q=f(S)$ 曲线

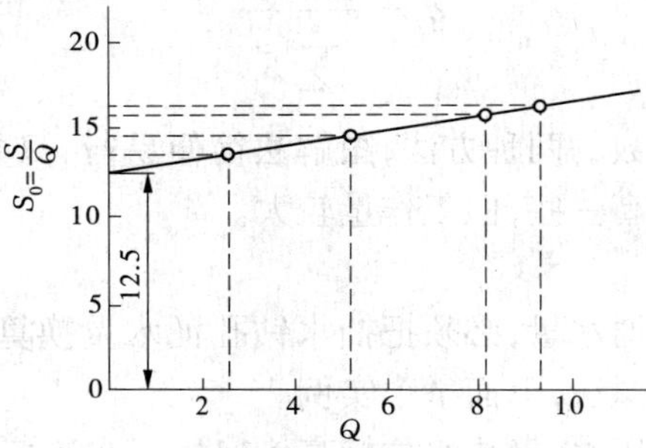

图 4-3　Q 与 S_0 关系图解

$$a=\frac{\sum_{i=1}^{n}S_{0i}-b\sum_{i=1}^{n}Q_i}{n}=\frac{59.91-0.3142\times25.3}{4}=12.99$$

表 4-2　计算数据

S	Q	$S_i=\frac{S}{Q}$	Q^2
34	2.5	13.60	6.25
76	5.2	14.62	27.04
129	8.2	15.73	67.24
149	9.4	15.96	88.36
$\sum S=388$	$\sum Q=25.3$	$\sum S_0=59.91$	$\sum Q^2=188.89$

(3)预计矿井涌水量:由于放水试验是以钻孔组进行的,-50 m 水平大巷疏干时的降落漏斗应与放水试验推断深度的降落漏斗范围相当,故可直接进行计算。

根据已知条件,静止水位标高 +144 m,则 -50 m 水平大巷疏干时的水位降深为 $S=144-(-50)=194$(m)。

将 S 值及参数 a、b 代入公式 $S=aQ+bQ^2$,则

$$194=12.99Q+0.3142Q^2$$

$$Q=\frac{\sqrt{a^2+4bS}-a}{2b}$$

所以 -50 m 水平大巷疏干时的涌水量为

$$Q = \frac{\sqrt{12.99^2 + 4 \times 0.3142 \times 194} - 12.99}{2 \times 0.3142} = 11.65(\mathrm{m^3/min})$$

疏干钻孔的实际放水量为11.50 m^3/min,其预计结果与实际情况基本符合。

(三)疏干边界水位降低比拟法

由于勘探阶段抽水试验的水位降深一般不大,应用其比拟矿井涌水量,严格来讲,不能超出试验降深值推断范围,否则会造成过大的误差。为了提高矿井涌水量预计的精度、并尽可能利用抽水试验资料来建立适合矿井未来疏干条件下的计算公式,疏干边界水位降深比拟法值得作一介绍。

它是在查明矿区水文地质条件的基础上,作矿井涌水量预计的。

如某矿用下式计算矿井涌水量,即

$$Q = Q_0\left(\frac{S_{设}}{S_{边}}\right)^{\frac{1}{m}} \tag{4-15}$$

式中 Q——预计的矿井涌水量,m^3/h;

Q_0——抽水试验涌水量,m^3/h;

$S_{边}$——与 Q_0 相应的,位于矿井疏干边界的水位降深,m;

$S_{设}$——矿井设计水平疏干边界处的水位降深,m;

m——待定指数。

生产实践证明,m 值不是一个常数,它与水位降深呈非线性的关系,一般为幂函数关系,即

$$m = aS^b \tag{4-16}$$

对上式加以变换使之直线化,用最小二乘法求出 a、b 值,便可建立预计各开采水平的 m 值公式。即

$$\lg m = \lg a + b\lg S \tag{4-17}$$

式中 m——矿井设计水平的指数预计值;

S——设计水平的水位降深。

这样,预计矿井某水平的涌水量时,应用该水平的 m 值,其结果比较符合实际情况。

在应用此法作矿井涌水量预计时,也可将公式中的水位降深换成面积进行计算。

应当指出,涌水量水文地质比拟法建立的方程式,一般是根据对矿区水文地质条件充分了解并结合实践经验提出的。只要条件了解清楚,比拟合理,才可以收到较好的结果。

单元三 稳定流解析法预测

在矿坑疏干排水过程中,形成疏干(或降压)漏斗,当漏斗扩展到补给边界,矿坑涌水量呈相对稳定状态,出现地下水流量和水位等动态要素不随时间变化的动平衡状态,这时可以用稳定流解析法预测矿坑涌水量。对上述水文地质物理概念模型,可以用拉普拉斯(侧向补给稳定)或泊松方程(侧向加垂向补给稳定)来描述,并可用它的解析公式来预测矿坑涌水量。

一、立井涌水量的预测

达尔西直线渗透定律的确立为水文地质计算奠定了理论基础,随着采矿事业的不断发

展，已将这一定律用于研究地下水集水建筑物（如井筒、巷道）方面，为预测井筒涌水量提供了重要依据。由于未来的井筒揭露含水层的情况不同，因此计算方法各异，下面将几种常见情况的计算方法叙述如下：

（一）潜水完整井涌水量的预计

所谓潜水完整井是指立井井筒开凿在潜水含水层中，并打穿含水层到达隔水底板（见图 4-4）。

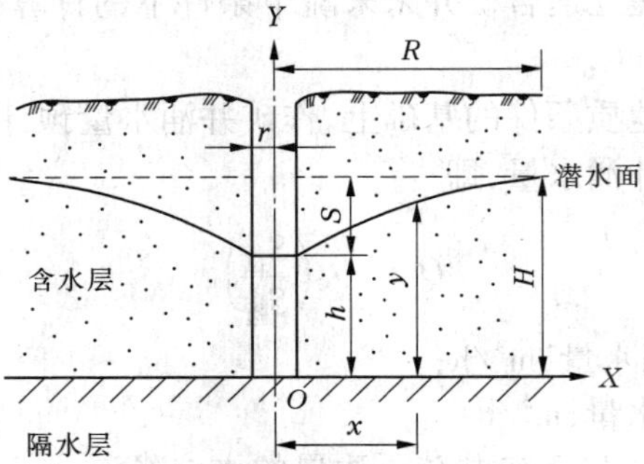

图 4-4　潜水完整井示意图

在开凿井筒时，潜水将不断流入井筒，若以一定的泵量向外排水，则井内水位缓慢下降，由于地下水是由井筒周围补给的，井筒周围的潜水位也随着下降，越是靠近井筒水位下降越大，越是向外水位下降越小，而逐渐接近正常水位，这样形成了一个以井筒为中心的漏斗形潜水面，这种现象称为“降落漏斗”。随着水泵不断向井外排水，井内水位降低至 S 时，水位就不再下降，周围的“降落漏斗”也将趋于稳定，这时的降落漏斗半径 R，称为该降深时的影响半径。

如果含水层的隔水底板为 OX 轴，井筒中心线为 OY 轴，则流向井内任意断面上的流量，应符合达尔西直线渗透定律，即：

$$Q = K\omega l \tag{4-18}$$

其中

$$\omega = 2\pi xy$$

在降落漏斗上的任意一点（x,y），其水力坡度 l，均可用微量水头损失 $\mathrm{d}y$ 与微量流动距离 $\mathrm{d}x$ 的比值表示：

$$l = \frac{\mathrm{d}y}{\mathrm{d}x}$$

所以

$$Q = K2\pi xy\frac{\mathrm{d}y}{\mathrm{d}x}$$

分离变量得

$$Q\frac{\mathrm{d}x}{x} = K2\pi y\mathrm{d}y$$

两边进行不定积分

$$Q\int\frac{\mathrm{d}x}{x} = K2\pi\int y\mathrm{d}y$$

$$Q\ln x = 2\pi K\frac{1}{2}y^2 + C$$

$$Q\ln x = \pi K y^2 + C$$

利用边界条件消去积分常数 C：

当 $x = R$ 时，$y = H$，代入上式得：

$$Q\ln R = \pi K H^2 + C \tag{4-19}$$

当 $x = r$ 时，$y = h$，代入上式得：

$$Q\ln r = \pi K h^2 + C \tag{4-20}$$

用式(4-19)～式(4-20)得

$$Q(\ln R - \ln r) = \pi K(H^2 - h^2) \tag{4-21}$$

$$Q = \frac{\pi K(H^2 - h^2)}{\ln R - \ln r}$$

将 π 值代入，并以常用对数代替自然对数，则得

$$Q = 1.366K\frac{H^2 - h^2}{\lg R - \lg r}$$

因为 $h = H - S$

所以 $$Q = 1.366K\frac{(2H - S)}{\lg R - \lg r}S \tag{4-22}$$

式中 Q——井筒涌水量，m^3/d；

K——含水层渗透系数，m/d；

H——潜水含水层厚度，m；

h——井筒中出水地段高度，m；

S——水位降低值，m；

R——影响半径，m；

r——井筒半径，m。

(二)承压完整井涌水量的预计

所谓承压完整井是指立井井筒开凿在自流水含水层中，并揭露整个承压充水含水层，所以又称自流水完整井(见图 4-5)。

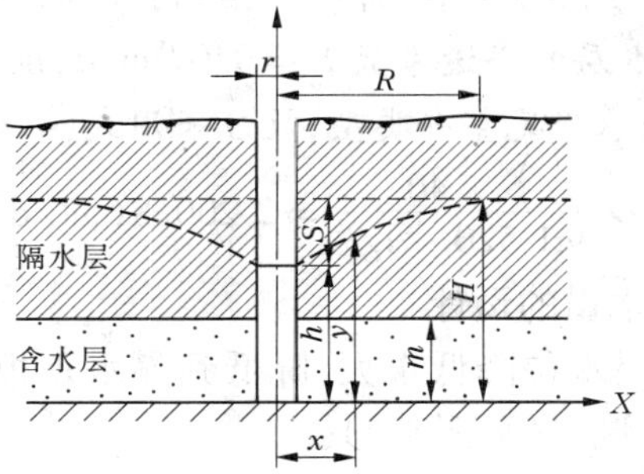

图 4-5 承压完整井示意图

立井井筒在开凿过程中，全部揭露自流水含水层后，地下水稳定水位高度为 H。当以一定泵量抽水时，水位缓慢下降，降到 S 后，地下水位即趋于稳定。这时，在井筒周围也形成与潜水相似的"降落漏斗"(注：自流水的降落漏斗并非自由水面的形状，而是井筒周围水位

上升高度的假想曲面)。充水含水层的厚度为 M ,影响半径为 R 。

根据上述情况,同样可以运用达尔西直线渗透定律 $Q = K\omega l$,来预计井筒涌水量。不过对于自流水含水层来说,在排水时并不能引起含水层厚度的变化,因此,沿着水流方向其过水断面高度是不变的。

因为
$$\omega = 2\pi xM, l = \frac{dy}{dx}$$

所以
$$Q = K2\pi xM\frac{dy}{dx}$$

分离变量得
$$Q\frac{1}{x}dx = 2\pi KMdy$$

两边进行不定积分
$$Q\int\frac{1}{x}dx = 2\pi KMdy$$

$$Q\ln x = 2\pi KMy + C$$

代入边界条件消去积分常数 C:

当 $x = R, y = H, x = r, y = h$

得 $Q(\ln R - \ln r) = 2\pi KM(H - h)$

$$Q = \frac{2\pi KM(H - h)}{\ln R - \ln r}$$

将 π 值代入,并以自然对数换为常用对数,

则得

$$Q = \frac{2.73KM(H - h)}{\lg R - \lg r} \tag{4-23}$$

或为

$$Q = \frac{2.73KMS}{\lg R - \lg r} \tag{4-24}$$

上述中各符号的含意与前同。

【例 4-1】 某矿开凿一直径为 6 m 的立井,井筒即将穿过岩溶发育的石灰岩充水含水层,并掘至含水层底板。含水层厚度为 6 m,根据钻孔抽水测得水位降低值 S =40 m,影响半径 R =1 520 m,石灰岩含水层的渗透系数 K =9.07 m/d,试预计该井筒涌水量。

根据上述条件,该井筒为承压完整井类型,故应采用式(4-24)来预计其井筒涌水量。

$$Q = 2.73 \times 9.07 \times \frac{6 \times 40}{\lg 1\,520 - \lg 3} = 2\,200.8(m^3/d) = 91.7(m^3/h)$$

(三)潜水完整自流井涌水量的预计

当井筒穿过自流水含水层水位降低很大,降低到隔水顶板以下时,井筒附近变为无压水,这种情况称为潜水完整自流井(见图 4-6)。

地下水流入井筒时,在靠近井筒的无压部分与潜水完整井的情况相同;在远离井筒的承压部分与承压完整井相同。所以,这种井筒涌水量的计算公式是将两部分综合起来考虑。

将井筒附近的无压部分,可看成井筒半径为 r,影响半径为 a 的潜水完整井,这一部分涌水量应为

$$Q = 1.366K\frac{M^2 - h^2}{\lg\alpha - \lg r} \tag{4-25}$$

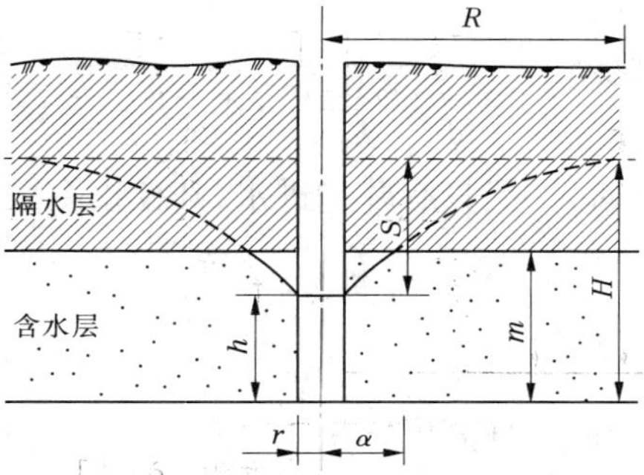

图4-6 潜水完整自流井示意图

式中 M——含水层厚度,作为潜水完整井的边界水位,m;

α——圆柱面至井筒中心线的距离,即为影响半径 R,m。

将距井筒较远的承压部分,可看成井筒半径为 α、影响半径为 R 的自流井,这一部分涌水量应为

$$Q = 2.73K\frac{M(H-M)}{\lg R - \lg\alpha} \tag{4-26}$$

再将上述式(4-25)、式(4-26)联立相加,即得完整潜水自流井涌水量的计算公式:

$$Q = 1.366K\frac{2HM - M^2 - h^2}{\lg R - \lg r} \tag{4-27}$$

式中各符号的意义同前。

以上计算公式不仅用于井筒涌水量的预计,同样在计算抽水钻孔的涌水量时,也可应用,只要将井筒影响半径换为钻孔半径即可。

(四)不完整井涌水量的预计

所谓不完整井,是指井筒只揭露了一部分含水层,并未开掘到含水层的隔水底板。根据含水的性质不同,可分为潜水不完整井和承压不完整井两种情况(见图4-7)。

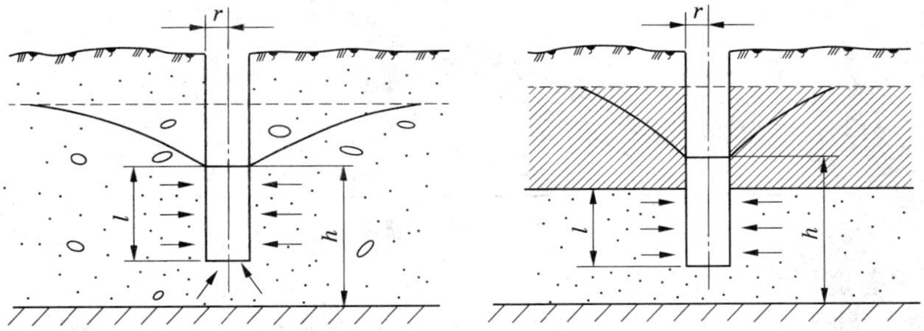

(a)潜水不完整井(井壁、井底同时进水)　(b)承压不完整井(只有井壁进水)

图4-7 不完整井及其进水特征

不完整井因只揭露了部分含水层,只有部分井壁进水,所以进水阻力比完整井要大,井壁进水面积比完整井要小。因而在水位降低值 S 及其他条件相同的情况下,不完整井的涌水量要小于完整井的涌水量,两者的关系可用下式表示:

$$Q_{不完整井} = Q_{完整井}B \tag{4-28}$$

式中 B——不完整井涌水量的校正系数。

当井筒为潜水不完整井时,井壁与井底同时进水,其校正系数 B 常用以下经验公式进

行计算：

$$B = \sqrt{\frac{L + 0.5r}{h}} \cdot 4\sqrt{\frac{2h - L}{h}} \quad (4\text{-}29)$$

当井筒为承压不完整井时，一般只有井壁进水，其校正系数 B，可用以下经验公式计算：

$$B = \sqrt{\frac{L}{h}} \cdot 4\sqrt{\frac{2h - L}{h}} \quad (4\text{-}30)$$

式(4-29)、式(4-30)中

L——不完整井进水部分的水柱高度，m；

h——不完整井中的动水位，m；

r——井筒半径，m。

所以，可利用式(4-29)、式(4-30)分别写出不完整潜水井和不完整承压井涌水量的计算公式：

$$Q_{不完整潜水井} = 1.366K\frac{(2H - S)S}{\lg R - \lg r}\sqrt{\frac{L + 0.5r}{h}} \cdot 4\sqrt{\frac{2h - L}{h}} \quad (4\text{-}31)$$

$$Q_{不完整承压井} = 2.73K\frac{MS}{\lg R - \lg r}\sqrt{\frac{L}{h}} \cdot 4\sqrt{\frac{2h - L}{h}} \quad (4\text{-}32)$$

二、斜井和水平巷道涌水量的预测

（一）斜井涌水量的预测

斜井涌水量的大小，对斜井观测结果表明，在水平断面和垂直深度上相同时，与立井涌水量相近，故斜井涌水量的预计，可按立井计算（见图4-8）。各种计算参数的选用，与前面所介绍的相同，如果斜井井筒穿过含水层时，应按开采水平分段计算。

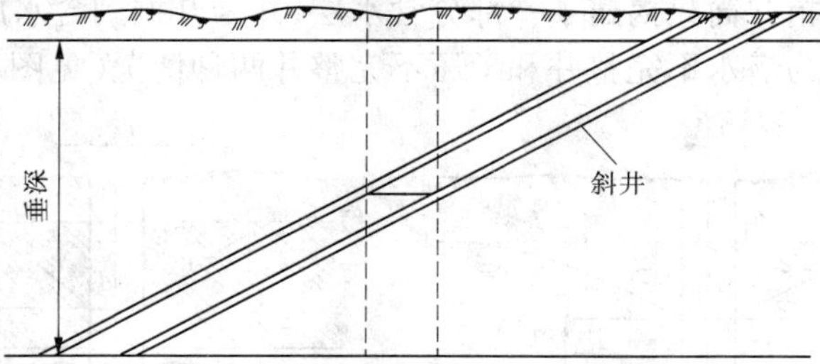

图4-8　相当的立井断面及位置

（二）水平巷道涌水量的预测

水平巷道可视为平卧的“立井”，然而在计算方法上却与立井不同。水平巷道在排水初期，在统一的“降落漏斗”尚未形成之前，可用下列公式计算。

潜水完整的水平巷道（见图4-9）。其涌水量的计算公式为

$$Q = BK\frac{H^2 - h^2}{2R} \quad （巷道单面进水） \quad (4\text{-}33)$$

或

$$Q = BK\frac{(2H - S)S}{2R} \quad （巷道单面进水） \quad (4\text{-}34)$$

式(4-33)、式(4-34)是单面进水巷道涌水量的计算式，当两侧补给条件相同时，巷道涌

水量应为其 2 倍，故算式可写为 $Q = BK\dfrac{H^2 - h^2}{R}$ 或 $Q = BK\dfrac{(2H - S)S}{R}$（巷道双面进水）。

承压水完整水平巷道见图 4-10。当巷道附近的地下水位已降到隔水顶板以下时，其涌水量可用以下公式计算：

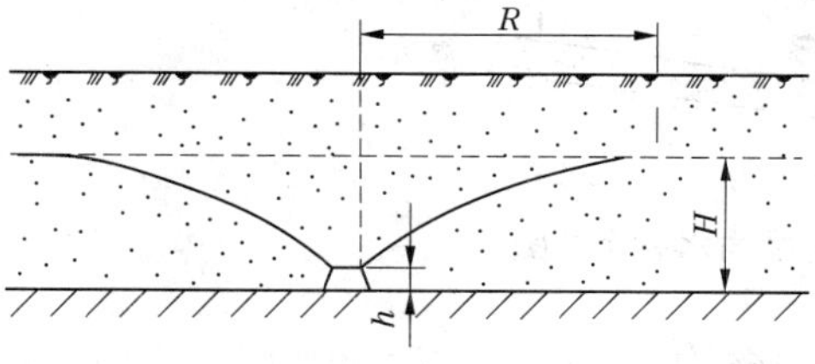

图 4-9　潜水完整水平巷道示意图

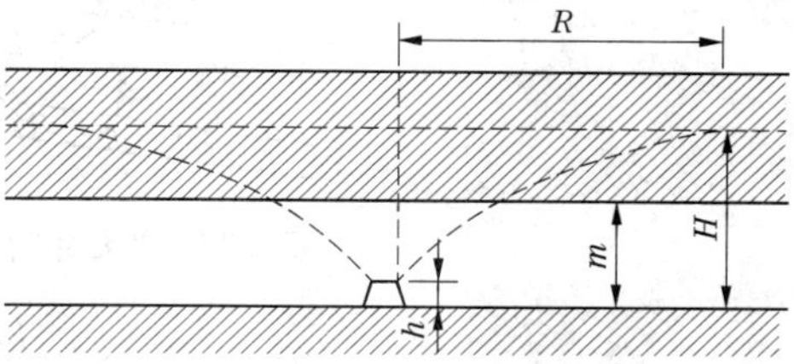

图 4-10　承压水完整水平巷道示意图

$$Q = BK\frac{(2H - M)M - h^2}{2R} \quad \text{（巷道单面进水）} \tag{4-35}$$

或

$$Q = BK\frac{(2H - M)M - h^2}{R} \quad \text{（巷道双面进水）} \tag{4-36}$$

式中　Q——预计涌水量，m^3/d；

H——含水层厚度，m；

B——水平巷道长度，m；

K——渗透系数，m/d；

h——水位降低值，m；

R——影响半径，m。

三、采区（或采面）涌水量的预测

采区或回采工作面涌水量的预测，常根据现已生产的采区或采面的资料，采用水文地质比拟法，来推测预计条件相似的新采区的涌水量。除了使用这种方法外，有时还可采用"大井"法。

矿井中的任何采区都是由一系列采区巷道和回采工作面组成的，在开采时，采区范围内经过长期排水，可逐渐形成一个巨大统一的"降落漏斗"。因此，可以把不规则的巷道系统和回采工作面所占的面积，看作是一个理想的圆形"大井"，而把整个采区的涌水量看成是这一"大井"的涌水量，这样就可引用井筒涌水量的计算方法，来预计新采区（采面）的涌水量，这种方法被形象地称作"大井"法。

用"大井"法预计采区涌水量，需要引用较多参数。所要预计的采区面积并不是圆形的，因此首先要根据采区面积的大致几何形态，来计算"大井"的影响半径（见图 4-11）。

其计算方法如下：

$$R_0 = R + r_0 \tag{4-37}$$

式（4-37）中的 R、r_0 可用经验公式求得

$$R = 2S\sqrt{HK}$$

当设计采区面积近似方形时，r_0 值为

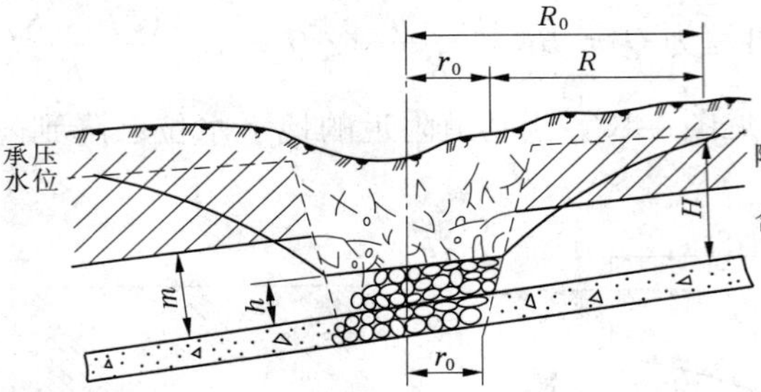

图 4-11　“大井”法计算采区涌水量示意图

$$r_0 = \sqrt{\frac{F}{\pi}} = 0.565\sqrt{F}$$

当设计采区面积近似矩形时，r_0 值为

$$r_0 = \eta \cdot \frac{L + B}{4}$$

式中　R_0——“大井”影响半径，m；

R——影响半径，m；

r_0——采区的引用半径，m；

S——水位降低值，m；

H——水头高度，m；

K——渗透系数，m/d；

L、B——采区长度与宽度，m；

η——采区长宽比系数；

F——采区面积，m^2。

η、B/L 的有关系数见表 4-3。

表 4-3　η、B/L 有关系数表

B/L	0.2	0.4	0.6	0.8
η	1.12	1.14	1.16	1.18

在采区所开采的煤层位于承压含水层下面，由于开采时不断排水，采区上方可形成统一的“降落漏斗”，排水后其承压水位下降到隔水顶板以下，与完整潜水自流井情况相同。因此，可引用完整潜水自流井涌水量的计算公式，来计算采区涌水量

$$Q_{采区} = 1.366K\frac{2HM - M^2 - h^2}{\lg R_0 - \lg r_0} \tag{4-38}$$

因采区内的 h 很小，h 值可以取零，所以式(4-38)又可写为

$$Q_{采区} = 1.366K\frac{M(2H - M)}{\lg R_0 - \lg r_0} \tag{4-39}$$

用上述“大井”法不仅可预计采区涌水量，而且也可计算回采工作面或全矿井的涌水量，在不同范围进行预测时，要注意同水文地质比拟法相比较，对计算结果进行全面分析，以确定合理的涌水量预测数据。

四、矿井延深水平涌水量的预测

有些开采历史长久的生产矿井，由于井下长期排水，地下水动力条件发生了很大变化，在使用理论公式计算时，式中的水位标高、水位降低值和渗透系数等参数都难以确定，加上平时积累的资料不全，这就无法进行计算，而矿井延深水平的最大涌水量，对煤矿安全生产和产量正常接续又是不可缺少的数据，这时可用作图法来粗略预计延深水平的涌水量，方法虽然粗略，但往往能取得较好的效果。

作图法的理论根据是：随着矿井开采深度的增加，涌水量表现出有规律的加大。应用这种方法时，首先要收集已采各水平最大涌水量的数值，然后以涌水量值为横坐标，以标高值为纵坐标，将不同开采水平的最大涌水量表示在横坐标与纵坐标轴上，得出坐标的各交点，再以圆滑曲线连接各点，即绘出某一矿井开采水平与最大涌水量的关系曲线（见图 4-12）。图中 Z_1、Z_2、Z_3 表示已采三个水平的标高，Q_1、Q_2、Q_3 为相对应的最大涌水量数值。若矿井延深设计水平标高为 Z 时，在横坐标上相对应的 Q 值，则为设计开采水平的最大涌水量。

大量观测资料表明，矿井延深水平的涌水量比上一水平的涌水量要大，但在预测作图时，要正确绘制曲线，不能违背上述涌水量的变化规律，否则就不可能正确预计延深水平的最大涌水量。

矿井开采水平与最大涌水量的关系曲线主要有①、②、③、④四种绘制方法（见图 4-13）。在四种不同的画法中，有的正确，有的不正确，因此在作图时，需注意避免出现不必要的错误。图 4-13 中所示的曲线①，因为它不符合涌水量的变化规律，所以这种连绘方法是错误的；曲线②是沿 G、P 点延长的直线，按这种连绘方法，涌水量增加就与开采水平的延伸成为正比关系，显然是错误的；曲线③因超越了延深水平涌水量的极限值，所以连绘方法也不正确；曲线④是根据矿井涌水量的变化规律，通过 G、P 两点延长的平滑曲线，连绘方法较为正确，这种预测的矿井设计水平的涌水量才能近似地反映实际情况。

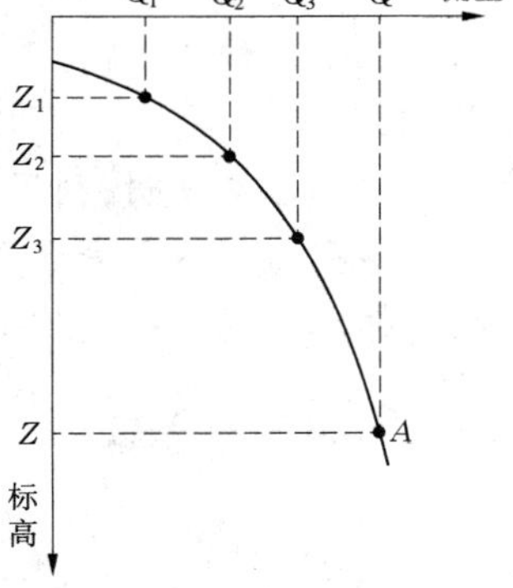

图 4-12 矿井开采水平与最大涌水量关系曲线

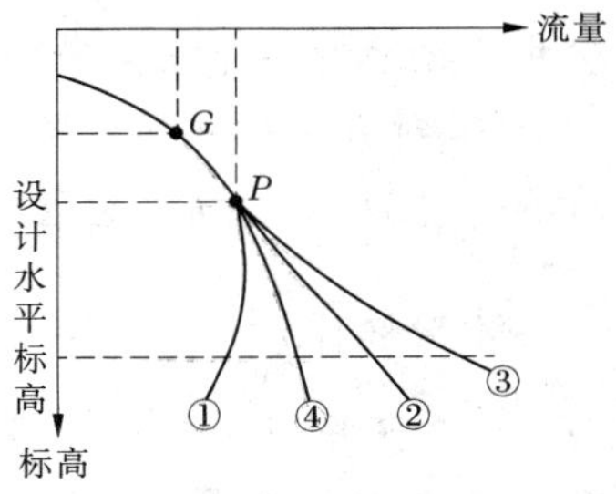

图 4-13 连绘曲线的不同方法

项目小结

矿井涌水量是指矿井在建设开发过程中，不同水源的水通过不同途径单位时间内流入矿井的水量，是矿井井筒涌水量、巷道涌水量和采区涌水量的总和。

水文地质比拟法，是在水文地质条件相似的情况下，从已知涌水量推测未知涌水量。

用水文地质比拟法预计矿井涌水量，常用以下三种方法；

(1)根据老的生产矿井的单位涌水量，确定新矿井的涌水量；

(2)Q—S 曲线比拟法；

(3)疏干边界水位降低比拟法。

在矿坑疏干排水过程中，形成疏干(或降压)漏斗，当漏斗扩展到补给边界，矿坑涌水量呈相对稳定状态，出现地下水流量和水位等动态要素不随时间变化的动平衡状态，这时可以用稳定流解析法预测矿坑涌水量。包括以下四方面内容：

(1)立井涌水量的预测

(2)斜井和水平巷道涌水量的预测

(3)采区(或采面)涌水量的预测

(4)矿井延深水平涌水量的预测

基础训练

1. 名词解释：矿井水、矿井涌水量、矿井正常涌水量、矿井最大涌水量、井巷工程涌水量、矿井疏干排水量、矿井突水量、水文地质比拟法。

2. 简述水文地质比拟法的原理和应用条件。

3. 简述矿井涌水量观测站(点)的布设原则。

4. 为什么说正确预计矿井涌水量至今仍是一项复杂和困难的工作?

综合实训

1. 说明“大井”法的基本原理。

2. 说明为了使涌水量预计结果尽量符合客观实际，应从哪几个方面着手?

3. 实例　某矿深部矿坑雨季最大涌水量预测(水文地质比拟法)。

某煤矿井已经过多年开采生产，其工程地质和水文地质条件已基本查明，利用以往历年矿井涌水量资料，对未来矿井涌水量进行比拟预算较为适宜。该矿为多水平分区开采，随着开采面积的不断增加，矿井涌水量也呈逐渐增加的趋势。故选择比拟式为：

$$Q = Q_0\left(\frac{F}{F_0}\right)^{\frac{1}{m}} \quad \text{（经对已采区涌水量的多次拟合，确定 } m \approx 4\text{）}$$

式中　Q——矿井预算涌水量，m^3/h；

Q_0——当前矿井正常涌水量，m^3/h；

m——地下水流态系数；

F——矿区面积，m^2；

F_0——已回采面积，m^2。

已知矿井已回采面积 $4\times10^6\ m^2$，矿区面积 $10.4473\times10^6\ m^2$(在平面图上量取)。据矿井历年矿井涌水量观测资料，矿井正常涌水量为 300～313.61 m^3/h，最大涌水量为 384 m^3/h，最大涌水量一般为正常涌水量的1.28～1.22倍。

将已知数据 $Q_0=313.61\ m^3/h$，$F=10.447\ 3\times10^6\ m^2$，$F_0=4\times10^6\ m^2$，代入预测公式，$Q=Q_0\left(\frac{F}{F_0}\right)^{\frac{1}{4}}$，经计算得 $Q=398.68\ m^3/h$。

据此预测，深部矿坑雨季最大涌水量为：$Q_{max}=1.28Q=510.3\ m^3/h$。

项目五　矿井水害预测与预防

学习目标

(1)了解矿井透水的基本征兆;
(2)掌握矿井水害的预防方法;
(3)了解探放水在生产中的重要性。

【导入】

某矿东副巷在 -141 m 标高进行开拓,向东掘进必须穿过 F_6 断层。该正断层组呈阶梯状,累计落差 27 m。由于断层错动,第八层灰岩与巷道底的垂距只有 23 m,第八层灰岩水作用在巷道底板的实测压力水头为 1.91 MPa,突水系数 0.85 MPa/m,超过了临界值。而且,巷道通过地点正值"帚"状构造收敛部位,地应力集中,突水危险性很大。为此,该矿在巷道欲通过断层的部位即第八层灰岩上下盘进行了钻孔预注浆加固,通过注浆钻孔(注 10、注 16)注入水泥 700 t,使东副巷安全通过了 F_6 断层带。

【正文】

矿井水害的预测是指矿井在开采前,根据地质勘探的水文地质资料及专门进行的水害探测和调查资料,确定矿井水害的危险程度,并编制水灾预测图。依此,制订矿井开采的最佳方案,以避免或减少开采时矿井水害。对生产矿井,则需要根据矿井水害的实际情况对矿井水害预测图进行修正,并进一步制定矿井水害的预防措施。

单元一　矿井水害预测

一、矿井水害危险程度的确定

目前,国内外有两种确定矿井水害危险程度的方法。

(一)用突水系数来确定矿井水害危险程度

突水系数是含水层中的静水压力 P(kPa)与隔水层厚度 M(m)的比值,可用下式表示:

$$T = \frac{P}{M} \tag{5-1}$$

式中　T——突水系数,kPa/m;
P——底板隔水层承受的静水压力,MPa;
M——底板隔水层厚度,m。

式(5-1)的物理意义是单位厚度隔水层所能承受的极限水压值。

我国许多矿区都总结出运用于本区的经验数值(见表5-1),以此作为采掘中底板可能突水的指标。但式(5-1)仅考虑隔水层厚度,实际上隔水层是由各种不同强度和不同抗水性能的岩石组成的。匈牙利等国在利用式(5-1)时,以泥岩抗水压的能力为标准隔水层厚度(即以泥岩为1,相当于1 m厚完整的泥岩能抗49 kPa的水压),将其他不同岩性的岩石换算成泥岩厚度,称换算后的岩层厚度为等值厚度,换算数值列于表5-2中。

表5-1　某些矿区突水系数

矿　区	峰峰	焦作	淄博	井陉
突水系数 K	64.7 ~ 74.6	58.9 ~ 98.1	58.9 ~ 137.3	58.9 ~ 147.2

表5-2　岩石等效系数

岩石名称	换算系数
泥岩、钙质泥岩、泥灰岩、铝土、黏土、断层泥	1.0
未岩溶化的淡水灰岩、灰岩	1.3
砂页岩	0.8
褐煤	0.7
砂岩(渐新统)	0.4
砂砾岩、岩溶化石灰岩、泥岩、开采区松动带	0.6

煤炭科学研究总院西安分院以砂岩为单位,砂岩每米厚的岩石强度为981 kPa,则对于每米厚的其他岩石强度如砂质页岩为687 kPa,其比值为0.7;铝土质岩为491 kPa,其比值为0.5;断层带岩石为343 kPa,其比值为0.35。用此系数换算为等效厚度的各种岩石。

如果再考虑因采矿过程造成底板的破坏因素,可用下面经验公式计算突水系数 T

$$T = \frac{P}{M - C_P} \tag{5-2}$$

式中　C_P——因采矿过程造成底板破坏导水厚度,m;

其他符号意义同前。

(二)按水文地质的影响因素来确定矿井水害的危险程度

该方法是按水文地质的复杂程度将矿区的水害程度划分为5个等级。根据4个最不利的水文地质因素来划级。同时,对每个不利的水文地质因素按其危险等级不同,规定了几种危险数值。如美国汉拉矿区根据矿层上覆砂岩厚度、矿层距砂岩层的距离、断裂带落差以及顶板静水压力4个水文地质因素计算危险值,依此把矿层突水危险划分成5个等级:Ⅰ级危险指数为0 ~ 10;Ⅱ级为10 ~ 20;Ⅲ级为20 ~ 30;Ⅳ级为30 ~ 40;Ⅴ级为大于40。

二、矿井水害预测图编制

根据地质钻孔所取得的隔水层厚度,编制出煤层顶底板隔水层厚度等值线图;并按原始的或长期水位观测资料,确定矿区各地段的水压值,参照已开发矿区类似条件的某些参数值,用式(5-2)计算开采水平的突水系数或破坏程度,编制相应比例尺的简单突水预测图。例如,图 5-1 所示是峰峰煤田鼓山矿井地下水灾害分级平面图。可根据矿区的f临界值(在 0.7 左右)来圈定安全区和危险区。由图 5-1 可以看出,在背斜隆起部位和单斜距地表近的部位,突水系数小于 0.7,认为是安全的;而向斜轴部附近和单斜延向深处突水系数大的可达到 3~5,认为是危险区。

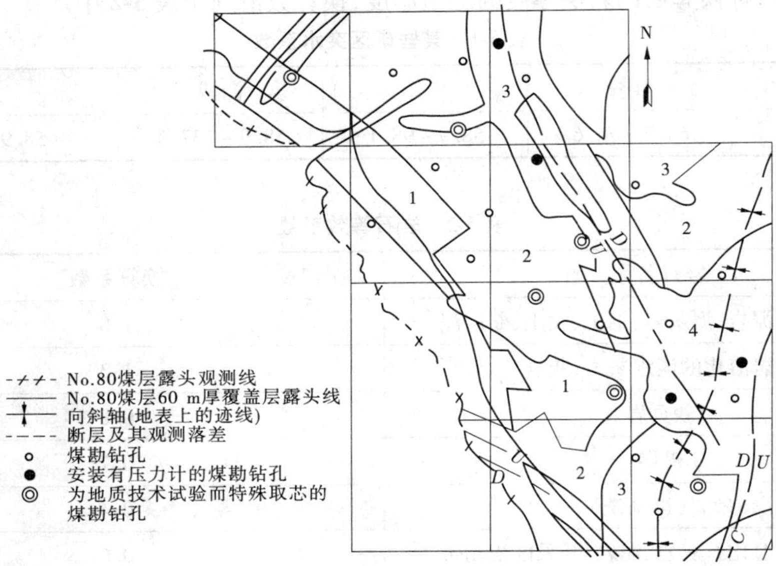

1—危险指数值为 0~20;2—危险指数值为 20~30;3—危险指数值为 30~40

图 5-1 煤层地下水灾害分级平面图

另一种编制地下水害预测图的方法是根据观测和调查的水文地质资料,按 4 个最不利的水文地质因素,计算危险值再累计危险指数。

应用这种预测图有利于制订矿井防治水规划,制定防治水害的措施,加强对水害危险区域的监测,保证矿井安全生产。

三、矿井水灾的预报

每个矿井必须做好水害分析预报工作,前面介绍的超前探水是最好的水灾预报手段。另外,采掘工作面透水前,一般都会出现一些预兆,根据这些预兆,做出水害的预报,及时采取预防措施,防止水灾事故的发生。

(一)一般预兆

(1)煤层变潮湿、松软、发暗;煤帮出现滴水、淋水现象,且淋水由小变大;有时煤帮出现铁锈色水迹;煤层本来是干燥的,由于水的渗入,就变得潮湿、发暗,如果挖去一层,还是如此,说明附近有积水。

(2)工作面气温降低、变冷、出现雾气、有臭鸡蛋味;工作面有害气体增加,一般从积水区散发出来的气体是瓦斯、二氧化碳、硫化氢等;水的酸度大,味发涩。

(3)有时可听到水的“嘶嘶”声;这是因为被淹井巷积水有较大的水压,能够把水从煤层中或岩层中挤出来,水与裂隙摩擦而发生的“嘶嘶”水叫声,表示有涌水危险。

(4)矿压增大,发生片帮、冒顶及底鼓。

(5)巷道壁或煤层壁“挂汗”“挂红”。这是由于积水透过微孔裂隙而凝聚于岩石或煤层表面。顶板“挂汗”多呈尖形水珠,有“承压欲滴”之势,这可以区别自燃征兆中的“挂汗”,后者常是平形水珠,为蒸汽凝结于顶板所形成。

(6)顶板淋水加大,犹如落雨状,且伴有顶板来压。

(二)工作面底板灰岩含水层突水预兆

(1)工作面压力增大,底板鼓起,底鼓量有时可达500 mm以上。

(2)工作面底板产生裂隙,并逐渐增大。

(3)沿裂隙或煤帮向外渗水,随着裂隙的增大,水量增加,当底板渗水量增大到一定程度时,煤帮渗水可能停止,此时水色时清时浊,底板活动时水变浑浊,底板稳定时水色变清。这是离水源很近的征兆。若出现水清净,说明水源还稍远,若出现浑浊水,表明已接近水源。

(4)底板发生“底爆”,伴有巨响,地下水大量涌出,水色呈乳白或黄色。

(三)松散孔隙含水层突水预兆

(1)突水部位发潮、滴水,且滴水现象逐渐增大,仔细观察可以发现水中含有少量细砂。

(2)底板破裂,沿裂缝有高压水喷出,并伴有“嘶嘶”声或刺耳水声;出现压力水流。

(3)发生局部冒顶,水量突增并出现流砂,流砂常呈间歇性,水色时清时浑,总的趋势是水量、砂量增加,直至流砂大量涌出。

(4)顶板发生溃水、溃砂,这种现象可能影响到地表,致使地表出现塌陷坑。

单元二 矿井水害预防方法

矿井水害的预防是为了防止水害事故的发生,保证矿井建设和生产的安全,减少矿井涌水量及降低生产成本,使国家煤炭资源得到充分合理的回收。

为了达到上述目的,就必须做大量的水害预防工作,如在地面做防治地表水工程,在井下进行疏放排水或进行预先疏干,以及注浆封堵、留设防水煤柱等。

煤矿水害事故频发的主要原因:煤矿地质、水文地质条件复杂,矿井水文地质基础工作薄弱,现有水害防治技术手段推广应用不够,防治水技术与相关工作投入不足,矿井防治水专门人才缺乏,超强度开采煤炭资源,以及煤矿主管领导思想麻痹,抱侥幸心理等。

矿井水害与形成的条件有直接的对应关系。矿井充水条件包括充水水源、涌水通道和充水强度(涌水量)。这3个条件在特定条件下的不同组合决定了不同矿井水害类型和灾害程度,也就是说,有什么样的充水条件就有什么样的水害类型,有什么样的涌水通道及充水强度就存在什么样的水害特征。

矿井水害预防技术包括矿井水文地质条件探查、矿井水害评价理论与技术、矿井水害防治等。

一、水文地质条件探查技术

探查内容包括采煤影响到的含水层及其富水性、隔水层及其阻水能力、构造及“不良地质体”控水特征、老窑分布范围及其积水情况等。工作顺序由面到点,由大到小,先区域后井田,先采区后工作面。

现代物探、化探、钻探、测试与试验及模拟计算等技术方法和手段,特别是这些方法和手段的综合应用已能比较好地解决矿井水文地质勘探中的大部分问题。

(一)水文地质试验技术

水文地质试验技术的基本方法是以水文地质理论为基础,以水文地质钻探、抽(放)水试验、顶底板岩石力学试验为主要手段,探查含水层及其富水性,主要含水层水文地质边界条件,各含水层之间的水力联系等,并获取建立水文地质概念模型的相关资料。同时,探查煤层底板隔水层岩性、厚度、结构及阻水能力。在钻探过程中测试承压水原始导升高度,通过采取岩芯来测试岩石物理、力学性质等。近 20 年来推出的脉冲干扰试验法,在一定条件下可以替代抽(放)水试验。

(二)地球物理勘探技术

地球物理勘探技术经过多年发展,其在地质、水文地质探查中的地位和作用越来越明显,越来越重要。加上其具有方便、快捷的优势,近几年在煤矿防治水领域得到了极大的推广和应用,常用的效果比较好的方法有以下几种:

(1)地震勘探:包括二维和三维地震勘探,是弹性波地面探查构造及“不良地质体”的最有效方法。在新采区设计前必须用三维地震勘探技术进行勘探,主要应用于以下 8 个方面:①查明潜水面埋藏深度;②查明落差大于 5 m 的断层;③查明区内幅度大于 5 m 的褶曲;④查明区内直径大于 20 m 的陷落柱;⑤探明区内煤系地层底部奥陶系灰岩顶界面及岩溶发育程度;⑥探测采空区和岩浆侵入体;⑦查明基岩起伏形态、古河道、古冲沟延伸方向;⑧了解基岩风化带厚度。

(2)瞬变电磁(TEM)探测技术:TEM 法观测的是二次场,因此对低阻体特别灵敏,是地面(已有人尝试井下使用)探测含水层及其富水性、构造及其含水情况、老窑及其积水多少的主要手段。蒲县北峪煤矿用瞬变电磁法探知巷道掘进面正前 80 m 处有一陷落柱,采取了相应的防治措施,从而避免了一次突水事故。

(3)高密度高分辨率电阻率法探测技术:使用单极—偶极装置,通过连续密集地采集测线的电响应数据,实现了地下分辨单元的多次覆盖测量,具有压制静态效应及电磁干扰的能力,对施工现场适应性强。该法使直流电法在探测小体积孤立异常方面取得了突破。可准确直观地展现地下异常体的赋存形态,是地面、井下探测岩溶、老窑及其他地下硐体的首选方法。

(4)直流电法探测技术:属于全空间电法勘探,可在地面及井下使用。主要应用在以下 4 个方面:①巷道底板富水区探测;②底板隔水层厚度、原始导高探测;③掘进头和侧帮超前探测,导水构造探测;④潜在突水点、老窑积水区、陷落柱探测。

(5)音频电穿透探测技术:由于探测深度的限制,这种方法一般只应用于井下。主要探查:①采煤工作面内及底板下 100 m 内的含水构造及其富水区域平面分布范围,并进行富水块段深度探测;②工作面顶板老窑、陷落柱、松散层孔隙内含水情况及平面分布范围探测;③掘进巷道前方导水、含水构造探测;④注浆效果检查。

(6)瑞利波探测:探测对象是断层、陷落柱、岩浆岩侵入体等构造和地质异常体,以及煤层厚度、相邻巷道、采空区等,探测距离 80 ~ 100 m。其优点是可进行井下全方位超前探测。

(7)钻孔雷达探测技术:通过钻孔(单孔或多孔)探查岩体中的导水构造、富水带等。

(8)坑透:采面掘透后,要进行坑透,查明采面内的构造发育情况。20 世纪 80 年代初期,霍州矿区对每个采面使用坑透法,基本可查明采面内分布的陷落柱形状、大小、位置以及落差 4 m 以上断层位置和延展方向，提前采取对应措施，效果颇佳。

（9）地震槽波探测技术。主要用于：①探明煤层内小断层的位置及延伸展布方向；②陷落柱的位置及大小；③煤层变薄带的分布；④可进行井下高分辨率二维地震勘探，探测隔水层厚度、煤层小构造及导水断裂带等。

另外，还有其他一些地球物理勘探方法，如超前机载雷达、建场法多道遥测探测技术等。

（三）地球化学勘探技术

地球化学勘探技术主要是通过水质化验、示踪试验等方法，利用不同时间、不同含水层的水质差异，确定突水水源，评价含水层水文地质条件，确定各含水层之间的水力联系。主要的技术方法包括以下几种：

（1）水化学快速检测技术。用于井下出水点、钻孔水样水质的快速检测。

（2）透（突）水水源快速识（判）别技术。通过水化学数据库，利用水质判别模块快速判别突水水源。

（3）连通试验。是查明含水层内部、含水层之间、地下水与地表水之间相互联系的一种见效快、成本低的试验手段。它对判断矿井充水水源，分析含水层之间的水力联系都具有很重要的意义。该方法通常在放水试验过程中使用。

（四）钻探技术

最近十几年来，国内外钻探技术飞速发展。从适合地面、井下探放水，探测构造及不良地质体（陷落柱、岩溶塌洞）到水文地质勘察、注浆堵水成孔等用途的地面钻机、坑道钻机，其能力和性能均有极大加强，同时定向钻进技术随着钻孔测斜技术的提高也逐步走向成熟。现在，不管是地面用钻机还是井下坑道用钻机均可实现“随钻测斜、自动纠偏”，可以说现有钻探技术已能很好地满足水文地质探查的技术要求。

（五）监测监试技术

（1）基本水文地质监测：主要仪器设备包括水位水压遥测系统、水位水压自记仪和水量监测仪（电磁流量仪）。主要监测内容有：①矿井各含水层和积水区水位水压变化情况；②矿井所在地区降水量、矿井不同区域涌水量及其变化情况；③矿井受水害威胁区水文地质动态变化情况；④矿井防排水设施运行状况；⑤地面钻孔水位、水温监测等。

（2）煤层底板或防水煤（岩）柱突水监测：主要设备为底板突水监测仪。监测方法是通过埋设在钻孔中的应力、应变、水压、水温传感器来监测工作面回采过程中应力、应变、水压、水温的变化情况，数据传送到地面中心站后，利用专门的数据处理软件判断能否发生突水。该技术主要应用于具有底板突水危险的工作面回采过程中的突水监测。

（3）原位地应力测试：主要设备是原位应力测试仪，是一种以套筒致裂原理为基础的原位地应力测试仪器。通过监测工作面回采前、回采过程中的地应力变化，应用专门数据处理软件判断是否发生突水。该技术主要用于底板突水监测。

（4）岩体渗透性测试：主要设备是多功能三轴渗透仪。通过调节岩体的三向应力状态，测试不同应力状态下的水压、水量变化，以反映岩体渗透性随应力的变化规律。

二、矿井水害评价理论及技术

（一）矿井充水类型评价

矿井充水类型，按充水水源类型可分为岩溶充水型、裂隙充水型、孔隙充水型、采空区充水型，按水文地质条件复杂程度可分为简单、中等、复杂、极复杂 4 种类型。

（二）突水预测理论及预测预报技术

（1）突水预测理论主要有：①经验理论，即突水系数理论、“下三带”理论、递进导升理论；②以力学模型为基础的突水机理与预测理论，即“薄板结构理论”“关键层理论”“强渗通道说”“岩水应力关系说”等。

（2）突水预测预报方法，主要有五图—双系数法、三图—双预测法、模糊综合评判法、人工神经网络方法等。

（三）涌水量计算与评价

涌水量计算的方法有以下几种：

（1）建立在地下水渗流理论基础之上的解析法和数值法。

（2）建立在回归分析等数理统计理论之上的经验公式法、比拟法、$Q—S$ 曲线外推法。

（3）建立在质量守恒定律基础上的水均衡法。

解析法和数值法一般应用在严格按稳定流、非稳定流标准观测的抽（放）水试验后预测涌水量，经验公式法、比拟法、$Q—S$ 曲线外推法应用在大量统计资料的矿区，水均衡理论应用在输入输出水量容易观测计算的矿区。由于各种方法对资料和相关条件的要求不尽相同，可选择适合本矿实际的计算方法。综合比较，数值法建立在严格的数据观测基础上，充分考虑了含水层的非均质性、各向异性和水文地质系统的边界条件等，计算结果比较准确，已得到广泛应用。

三、矿井水害防治技术

（一）水害防治工作的基本方针

矿井水害防治以“预测预报、有疑必探、先探后掘、先治后采”为基本原则，并根据矿井水害实际情况制定相应的“防、堵、疏、排、截”综合防治措施。

“预测预报”就是要在查清矿井水文地质条件的基础上，对矿井的水文地质类型、水害隐患、严重程度进行分析研究，并通过相应的水文地质工作对矿井水文地质条件进行分采区、分工作面评价，圈定安全区、临界危险区和危险区，并标注于相关图纸上，以排除开采活动的盲目性。“有疑必探”是指在预测预报工作的基础上，对没有把握的区域或块段采用物探、化探、钻探等方法和手段进行综合探查，以探明水害疑点或可疑作业区域。“先探后掘”是指在综合探查的基础上，在确保巷道掘进或工作面回采没有水患威胁时，可实施掘进及回采作业。“先治后采”是指在综合探查的基础上对有水害隐患区域，必须采取有针对性的措施，直到完全消除水害威胁后才能组织正常作业。

“防、堵、疏、排、截”五项综合治理措施，简单地讲，“防”就是对于矿井边界、导水断层、高压强含水层、导水陷落柱等一定要采取留设防水煤（岩）柱或通过改变采煤方法来预防，并对其他可能诱发矿井水害的水源、通道实施加固、隔离、阻断等措施；“堵”，即针对有安全隐患的矿井充水水源、涌水通道，必须超前进行注浆封堵，或对强含水层、隔水层进行注浆封闭或加固处理；“疏”主要指能疏干的充水源要坚决疏干，不能疏干的如华北型奥陶系灰岩水要结合安全带压开采上限要求，采用疏水降压等措施实现安全作业；“排”，既指将井下水排至地面经处理后再供井下生产所用，使矿区水资源得到综合利用，又指建立安全可靠的矿井排水系统；“截”即通过开挖沟渠、修筑堤坝、防水帷幕等截流措施，拦截地表河流、水库等地表水及松散层孔隙水。

值得一提的是,煤矿水害防治技术中的疏水降(水)压和注浆封堵技术,经过多年的探索已取得长足发展,疏水降压技术可以根据不同的水害类型和疏降目的采取针对性的方式和类型;注浆封堵技术不但在工艺上有大的改进,如"立体注浆"技术、"导流""引流"注浆技术等。同时,一些封堵效果好、成本低廉的注浆新材料也相继推出,如水泥—黏土浆、粉煤灰浆等。在"动水"条件下的注浆封堵也有许多新方法,而且效果都不错。

疏干降压是我国矿井防治水害的主要技术措施。国内外除普遍采用经常性疏干排水外,还先后进行了峰峰矿区和淄博矿区的薄层灰岩水的疏干和降压及邯郸矿区的疏干工作程序和疏干勘探方法。20 世纪 80 年代初,在淮南矿区还总体研究了太原群灰岩水的疏干问题。

堵水截流是我国防治水害的重要方法。在静水与动水条件下注浆封堵突水点、矿区外围注浆帷幕截流等都是比较成熟的方法。焦作、峰峰、煤炭坝等矿区都进行过这类工作,近年来又成功地封堵了开滦范各庄煤矿特大突水事故。从 20 世纪 60 年代起在徐州、枣庄、新汶等煤矿和张马屯铁矿、水口山铜锌矿等不同水文地质条件下的灰岩地层中成功地建造了大型堵水截流帷幕,取得了良好的堵水效果。近年来,峰峰四矿对煤层底板注浆截断岩溶水垂向补给通道,取得了明显的效果,提供了一种新的截流方法。

在井下排水技术方面,已普遍采用了国产高效率离心式水泵,一些矿区已开始使用高扬程、大流量的潜水泵。除上述水害防治技术外,水害较大矿区都因地制宜地采用了井下放水、留设各种防水煤(岩)柱、修筑防水闸门等安全技术措施。

(二)水害防治基本技术路线

在矿井开发的不同阶段,由于任务不同,相应的防治水要求也不一样,一般的水害防治技术路线有以下 3 种:

(1)矿井建设中或建井前,应进行矿井水文地质综合勘探,查清矿井的水文地质条件;预测评价矿井涌水量,进行矿井防排水系统的设计。在此基础上根据矿井的未来(如 5 年)采掘计划制定矿井的总体防治水规划,确定不同阶段防治水项目。

(2)开采过程中,应建立水害安全保障体系,包括物探探测仪器、钻探、注浆设备、排水设施、水闸门、水闸墙、防治水组织结构、安全避灾路线等,以及巷道掘进前方超前探测、采区采面精细探查,以查清掘进头、采区及工作面的水文地质条件,并对有突水危险的工作面进行突水监测,根据监测结果及时调整优化防治水方案,编写救灾预案。

(3)闭井前或采矿完成后,要对矿井闭井安全条件进行评价,制定矿井关闭过程安全措施,监测拟关闭废井与邻近矿井水情水况,制定废弃矿井水防治措施,并将废弃矿井采空区准确地标绘在地质图、采掘工程平面图等图纸上,同时将相关资料报送上级管理部门进行备案。

(三)防综采工作面顶板水

(1)综采工作面必须探放顶板水,否则不可回采。

(2)事前要编制探放水措施。探放水孔布置在刮板输送机道上,并从开切眼起,按 30 m、50 m、100 m……的孔距向上连续布置,直至工作面的停采线为止。

(3)探放水钻孔应尽量打在小断层、密集裂隙带或小褶曲的轴部。

(4)钻孔深度要根据绘制的刮板输送机道地质剖面图确定,一般情况下,应达到煤层顶板垂直向上相当于采高12~20倍高度。导水裂隙达到已采上层煤时,应打到上层煤。

(5)按已确定的孔位掘好钻机窝,加强支护,稳好钻机。

(6)探放水孔的终孔直径不大于108 mm,开孔后一定要下入孔口套管(不少于2 m),并加以固定,安装好孔口闸阀,待水泥强固后,方可继续钻进。

(7)正确的预计涌水量,并按预计涌水量准备好排水设施,如排水沟、排水管路、临时水仓及水泵等。

(8)有条件时,必须开掘采区底板疏水巷,建立正规的临时排水系统,通过下平巷横贯各综采面淌水眼(孔),以便疏放水时使用。

(四)防开拓下山突水

(1)绘制下山预想地质剖面图,标明含水层、断层位置。

(2)调查分析各含水层和断层带的富水性,弄清其侧压水头高度。

(3)预计下山可能出现的最大涌水量,据此安装好排水泵。

(4)对强含水层或含水断层,事前进行探放水,可同时进行疏干降压。

(五)采煤工作面探放顶板水

(1)煤层顶板有含水层的顺走向布置的各种采煤工作面,有下列情况之一者,必须探放顶板水:①新井第一个回采工作面,或老井新水平、新采区第一个回采工作面;②在导水断裂带范围内有富含水层;③有充水的密集裂缝带(或褶曲轴部);④工作面靠近大断层;⑤工作面中存在陷落柱;⑥同老窑水可能产生水力联系者。

(2)事前编制探放水措施,认真预计涌水量。

(3)刮板输送机道要有流水通畅的水沟或开拓下部采煤面"超前材料道"淌水眼。

(4)无自流淌水条件的工作面,要根据预计涌水量准备排水系统,预计水量大时,探放水钻孔口要下套管并安装闸阀控制放水。

(六)防钻孔水

(1)事前查阅全部穿越煤层顶底板强含水层的钻孔封孔报告书或资料,判定封孔质量的可靠性。

(2)对封闭不良的钻孔,要建立台账,并在采掘工作面与其接触前,采取措施进行处理。

(3)对钻进煤层底板以下距离强含水层近的钻孔,经查明封孔不良,必须在地面重新套孔、扫封,并在回采前的20天处理完毕。

(4)在地面无条件重封的钻孔,或封孔质量判定不清的钻孔,应圈出30 m左右的警戒范围,当采掘工作面临近钻孔前,根据钻孔见煤点坐标,开掘专门探水巷道,用钻机探水,或留设防水煤柱。井下揭露的虚孔,要及时封堵,防止"滞后透水"。

(5)对无封孔资料可查的钻孔,应按孔口坐标实地测出孔位,开挖孔口桩标,查看实际封孔状况,未封者按封孔不良处理。

(七)防断层水

(1)核准断层产状、断层性质和破碎带的范围,分析断层带的充水条件。

(2)作地质剖面图,分析采掘工作面同断层带在空间上的相互关系。

(3)坚持"预测预报、有疑必探、先探后掘、先治后采"原则,探水警戒线(起始点)从断层交面线外推100 m,探水超前距不小于20 m,终孔直径不大于89 mm。

(4)当采掘工作面接近落差大于或等于30 m断层之前,要核查一次防水隔离煤柱的可靠性。

(5)当井巷穿过可能导水断层时,要缩小断面放掘进,最好用风镐小掘,并加强支护,严防冒顶、片帮、底鼓。掘过断层后,应及时按设计断面砌双墙双碹灌浆,必要时用风镐破底,砌反拱或底带并灌浆,防止“滞后透水”,在施工中不能用锚杆。

(6)预计断层突水时最大涌水量,并核查排水能力。

(八)新凿井筒(一般凿井法)防水

(1)凿井前,查清含水层的层数、厚度和位置、含水性强弱、充水状况(是否被开采疏干),并预计井筒穿过时的最大涌水量。

(2)提出在凿井施工过程中,短掘、短砌(或浇灌)、短注浆(封水)的阶段划分位置的建议。

(3)对预计涌水量大于60 m^3/h 的含水层,要事前制定专门的超前探放水措施。

(4)有条件时,应积极采取预注浆或预疏干等治水方法,实现干打井。

(九)防地表水灌井

(1)所有井口都要高出当地最高洪水位,否则,必须修围堤、围沟或其他临时防水措施。

(2)凿井时,井口周围一定要回填严实,不准简单地使用矸石、砖块等透水的骨料回填,井筒壁后要注浆灌实。

(3)靠近风化带的巷道,特别是三角门、四角门,雨季前要全面检查和加固维修。

(4)报废的井口,要按《煤矿安全规程》的规定,编制专门设计,按设计充填封闭。

(5)观测孔、注浆孔、电缆孔等钻孔孔口,由使用单位管理,加盖或封闭。

(6)要合理地设计开采上限,留足风化带煤柱。采煤时不得向上带煤(超上限采煤),防止采通地面。

单元三 探放水工程

在有些生产矿井的范围内,常常有许多充水的小窑、老空、断层以及富含水层。当采掘工作面接近这些水体时,就有可能造成地下水突然涌入矿井的事故。为了消除这些隐患,在生产中使用探放水的方法,探明工作面前方的水情,然后将水有控制地放出来,以保证采掘工作的安全。

正因为探放水工程的布置是以保证矿井安全生产为目的,工作中必须认真执行“预测预报、有疑必探,先探后掘、先治后采”防治水原则。在有可能存在水害威胁的地区都必须坚持这样做,绝不能存有侥幸心理和麻痹思想。

通常在下述情况下需要确定探水线进行超前探水:

(1)接近水淹或可能积水的井巷、老空或相邻煤矿时。

(2)接近含水层、导水断层、溶洞和导水陷落柱时。

(3)打开隔离煤柱放水时。

(4)接近可能与河流、湖泊、水库、蓄水池、水井等相通的断层破碎带时。

(5)接近有出水可能的钻孔时。

(6)接近有水的灌浆区时。

(7)接近其他可能出水地区时。

一、小窑老空水的探放方法

老空水(采空区、老窑和已经报废的井巷积水)积存于生产、开拓水平以上,虽然水量不很大,一般不致造成淹井的危险,但水量集中,来势迅猛,一旦揭露,就会以“有压管道流”的形式突然溃出,迅猛异常,具有很大的冲击力和破坏力,对人身安全的危害极大。其防治的基本对策主要就是“探”,先探后掘,坚持不探明、不放净、不回采、不掘进。由于其积水区的空间位置一般都很隐蔽,形状很不规则,深度和层位不一,大小各异,既有连成一片,较易于探明的较大积水区,也有深入腹地孤立存在,很难用钻探查找的较小积水区。因而需要经常核实图纸资料,监测各探放水钻孔的水量、水压变化,及时分析判断积水是否已经放净。同时,明确放水路线和行人路线,保障探放水人员的人身安全。

对于浅部老窑积水区,由于年代久远,几经复采,情况复杂,为此应通过地面物探手段先在总体上圈定出老窑积水区的大体边界,然后再据此划定“警戒线”,确定起探标高,边探边掘。探放水必须分煤层进行,严格按规程要求,以不漏掉一个积水老巷或老空为原则。放出时,要注意孔口水压、水量的变化,并与原设计的积水量进行比较核实,严防“放净”的假象。要防范积水区中还有“积水区”的可能性和危险性。

对于生产矿井本身的老空、老巷积水区,必须认真核实图纸资料,严防漏填、漏绘。要弄清楚积水区的可能范围和水量,查明最洼、最高点的位置和标高,并据此进行探放水设计。探放水钻孔的布设,应以透积水区的最洼点为主,透两侧为辅,边探放水边监测水压、水量的变化,切实掌握积水水位下降的速度及其疏放水范围。发现积水位下降缓慢或久放不降等异常,必须查找原因。对另有水源补给者,必须先封堵水源,而后再进行探水。对可能存在的“孤立区”或“滞流区”,应通过分析补打钻孔处理。

(一)探放水工程设计内容

探放水设计,必须有说明书、安全措施和工程图纸。

(1)探放水巷道掘进工作面及周围的水文地质条件。如老空积水范围、积水量、确切的水头高度(水压)、正常涌水量,老空与上下采空区、相邻积水区、地表河流、建筑物及断层构造的关系等,以及积水区与其他含水层的水力联系程度。

(2)探水巷道的开拓方向、施工次序、规格和保护形式。

(3)探水钻孔组数、个数、方向、角度、深度和施工技术要求及采用的超前距与帮距。

(4)探水施工与掘进工作的安全规定。

(5)受水威胁地区信号联系和避灾路线的确定。

(6)通风措施和瓦斯检查制度。

(7)防排水设施,如水闸门、水闸墙等的设计以及水仓、水泵、管路和水沟等排水系统和能力的具体安排。

(8)水情及避灾联系汇报制度和灾害处理措施。

(9)附老空位置及积水区与现采区的关系图,探放水孔布置的平面图、剖面图等。

(二)探放老窑老空水的原则

探放老空水除了要遵循“预测预报、有疑必探,先探后掘、先治后采”防治水原则外,还应遵循下述探放老空水的原则。

(1)积极探放。当老窑、老空区不在河沟或重要建筑物下面,排放老窑、老空区内积水不会过分加重矿井排水负担，且积水区之下又有大量的煤炭资源，亟待开采时，这部分积水应千方百计地放出来，以彻底解除水患。

(2)先隔离后探放。与地表水有密切水力联系的老空水，雨季可能接受大量补充；或老空的涌水量较大，水质不好(酸性大)；为避免长期负担排水费用，对这种积水区应先设法隔断或减少其补给水源，然后进行探水；若隔断水源有困难无法进行有效的探放，则应留设煤岩柱与生产区隔开，待到矿井生产后期再进行处理。

(3)先降压后探放。对水量大、水压高的积水区，应先从顶、底板岩层打穿层放水孔，把水压降下来，然后再沿煤层打探水钻孔。

(4)先堵后探放。当老空区被强含水层水或其他大小水源水所淹没，出水点有很大的补给量时，一般应先堵住出水点，而后再探水放水。

(三)探放老窑老空水的步骤及方法

1. 探水前应注意的事项

(1)检查排水系统，准备好水沟、水仓及排水管路；检查排水泵及电动机，使之正常运转，达到设计的最大排水能力。

(2)准备堵水材料。在探水地点应备用一定数量的水泥(或者化学浆)、套管、闸阀坑木、麻袋、木塞、泥、棉线、锯、斧等，以便出水或来压时及时处理。

(3)检查瓦斯。瓦斯浓度超过安全规定时应停止工作，及时加强通风。

(4)检查支架情况。有松动或破损的支架要及时修整或更换。帮顶是否背好，都要一一检查。

(5)检查煤壁。煤壁有松软或膨胀等现象时，要及时处理，闭紧填实，必要时可打上木垛，防止水流冲垮煤壁，造成事故。

(6)检查水沟。巷道水沟中的浮煤、碎石等杂物，应随时清理干净。若水沟被冒顶或片帮堵塞时，应立即修复。

(7)检查安全退路。即避灾路线内不许有煤炭、木料、煤车等阻塞，要时刻保证通畅无阻。

(8)检查打钻地点或附近是否安设专用电话。

2. 探水起点的确定

根据一些矿区的经验，将调查和勘探(包括物探)获得的小窑、老空的分布资料，经过分析划出三条界线，如图 5-2 所示。

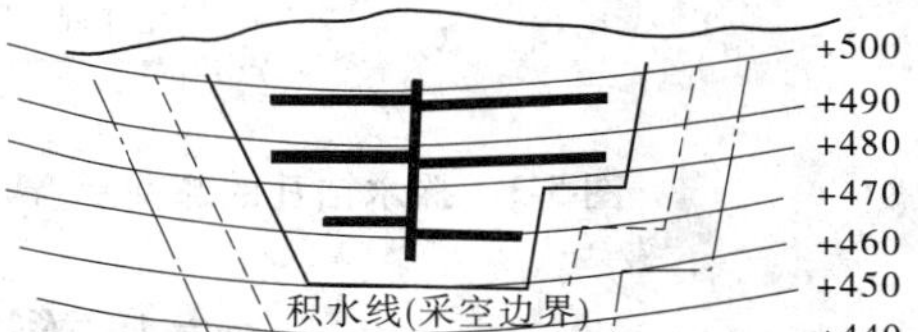

图 5-2　积水线、探水线和警戒线示意图

(1)积水线：调查核定积水区的边界，即小窑采空区的范围，其深部界线应根据小窑或老空的最深下山划定。

(2)探水线：沿积水线外推 60 ~ 150 m(指有图纸资料可查的老窑，没有图纸资料可查的老窑，用物探控制可疑区)的距离画一条线(如上山掘进时则为顺层的斜距)，此数值大小视积水范围可靠程度，水头压力，煤的强度大小来确定。当掘进巷道达到此线就应开始探水。对于本矿开采所造成的老空、老巷、水窝等积水区，其位置准确，水压不超过 1 MPa，探水线至推断的积水区的最小距离：在煤层中不得少于 30 m，在岩层中不得少于 20 m。

(3)警戒线：是从探水线再外推 50 ~ 150 m(在上山掘进时指倾斜距离)。当巷道进入此线，就应警惕积水的威胁，注意迎头的变化，当发现有透水征兆时就应提前探水。

3. 老窑老空积水量的估算

老窑老空积水可按下式进行估算：

$$w_{静} = \frac{K \cdot M \cdot a \cdot h}{\sin\alpha} \tag{5-3}$$

式中 $w_{静}$——老空积水的静储量，m^3；

M——采厚，m；

a——小窑老空走向长度，m；

h——小窑老空的垂高，m；

α——煤层的倾角，(°)；

K——老空的充水系数，0.3～0.5。

在初步估算出积水量后，便可根据矿井的具体情况拟订治理方案，如用放水孔将老空水放干，或留设暂时防水煤柱等。

4. 探放水钻孔的布置方法

探放水钻孔布置应以确保不漏老空，保证安全生产，探水工作量最小为原则。

1）探水钻孔的超前距、允许掘进距离、帮距和密度（见图5-3）

探水时从探水线开始向前方打钻探水，一次打透积水的情况较少，所以常是探水—掘进—探水循环进行，而探水钻孔的终孔位置应始终保持超前掘进工作面一段距离，这段距离简称超前距。经探水后证明无水害威胁，可以安全掘进的长度，称为允许掘进距离。实际工作中超前距一般在煤层中采用30 m，在岩层中采用20 m。上方超前距还可用下述公式进行估算：

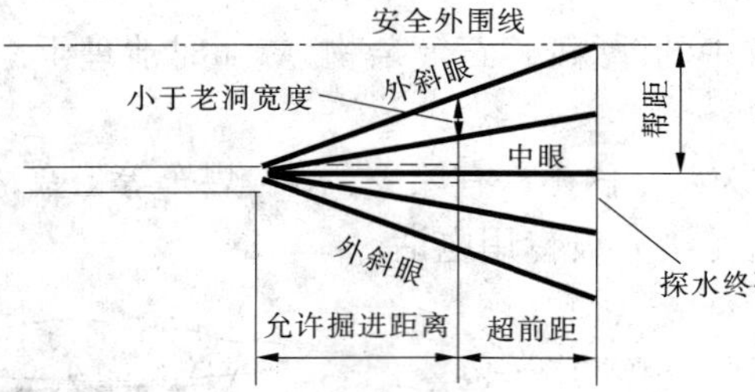

图5-3 探水钻孔的超前距、帮距、钻孔密度、允许掘进距离示意图

$$a = 0.5KM\sqrt{\frac{3P}{K_P}} \geqslant 20\ \text{m} \tag{5-4}$$

式中 a——超前距，m；

K——安全系数（一般取2～5）；

M——巷道的跨度（宽或高取其大者），m；

P——水头压力，kg/cm^2；

K_P——煤柱的抗张强度，kg/cm^2。

探水钻孔一般不少于三个，一个为中心眼，另两个为外斜眼，与中线成一定角度，呈扇形布置。中眼中点与外斜眼终点之间的距离称为帮距。帮距一般应等于超前距，有时可略比超前距小1～2 m。

钻孔密度，是指允许掘进距离的终点，探水钻孔之间的间距。间距的大小视具体情况而定，一般不应大于古空老巷的尺寸。例如，古空老巷道宽为 3 m，则巷道允许掘进终点钻孔间距最大不得超过 3 m。

2）探水钻孔布置方式

探水效果的好坏与钻孔布置方式有很大关系。在布置探水钻孔时必须注意两个问题：其一要确保安全；其二既要保证工作效果，又要工作量最小。

一般倾斜煤层平巷和上山巷道探水钻孔的布置方式、数量和夹角大小可参照相应的规定。

在水压高、水量大或煤层松软、节理裂隙发育的情况下，煤层中打钻不安全，应采用隔离式探水。隔离式探水有三种类型，其使用条件及钻孔布置参考表 5-3。

表 5-3 隔离式探放水类型及使用条件

探型	钻孔布置示意图	使用条件	备注
探水石门探放水	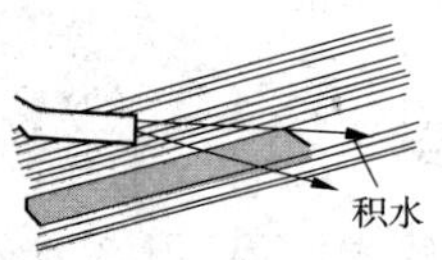	积水区水压高（水头 > 100 m），水量大、附近又无巷道可以利用时，由煤层向岩层中掘石门并应使石门与积水煤层之间的距离不小于 10 m	应选择安全、经济、合理的位置打放水石门
墙外探放水	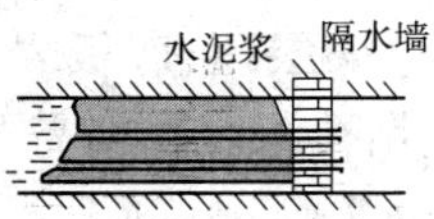	煤层松软或节理发育，采掘工作已临近积水区时，应修筑隔水墙，并预埋套管，在墙外进行探放水	水闸墙上预埋孔管，其孔口安全装置经试压达到设计要求后，再探放水
隔层探水（穿层探水） 井下	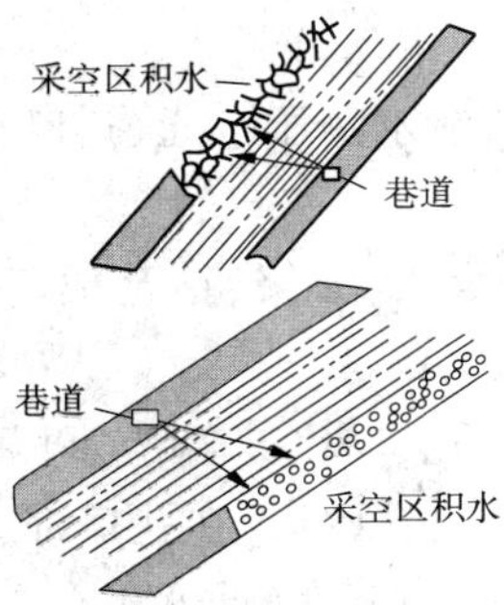	煤层间距大于 20 m，相邻煤层又有探水和排水条件时，可在煤巷内向上方打探放水孔；也可向下方打探放水孔，将水位高于探放水孔孔口位置的上层或下层煤采空区水放出来	必须埋好孔口安全装置，放水后要注意钻孔堵塞情况，防止重新积水
隔层探水（穿层探水） 地面	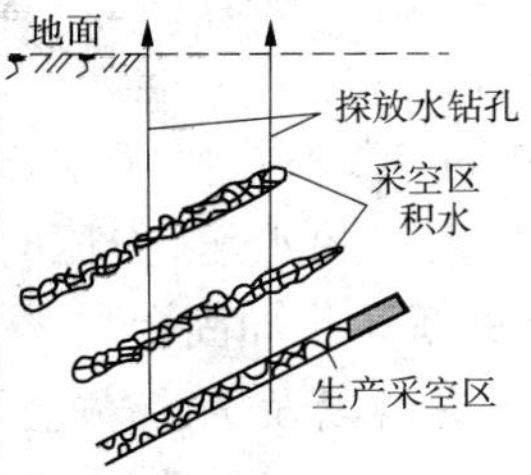	1. 多层煤重叠积水时，利用 1～2个地面钻孔，将积水串联，同时放水，并使水压降至安全标高 2. 为了控制积水区的最深边界，在地面布置排钻，沿煤层走向，向预测积水区下边界打探水孔	（1）煤层顶板有强或中等含水层时应下套管止水 （2）放水时钻机不撤，用钻具在孔内控制放水量，以保安全 （3）孔口管不撤并埋孔口标志，以便随时进行封孔或其他作业

探放水应采用深孔、中深孔和浅孔相结合的方式（见图 5-4）。

深孔：每次探放水应打 3 个深孔（中眼和两个外斜眼），为提前探到积水（深孔放水较安全),只要不脱离煤层应尽量打深,由于外斜眼深度大,控制的帮距也大,使继续探水掘进时安全。

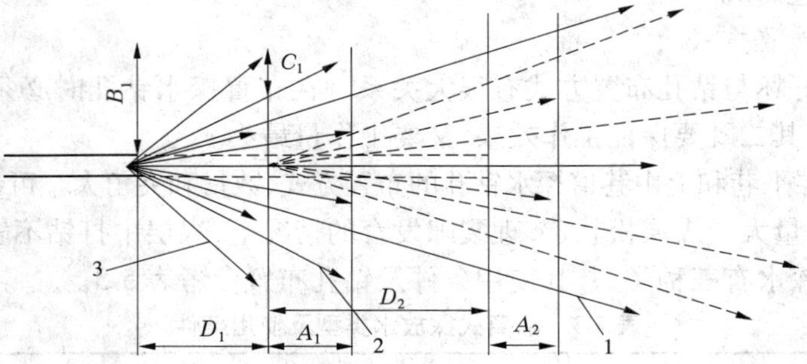

1—深孔;2—中深孔;3—浅孔

A_1、A_2—第一、二次超前距;B_1—帮距;C_1、C_2—第一、二次孔间距;

D_1、D_2—第一、二次允许掘进距离

图 5-4 深孔、中深孔和浅孔布置方式

中深孔:每次探水在 3 个探孔之间或外斜眼外侧布置一些中深孔,孔深能满足超前距、帮距和孔间距的要求即可。

浅孔:薄煤层探水,由于倾角的变化或打深孔,钻孔先穿过煤层顶、底板岩层,然后再沿煤层钻进时,应布置浅孔,把沿岩层钻进的范围补充探明。其钻孔深度根据需要确定。

对于厚煤层、急倾斜煤层探放水钻孔的布置应根据前人开采情况,剖面上应为扇面形,以防漏掉老空巷道。

3)孔口安全装置的布设

一般的探放水孔必须使用孔口安全装置。它由孔口管、泄水测压三通、孔口水门和钻杆逆止阀(必要时安装)等组成。其施工和安装程序如下:

(1)选择岩层坚硬完整地段开孔,孔径应比孔口管直径大 1 ~2 级,钻至预定深度(视水位高低和煤岩层强度而定)后,将孔内冲洗干净。

(2)如图 5-5 所示,向孔内注入水泥浆,将预先准备好的孔口管(末端应塞以木塞)放入孔内,待水泥凝结后,即可在孔内钻进;另一方法将孔口管插入孔内后,在孔口部分用掺水玻璃的水泥浆将孔口管固定封死。在孔口管的上方另留 1 ~2 个小管(或水针),而后从孔口管内向四周压入水泥浆,待从小管跑出浓水泥浆时即将小管封死。继续向孔口管内压入水泥浆,至一定压力后停止注浆,关闭孔门管闸阀,待水泥浆凝固。

(3)水泥浆固结后扫孔,其深度超过孔口管长度 0.5 ~1 m 后,向孔内压水。试验压力大于孔口管末端承压静水压力的 1.2 倍或水压值超过预计放水时的水压,稳压时间至少保持半小时,孔口管周围没有漏水现象,说明合乎要求,否则需重新注浆加固。

(4)如探放强含水层水或需要收集放水时的水量与水压资料以及为了安全目的时,还应在孔口管上安装水压表、水门、三通和泄水短管等。完整的探放水孔孔口安全装置,如图 5-6 所示。

探水孔孔口承压管在岩层中埋入长度,见表 5-4。

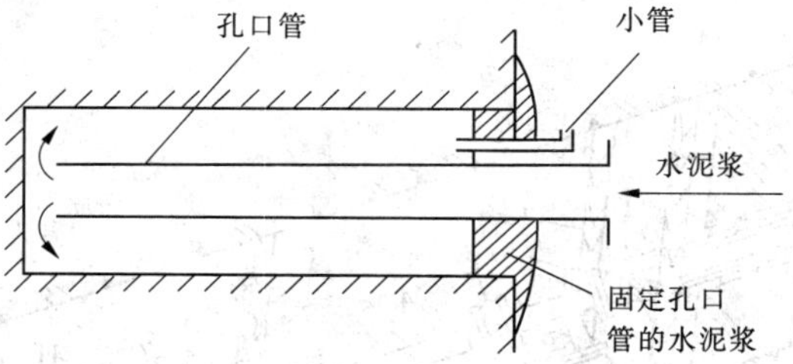

图 5-5　井下探放水孔口管安装示意图

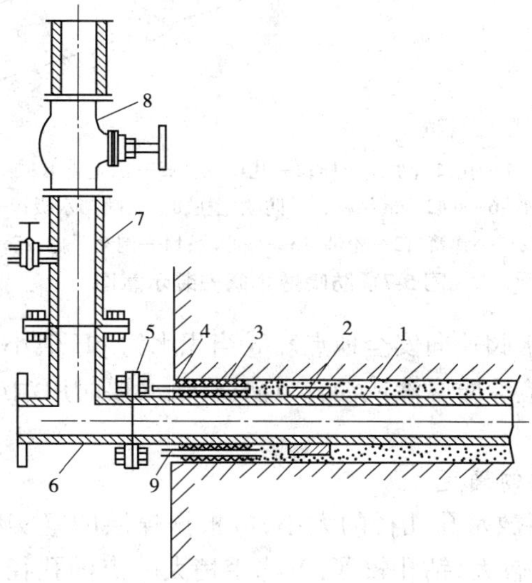

1—孔口管；2—肋骨片(间距 1 200 绕套管焊接)；3—孔口止水麻线(内扎风钻用水针)；
4—水针；5—法兰盘；6—三通；7—压力表三通；8—泄水闸；9—锚杆(水压大于 1.0 MPa 时用)

图 5-6　孔口安装示意图

表 5-4　孔口承压管在岩层中埋入长度与水压关系表

水压(MPa)	孔口管在岩层中长度(m)	水压(MPa)	孔口管在岩层中长度(m)
<1	5	2~3	15
1~2	10	>3	>15

(5)如图 5-7 所示，对水压高于 1.0 MPa 且水量较大的积水或强含水层进行探放水时，孔口应安设防喷逆止阀，以避免高压水顶出钻杆、喷出碎石伤人。

安设防喷逆止阀时应注意：①防喷立柱 7 必须切实打牢固，它与防喷挡水板 8 用螺钉固定；挡水板上留有钻杆通过的圆孔。②逆止阀固定盘 9 与挡板用固定螺钉连接。③逆止阀固定盘与挡板在打倾斜孔时，两者间有不同的夹角可用木楔夹紧；打水平孔时二者重叠(夹角为零)固定。打垂直孔时可直接与孔口水门法兰盘连接。④孔内遇高压水强烈外喷并顶钻时，用逆止闸制动把 14 控制钻杆徐徐退出拆卸。当岩芯管离开孔口水门后，立即关孔口

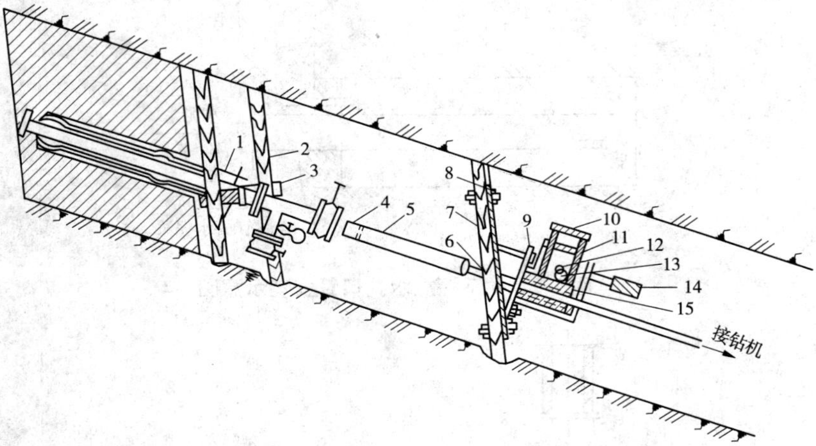

1—孔口管加压螺栓;2—孔口立柱;3—固定管卡;
4—钻头;5—岩芯管;6—Φ42 mm 钻杆;7—防喷立柱;8—防喷挡水板;9—逆止阀固定盘;
10—弹簧架;11—弹簧;12—轮轴;13—偏心轮;14—制动手把;15—制动卡瓦

图 5-7　防喷逆止阀安装示意图

水门,让高压水沿三通泄水阀喷向安全地点。⑤当积水为 pH 值小于 5 的酸性水,放水时间又较长时,孔口安全装置应涂防腐漆或沥青以防腐蚀;必要时用铜或不锈钢材料制造孔口安全装置。

4)放水孔孔径及孔数的确定

(1)钻孔孔径的选择:放水孔孔径的大小,应根据煤层的坚实程度、放水孔深度等因素来确定。如煤层坚实系数较大,钻孔较深,可选用稍大一点的孔径;反之则应选用较小的孔径。在生产实践中常采用 42 mm、54 mm、58.5 mm、75 mm,但一般不超过 58.5 mm,以免因流速过高冲垮煤柱。但钻透积水区后,可以根据水量、水压、排水能力等情况酌情进行扩孔。在排水能力充足、水压、水量清楚的条件下,放水钻孔的孔径可以适当增大。

(2)钻孔孔数的计算。

①单孔出水量,可用下式进行估算:

$$q = 60c\omega\sqrt{2gH} \tag{5-5}$$

式中　q——单孔出水量,m^3/min;

c——流量系数,其大小与孔壁的粗糙程度、孔径的大小、钻孔的长度等因素有关,可由试验得出,无资料时可用 0.6 ~ 0.62;

ω——钻孔的断面积,m^2;

g——重力加速度,9.81 m/s^2;

H——钻孔出口处水头高度,m。由于放水时该数是个不断变小的数值,属于非稳定流状态,为简便计算钻孔的平均放水量,可用钻孔出口处最大水头高度的 40% ~ 45%。

②用下式计算平均放水量:

$$Q_{cp} = \frac{W}{t} + Q_{动} \tag{5-6}$$

式中 Q_{cp}——平均放水量，m^3/min；

W——储存量或采空区的总积水量，m^3；

t——计划放水期，min；

$Q_{动}$——补给量，m^3/min。

③钻孔的孔数用下式计算：

$$N_{孔数} = \frac{Q_{cp}}{q} + k \tag{5-7}$$

式中 $N_{孔数}$——放水钻孔数，个；

k——备用孔个数，一般取 1～2。

5）探水与掘进配合

受水威胁或预测有突水危险的地段，必须与掘进施工管理相配合，才能取得良好的防水效果。

（1）上山探水。因积水区在上方，上方巷道三面受水威胁，一般应双巷掘进（见图 5-8）。其中一条适当超前探水、泄水，另一条随后，用来安全撤人。双巷之间每隔 30～50 m 掘一联络巷，并设挡水半墙，以便在其中的一条上山出水时，水不会窜到另一条上山中去。

（2）倾斜煤层平巷探水。在倾斜煤层平巷掘进时，应采用双巷掘进，单巷超前探水，钻孔布置成扇形（见图 5-9）。两巷之间每隔 30～50 m 掘一联络巷，上方巷道探水，下方巷道为泄水巷。

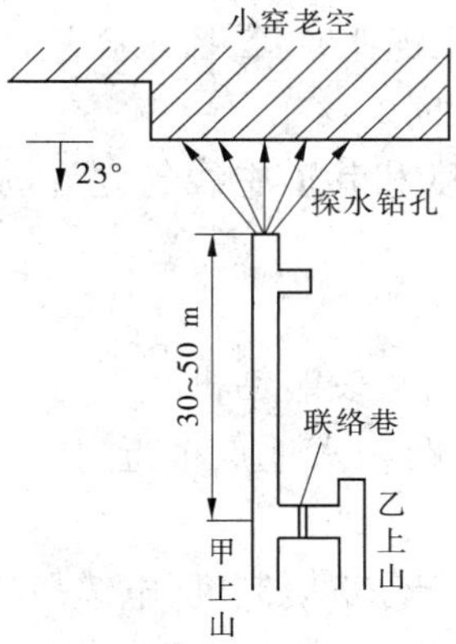

图 5-8 上山巷道探水施工方法示意图

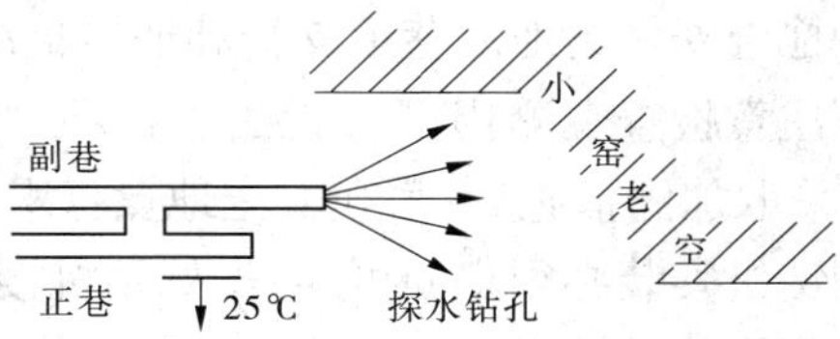

图 5-9 平巷双巷掘进单巷超前探水示意图

（3）平巷和开切眼互相配合探水。如图 5-10 所示，在煤层内，准备回采工作面时，平巷（上风道）应先探水掘进到位，然后再施工开切眼。这样既减少开切眼掘进的危险性，又减少开切眼掘进时的探水工作量。

（4）上山与下山互相配合探水。如图 5-11 所示，下山巷道掘进除防止工作面和两帮来水外，还应特别注意背后来水。当上山巷道水害未消除或正在探水时，下山巷道应停止工作，待水害威胁消除后再掘进。

（四）探放老空水的安全措施

1. 探水巷道掘进的安全措施

（1）探水巷道必须在探水钻孔有效控制范围内掘进，探水孔的超前距、帮距及孔间距必

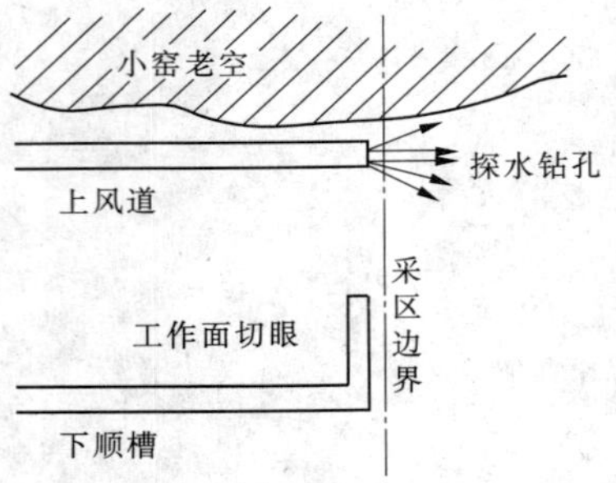

图 5-10　平巷和开切眼互相配合探水示意图

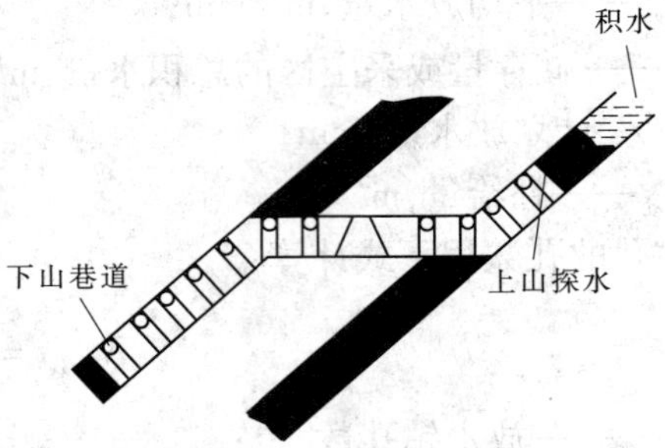

图 5-11　下山和上山互相配合探水示意图

须符合设计要求。每次探水后、掘进前,应在起点处设置标志。

(2)巷道支护必须牢固,顶、帮背实,有较强的抗水流冲击能力。

(3)按设计钻孔的预计流量修建水沟,并将流水巷道内的沉渣等障碍物清理干净,巷道通风必须良好。

(4)巷道与积水区间距小于探水规定的超前距,或有突水征兆时,应将掘进头正前和两帮支架加固,刹紧背严,加以封固,另选定安全地点探水。

(5)厚煤层的上山探水巷,必须沿底板掘进,巷道内不能有浮煤。

(6)探水巷道须加强出水征兆的观察,一旦发现异常应立即停掘处理。情况紧急时必须立即发出警报,撤出受水威胁地点的全部人员。

(7)严格执行"四不掘进"制度:①当工作面或炮眼有突水征兆时;②探水孔超前距离不符合规定时;③掘进头支架不牢或空顶时;④排水系统不正常时。

(8)掘进班长必须在现场交接班,交接允许掘进剩余长度和巷道中线与允许前进方位关系等问题。

2. 钻探的安全措施

(1)检查安钻场地的巷道支护和通风情况,安全情况好,方可安装钻机。

(2)注意检查观测周围有无出水征兆,如发现安钻地点距积水地点很近、探水不安全时,应在采取加固措施后,另找安全地点探水。

(3)钻机安装必须牢固可靠;安好钻机接电时,要严格执行停送电制度,电缆吊挂整齐。

(4)严格按设计标定钻孔方位、倾角。每班开钻前先检查立柱、孔口安全装置、周围支护和报警信号,如有问题,先处理后开钻。

(5)钻进时要注意判别煤、岩层厚度变化并记录换层深度。一般每钻进 10 m 或更换钻具时,要丈量一次钻杆并核实孔深。终孔前再复核一次,以防孔深差错造成水害事故。

(6)钻进中发现有害或将有毒气体喷出时,应在加强通风的同时用黄泥、木塞(预先备好)封堵孔口。如无法处理,应立即停止工作,切断电源,将人员撤到新鲜风流地点。

(7)钻进中发现孔内显著变软或沿钻杆流水,都是钻孔接近或进入积水区的象征,此时应立即停钻检查,如孔内水压很大,应将钻杆固定并记录其深度。在提出钻杆前,必须重新检查和加固有关设备和支护,并打开三通泄水阀,边钻进边推入钻具,使钻头超过原孔深 1 m以上,先把附近积存的淤泥碎石冲出孔外,而后再提出钻杆,以利安全放水。

(8)遇高压水顶钻杆时,要求控制钻杆,使其慢慢地顶出孔口。操作时禁止人员直对钻杆站立。

3.放水及放水后掘进的安全措施

(1)探到积水或水压后,应复核原有积水资料,确定放水量及放水孔个数,进一步调整排水能力,使排水供电系统符合《煤矿安全规程》的要求,并清理好水仓、水沟等。

(2)派专人监视放水情况,记录放水量,发现异常及时处理。

(3)加强放水地点的通风,增加有害气体的检测次数,或设瓦斯警报器。

(4)放水结束后,立即核算放水量与预计积水量的误差,查明原因,以防止有残留积水。

(5)受地表水强烈补给的老空区,放水后一般应通过一个水文年的观察,方可掘透老空。恢复掘进和透老空前须进行扫孔或补孔检查。

(6)掘透老空时,两侧应有掩护孔,并在有风流进出的钻孔透老空点标高以上掘进。以防由于淤泥、碎石收缩堵孔,造成积水已被"放净"的假象,防止放水点标高以下残留积水突出。

(7)进入老空区后,遇见实煤区或致密的矸石充填区,凡无法观测前方老空状况时,仍需探水前进,以防残留积水的危害。

4.其他安全措施

(1)在突然大量涌水的情况下探放水时,应事先在探水工作面附近设临时水闸门。

(2)预先规定好报警联络信号、涌(充)水时的对策及人员避灾路线等。

(3)放水工作应尽量避免在雨季进行。

(4)探放水人员必须按照批准的设计施工,未经审批单位允许,不得擅自改变设计。

二、探断层水及其他可疑水源

遇下列情况必须探水:

(1)采掘工作面前方或附近有含(导)水断层存在,但具体位置不清或控制不够严密时。

(2)采掘工作面前方或附近预测有断层存在,但其位置和含(导)水性不清,可能突水时。

(3)采掘工作面底板隔水层厚度与实际承受的水压都处于临界状态(即等于安全隔水层厚度和安全水压的临界值),在掘进工作面前方和采面影响范围内,是否有断层情况不清,一旦遭遇很可能发生突水时。

(4)断层已为巷道揭露或穿过,暂时没有出水迹象,但由于隔水层厚度和实际水压已接近临界状态,在采动影响下,有可能引起突水,需要探明其深部是否已和强含水层连通,或有底板水的导升高度时。

(5)井巷工程接近或计划穿过的断层浅部不含(导)水,但在深部有可能突水时。

(6)根据井巷工程和自设断层防水煤柱等的特殊要求,必须探明断层时。

(7)采掘工作面距已知含水断层60 m时。

(8)采掘工作面接近推断含水断层100 m时。

(9)采区内小断层使煤层与强含水层的距离缩短时。

(10)采区内构造不明,含水层水压又大于2~3 MPa时。

探断层水的方法与探老空水相同,但探水钻孔的孔数较探老空水的要少。

探断层水的钻孔往往与探断层的构造孔结合起来,在探明断层的位置、产状要素、断层带宽度的同时，着重查明断层带的充水情况、含水层的接触关系和水力联通情况、静水压力及涌水量大小，以达到一孔多用的目的。例如，在正断层上盘巷道内探下盘含水层的钻孔，可布置在上盘巷道内，选择适当地点，向下盘的含水层打钻孔，如图 5-12 所示。

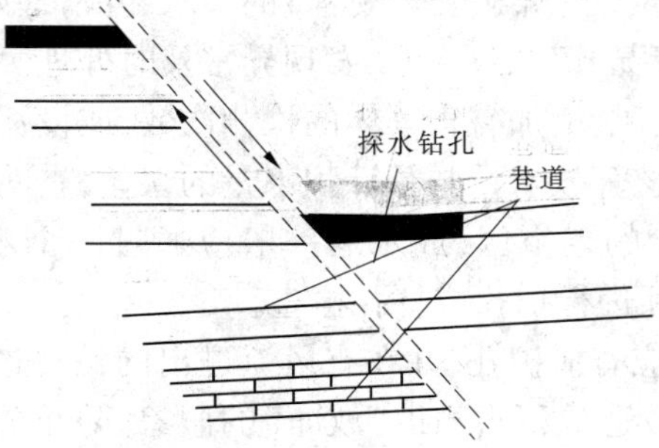

图 5-12　探断层水及断层下盘含水层水示意图

断层水探明后，应根据水的来源、水压和水量采取不同措施。若断层水是来自强含水层，则要注浆封闭钻孔，按规定留设煤柱。已进入煤柱的巷道要加以充填或封闭。若断层含水性不强，可考虑放水疏干。

探强含水层及其他可疑水源的方法也与探老空水类似。

三、探水作业安全注意事项

探水作业不仅直接关系到探水人员的安全，也关系到探放水周围地区甚至整个矿井的安危。所以，施工中应严格遵守下列事项：

(1) 加强靠近探水工作面的支护，以防高压水冲垮煤壁及支架。

(2) 检查排水系统，准备好适当坡度和断面的排水沟及相当容积的缓冲水仓，加大排水能力。

(3) 在有突然大量涌水情况下探水时，应在探水工作面附近设临时水闸门。

(4) 探水工作面要经常检查瓦斯，发现有害气体逸出时，要及时采取通风措施。

(5) 预先规定好联络信号、涌水时的对策及人员避灾路线。

(6) 钻探过程中发现孔内显著变软或有水沿钻杆流出时，都是钻孔接近或钻入积水区的象征，遇到这种情况应立即停站检查。如钻孔内水的压力很大，应马上将钻杆固定，切勿移动及起拔，钻机后面不要站人，以免高压水将钻杆顶出伤人或造成透水事故。

单元四　断层水和强含水层的探放

根据全国煤矿突水统计资料，在煤矿的开采过程中，各种巷道掘进时与回采推进时发生的突水事件分别为 48% 和 52%，而造成巷道或采场突水的一个重要原因是断层的存在。统计资料还表明，在巷道及采场发生的突水事件中，由于断层引起的突水事件分别占 41% 和 45%，可见断层对矿山开采的影响是非常重要的。

断裂破碎带既可以是导水的，也可以是隔水的。断层的导水性与断层的力学性质有着密切关系。统计资料表明，98% 的断层突水是由正断层引起的，且其中的 85% 发生在正断层的上盘。这是因为正断层的断层带内张性裂隙发育，且上盘往往发育分支小断层，而压性断层的断层带内多为糜棱岩、断层泥等，因此其透水性很低或不透水。

在分析断层（裂）带的导水性时，应特别注意不能轻易地将某条断层（裂）带简单地划为导水断层或隔水断层，要充分注意到断层的水文地质性质及其方向性和局部性。一条断层可以在某一方向上导水，而在另一方向上可能隔水；或同一断层的某一部位导水，而在另一部位则隔水；或在浅部隔水，而在深部导水。有些断层在初次揭露时隔水，但随着采矿扰动，可能发生滞后导水。因此，在研究和判断断层的水文地质性质时，要用动态和发展的观点审视它的全程变化状况，应将其视为在不同部位具有不同水理性质、不同应力状态、不同岩性对接关系的复杂面状地质结构体，进行整体分析和必要的分段评价，而不能以一点之见或一段之见就对整条断层作出最终的评价。

一、断裂带的划分及断裂带充水特征

（一）断裂带的划分

断裂带的划分见图5-13。

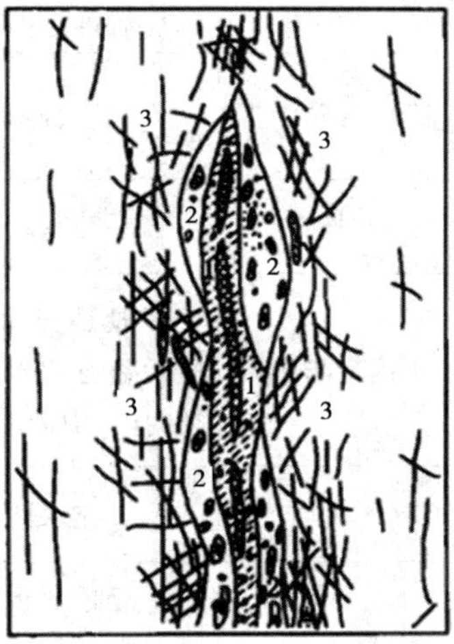

1—断裂内带；2—断裂中带；3—断裂外带

图5-13 断裂构造分带

断裂内带：断裂中心，即断裂的上盘与下盘的接触部位。常由糜棱岩、糜棱化角砾岩或角砾岩等组成。

断裂中带：断裂内带两侧。常由角砾岩等组成。

断裂外带：断裂中带两侧。常为节理裂隙发育带。

（二）断裂带充水特征

不同断裂性质的断裂带充水特征见表5-5。

（1）压性、扭性及压扭性断裂内带与中带充水性弱，内带起隔水作用，中带的富水性取决于角砾岩的胶结程度及胶结物的性质。

（2）张性及张扭性断裂内带及中带充水性强，其充水程度取决于角砾岩的疏松程度、脉岩的充填程度及脉岩的性质。

（3）不同力学性质的断裂外带常常是充水性较强的部位。一般情况下，张扭性及扭性断裂外带（扭性断裂的羽裂发育时）充水性更强烈。当地下水有较充足的补给来源且汇水条件有利时，张性断裂外带富水性最强。

表5-5　断裂带充水特征

破裂结构面力学性质	显观构造	断裂构造分带	充水特征	备注
压性	鳞片状挤压片理带	内带	一般不含水，充水性很弱，往往起隔水作用	当压性断裂为逆断层或逆冲断层时，断层下盘的外带之裂隙大，岩溶化程度及其充水性强烈
	平行型构造透镜体带	中带	局部充水，水量有限	
	伴生密集裂隙带	外带	一般充水性强	
压扭性	薄板状挤压片理带、斜列型构造透镜体带	内带与中带	充水性较弱（中带局部充水，水量有限）	
	派生裂隙密集带	外带	充水性强烈，富水范围大，一般下盘充水性更强烈	
扭性	断层泥砾带（泥和岩粉较少）、劈理构造带	内带与中带	充水性甚弱	在不受强烈风化时，一般不含水或不富水；外带伴生或派生断裂构造部位充水性强
	派生构造带	外带	一般充水性强	
张扭性	羽裂构造带	内带与中带	一般是充水的，比扭性断裂强，弱于张性断裂的内、中带	
	派生构造带	外带	充水性强	比张性、压性等断裂外带的充水性强
张性		内带	一般是含水、透水的，而富水性不大，但断裂与强含水层沟通时，其富水性则很强	
		中带	充水性强，若角砾胶结较好，SiO_2 含量高或有其他岩脉充填时，则充水性弱	
	张裂隙带	外带	富水性强	

（4）压性断裂下盘、张性断裂上盘富水性强烈。

（5）不同断裂构造的复合交接部位（尤其是断裂外带的交接部位）、主干断裂与分支断裂的交接部位等地段富水性强。

（6）无论何种力学性质的断裂内带或中带，凡是被次生的结晶完好的方解石填充密实者,均起隔水作用。

二、断层的水文地质特征

断层的水文地质特征与断裂两盘岩石性质及矿层与含水层对接关系有关。

(一)断层两盘岩石性质

断层两盘为灰岩、白云岩等可溶性岩石对接时,断裂外带裂隙密集成群、岩溶发育,导水性和含水性强;当两盘为不溶性的脆性岩层(如石英岩、石英砂岩等)对接时,导水性和含水性较强;若两盘为软质塑性岩石(如泥岩、泥质页岩等)对接时,其破碎带的空隙多被泥质充填,孔隙裂隙率低,断层面密合,断层外带裂隙不发育或多为闭合型,故充水性和导水性都很小或不含水。

当断层切割含水层时,其断裂带中地下水可以得到含水层的补给,可使富水性大为增强。

煤系地层中小型正断层的调查资料表明,断层的水文地质特征与落差和两盘岩性有关。由于煤系地层为不同岩性互层,构造变动形成的断层带为非均质体,使同一条断层不同部位的宽度存在很大差别。由图5-14可看出,断层落差、两盘岩性与断层带宽度的关系,两盘接触的岩性以柔性为主时,断层带较宽也较疏松,强度也较低。一些刚性断层错动后构成较窄的断层带。强度低的断层充填物易于被突破,形成导水通道。

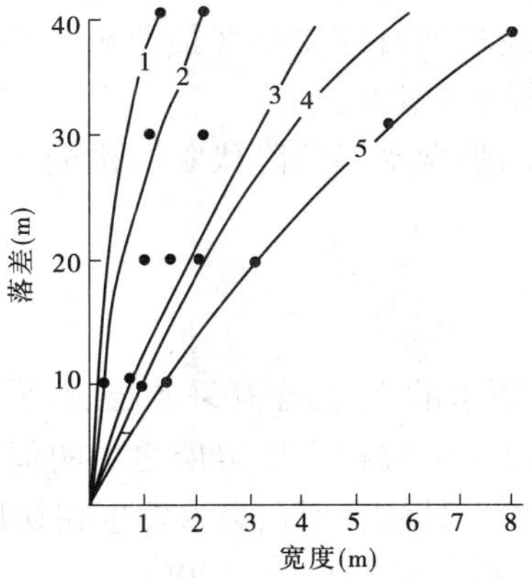

1—砂岩/灰岩;2—砂岩/砂岩;3—砂质页岩/砂岩;
4—砂质页岩/砂质页岩;5—砂质页岩/煤(注:上盘岩性/下盘岩性)

图5-14 断层落差与断层带宽度关系图

(二)断层两盘矿层与含水层对接关系

断层两盘矿层与含水层常见的对接关系见表5-6。

(三)断裂导水或突水条件

(1)中小断裂与含水或导水带断裂交汇或交叉时,中小断裂就具备了导水或突水的条件。

(2)断层切割了含水层或导水陷落柱时,其导水性良好。此时若采掘工作面揭露或接近断层时,往往造成突水。

表 5-6　矿层与含水层的对接关系

<table>
<tr><th colspan="2">矿层与含水层的对接关系</th><th>断层导水、含水特征</th><th>揭露时特点</th></tr>
<tr><td rowspan="3">矿层与含水层直接对接</td><td>矿层与厚层强含水层对口时</td><td>断层导水、富水性很强</td><td>揭露或接近时往往形成突水,突水对矿井威胁大</td></tr>
<tr><td rowspan="2">矿层与薄层灰岩强含水对口时</td><td>当薄层灰岩含水层与厚层强含水层无水力联系时,断层的导水性和富水性一般</td><td>突水时对矿井威胁不大</td></tr>
<tr><td>当薄层灰岩含水层与厚层强含水层有水力联系时,断层的导水性和富水性强,尤其是在断裂外带富水性更强</td><td>突水时对矿井威胁大</td></tr>
<tr><td rowspan="2">矿层与含水层间接对接</td><td rowspan="2">矿层与另一盘含水层的垂直距离 <6 m</td><td>矿层回采前断层含水性和富水性一般</td><td>突水时对矿井威胁不大</td></tr>
<tr><td>矿层回采时,断层带将导水。导水性和富水性与上述两种情况相同</td><td>突水时对矿井威胁大</td></tr>
</table>

(3)接近或接触地表水体的断层,富水性强,往往成为矿井突水的导水通道。

(4)采空区内侧剪切带的底板岩石遭受破坏最严重。当周期来压时,剪切带上的断裂可以重新活动而导水,成为底板水突出的通道。

(5)采矿形成的裂隙与切割强含水层的隐伏断层沟通时,裂隙与断层就成为突水的良好通道。

三、断层的"活化"

有些断层在天然条件下是隔水的,但是当开采矿层时,采场内的断层会由于开采造成的矿山压力(采动后作用于岩层边界上或存在于岩层之中的促使围岩向已采空间运动的力)的变化而"活化",从而引发突水。具体表现在突水发生在初压或周压刚刚过后。统计资料表明,矿山压力造成断层活化而引起的突水约占 30%。

一般来说,同样条件下,断层倾角越大,其对围岩影响宽度越小。落差小于 10 m 的正断层,其倾角大于 60°时,断层带宽度一般小于 0.5 m。落差越大,断层带越宽,围岩受损范围越大。在分析断层突水时,不能仅以落差作为衡量断层导致突水的概率相对大小的标准,而应该考虑断层的倾角。往往落差小、角度低的正断层,比落差较大的高角度正断层更易诱发突水。有人建议用断层的落差(H)与倾角(α)的比值(S)来说明断层对突水影响的"规模",即

$$S = H/\alpha \tag{5-8}$$

S 反映了断层形成或活化时对断层带的影响,即在一定条件下,S 值越大,断层带越宽。在生产中,常常认为落差小于 5 m 的断层为"小断层"而不够重视,恰恰就因这些所谓的"小断层"而导致较大的突水。因此,在评价正断层突水可能性时,只要两条断层的 S 值相同,它们在突水中所起的作用就一样大。

四、断层造成突发性涌水(突水)

当矿层底板存在承压含水层时,承压水会有一部分向上导升(也称之为“潜越”)。承压水导升高度是不同的。巷道、工作面以及钻探资料证实,导升形态往往呈束状,导升高度与岩性、承压含水层的水压有关。有观测资料表明,导升高度一般为0~7 m,但在有断裂构造存在时甚至可导升至20余m。一般黏土岩的导升带高度很低,甚至不存在导升带。对于硬脆性岩层来说,在岩性相同的情况下,水压越大其导升高度就越大。当承压水沿导水断层导升时,多呈现为一定宽度的束带状。当此时在断层附近的采掘工作面放炮时,就可造成突水,即所谓“一炮出水”。

如图5-15所示,突水口与突水源之间虽有一定的距离,但由于断层的存在使突水水源点已潜在矿压破坏带之下,因此承压水随着炮响涌出是必然的。

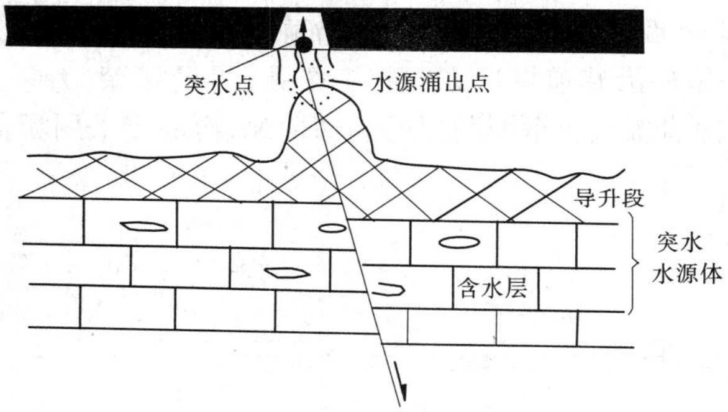

图5-15　突发性涌水(突水)形成示意图

五、断层水的防治措施

据统计,矿井突水点80%甚至90%以上出现在断裂带及其附近。因此,当采掘工作面接近或将要揭露含水的断裂构造时,都必须进行探水。在探水后,应根据实际情况,采取不同措施予以预防及治理,以保证矿井安全生产。

六、探放断层水的措施、方法

(一)探放断层水的主要探查内容

探断层水的钻孔应与探断层构造孔结合起来,应主要查明以下内容:

(1)断层的位置、产状要素、断层带宽度(包括内、中、外三带)及伴生(或派生)构造和其导水性、富水性等。

(2)断层带的充填物及充填程度、胶结物及胶结程度,断层两盘外带裂隙、岩溶发育情况及其富水性。

(3)断层两盘对接部位的岩性及其富水性,矿层与强含水层间隔水层的厚度。

(4)断层与其他含(导)水断层、陷落柱或其他水体交切部位及其富水性。

(5)探水钻孔在不同深度的水压、水量及冲洗液漏失量,底板水在隔水层中的导升高度。

(二)探放断层水的措施及方法

探断层水的措施及方法与探老空水相同,但探水钻孔孔数比探老空水的孔数要少。

1. 工作面前方已知或预想有含(导)水断层的探查

如图 5-16 所示,一般应先布 1 号孔,尽可能一钻打透断层,然后再分别打 2 号、3 号孔,以确定断层走向、倾向、倾角和断层的落差及两盘的对接关系,其中至少有一个孔打在断层与含水层交面线附近。

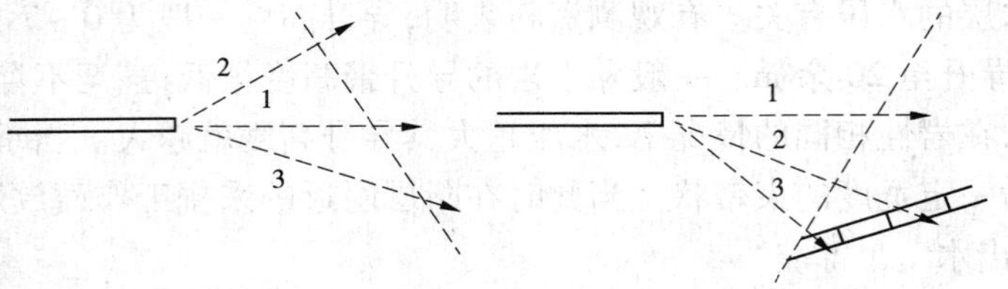

(a)平面图　(b)剖面图

图 5-16　工作面前方已知或预想有含(导)水断层的探查

2. 隔水岩柱厚度处于临界状态时,掘进工作面前方有无断层突水危险的探查

如图 5-17 所示,一般应沿巷道掘进方向打三个孔,尽量打深,力争一次打透断层,否则就必须留足超前距,边探边掘直至探明断层的确切情况,再决定采用哪种放水措施。

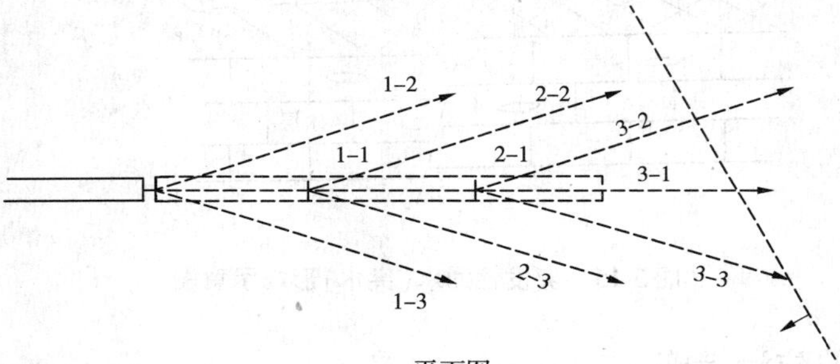

平面图

图 5-17　掘进工作面前方有无断层突水危险的探查

3. 巷道未见断层,在采动影响后有无突水危险性的探查

如图 5-18 所示,一般应向下盘预计采动影响带内打 1 号孔,探明断层带的含(导)水性和水压、水量等情况。若有水,采后就很可能突水;若无水,则还应向预计采动带以下打 2 号孔,然后根据具体条件分析突水的可能性,采取相应的防水措施。

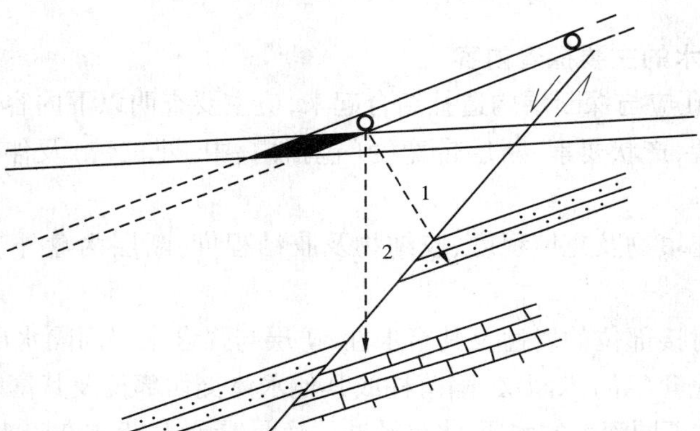

剖面图

图 5-18　采动影响后有无突水危险性的探查

（三）探放断层水的安全注意事项

（1）水压 >2 MPa 的断层，一般不宜沿矿层布置探放水钻孔。

（2）开孔层位必须在较坚硬的岩层中，孔口管（即止水套管）的长度、超前距离、探断层的起始点距离应符合要求。

（3）必须使钻孔在一定的安全深度揭露断层，由孔口至断层之间的岩壁厚度能在关闭孔口阀门时足以抗衡水压的破坏。对于水压 >2 MPa，中间要穿过矿层的探断层孔，在打穿断层之前，还必须下好第二层孔口管封水护壁，以防止高压水与矿层及上下地层发生水力联系。

（4）水压 >2 MPa 时，应选用钻深 200 ~ 300 m 的井下大、中型钻机，水泵应能单独启动，水泵压力应大于实际水压的 1.5 倍，以便停钻时可以不停泵；一旦高压水大量喷出，须立即注浆封孔，确保安全。

（5）揭露断层带或含水层时，孔径应小于 60 mm，同时采用肋骨钻头，以控制孔内涌水量和防止高压水将钻杆冲出。

（6）孔口安全装置要求与探老空水相同。要特别注意各部件组装的密封程度，防止高压水造成的漏水射流使构件冲蚀损坏。发现水压、水量很大时，要用两套闸门控水。平时主要开闭外闸门，内闸门留作备用。一旦外闸门失效，可关闭内闸门，更换外闸门。

（7）在喷高压水的条件下继续钻进时，斜孔可使用孔口防喷逆止阀，钻具可使用防喷接头，上下钻可使用孔口反压装置。

（8）严格执行交接班制度，力争做到交接班时不停钻，以防止发生孔内事故。

（9）钻孔终孔后，孔内有水时应进行放水试验；孔内无水时应选择一个孔进行压水试验，以检验断层带隔水性能，但压力一般以略大于断层所承受的静水压力为宜。

（10）钻孔完成各项探测任务后，应立即全孔注浆封闭。经过探查和综合分析，必须提交以下基础资料：①有关井巷实见的断层地质素描图；②探查钻孔的平面位置图及有关断层的平面展布情况；③放水、压水试验时的井上下观测资料及相关动态曲线图；④断层水及各主要含水层的水质分析对比资料；⑤反映断层形态及其和主要矿层、含水层交切关系的平面图、剖面图；⑥断层两盘矿层和强含水层的间距变化，尤其是隔水层厚度小于突水临界值的危险区分析图。

（四）断层水的预防与处理措施

根据探查和综合分析，可将断层大致分为三类：

Ⅰ类：不含（导）水，一般没有突水危险的断层；

Ⅱ类：弱含（导）水，有可能突水的断层；

Ⅲ类：强含（导）水，突水可能性大的断层。

采掘工程接近或揭露甚至穿过这些断层时，应采取不同的预防与处理措施。

七、断层防水矿柱的留设方法

断层破坏了岩层的完整性，常常成为矿层与含水层之间的联系通道。断层的某一区段是否导水、导水性强弱、是沿破碎带上下连通还是仅仅水平接触导水，取决于断层的力学性质、断层带的成分结构、断层的后期改造、断层两侧岩层接触关系、含水层的水压以及采矿活动引起的围岩压力对断层的重复破坏作用。因此，在没有掌握断层各区段的导水性时，应把整个断层作为导水断层对待。断层防水矿柱一般不得小于 20 m。

煤矿床防水煤柱的留设方法有以下几种。

(一)煤层位于导水断层上盘时,防水煤(岩)柱的留设

如图 5-19 所示,可用经验公式计算顺层防水煤(岩)柱的宽度。

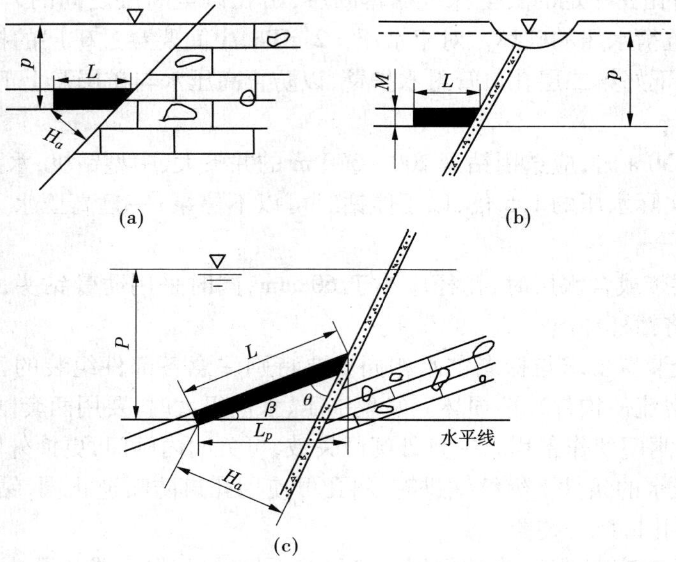

图 5-19　煤层位于导水断层上盘时,煤(岩)柱的留设

当岩层与断层间夹角(与断层走向正交剖面上的锐角)较小时,应考虑底板突水的可能性,并用底板防水岩柱厚度来校验。校验时先确定底板防水岩柱,再根据煤层与断层的夹角用下式计算顺层防水煤柱宽度:

$$L = \frac{H_a}{\sin\theta} \geqslant 20 \text{ m} \tag{5-9}$$

式中 L——顺层防水煤柱宽度,m;

H_a——安全防水岩柱厚度,m;

θ——岩层与断层夹角,(°)。

将两次计算结果进行比较,采用较大的数值。式中 H_a 的确定可采用以下方法确定。

方法 1:根据矿井实际资料确定。

H_a 可根据生产矿井的具体经验确定,但应大于受开采活动影响而无效的隔水层厚度或底板岩层被破坏的深度。

方法 2:用突水系数估算。

$$H_a = \frac{p}{T_0} + h \tag{5-10}$$

式中 p——防水煤柱所承受的静水压力,MPa;

T_0——突水系数,构造块段临界突水系数为 0.06 MPa/m,正常块段临界突水系数为 0.1 MPa/m;

h——保护带厚度(一般取 10),m。

方法 3:用单位水压所需要的等值隔水层厚度(相对隔水层厚度)计算。

先根据本地区突水点资料,用下式计算相对隔水层厚度:

$$v = \frac{\sum m_i \delta_i}{p_0} \tag{5-11}$$

再计算某地点底板破坏深度以下各隔水层逐层的等值隔水层厚度,直到所计算的各隔水层的等值隔水层厚度之和不小于计算地点所需要的等值隔水层总厚度,也就是要使:

$$\sum m_i \delta_i = m \geqslant vp$$

最后计算出安全防水岩柱厚度:

$$H_a = h_1 + \sum m_i \tag{5-12}$$

式中 v——相对隔水层厚度,m;

m_i——组成有效隔水层的各分层的厚度,m;

δ_i——组成隔水层的各分层的等值隔水系数;

p_0——临界水压值(引起突水的最低水压),MPa;

m——等效隔水层总厚度,m;

p——隔水层所承受的水压,MPa;

h_1——采矿活动对底板岩层的破坏深度,m。

(二)防水煤(岩)柱的留设

煤层位于导水断层下盘时,必须使导水裂隙带与断层间保持一定的防水岩柱厚度,如图 5-20 所示。

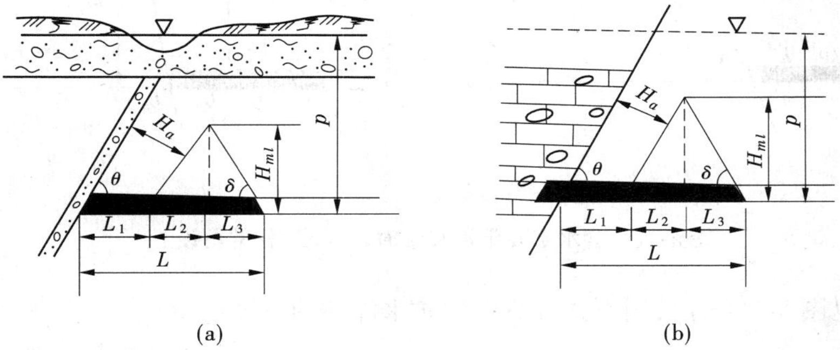

图 5-20 煤层位于导水断层下盘时,煤(岩)柱的留设

防水煤柱宽度计算公式:

$$L = L_1 + L_2 + L_3 = \frac{H_a}{\sin\theta} + \frac{H_{ml}}{\tan\theta} + \frac{H_{ml}}{\tan\delta} \geqslant 20 \text{ m} \tag{5-13}$$

式中 L——顺层防水煤柱宽度,m;

L_1、L_2、L_3——顺层防水煤柱分段宽度,m;

θ——断层面与煤层的夹角,(°,取锐角);

δ——岩移塌陷边与煤层的夹角,(°,取锐角);

H_a——安全防水岩柱厚度,m;

H_{ml}——导水裂隙带高度,m。

当煤层顶板岩性为石灰岩、砾岩、砂砾岩、砂质页岩时：

$$H_{ml} = \frac{100M}{3.3n + 3.8} + 5.1$$

当煤层顶板岩性为砂质页岩、泥质砂岩、页岩时：

$$H_{ml} = \frac{100M}{2.4n + 2.1} + 11.2$$

θ 与 δ 和断层倾角 α、岩层倾角 β、岩层移动角 γ 的关系：

断层与岩层倾向一致时：$\theta = \alpha - \beta \quad \delta = \gamma + \beta$

断层与岩层倾向相反时：$\theta = \alpha + \beta \quad \delta = \gamma - \beta$

（三）煤层位于不导水断层上盘时，防水煤（岩）柱的留设

1. 含水层高于导水裂隙带时

$\delta > \theta$ 时（见图 5-21（a）），用下式计算顺层防水煤柱的宽度：

$$L = (L_2 + L + L_1) - L_2 - L_1 = (\sqrt{H_a^2 - h^2}) - \left(\frac{H_{ml}}{\tan\theta} - \frac{H_{ml}}{\tan\delta}\right) - \frac{h}{\tan\theta} \geqslant 20 \text{ m} \qquad (5\text{-}14)$$

式中　h——含水层至冒裂带高度，m。

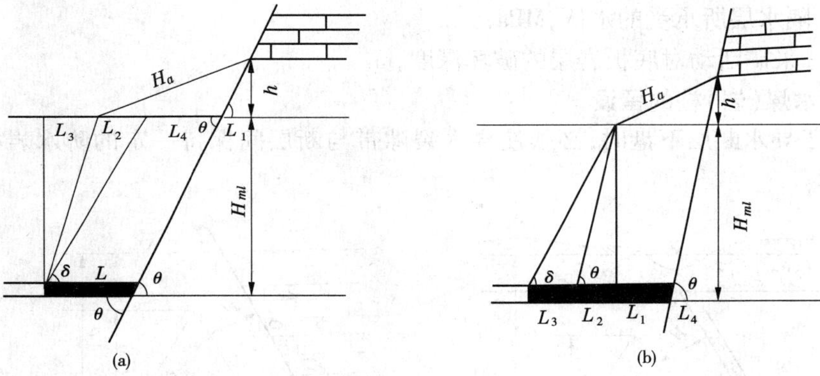

图 5-21　含水层高于冒裂带时，煤（岩）柱的留设

$\delta < \theta$ 时（见图 5-21（b）），用下式计算顺层防水煤柱的宽度：

$$L = [(L_1 + L_4) - L_4] + (L_2 + L_3) = (\sqrt{H_a^2 - h^2}) + \frac{H_{ml} + h}{\tan\theta} + \frac{H_{ml}}{\tan\delta} \qquad (5\text{-}15)$$

式中　L_4——岩柱的宽度，m；

其他字母含义同前。

2. 含水层在冒裂带高度以内时

$\delta > \theta$ 时（见图 5-22（a）），用下式计算顺层防水煤柱的宽度：

$$L = \frac{H_a}{\sin\theta} \geqslant 20 \text{ m} \qquad (5\text{-}16)$$

$\delta < \theta$ 时（见图 5-22（b）），用下式计算顺层防水煤柱的宽度：

$$L = L_1 + (L_2 + L_3) - L_2 = \frac{H_a}{\sin\theta} + \frac{H_{ml}}{\tan\delta} - \frac{H_{ml}}{\tan\theta} \geqslant 20 \text{ m} \qquad (5\text{-}17)$$

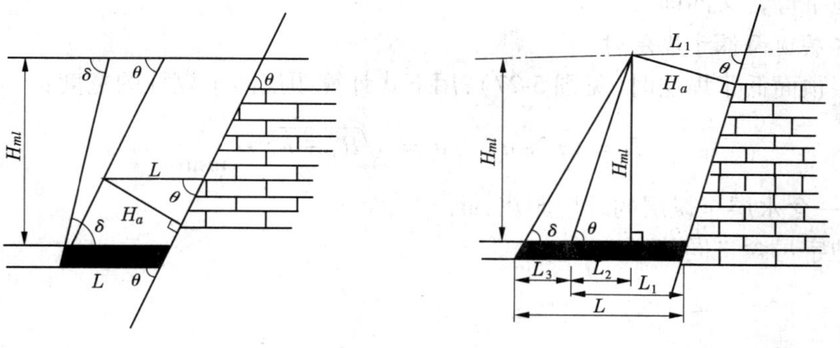

图 5-22　含水层在冒裂带高度以内时，煤（岩）柱的留设

3. 含水层低于煤层时

含水层低于煤层时（见图 5-23），考虑底部压力时，用式（5-16）计算顺层防水煤柱的宽度。

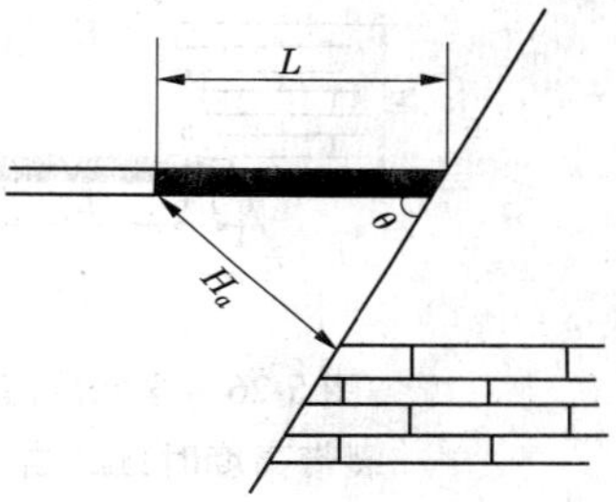

图 5-23　含水层低于煤层时，煤（岩）柱的留设

（四）煤层位于不导水断层下盘时，防水煤柱的留设

1. 含水层位于冒裂带上限附近时

含水层位于冒裂带上限附近时（见图 5-24），断层防水煤柱的留设方法与“煤层位于导水断层下盘时”相同。

2. 含水层底面高于冒裂带高度时

含水层底面高于冒裂带高度时（见图 5-25），用下式计算顺层防水煤柱的宽度：

$$L = L_1 + L_2 + L_3 = \sqrt{H_a^2 - h^2} + \frac{H_{ml}}{\tan\delta} + \frac{H_{ml} + h}{\tan\theta} \tag{5-18}$$

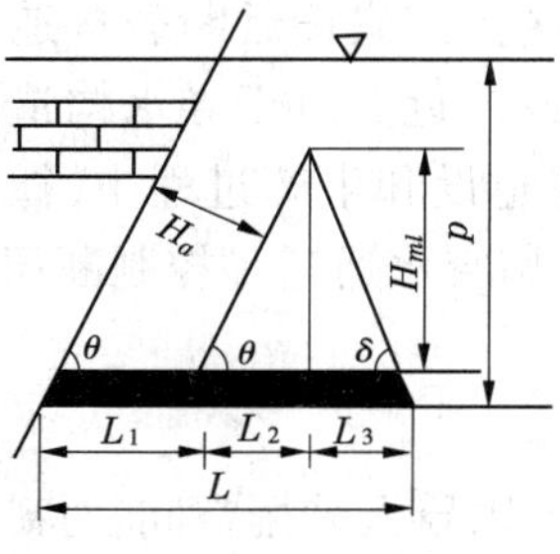

图 5-24　含水层位于冒裂带上限附近时，煤（岩）柱的留设

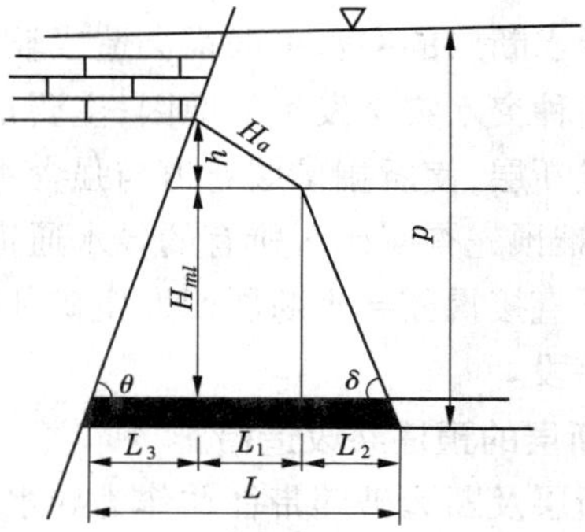

图 5-25　含水层底面高于冒裂带高度时，煤（岩）柱的留设

3. 含水层底面低于冒裂带高度时

含水层底面低于冒裂带高度时（见图 5-26），用下式计算顺层防水煤柱的宽度：

$$L = L_1 + L_2 + L_3 = \frac{H_a}{\sin\delta} + \frac{M}{\tan\delta} + \frac{M}{\tan\theta} \tag{5-19}$$

式中　M——含水层顶面至煤层的层间距，m；

其他字母含义同前。

4. 含水层顶面低于煤层时

含水层顶面低于煤层时(见图 5-27),用下式计算顺层防水煤柱的宽度:

$$L = (L + a) - a = \sqrt{H_a^2 - h_r^2} - \frac{h_r}{\tan\theta} \tag{5-20}$$

式中 a——含水层至煤层的顺层距离,m;

其他字母含义同前。

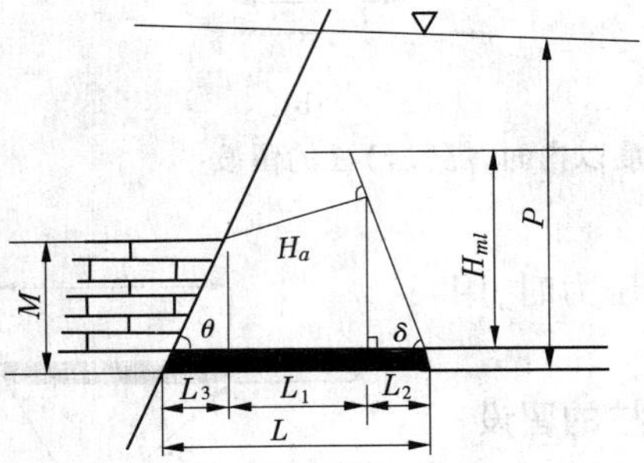

图 5-26 含水层底面低于冒裂带高度时,煤(岩)柱的留设

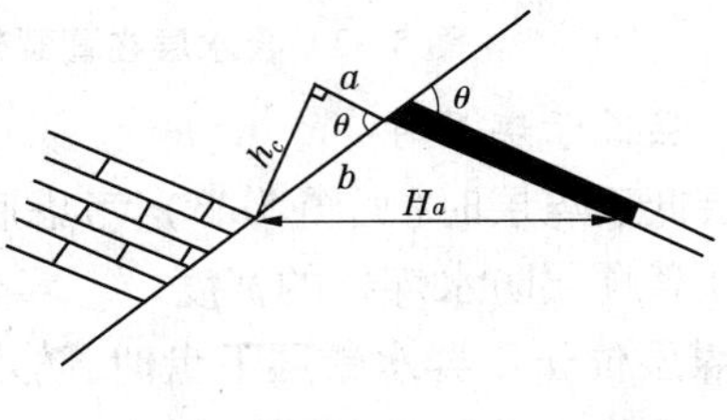

图 5-27 含水层顶面低于煤层时,煤(岩)柱的留设

留设断层防水煤(岩)柱时,必须注意断层的实际破坏影响宽度,必要时应适当增加煤柱的宽度。近距离煤层开采能够使断层煤柱应力集中,造成断层面上的剪应力增加,进而增加了断层活化的趋势。特别是断层上盘的开采,比下盘开采更易造成断层的活化。因此,在留设断层防水煤柱时,上盘应该比下盘宽。

八、断层的注浆堵水措施

通过导水断层的突水一般都会造成较大的危害,经常造成工作面停产、水平停产以致矿井被淹。这种突水灾害发生的原因,主要是由于巷道直接揭露或接近断裂构造形成的局部导水通道或断层,使所掘矿层巷道与强含水层直接遭遇或接近。由于导水构造的复杂性和隐蔽性,很难预先查明矿区所有的导水通道,因此在矿井建设和生产过程中,往往在没有防护的条件下直接揭露导水断层而发生矿井突水。注浆封堵突水通道是控制断层突水的积极而有效的手段。

(一)断层的预注浆改造措施

导水断层及断裂破碎带往往作为导水通道,将含水层水导入采掘空间,对矿井安全造成威胁。封堵断层导水通道就是利用注浆工程切断这种导水通道而达到预防或治理矿井水害的目的。对于通过各种勘探手段已经查明的有可能发生突水事故并给矿井正常生产带来威胁的导水断层及断裂破碎带,应在采掘工程揭露或发生突水之前进行封堵或注浆改造(见图 5-28),达到预防突水事故发生的目的。

如某矿东副巷在 -141 m 标高进行开拓,向东掘进必须穿过 F_6 断层。该正断层组呈阶梯状,累计落差 27 m。由于断层错动,第八层灰岩(八灰)与巷道底的垂距只有 23 m(见图 5-29),第八层灰岩水作用在巷道底板的实测压力水头为 1.91 MPa,突水系数 0.85 MPa/m,

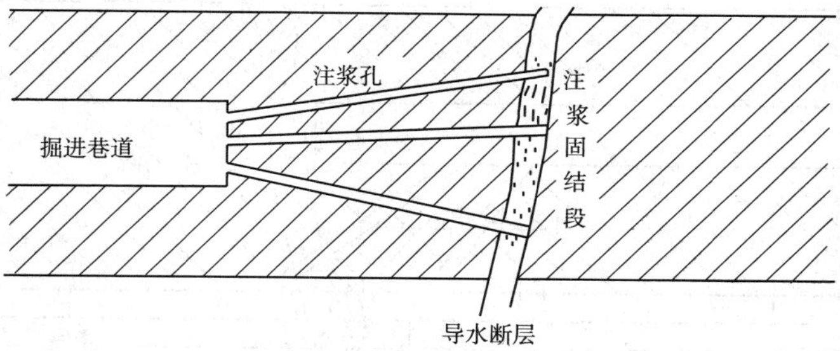

图 5-28　掘进巷道前方导水断层注浆改造示意图

超过了临界值。而且,巷道通过地点正值"帚"状构造收敛部位,地应力集中,突水危险性很大。为此,该矿在巷道欲通过断层的部位即第八层灰岩上下盘进行了钻孔预注浆加固,通过注浆钻孔(注 10、注 16)注入水泥 700 t,使东副巷安全通过了 F_6断层带。

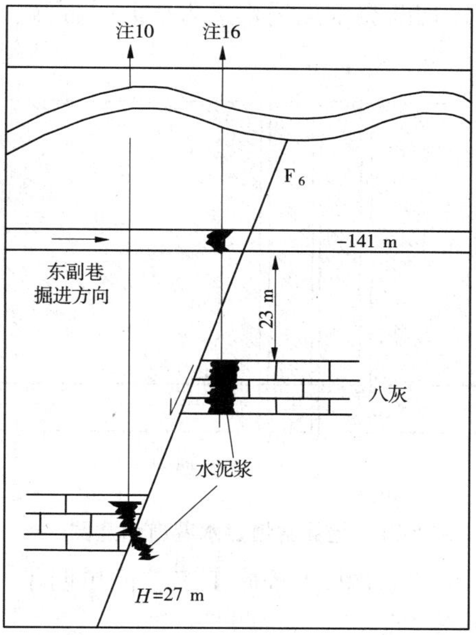

图 5-29　某矿预注浆加固过断层示意图

(二)断层突水的治理方法

对于断层突水,常用的治理方法有以下几种。

1. 直接封堵法

直接封堵法即直接打钻孔至断裂构造导水带,进行注浆封堵(见图 5-30)。钻孔布孔原则是在突水断裂构造和突水点清楚的条件下,直接针对突水点或导水通道的可能来水方向布孔注浆封堵,这种条件下一般都可通过少量的工程取得较好的治水效果。

2. 间接封堵法

当突水断裂构造的确切部位及其产状不很清楚时,则需要适当多布置注浆工程和探查钻孔。一般是治理工程和突水条件探查工程相结合,在施工中进行突水条件的探查与分析研究,在分析研究中不断地优化和调整治理方案。这种注浆堵水工程一般需要时间较长,但

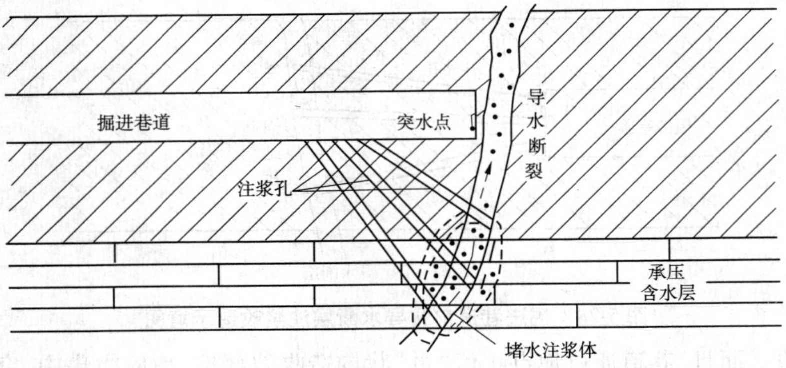

图 5-30　井下封堵突水断层进水口示意图

治水效果较好,可以达到根治水害的目的。有时为了实现快速治水复矿,往往通过地面直接施工注浆钻孔揭露过水巷道,以切断突水点涌水进入矿井采掘区(见图 5-31)。

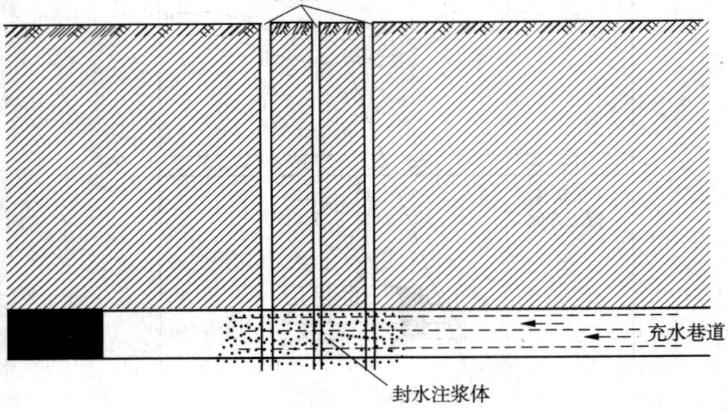

图 5-31　地面封堵过水巷道示意图

这种注浆堵水方法一般所需工期短,工程施工工艺简单明了,但往往不能根治水害,突水构造依然威胁邻区井巷工程安全。

当突水断裂构造发育地点和产状不明确,难以准确布置注浆钻孔时,也可采用封堵揭露断层巷道的方法,即在沟通突水点的过水巷道中大量充填砂石,然后注浆加以固结,起到隔离突水点与矿井工作区的效果。

3. 水闸墙封堵法

在突水口涌水面积大、突水通道又无法查明的情况下,可用水闸墙将突水口附近巷道封闭,采用这种方法时必须考虑封闭后会不会产生顶板采空区绕流等后患。如井陉、淄博、焦作等矿区,为了防止奥灰更大的突水或减少现有出水点水量,采用这一方法后效果明显。井陉矿区曾先后在三矿、二矿、一矿封闭了 5 个奥陶系灰岩突水点,累计减少 89.7 m^3/min 水量,其中最大的一个突水点曾造成矿井淹没,淹井恢复后,不能长期负担这样大量的排水,于是采用水闸墙将突水点封闭,水压 0.91 MPa,大大减少了矿井排水量,长期安全无恙。后来为满足农田灌溉需要又将这部分水作为水源,进行有计划的供水。

为了处理一些大型突水点,也可采用地面打钻灌浆封堵突水通道与井下同时建水闸墙关闭突水的综合防治方法，但治理费用较大。

九、强含水层

（一）探放水对象

（1）顶板上影响采掘工作面的强含水层。

（2）底板下需要疏水降压的高压强含水层。

（二）探放水设计内容

（1）采区及其周围的构造分布和顶底板含水层的层数、厚度、水压、水量及其变化规律；含水层与煤层的间距。

（2）附采区巷道平面图及包括疏水孔、观测孔在内的纵横剖面图。

探强含水层及其他可疑水源的方法与探采空区水类似。

项目小结

1. 矿井水害危险程度的确定

（1）用突水系数来确定矿井水害危险程度；

（2）按水文地质的影响因素来确定矿井水害的危险程度。

2. 矿井水灾的预报

（1）一般预兆；

（2）工作面底板灰岩含水层突水预兆；

（3）松散孔隙含水层突水预兆。

3. 矿井水害评价理论及技术

（1）矿井水文地质条件探查；

（2）矿井水害评价理论与技术；

（3）矿井水害防治等。

4. 探放水工程

（1）小窑老空水的探放方法；

（2）探断层水及其他可疑水源；

（3）探水作业安全注意事项。

5. 断层水的防治措施

6. 强含水层的防治措施

基础训练

（1）名词解释：突水系数、超前距、允许掘进距离、直接封堵法、积水线、警戒线、帮距、钻孔密度；

（2）简述地球化学勘探技术的几种方法；

（3）简述在什么情况下需要确定探水线进行超前探水；

（4）简述断裂带的划分。

综合实训

1. 简述矿井水灾的一般征兆。

2. 简述探放断层水的主要探查内容。

3. 实例　某煤矿隐伏断层帷幕注浆堵水。

某煤矿开采 9 号煤层。该矿在 8101 工作面推进过程中突然揭露一条落差 1.8 m 的隐伏断层,从而引发底板奥灰突水,涌水量达 16 540 m^3/h,淹没了 –210 m 水平。

(1)水文地质条件

井田内对下组煤层开采存在严重威胁的含水层有:太原组四灰含水层、本溪组五灰含水层、奥灰含水层。

井田内五灰含水层与四灰含水层没有直接水力联系,即不存在五灰水垂直方向补给四灰水的通道。浅部四灰含水层露头区为第四系底部的亚黏土层覆盖,黏土层对地表水和第四系潜水具有较好的隔水作用;西部的 F_3 断层与深部的 F_1 断层因落差较大,切断了四灰含水层的连续性,均为不导水断层;东部的 F_{7-1} 断层造成断层下盘奥灰强含水层与区内四灰含水层对口接触,形成极有力的补给条件,为主要突水水源。

(2)隐伏断层注浆堵水治理

矿井发生突水后,经过地面打钻注浆堵水,恢复生产以后,主采工作面仍为存在突水威胁的采区。随着开采范围的不断扩大,采区内涌水量持续增加,由起初的 50 m^3/h 增加到 480 m^3/h,大大增加了矿井排水负担。由于 9 号煤层距四灰含水层平均距离仅为 10.2 m,9 号煤层开采势必导致四灰水溃入,影响工作面的正常生产,甚至危及全矿井安全。为保证矿井安全生产,减少矿井排水费用,缓解矿井生产压力,确定采取隐伏断层注浆堵水措施。

(3)帷幕注浆堵水方案

①治理方案

8705 工作面于 2003 年 10 月 30 日发生的顶板四灰淋水水量为 3 m^3/h,而周边五灰观测孔 N3、N417 孔内无水。11 月 2 日,水位观测孔 N508 孔水位高度为 +15.24 m,N_4 孔为 +14.95 m,对应的涌水量为 40 m^3/h;此后,随着地下水位的上升,8700 胶带机尾出现涌水,最大涌水量达 380 m^3/h,据此分析四灰出水点标高在 +14 m 左右,即四灰露头区水位 +14 m 以上仍存在隐伏断层缺口。由于 F_{7-1} 断层下盘奥灰水横向补给区内四灰,故总体治理思路是:沿 F_{7-1} 断层上盘防水煤柱线(四灰 ±0 m 以上)施工帷幕注浆孔并进行注浆,在原地面帷幕衔接,达到封堵四灰过水目的。

通过多种方案的优化比较,最终确定如下治理方案:在 8700 胶带上山回风联络巷内沿倾斜方向延伸 7 号煤层石门,然后沿 7 号煤层走向施工至 F_{7-1} 断层防水煤柱线,到位后沿 F_{7-1} 断层防水煤柱线施工帷幕上山至 7 号煤层风氧带底界(+16 m),最后施工四灰帷幕注浆孔进行注浆截流。井巷工程量 240 m,钻探工程 50 个孔,总长 1 750 m。采用此方案的优点:一是钻孔进尺少。能够利用 9 号煤层工作面已有的工程帷幕巷 450 m,其中 210 m 尚可作为 9 号煤层回采巷道使用。二是帷幕巷道工程量仅为 240 m。沿 9 号煤层施工帷幕上山至 +17.5 m,此处施工四灰孔终孔标高 +26 m,超出四灰过水标高(+14 m)并进入四灰风氧化带,通过注浆能够有效地封堵 +14 m 以上过水段及四灰风氧化带与地面帷幕缺口。不足之处是需在9号煤层巷道中施工仰角钻孔，封套管难度大，钻孔水流速度大。

②工程要求

帷幕注浆孔的施工目的是使四灰注浆钻孔均匀合理地布置在帷幕注浆带上，以期达到与地面帷幕衔接，将帷幕带布置在帷幕东侧，这有利于采区内煤层开采对帷幕带的保护。

帷幕巷道：巷道布置综合考虑地质构造、施工安全、煤层开采等各种因素。

注浆孔个数：注浆孔鱼刺状排列（单排），孔距5 m，如单孔水量超过5 m^3/h时，再加密至3.5 m孔距。

注浆接替顺序：分次施工，第1次60 m，主要作过水通道探查；第2次30 m；第3次15 m；第4次7.5 m；第5次以上则主要为过水段加密施工。

技术要求：一次性穿透四灰的钻进方式，如钻透前水量大于100 m^3/h，可以注浆后再穿透四灰。根据现场地层裂隙情况，为防止注浆期间钻孔串浆，距注浆钻孔40 m内其他钻孔不能揭露四灰含水层。

③帷幕注浆材料

选择黏土、水泥浆作为帷幕注浆的主要材料。鉴于露头区四灰风化严重，裂隙发育，为防止浆液扩散过远，采取添加海带骨料和水泥浆、水玻璃双液注浆。黏土浆相对密度控制在1.12～1.14，黏土水泥浆相对密度控制在1.2～1.3。

双液注浆：水玻璃与水泥浆的体积比为2%。

单孔注浆结束标准：当泵量在80 L/min以下，终压2.0 MPa时，即可结束。

采用井上下结合，黏土水泥浆为主，单液水泥浆为辅；连续注浆为主，间歇注浆为辅；全段注浆为主，分段注浆为辅的方式注浆，试验群孔注浆和引流注浆等快速注浆方法，在确保注浆效果的前提下提高注浆速度。

(4)帷幕注浆堵水效果评价

注浆堵水工程于2005年5～10月共施工了53孔，总长1 818 m。注水泥浆2 052.2 t，黏土1 212.3 t，海带8 149 kg，水玻璃101.6 t，四灰过水由原来的380 m^3/h减少至42 m^3/h，减少水量338 m^3/h，堵水效果88.9%，仅排水电费一项每年节约成本就达133万元。

帷幕注浆堵水后，解放了七采区东翼露头区9号、10号煤层，可采煤量约29.1万t，按吨煤利润400元/t计算，创造效益达1.16亿元。

(5)注浆堵水经验总结

治理矿井水，首先要查明水源和突水通道，据此确定注浆钻孔位置和深度。布置注浆钻孔时，必须与构造裂隙的延伸方向斜交，在构造、断层尖灭地点应多布置钻孔。注浆工艺的选择直接影响注浆效果的成败，根据含水层和裂隙程度，合理选择骨料、浆液和化学剂是注浆的关键。帷幕注浆钻孔应揭露岩层裂隙，确保裂隙都在注浆范围以内，以保证钻孔终孔位置在帷幕线上，防止出现缺口。

项目六　矿区地表水的防治

学习目标

(1)熟悉矿区地表水害的特征。

(2)掌握矿区地表水防治方案编写方法。

(3)掌握防治地表水工程的内容及设计方法。

【导入】

徐州地区多年平均降水量为869.9 mm,最高年降水量为1 559.1 mm。降水集中在每年的七、八两月,其降水量占年水量的60%左右。由于地表区域河沟少且河床窄小,泄洪能力弱,每年暴雨时期,近山的贾汪矿区都要遭受山洪侵袭,远山的平原矿山则内涝成灾。如1958年7月31日降暴雨,7 h内降雨量达106 mm,山洪侵袭贾汪矿区,冲垮了铁路路基,推倒民房数十间,造成排洪道五处决口,洪水直冲韩桥井工业广场,威胁井口,坍陷区全部被淹没,井下太原组石门涌水量由7 m^3/min猛增到75 m^3/min,超过排水能力,被迫放水淹下山,部分工作面停产两个半月。分布在平原区的大黄山、权台、旗山等矿,煤层厚,采动地表塌陷深,内涝积水泄出缓慢,1959年几处矿区向井下漏水,有一处甚至出现塌陷坑直接向井下灌水,情况十分危急,历经抢险才保住了安全。多年连续遭遇水灾的经验教训表明:煤矿生产必须牢固树立"以防为主"的思想,首先加强地面防治水,这是保安全、减少水灾的一条根本措施,同时也能减少井下涌水量。

【正文】

单元一　矿区地表水防治方案

地面防治水是在地面修筑一些防排水工程,防止降雨汇集水和地表水流涌入工业广场或通过渗漏流入井下,保障矿井安全所采取的技术措施。它是保障矿井安全生产的第一道防线,特别是对以大气降水和地表水为主要充水来源的矿井尤为重要。这是一项经常性的工作,一般在每年雨季以前都要建立专门的防洪(或防汛)机构,组织和指挥这一工作。

地面防排水工作主要包括治坡(筑排洪沟)、填堵陷坑、河沟改道、河沟铺底、修水库、修防洪堤等。首先要进行地面防洪调查。

煤矿企业必须查清矿区及其附近的地面水流系统的汇水情况、疏水能力和有关水利工程的情况,掌握当地历年降水量和最高洪水位的资料,建立疏水、防水和排水系统。调查研究时,要掌握以下情况:

(1)掌握矿区的地形条件、地面河流和已有防水工程的分布，圈定井田受水面积和低洼地带，查明煤层、含水层露头和地表塌陷裂缝的分布与范围。

(2)掌握当地历年降水量和最高洪水位，特别是暴雨强度资料及其周期性；调查地表水流在井田内所处的位置、流向、水位、河流决口以及分流后的情况；观测河床坡度、河床性质和疏水能力。

(3)在工业广场的河床附近，通过煤层露头、透水岩层、塌陷区，观测地表水的流量变化，同时注意河水下渗情况，确定河床漏失段和漏失量。测量河流、沟渠的洪痕高程，调查发生日期和涨落经历时间，用以确定最大洪峰的流量。

(4)了解已有地面防治水工程，分析工程布置是否合理以及竣工后的实际效益，调查各项工程质量，有无因质量低劣，对防治地表水不起作用继续漏水等现象。

上述调查收集到的资料，应填绘在矿区或井田地形地质图上，然后根据当地地形、地质、水文、气象等条件，因地制宜，统筹安排。根据不同情况，分别采用疏、防、排、蓄等各种措施，对地表水进行综合治理。

一、大气降水、地表水对矿区的影响

(1)有煤层露头的矿井，或覆盖层很薄的矿井，坡水能从裂隙、溶洞、采空区塌陷裂隙直接流入井下，造成矿井充水。

(2)山区坡陡流急，洪水暴涨暴落，常危及井口、工业园区、生活园区和交通设施。

(3)沟壑直接穿过煤层露头，或沿煤层露头发育，因此沟底成集中漏水地段。

(4)由于裸露式煤田容易开发，常有老窑开采史，老窑井口和塌陷裂隙常成为地表水涌入井下的通道。

(5)在植被稀少、崩塌堆积松散物储积量大的山区，在洪水期间易造成泥石流。泥石流到达下游坡度较缓的地带沉积，堵塞沟壑，阻塞洪水排泄的出路，或抬高洪水位，可能因此造成洪水淹没塌陷坑、井口。泥石流本身亦可能冲垮淹没工业场地，或破坏地面防水工程。2008 年 9 月襄汾县村民正在一河漫滩地集市购物，早 8 时，突然溃坝形成的泥石流快速下流，造成死亡 276 人、失踪 5 人的特大安全事故，可见泥石流危害性之大，应引以为戒。

(6)在洪水季节，因降水大量渗入岩石空隙，使岩土稳定性变差，易造成滑坡，堵塞河谷，引起河水猛涨和产生其他危害。

(7)水使岩土裂隙扩宽，春季溶冰。因岩土原有裂隙变宽，裂隙两侧岩(土)体结合力小于岩(土)的质量而产生滑坡或顺坡滚落，重者堵塞冲沟，形成堰塞湖；轻者堵塞公路旁水沟，造成公路上水片流，损坏公路。

二、防治措施

矿长负责防治水工作的领导，由总工程师主抓并配备专职技术人员负责防治水工作。每年雨季前必须对防排水工作进行全面检查，同时组织抢险队伍，储备足够数量的防洪抢险物资。

(一)治坡

(1)挖鱼鳞坑，植树造林。

(2)修筑排洪渠。在矿区上方山坡处，垂直于来水方向修建排洪渠，拦截洪水。排洪渠可大致沿地形等高线布置，并保持适当的坡度，而后根据地形特点将洪水引出矿区。

(3)修建挡土墙，清理山坡，植树种草。

(二)治沟

治沟的主要任务是防沟壑本身漏水，防主沟洪水淹没工业园区及井口，通常采用下列治理措施：

(1)穿越或沿煤层露头的沟壑，在该段煤层采空后，沟中水流有可能和井下发生水力联系，而留设防水煤柱还不安全或损失资源太多，可修建渡槽，使水流经渡槽越过塌陷坑。如果塌陷深度有限，沟中水流速不大，可采用铺底方法。

(2)沟壑穿越或沿导水断层带，与井下产生强烈的水力联系，一般宜采用铺底方法。有条件者也可采用改道方法。

(3)沟壑穿越富含水层露头，露头的溶洞、裂隙发育，大量的地下水渗入井下，也可采用铺底方法。

为保证在任何情况下井口和其他地面设施不至于被洪水淹没，井口和各种工业建筑物的基础标高，均应高于当地历年最高洪水位。

(4)井口及工业场地(包括风井)是煤矿生产的咽喉与腹地。若井口标高低于历年最高洪水位标高，或工业园区和生活园区确实受到百年不遇的洪水威胁时，应采取如下防洪措施：①拓宽主沟，加大洪水下泄能力。严禁开采煤层露头的防隔水煤(岩)柱。②浚深沟底，或浚深与拓宽同时进行。③在上游开挖新的分洪道分流洪水，以减少原排洪沟的下泄水量。为确保分洪道分流量，应在分洪道和原有排洪道衔接位置的下游修节制闸。分洪道应当避开露头、裂隙和导水岩层。特别低洼地点不能修筑沟渠排水时，应填平压实。如果低洼地带范围太大无法填平时，应当采取水泵或建排洪站专门排水，防止低洼地带积水渗入井下。所排矿井水，应妥善处理，避免再深入井下。④在井口位置修集水塘，用堤坝将集中塘与排洪沟分开，及时排泄积水。在堤坝上修涵闸，沟中水位较低时可开闸自流排水，若洪水期沟中水位高于井口时关闭，用水泵向坝外排水。⑤若浚深、拓宽河床或修集水塘工程量过大，实施有困难，或经济上不合理，可在主穹或支沟适当位置修建水库，以减少洪峰流量(水库是重要防治水工程，必须有专项设计)。

(5)在雨季，每次降雨时和降雨后，必须派专人检查矿区及其附近地面有无裂缝和陷落等现象，若有，必须及时填塞。

(6)有滑坡危险的地段，可能威胁矿井安全时，必须采取防止滑坡的措施。

(7)矸石、炉灰、垃圾等杂物，不得堆放在山洪、河流可能冲刷的地方，以免冲到工业场地、建筑物附近或淤塞河道、沟渠。

(8)山区沟壑坡陡流急，为防止冲刷，应在适当地点修建跌水，跌水下游必须建消能设施——消力池、消力坝等。

(9)漏水的河床、沟渠应及时堵漏或改道。

(10)对于正在使用的钻孔，应当按照规定安装孔口盖。对于报废的钻孔，应及时封孔，防止地表水或含水层的水流入井下。观测孔、注浆孔、电缆孔、与井下或含水层相通的钻孔，其孔口管应当高出当地最高洪水位。

(11)报废的立井应当填实封堵，或者在井口浇注 1 个大于井筒断面的坚实的钢筋混凝土盖板，并设置栅栏和标志。报废的斜井应当填实封堵，或者在井口以下斜长 20 m 处砌筑

1 座砖、石或混凝土墙,再用泥土填至井口,并加砌封墙。

报废的平硐,应当从硐口向里用泥土填实至少 20 m,再砌封墙。报废井口的周围有地面水影响的应当设置排水沟。

封填报废的立井、斜井和平硐时,应当做好隐蔽工程记录,并填图归档。

(12)矿井应当与气象、水利、防汛等部门加强联系,建立灾害性天气预警和预防机制。煤矿应当及时掌握可能危及煤矿安全生产的暴雨洪水灾害信息,密切关注灾害性天气的预报预警信息;及时掌握汛情水情,采取安全防范措施;加强与周边相邻矿井的信息沟通,发现矿井出现异常情况时,立即向周边相邻矿井进行预警。

(13)矿井应当安排专人,负责对本井田范围内可能波及的周边废弃老窑、地面塌陷坑、采动裂隙以及可能影响矿井安全生产的水库、湖泊、河流、涵闸、堤防工程等重点部位进行巡视检查。当接到暴雨灾害预警信息和警报后,应当实施 24 h 不间断巡查。在矿区每次降暴雨的前后,应当派专业人员及时观测矿井涌水量变化情况。

(14)矿井应当建立暴雨洪水可能引发淹井等事故灾害紧急情况下及时撤出井下人员的制度,明确启动标准、指挥部门、联络人员、撤人程序等。当发现暴雨洪水灾害严重可能引发淹井时,应当立即撤出作业人员到安全地点。经确认隐患完全消除后,方可恢复生产。

(15)矿井在雨季前,应当全面检查防范暴雨洪水引发事故灾难防范措施的落实情况。对检查出的事故隐患,应当落实责任,并限定在汛期前完成整改。防治水工程应当专门设计,工程竣工后由矿井总工程师负责组织验收。

三、平川矿区防治地表水的方案

(一)地表水对平川矿区的危害

(1)外来洪水侵袭。位于河流附近的平川矿区,一旦河水泛滥,就有可能淹没整个矿区,危及工业园区、井口等重要地面设施。

(2)内涝积水。有的矿区虽无外来洪水侵袭,但采空区、断裂带波及地表水体,引起地表水或淤泥涌入井下,可以造成重大事故,还应注意“滞后效应”。湖南煤炭坝五亩冲煤矿采用疏水降压开采,其运输大巷布置在疏干的“强含水层”中。掘进中遇到一条大倾角张裂隙,充填在内的红泥已干,认为无威胁,继续掘进 3 个多月(进入雨季 1 个多月),发现干红泥变软,有弹性,继续掘进半个多月。那条由干变软的红泥带突然溃入大巷,3 个多月都未处理完。因此,在断裂“隐患处”应及时支护灌浆,以防滞后事故发生。

(二)平川矿区防治地表水的方案

(1)在工业园区和生活园区周围筑堤防,以确保安全。

(2)防治内涝,开挖排涝沟,设泵站排水,新矿井设计时提高场地标高。

(3)煤层上方有地表水体,通过冒导带可能与井下构成水力联系,若留煤柱则经济上不合理,应将水排干,或让河流改道。这些水体底部可能有大量淤泥,在较长时间内仍呈流动状态,仍有可能通过冒导带造成事故,应予以重视。

(4)对有溃水危险的塌陷坑应填土夯实或围堤设泵排水。

(5)对流经矿区极为弯曲的河道,裁弯取直。缩短河流经过矿区的长度,并提高流速。

四、山前区及低山丘陵区矿井对地表水的防治方案

山前区和低山丘陵区煤系地层上覆有厚薄不均的第四系沉积物覆盖,基岩和煤系地层

局部出露地表,可能有过老(小)窑开采。

一般山前区为洪水必经之地,山洪常威胁工业园区,淹没老(小)窑口、采空塌陷区、含水层出露区及导水断裂带,河流可能穿越煤层露头,所以防洪治洪具有特别重要的意义。其防治方案如下:

(1)治山治坡,在山上植树造林、修建水塘。在矿区上方山坡处,垂直于来水方向修建排洪渠拦截洪水,根据地形特点将洪水引出矿区。

(2)地处山间盆地的矿区,可在盆地周围构筑防洪圈——由防洪堤、截水沟、排洪道组成。

(3)对沟壑可根据具体情况,采用改造、裁弯、分流、浚深、拓宽、筑堤、铺底、修渡槽等措施。

(4)对老(小)窑塌陷坑、岩溶漏斗用填、堵、围、排等办法。

(5)地势低洼的地方,挖排水沟排水,无法自流者设泵站排水。

五、塌陷坑的治理

塌陷坑极易成为雨水或地表水流入井下的通道。为此,必须对塌陷裂缝和塌陷坑及时填堵或修渡槽。

(一)沟底塌陷垮落的预先治理

煤层露头位于沟底,顶底板极坚硬,垮落后沟水会直接突入井下,为此在采动前应预先防治。其方法是:超前一个月修渡槽,在沟两岸的塌陷部位修截水沟,将岸坡的水流导入渡槽或渡槽上下游的河段中。

(二)沟底塌陷抽冒后的治理

若枯水期河段垮落,为防止洪水灌井,在垮落后应立即作如下治理:

(1)修渡槽。

(2)填堵塌陷坑。陷落深度不大,砂、石料及黄土易取的地方,可用上述材料进行充填:坑底填砂、河卵石,上夯实黄土大于0.5 m,最上用砾石砌底(水泥砂浆带灌缝),最少砌2层。塌陷坑深且大时,在其底部首先架起废钢管、废钢轨及废钢丝绳,以此作为铺垫坑底的骨架,将足够的小树枝及草束等投入坑内,再连续投入砂包及片石,当陷坑的泄水量明显减少后,再用大量石块进行填堵,可堵住水流通过。最后,在石块上部用水泥浆砌片石、填灰土(石灰砂比为3∶7)夯实,效果良好。

填塞塌陷裂隙。可沿缝挖沟,深0.4～0.8 m,裂缝边缘两侧各宽0.3(下游)～0.5 m(上游),缝内填入石块或片石,上部用3∶7的灰土填塞夯实。

(三)修筑防洪堤隔绝水源

当矿区含煤地层中的可采煤层距离冲积层水及地表水很近时,而且在潜水含水层下部具有稳定隔水层的情况下,地表水与冲积层水随时都有灌入井下的危险。为了有效地防止地表水涌入矿井,可用水泥及黏土筑成防水堤,其下部筑在冲积层底部隔水层上,有效地隔绝地表水与冲积层水对矿井的补给,保证安全生产。

(四)山坡塌陷坑的治理方法

(1)用砂、石料、黄土充填,还可用围、排等方法。

(2)挖围沟排水,在山坡低洼的塌陷坑。在其周围修围沟排水,围沟修在岩石稳定不渗水的层位上。

(3)挖截水沟,截阻塌陷坑上方坡水。

(4)塌陷坑附近岩石坚硬,开沟困难,若取石料方便,可在塌陷坑周围或上方砌筑截水墙。

六、修建渡槽的要求

修建渡槽的要求如下:

(1)渡槽的设计流量应经过水文计算求得。渡槽的设计断面应通过水力计算确定,切忌粗略估计,以防洪水到来时渡槽漫溢。

(2)渡槽的进出口段应设截潜流墙,以防水流从渡槽的进出口段底部潜入塌陷坑。

(3)渡槽的进出口段应放置在岩层稳定的地表,防止因岩层移动使渡槽破坏。

(4)渡槽本身的结构必须满足截面负荷要求。

(5)根据不同情况应选用不同结构形式的渡槽,常用的有钢筋混凝土渡槽、钢板渡槽、木质渡槽等。在临时抢险时,可用风筒加上适当的支撑作为临时水管道,也可起到渡槽的作用。

单元二　防治地表水工程

在作防治地表水工程之前,必须拟订治理规划(方案),得到上级有关部门批准后,再提出工程设计。

一、排洪道工程

排洪道工程是矿区(井)排泄洪水,保证矿井安全的主干工程。

(一)排洪道的平面布置

排洪道的平面布置要求如下:

(1)尽量不改变自然流势。

(2)尽量利用天然河床和地形。

(3)排洪道的弯道曲率半径应不小于设计水面宽的5~10倍。

(4)排洪道的位置应考虑到矿区的远景规划。

(5)最好布置在矿区或矿井的外围,起到拦截洪水的作用。

(6)尽量避免将排洪道布置在与矿井水有关的含水层露头、断层破碎带上,对必须穿越的部位采取相应的防渗漏措施。

(7)应选择工程地质条件比较好的地段,尽量避开流砂或有滑坡危险的地区。

(二)底坡设计

底坡的设计应和当地的地形地质条件相适应:在设计流量既定的情况下,底坡陡,则过水断面小、开挖方量小;底坡缓,则过水断面要大、开挖方量增加。但底坡过陡易引起冲刷。一般情况下,应大体使底坡和地面坡底接近:在地形很陡的地方,为防止流速过大引起冲刷,应设置跌水。

（三）断面设计

若排洪道是利用天然河道和沟壑，应先校核天然河道和沟壑的过水能力。对于已满足设计要求的河段则不必再作工程。对于那些达不到设计标准的断面应根据水力计算的结果，采用挖深、加宽或加高堤防等办法。

跌水工程、防洪堤及排除内涝工程，请参阅有关书籍。

（四）铺筑人工河床

当河床局部地段出露有透水很好的含水层或塌陷区时，为了减少地表水及第四系潜水对矿井充水层的补给，可在漏水地段铺筑不透水的人工河床，此时应注意以下几点：

（1）人工河床一般不应过多缩小河床断面，新设计人工河床断面应先进行水力计算。

（2）尽量使用当地材料，选择施工简便的设计。

（3）铺砌方式必须同时满足防渗、防潜蚀、防冲剥。

（4）砂卵石易变形的河床上一般不宜用刚性材料衬砌。

（5）在寒冷地带应注意防冻。

（6）在基岩上浇筑混凝土时应清基。

（7）刚性衬砌应有伸缩缝和不均匀沉陷缝，缝间应用沥青止水。

（8）两岸坡漏水的河床，岸坡应同样衬砌：人工河床一般铺底 3 层。底层是韧性防漏层，厚度在 25 cm 以上，铺草皮，上用黄土压实；中间是伸缩层，用厚 20 cm 砂夹石（砂石比为 3∶7）铺设，以防止底层翻浆，在冬季则可防止河底冻裂；上层是用水泥砂浆及河卵石构筑，厚度在 5 cm 以上，能抵御流速为 6 m/s 的水流冲刷。

（五）人工河床的衬砌设计

人工河床的衬砌设计见表 6-1。

表 6-1　人工河床衬砌设计

序号	衬砌材料	衬砌厚度（m）	适用条件	说明
Ⅰ	砾石、浆砌块石	砾石厚 0.1～0.2，块石或片石厚 0.25～0.35	基岩河床	1. 允许流速见表 6-2、表 6-3、表 6-4 2. 表中衬砌材料是自下而上的排列 3. 块石、片石尺寸应大于 15～30 cm
Ⅱ	黏土、砾石、混凝土块段干砌	黏土厚 0.3～0.5、砾石 0.10～0.20，混凝土板 0.5×0.4，厚 0.06～0.08	基岩、砂卵石河床，不适用岩溶化河床	
Ⅲ	砾石、混凝土	砾石 0.1～0.2，混凝土 0.2～0.3	基岩河床	
Ⅳ	砾石、钢筋混凝土	砾石 0.1～0.2，钢筋混凝土 0.25～0.35	基岩河床，流速很大	
Ⅴ	黏土、砂、砾石、干砌片石	黏土厚 0.2～0.3，砂 0.1～0.2，砾石 0.1～0.2，片石 0.25～0.35	砂砾卵石河床、基岩、非岩溶化河床	
Ⅵ	黏土	厚 0.3～0.5	经常有水、低流速、砂卵石河床	

表 6-2　人工加固工程允许(不冲刷)流速

加固工程类		水流平均深度(m) 0.4	1.0	2.0	3.0
		平均流速(m/s)			
平铺草皮		0.9	1.2	1.3	1.4
叠铺草皮		1.5	1.8	2.0	2.2
用大圆石或片石堆砌块石平均尺寸： 20~30 cm 30~40 cm 40~50 cm		3.3	3.6 4.1	4.0 4.3 4.6	4.3 4.6 4.9
在篱格内堆两层大块石，块石平均尺寸：	20~30 cm 30~40 cm 40~50 cm 以上	4.0	4.5 5.0	4.9 5.4 5.7	5.3 5.7 5.9
青苔上单层铺砌(青苔厚度不小于 5 cm)	15 cm 的圆石或碎石	2.0	2.5	3.0	3.5
	20 cm 的圆石或碎石	2.5	3.0	3.5	4.0
	25 cm 的圆石或碎石	3.0	3.5	4.0	4.5
碎石或卵石上的单层铺砌(碎石厚度不小于 10 cm)	15 cm 的圆石或碎石	2.5	3.0	3.5	4.0
	20 cm 的圆石或碎石	3.0	3.5	4.0	4.5
	25 cm 的圆石或碎石	3.5	4.0	4.5	5.0

(六)人工河床的断面形式

在上游建筑拦水坝，以降低流速，使人工河床水流速限制在 6 m/s 以下。

(1)梯形断面：表 6-1 中第Ⅱ、Ⅴ、Ⅵ号衬砌适用于梯形断面。

(2)矩形断面：表 6-1 中第Ⅰ、Ⅲ、Ⅳ号衬砌适宜用于矩形断面，河岸边墙应按挡土墙设计。

(七)进出口段的设计

(1)护砌段的上下游都应超出渗漏段一定距离。

(2)进出口段应保持水流顺畅，或做成“八”字墙。

(3)护砌结构的始末应设截渗墙(或齿墙)，以免护砌结构被冲毁，同时可防止水流由护砌段的两端潜入渗漏段。截渗墙应嵌入不透水层或基石。

二、河流改造

矿区地表河流渗漏范围很大，用上述堵水方法难以奏效时，可将河流改造。

(一)适合河流改道的情况

河流从矿区(或井田)范围内流过时，有下列情况可考虑改造：

(1)河流直接压在开采煤层上方，顶水采煤不安全，留设保护煤柱又大量损失煤炭资源。

表 6-3　非黏土性允许(不冲刷)底层(水深 $H=0.4$ m)流速

土石名称	细砂	中砂	粗砂	小砾石	中砾石	大砾石	小卵石	中卵石	大卵石	小漂石	中漂石	大漂石	小巨砾	中巨砾	大巨砾
粒径(mm)	0.05～0.25	0.25～1.0	1.0～2.5	2.5～5.0	5～10	10～15	15～25	25～40	40～75	75～100	100～150	150～200	200～300	300～400	>400
底层不冲刷流速(m/s)	0.20	0.20	0.20～0.25	0.25～0.35	0.35～0.50	0.50～0.60	0.60～0.80	0.80～1.00	1.00～1.35	1.35～1.60	1.95～2.75	1.95～2.25	2.25～2.75	2.75～3.15	>3.15

表 6-4　黏性土允许(不冲刷)流速

<table>
<tr><td rowspan="4">黏土名称</td><td colspan="2">颗粒粒径</td><td colspan="16">土壤的特征</td></tr>
<tr><td rowspan="2"><0.005 mm</td><td rowspan="2">0.005～0.05 mm</td><td colspan="4">不大紧密的土壤(孔隙系数1.2～1.9),土壤骨架单位体积质量1.2 t/m³以下</td><td colspan="4">中等紧密的土壤(孔隙系数0.6～0.9),土壤骨架单位体积质量1.2～1.66 t/m³以下</td><td colspan="4">紧密土壤(孔隙系数0.3～0.6),土壤骨架单位体积质量1.66～2.04 t/m³</td><td colspan="4">极紧密土壤(孔隙系数0.2～0.3),土壤骨架单位体积质量2.04～2.14 t/m³</td></tr>
<tr><td colspan="16">水流平均深度(m)</td></tr>
<tr><td colspan="2" rowspan="2">颗粒成分(%)</td><td>0.40</td><td>1.0</td><td>2.0</td><td>≥3.0</td><td>0.4</td><td>1.0</td><td>2.0</td><td>≥3.0</td><td>0.4</td><td>1.0</td><td>2.0</td><td>≥3.0</td><td>0.4</td><td>1.0</td><td>2.0</td><td>≥3.0</td></tr>
<tr><td></td><td colspan="16">平均流速(m/s)</td></tr>
<tr><td>黏土</td><td>30～50</td><td>50～70</td><td rowspan="2">0.30</td><td rowspan="2">0.40</td><td rowspan="2">0.45</td><td rowspan="2">0.50</td><td rowspan="2">0.70</td><td rowspan="2">0.85</td><td rowspan="2">0.95</td><td rowspan="2">1.10</td><td rowspan="2">1.00</td><td rowspan="2">1.20</td><td rowspan="2">1.40</td><td rowspan="2">1.50</td><td rowspan="2">1.40</td><td rowspan="2">1.70</td><td rowspan="2">1.90</td><td rowspan="2">2.10</td></tr>
<tr><td>重砂质黏土</td><td>20～30</td><td>70～80</td></tr>
<tr><td>贫瘠的砂质黏土</td><td>10～20</td><td>80～90</td><td>0.35</td><td>0.40</td><td>0.45</td><td>0.50</td><td>0.65</td><td>0.80</td><td>0.90</td><td>1.00</td><td>0.95</td><td>1.20</td><td>1.40</td><td>1.50</td><td>1.40</td><td>1.70</td><td>1.90</td><td>2.10</td></tr>
<tr><td>沉陷已结束的黄土</td><td></td><td></td><td></td><td></td><td></td><td></td><td>0.60</td><td>0.70</td><td>0.80</td><td>0.85</td><td>0.80</td><td>1.00</td><td>1.20</td><td>1.30</td><td>1.40</td><td>1.30</td><td>1.50</td><td>1.70</td></tr>
</table>

注:1. 如水流深度在表列数值中间,其允许流速不可内插,应采用最接近的数值。

2. 当设计排泄道位于易风化的、紧密的和极紧密的土壤中,允许流速须以中等紧密的土壤值为限。

3. 当平均水深大于 3 m 时,按公式计算,其中,H_M为平均水深,V_1为水深 1 m 时的平均流速。

(2)洪水期威胁矿井安全,采取其他措施不经济、技术上不合理。

(二)河流改道设计

河流改道设计要求如下:

(1)作设计之前必须进行水文计算,或到水利部门搜集该河的有关水文资料,推求设计标准下的设计流量,根据设计流量进行设计。

(2)新河道平面设计:新河道线路选择应注意尽量使新河道走洼地,工程地质条件好,线路短,并考虑矿区远景规划和其他经济部门的效益。

(三)新河道的起点和终点设计注意事项

新河道的起点和终点设计应注意以下几点:

(1)起点和终点应顺应河势,工程设计、投资必须合理。

(2)起点和终点不应放在易冲刷和不稳定的地段,河水必须不再渗入井下,坝址及设计的新河道应尽可能选择在隔水岩层上,或在隔水层外侧。

(3)改道终点和下段河道的相接处交角不宜过大,以防冲刷;新河道坡度不宜过大或过小,以免河水强力冲刷或淤塞。

(4)在改道起点处,须在原河道上设置拦河坝,将水流引入新河,拦河坝距新衔接部位有一定距离,以免拦河坝被水流冲毁。

(5)在确定河流改造方案时,应考虑矿区的远景发展及工农业的总体布局。河流改道及取直工程必须一次进行,以便长期使用,同时要照顾到矿区工农业和居民生活用水。

(四)废旧老河道处理

废旧老河道处理方法如下:

(1)填河还田。

(2)矸石填平。

(3)如老河道有积水,而且导水断裂带波及河流,应在采前将老河道积水排干;若垮落断裂带波及河底,应在老河道开沟,将河底淤泥中的水排干,使淤泥失去流动能力;若河底是黏土性淤泥,无法排水,应将积水和淤泥一起清除,以防淤泥漏入井下。最好把老河道下方的工作面放在旱季开采。

三、泥石流防治

泥石流防治方法如下:

(1)植树种草,防止水土流失。

(2)做好排水截流设施,防止水流对山坡的冲刷。

(3)在易滑坡或塌方的地方修建挡水墙。

(4)工业场地应避开泥石流。

(5)做拦截坝和疏导工程。

(6)在易发生滑坡和塌方处上游,修建排水截流设施,下部修筑挡土墙。

四、堵塞废旧老(小)窑

(1)老(小)窑在平地较高的位置或山坡,一般是将窑口填实,并在离窑口0.5 m处起土包。

(2)老(小)窑巷道塌陷坑在平地较低位置,一般是平塌陷坑,并在地面起包。若坑内有原生黏土层,则充填的黏土层位置要稍高于天然沉积黏土层,以便填方沉陷后充填黏土层和沉积黏土层相连。为防止塌陷坑被洪水淹没引起充填物顺窑道向下滑落,使填堵工程失效,可再在塌陷坑周围岩层稳定处砌筑挡水墙,墙高按防洪标准水位设计。

(3)在山坡的老(小)窑坑口,可在其上方设挡水墙和截水沟,以防坡水灌井。

(4)若老(小)窑巷道是平硐,硐口位置很低,受洪水威胁,可填塞窑道并封口。

填塞老(小)窑时必须注意安全,打夯人员尽量不站在井口以内。若须站在井口范围内打夯,必须系保险绳,同时打夯人在井口范围内不应没入腰部以上。为防止冒顶和充填物滑落,填堵平硐时,应注意加强支护。

总之,防治矿区地表水是一项比较复杂的工作,必须根据当地地形、地质、水文地质和气象等条件,因地制宜地选择防治措施,综合治理。事实说明,片面地采取单一措施,是不可能收到理想防治效果的,只有从实际情况出发,采取多种措施构成完整的地表水防治系统,才能受益。结合生产与发展,坚持从井下着眼,地面着手,远近结合,以防为主的原则,采用多项措施综合防治。山区以蓄为主,矿区外围以防为主,矿区内部以导流为主。

五、防隔水煤(岩)柱的留设

(1)相邻矿井的分界处,应当留防隔水煤(岩)柱。矿井以断层分界的。应当在断层两侧留有防隔水煤(岩)柱。

(2)受水害威胁的矿井,有下列情况之一的,应当留设防隔水煤(岩)柱:

①煤层露头风化带;②在地表水体、含水冲积层下和水淹区邻近地带;③与富水性强的含水层间存在水力联系的断层、裂隙带或者强导水断层接触的煤层;④有大量积水的老窑和采空区;⑤导水、充水的陷落柱、岩溶洞穴或地下暗河;⑥分区隔离开采边界;⑦受保护的观测孔、注浆孔和电缆孔等。

(3)矿井应当根据矿井的地质构造、水文地质条件、煤层赋存条件、围岩物理力学性质、开采方法及岩层移动规律等因素确定相应的防隔水煤(岩)柱的尺寸。

矿井防隔水煤(岩)柱应当由矿井地测机构组织编制专门设计,经矿井总工程师组织有关单位审查批准后实施。

(4)矿井防隔水煤(岩)柱一经确定,不得随意变动。严禁在各类防隔水煤(岩)柱中进行采掘活动。

(5)开采水淹区下的废弃防隔水煤(岩)柱时,应当彻底疏放上部积水,严禁顶水做业。

(6)有突水历史或带压开采的矿井,应当分水平或分采区实行隔离开采。在分区之前,应当留设防隔水煤(岩)柱并建立防水闸门,以便在发生突水时,能够控制水势、减少灾情、保障矿井安全。

六、排水系统

(1)矿井应当配备与矿井涌水量相匹配的水泵、排水管路、配电设备和水仓等,确保矿井能够正常排水。

(2)矿井井下排水设备应当符合矿井排水的要求。除正在检修的水泵外,应当有工作水泵和备用水泵。工作水泵的能力,应当能够在20 h内排出矿井24 h的正常涌水量(包括充填水及其他用水)。备用水泵的能力应当不小于工作水泵能力的70%。工作和备用水泵的总能力,应当能在20 h内排出矿井24 h的最大涌水量。检修水泵的能力,应当不小于工作水泵能力的25%。

水文地质条件复杂或者极复杂的矿井,除符合上述规定外,还应在主泵房内预留安装一定数量水泵的位置,或者增加相应的排水能力。

水管应当有一定的备用量。工作水管的能力,应当能配合工作水泵在20 h内排出矿井24 h的正常涌水量。工作和备用水管的总能力,应当能配合工作和备用水泵在20 h内排出矿井24 h的最大涌水量。配电设备的能力应当与工作、备用和检修水泵的能力匹配,并能保证全部水泵同时运转。

有突水淹井危险的矿井,可以另行增建抗灾强排水系统。

(3)矿井主要泵房应当至少有2个安全出口,一个出口用斜巷通到井筒,并高出泵房底板7 m以上;另一个出口通到井底车场。在通到井底车场的出口通路内,应当设置易于关闭的既能防水又能防火的密闭门,泵房和水仓的连接通道,应当设置可靠的控制闸门。

(4)矿井主要水仓应有主仓和副仓,当一个水仓清理时,另一个水仓能够正常使用。

新建、改扩建矿井或者生产矿井的新水平,正常涌水量在1 000 m^3/h以下时,主要水仓的有效容量应当能容纳8 h的矿井正常涌水量。

正常涌水量大于1 000 m^3/h的矿井,主要水仓有效容量可以按照下式计算:

$$V = 2(Q + 3\,000)$$

式中 V——主要水仓的有效容量,m^3;

Q——矿井每小时的正常涌水量,m^3。

采区水仓的有效容量应当能容纳4 h的采区正常涌水量。

矿井最大涌水量与正常涌水量相差大的矿井。排水能力和水仓容量应当由有资质的设计单位编制专门设计,由煤矿企业总工程师组织审查批准。

水仓进口处应当设置箅子。对水砂充填、水力采煤和其他涌水中带有大量杂质的矿井,还应当设置沉淀池。水仓的空仓容量应当经常保持在总容量50%以上。

(5)水泵、水管、闸阀、排水用的配电设备和输电线路,应当经常检查和维护。在每年雨季前,应当全面检修1次,并对全部工作水泵和备用水泵进行1次联合排水试验。发现问题,及时处理。

水仓、沉淀池和水沟中的淤泥,应当及时清理,每年雨季前,应当清理1次。

(6)对于采用平硐泄水的矿井,其平硐的总过水能力应当不小于历年最大渗入井下水量的1.2倍;水沟或者泄水巷的标高,应当比主运输巷道的标高低。

(7)在水文地质条件复杂、极复杂矿区建设新井的,应当在井筒底留设潜水泵窝,老矿井也应当改建增设潜水泵窝。井筒开凿到底后,井底附近应当设置具有一定能力的临时排水设施,保证临时变电所、临时水仓形成之前的施工安全。

(8)对于在建矿井,在永久排水系统形成前,各施工区应当设置临时排水系统,并保证有足够的排水能力。

(9)生产矿井延深水平,只有在建成新水平的防、排水系统后,方可开拓掘进。

为了做好矿井防治水工作,保证矿井安全生产,现就发生过的地表水体水害事故进行分析,解剖事故发生的原因,以供煤矿技术人员从中得到矿井地表防治水方面工作的有益教训和预防措施。

地表水体发生突水危害矿井生产的事故在我国水害事故总数中约占10%。由于地表水体的位置清楚，情况明确，故防止水害的方法也比较简单。一般说来，只要准确地测定开采煤层与地表水体的相互位置与关系，留设足够的防水煤柱，就可保证安全开采。但是，从选编的此类案例中可以看到，几乎所有该类事故的发生均由于疏忽大意、管理不严，乃至明知故犯，破坏防水煤柱，导致地表水体的水大量溃决，流入矿井造成灾害事故。特别是1987年以来，由于发展小煤窑，破坏河流、水体防水煤柱造成的突水事故不断上升，亟待引起重视。

为了加强管理，凡有河流、水库、坍陷积水区等地表水体分布的井田，均应测准积水区位置，对各回采工作面与水体的关系认真进行分析研究，对开采煤层与水体间的隔水岩层的水理性和开采可能造成的破坏进行研究。在开采过程中要做好对地表水体的监测，以便研究制订安全开采的防水措施方案。

【案例分析】

【例6-1】　山东省枣庄市滕州市木石煤矿“7·26”特别重大透水事故

2003年7月26日21时40分，山东省枣庄市滕州市木石镇木石煤矿井田边界外3208探煤巷发生一起特大透水责任事故，造成35人死亡，直接经济损失258.69万元。

一、矿井基本情况

木石煤矿属木石镇镇办集体企业。该矿于1971年开始建设，1972年建成投产，设计能力为9万t/a，2002年产煤9.4万t，2003年1～6月产煤4.7万t。

该矿开拓方式为立井—斜井(3个立井1个斜井)综合开采方式。井底水平大巷在-38 m，两个辅助水平分别位于-5 m和-80 m。布置2个采区，8个采掘工作面，采煤法设计采用巷道式，全部冒落法管理顶板。矿井通风方式为中央并列分区式通风。

该矿井下实行两级排水。第一级排水系统，在主井井底车场设中央泵房和水仓，安装3台DAI-100X80型水泵，双排水管路，水仓容量900 m^3；第二级排水系统，在两个下山采区泵房安装3台DAI-100X80型水泵，由采区泵房排至-38 m水平运输大巷，再由-38 m水平运输大巷水沟排至井底车场水仓中。矿井总排水能力为108 m^3/h。

该矿批准的开采煤层为枣庄矿业集团莱村煤矿(已报废)和枣庄监狱建煤矿3号煤层部分残余煤及14、15、16、17号煤层煤。主采3号煤层残余煤，其余煤层尚未开采。3号煤层煤种为气煤，倾角23°，低瓦斯，自然发火期6个月。矿井正常涌水量为2.0 m^3/h，最大涌水量为29 m^3/h。

该矿井田范围内地面有一个露天矿坑，地面标高+60 m、坑底标高+46.5 m，平常坑内部分区域有积水。2003年6～7月，该地区连降暴雨，降雨量达411 mm，露天矿坑内积水增至10万m^3左右。

二、事故经过及抢救情况

2003年7月26日21时40分，木石煤矿中班、夜班正在交接班时，3208探煤巷越界区域发生透水事故，导致矿井-38 m水平以下的5个作业地点的37人遇险。

事故发生后，枣庄、滕州市委与市人民政府迅速组织救护队赶赴事故现场进行抢救，枣庄矿业集团有限责任公司救护大队及时赶到支援抢救。枣庄市委、市人民政府组成“7·26”事故抢压救灾指挥部，统一组织事故抢救、善后等工作。山东省人民政府成立了由一名副秘书长和省政府有关部门负责人参加的“7 · 26”事故协调小组,协调指挥抢险救灾工作。抢险救灾指挥部调集了驻枣庄市部队、武警官兵、预备役战士和工人约2 000人,全力实施水坑地面堵水和回填工作;并调集了26台水泵,以每小时150 m^3的排水量,昼夜不停地进行排水;抽调600余名有一定经验的同志,分成11个抢险队,轮流进行井下清淤搜救工作。经过奋力抢救,有2名遇险人员经抢救脱险。至2003年8月26日,35名遇难矿工尸体全部找到。

三、事故原因

1. 直接原因

木石煤矿违法越界开采煤层防水煤柱,3208工作面在生产过程中顶板冒落后与露天矿坑坑底直接联通,导致露天坑内的积水、泥沙溃入井下。

2. 间接原因

(1) 木石煤矿无视国家法律法规,违法越界开采;违反《煤矿安全规程》的有关规定,擅自开采煤层防水煤柱;为逃避当地政府及有关部门的监管,没有将越界部分的巷道填绘在采掘工程平面图上,甚至在抢险救灾初期也没有提供真实图纸,隐瞒井下作业地点。

(2) 木石煤矿拒不执行滕州市安全生产委员会办公室(以下简称滕州市安委会办公室)《关于做好汛期煤矿安全的紧急通知》中关于“暴雨期间,津浦铁路以东所有煤矿立即将井下人员撤离,确保安全度汛”的要求,明知露天矿坑的积水有溃入3208工作面的危险,但心存侥幸,为了多出煤,仍然继续安排3208工作面越界开采。

(3) 木石镇党委、政府未能认真贯彻落实滕州市安委会办公室关于做好汛期煤矿安全工作的要求,有关人员严重失职,在该地区连降暴雨的情况下,对木石镇仅有的一个煤矿未及时采取有效措施,制止其违规生产及违法开采活动。

(4) 滕州市煤炭管理部门未认真落实腾州市安委会办公室关于做好汛期煤矿安全工作的要求,对木石煤矿监督检查不到位,没有及时发现该矿继续生产及违规开采煤层防水煤柱等问题;滕州市国土资源部门未及时发现该矿违法越界开采。

(5) 滕州市人民政府未及时督促有关部门认真落实市安委会办公室有关汛期津浦铁路以东所有煤矿撤人停产的通知要求,对煤炭管理、国土资源等部门履行职责情况监管不到位。

四、防范措施

(1) 各级领导干部要认真吸取这起事故教训。要从贯彻落实“三个代表”重要思想的高度,本着对党、对人民高度负责的态度,正确处理好安全生产与经济效益的关系,牢固树立“安全第一”的思想,切实加强县乡两级安全生产责任制的落实,采取有效措施,坚决制止违法、违章生产行为。

(2) 政府部门要认真贯彻落实《国务院办公厅关于进一步加强煤矿安全生产工作的通知》(国办发〔2003〕58号)精神,进一步做好深化煤矿安全专项整治工作。要对本地区的乡镇煤矿逐一进行排查认定,凡属“四个一律关闭”的乡镇煤矿要坚决予以关闭;凡有一项达不到《煤矿安全生产基本条件规定》要求的,一律停产整顿、限期达标,逾期未能达标的也要强制予以关闭。

(3) 枣庄市煤炭主管部门要针对辖区内一些乡镇煤矿复采、残采国有大矿废弃的煤炭资源,对水文地质条件复杂,受老空水、地表水、断层水威胁较大的实际情况,监督煤矿严格执行《煤矿安全规程》的规定，及时填绘反映井下实际情况的图纸，严禁开采矿井防水煤柱；坚持“有疑必探，先探后掘”的原则，切实搞好防治水工作；制定雨季“三防”具体措施并认真组织实施。国土资源主管部门要切实加大监管力度，坚决制止违法超层越界开采的行为。

(4)要监督乡镇煤矿配备防治水方面的专业技术人员，并加强矿井防治水知识的培训工作。通过强化培训，提高煤矿技术管理人员的防治水业务能力和工人的防水安全意识及自主保安能力。

【例6-2】 安徽淮南新庄孜井田内个体小井透地表水直接溃入大井事故

1987年3月2日18时，新庄孜矿井田南翼13槽煤露头区的个体小井，非法开采露头煤造成在塌陷积水大塘边形成塌陷漏斗，使地表积水突然溃入小井和下方的13煤层开采区，总水量达13.7万m^3，使个体小井和新庄孜矿遭受惨重的损失。

第一，个体非法开采小井透水，造成了新庄孜矿全部停产，谢一、谢三矿部分停产6～9个月，到1987年底，新庄孜矿损失产量123万t，谢一矿43万t，谢三矿30万t，共影响全局产量201万t。据不完全统计，减产损失、停产工资支出、财产损失和抢险费用4笔损失就达9 800万元，如果加上多种经营系统小井被迫停产的942万元损失以及透水后遗留的其他后患，给国家造成约11 000万元的损失。不仅如此，由于小井透水，打乱了全局的正常生产计划和原有的采掘接替，影响了全局多矿的生产安排，损失是巨大的。

第二，朱海甫小井透水使小井自我毁灭，而且把塌陷积水大塘周围开采C13槽露头煤的9对相互联通的小井全部吞没，淹埋致死工人12名，直到2个月后才扒出。

一、透水事故的经过及处理

1987年3月2日6时许，位于新庄孜矿南翼C13槽塌陷区边缘的个体农民朱海甫小煤井回采C13槽特厚煤层露头隔水煤柱，造成地表突然形成塌陷漏斗。漏斗一半位于塌陷积水大塘里，一半在岸上。开始时，溃水漏斗直径只有2 m，到下午8点溃水漏斗直径已达10 m左右，急流时带着呼啸的响声，水流呈巨大的漩涡形式直灌新庄孜矿井下C13槽开采区，抛入坑内用来堵溃水口的坑木、笆片、草包等都被卷入漩涡，无影无踪，溃水漏斗四周的黄土出现环形的多层阶梯状塌陷大裂缝，表土不断坍入漏斗口内，使溃水漏斗范围迅速向外扩展。矿务局局长同在场的淮南市长等领导同志决定，在奋力抢救小井井下工人的同时，命令直接受水威胁的新庄孜矿和谢三矿立即停产撤人，谢一矿部分停产撤人。与此同时，立即从各矿调来400多工人，调运了大批草包、塘柴、笆片，又组织了近300人的抢险队，并调运大批麻包等投入坑内，一方面围绕漏斗迅速筑人工堤坝截断水源。700人奋战到次日凌晨2点，筑成了一道长80 m、宽2 m的围堤。就在这时，溃水塌坑内突然一声巨响，漏斗突然向外崩坍数米。新筑的围堤几乎全部崩塌。水流呼啸着冲入漏斗，龙卷风似地漩涡吞没了抛下的一切阻挡物。在现场的领导同志决定必须继续围堤、截流。

于是，再次增援抢救人员，同时调来大批数丈长的大毛竹，用打椿固定、毛竹横截、人工填土的方法，终于在次日凌晨6时左右，再次筑起了一道长100 m、宽2 m多的人工截水堤。就在围堤合拢不久，坑内又是一声巨响，溅起数丈高的水花，呼哧一声，一坑水及抛下去的坑木、塘柴、笆片、大筐等物，无影无踪。坑底出现一个巨大的黑洞，堤坝还向坑内漏水。围堤眼看又有可能坍塌，就在现场的局长发现不远处有一个钢管焊接好的塔式小井架，高约10 m，于是立即发动工人把这个井架倒过来抛入坑内，而后再向坑内抛入大批坑木、塘柴、笆片及装满土的草包和大筐；与此同时，采取人工爆破向坑内崩土，又调来两台推土机向坑内推土，就这样，一直奋战到次日上午10时左右，漏斗终于被堵住了。水虽然堵住了，但造成了巨大的经济损失。

二、溃水事故原因

溃水事故是个体小井违反安全规程开采水体下露头煤，致使地表急剧塌陷，塘水溃入大井。溃水条件是：新庄孜矿南翼C13槽及其下伏煤层已经开采到第四水平（-412 m）以下，地面形成一个面积为10 590 m^2深约4 m的回采塌陷区积水大塘，总积水量约42万m^3，C13槽煤露头上方的表土层厚约17 m，C13槽露头煤以下为大井老空及开采区。根据淮南的实际资料，导水裂隙带一般是采厚的10倍左右，即13槽6 m厚的煤，回采后导水裂隙带必将到达地表。显然，在上述水文地质条件下，这种风化露头煤是严禁开采的。但是，由于乡镇集体、个体小井未经批准强行进入国营矿山井田内部违章开采。在厚煤层露头区相距几十米就有一对井口，并造成“楼上楼”（登空开采）、“连裆裤”（互相连通），搞“地道战”，不顾一切地互相争夺资源，乱采滥掘，并直接沟通了大井开采区，造成小井溃水，株连大井。大矿井田百孔千疮，是这次突水事故直接和根本的原因。

三、事故的经验教训

这次透水事故发生后，煤炭部、国家计委、国家经贸委以及安徽省政府有关领导同志都先后来现场帮助研究、处理和解决问题，明确了事故责任，核准了经济损失，有关事故责任者也分别受到了不同程度的处理和法律制裁。但是，损失惨重，血的教训表明，在大矿井田内，个体小井非法开采、乱采滥掘，若不能禁止，后患无穷。

第一，今后如发生小井在大矿井田内无证非法开采而影响大井安全时应立即制止，才能防止类似事故的发生。该地区小井威胁大矿的安全情况已经调查清楚，并采用现场录像和文件、附图、录像等方式一并呈送地方政府及有关部门和领导，但未奏效，没有及时制止。同时，为了确保大井安全，矿务局从1985年3月起，就先后向各级政府直至煤炭部、国家安委会、劳动人事部等呈送了多次“报告”和“紧急报告”，反映问题的真实性、严重性和紧迫性，并将局、矿历次向上级政府呈报的“报告”“紧急报告”文件，拍摄成实况录像，已引起各级政府重视，省安委会曾于1985年3月发出指令：淮河河漫滩下、塌陷积水大塘下开采的小井立即封闭。由于未能执行以致酿成这次严重事故。

第二，引起政府的重视，依资源法办事，治理或禁止小井开采和乱采滥掘，对确保矿井安全有一定效果。这次事故后，省、市政府决定，淮南矿区所有小井（不论是否有证）一律停产整顿。由市公安部门参加，对乱挖、滥采无证开采的198对小井坚决封闭、填实，同时由省煤炭厅、市煤炭局和矿务局成立了专门小组，对所有停产整顿的小井，一个一个进行审查。凡是《矿产资源法》实施以后进入国营矿山的，凡是无证开采的，一律取缔；凡是开采防水煤柱，以及在建筑、构筑物下开采的小井，不论是否有证，一律无效，统统封填。

【例6-3】 广西来宾县溯社乡中许河床十五滩头蒙兴明煤井“3·8”透水事故

1999年3月8日16时30分左右，来宾县溯社乡中许河床十五滩头蒙兴明非法开采煤井发生重大透水事故，在井下作业的13人除1人生还外，其余12人失踪，直接经济损失11万元。

1. 矿井概况

该矿井位于来宾县溯社乡中许村红河河床十五滩头，于1995年11月由忻城县果送乡北丹村民委弄里村兰某、兰某某和忻城县果遂乡弄马村民委敢更村黄某3人集资建井，共投资9万元，采用斜井开拓，井筒斜长约90 m，坡度约35°，独眼井开采，机械提升，属非法在禁采区乱采滥挖无证井。1996年11月，兰某某、黄某退出，双方商定，兰某某、黄某原投资的各2万元由兰某从矿井产生的利润中支付，至此该矿井由兰某组织开采。在该井建井初期，来宾县矿山主管部门工作人员曾到井口宣传有关法律、法规，指出河床是禁采区和开采的危险性，并责令其停产封井。但矿主兰某当面答应停产封井，待矿山主管部门工作人员离开后，又继续掘进生产。1996年4月，该井破岩掘进到三煤，来宾县矿山管理部门(当时为矿产局和煤炭局)整顿工作组又对该井进行取缔，并没收了一批矿井机械设备，至此该井才被迫停产。1996年11月至1997年4月的半年时间里，兰某又偷偷摸摸组织矿井生产。在此期间，来宾县矿山主管部门和当地乡政府、矿山整顿工作组曾多次没收其矿井设备，捣毁其矿井提升绞车。经过多次对该矿井进行取缔以后，从1997年5月至1999年元月的一年多时间内，该矿井一直没敢生产。1999年1月22日，兰某将矿井转让给合山市岭南镇古樟村的蒙某、蒙某甲、谭某、蒙某乙及合山市中心街的黄某5人开采，并签订了矿井转让合同书。合同规定转让费从煤款中按月扣除，因此，兰某只得到定金5 000元。蒙某等5人接管煤井后，重新组织人员恢复生产，主要从三煤层继续延伸井筒。1999年2月8日，溯社乡副乡长谭某等4人到中许一带检查时，发现该矿井又在非法生产，即责令其立即停产封井，并请在场的民工转告井主，此后该矿井停止生产。1999年春节过后，蒙某等人又擅自组织民工开工。1999年3月1日，溯社乡企办主任罗某等人再次到中许一带检查，又发现该矿井在非法生产，罗某等人即责令其停产封井(当时矿主不在，是叫民工转达)，但此后矿主蒙某等人仍然继续非法组织生产。1999年3月3日，该矿井打到四煤，3月5日开始产煤。截至3月8日，该矿井已掘进四煤巷道近20 m。在四煤掘进过程中，作业人员曾发现煤壁松软、潮湿、炮眼有少量流水等现象，但矿主和民工都没有意识到这是透水事故的预兆，更没有采取任何防范措施，仍继续爆破掘进，最终导致透水事故的发生。

2. 事故经过

1999年3月8日中班，在井下作业的人员共有13人，其中带班员2人，爆破工2人，产煤工9人，当班只安排主井筒挡头的掘进。该班人员于当日下午15时30分下井，15时40分到达井下。因挡头没有松煤，蒙某和陆某就去打炮眼，带班员兼安全员何某和蒙某就临时安排9个民工在四煤巷内铺架铁轨。约16时20分，装好炸药准备爆破，井下作业的其他人员共12人全部撤离到三煤巷道内。蒙某联好爆破线后，就往井口方向撤退，将走到三煤巷道口时，就喊让三煤巷等着起爆的陆某爆破。陆听到以后立即爆破，炮响后大约30 s，蒙某就听到从爆破地点传来“轰隆”一声，同时还有一股强大的风浪冲上来，把他冲倒在三煤巷往上的主井筒里。蒙某从昏迷了中醒来时水已差不多淹到，他奋力挣脱缠在身上的输电线，往井口方向边跑边喊“有水啦！有水啦！”没跑多远水就冲上来了，并把他推到离井口大约10 m处的水面上。随后，水停止上涨，蒙某也筋疲力尽，只能用手拉动井筒里的风筒。在井口上的蒙某(2)发现风筒好像有人在拉动，便到井口去看，见蒙某爬在水面上，蒙某(2)立即喊来2人一同下井把蒙某扶上井口。在井口值班的一个矿主(局长)立即用吉普车将蒙某送到合山矿务局工人医院进行抢救。其余在井下作业的12人全部失踪。

3. 事故原因

1)直接原因

(1)在水体下非法开采，红水河水位高于井下作业面，形成强大水压差。

(2)在煤壁出现松软、潮湿、炮眼流水等透水预兆的情况下,采矿者没有采取任何防范措施,继续非法开采、爆破掘进,最终炸穿红水河,导致透水事故的发生。

2)间接原因

(1)矿主目无法纪,在禁采区的河床上非法开采。在矿山主管部门多次对其进行取缔、没收其设备、捣毁其矿井提升绞车、切断其电源的情况下,仍然不听劝阻,继续乱挖滥采,以致造成重大透水事故。

(2)供电部门没有认真执行有关规定,非法供电,致使非法乱采滥挖小井得以存在。

4. 责任者处理

(1)这起重大透水事故是矿主法律意识淡薄,目无法纪,在禁止开采的河床上非法开采,在矿山管理部门、当地乡政府多次对其进行取缔,没收其设备、捣毁其矿井提升绞车、切断其电源的情况下,仍然不听劝阻,继续乱采滥挖,以致造成重大透水事故。事故发生后,矿井业主又拒不协助政府组织抢救,全部潜逃在外。该矿井原矿主兰某、现矿主蒙某等6人,均应对这起事故负主要责任。建议司法机关立案调查,并依法追究其刑事责任。

(2)来宾县溯社乡电管站原副站长罗某(临时工,事故发生后已被撤职)严重违反不得向非法开采小煤井供电的规定,在没有任何报批手续的情况下,擅自为蒙某非法开采煤井供电。特别是1999年3月6日,罗某与李某到蒙某井口发现井口还在用电时,罗某没有执行站长关于"发现河床一带的井口还有用电的,立即用电话通知来宾调度停电"的指示,擅自决定第二天才停井口的电。第二天(即3月7日)罗某因请人修车,又没有及时通知停蒙某井口的电,从而失去了最后一次制止乱采滥挖、防止事故发生的机会,应对这起事故负重要责任。建议对罗某进行辞退处理。

(3)来宾县溯社乡电管站原站长罗某(事故发生后已被撤职)对所里的工作负全面责任。罗某虽然多次反对为非法开采的蒙某煤井供电,在发现问题停止向蒙某煤井供电后,也曾于1999年3月6日要求"发现河床一带的井口还有用电的,立即用电话通知来宾调度停电",但罗某没有认真检查落实,应对这起事故负直接领导责任。给予撤职处分。

(4)来宾县供电局农电所所长潘某,直接负责煤矿供电的管理工作,对矿山供电管理混乱负有重要领导责任,潘某虽然在发现蒙某煤井非法供电后拿走了井口变压器的零隔。但没有采取果断措施剪断电源线,留下了矿主强行利用铝线挂接零隔盗电生产的隐患,应对这起事故负重要领导责任,建议给予行政记大过处分。

5. 点评

十五滩头蒙兴明煤井透水事故12人丧生,教训十分深刻。矿上公然无视政府法令,在河床禁采区域非法建井。又是独眼开采,根本不具备安全生产的基本条件。虽然矿山主管部门多次责令停产封井,但矿主仍一意孤行,阳奉阴违,继续组织民工滥采乱掘,这也充分反映出地方政府矿山主管部门在关井问题上执法不严、力度不够。从这起事故中也暴露出作业人员毫无安全生产技术知识,尽管发现煤壁松软、潮湿、炮眼有少量流水等现象,但仍然没有意识到会发生透水事故。这再一次告诫我们,即使在合法开采的小煤矿,也必须重视对作业人员的安全技术培训教育,提高他们的安全意识和安全技能。

项目小结

本项目对矿区地表水防治方案和技术进行了讲解，主要包含地表水防治方案和防治地表水工程两个单元，介绍了大气降水、地表水对矿区的影响和地表水防治措施，对平川矿区、山前区及低山丘陵区矿区地表水防治方案的编写应遵循的原则进行了简述；在防治地表水工程中详细讲解了排洪道工程、河流改造、泥石流防治、堵塞废旧老（小）窑、防隔水煤（岩）柱的留设、排水系统等技术。

基础训练

1. 煤矿企业在开展地表水防治时，需要开展哪些调研工作？
2. 矿区地表水的防治措施包括哪些？
3. 对于地表塌陷坑的治理方法有哪些？
4. 简述修建渡槽的要求。
5. 什么情况下应留设防隔水煤（岩）柱？

项目七　带(水)压开采与疏水降压开采

学习目标

(1)了解底板承压水的基本概念;
(2)掌握底板承压水临界隔水层厚度的计算方法;
(3)掌握临界水压值的计算方法;
(4)了解顶板承压水的基本概念;
(5)掌握顶板承压水临界隔水层厚度的计算方法;
(6)了解带压开采的概念;
(7)熟悉带压开采对水文地质、采区设计等工作的要求;
(8)了解疏水降压开采的概念;
(9)掌握疏水降压开采对地质、水文地质工作的各种要求;
(10)掌握带压开采、疏水降压开采专门水文地质说明书的基本要求;
(11)熟悉带压开采工程设计的主要内容;
(12)了解疏放排水主要方法。

【导入】

矿井水灾事故是矿井五大自然灾害之一,对矿井安全威胁极大,其中因底板承压水而引发的事故是其中的一种,甚至可毁灭矿井。为了防止底板承压水事故的发生,我们需要掌握一些基本概念和预防方法。

当煤层顶板以上或底板以下有承压含水层存在时,必须根据具体的水文地质条件采取不同的防治水措施和开采方案,以有效地防止突然涌水。在一般情况下,对不同的条件所采取的主要措施见表7-1。

被松散富水性强的含水层覆盖且浅埋的缓倾斜煤层,需要疏干开采时,应当进行专门水文地质勘探或者补充勘探,以查明水文地质条件,并根据勘探评价成果确定疏干地段、制定疏干方案,经煤矿企业总工程师审批同意后执行。

疏干开采半固结或者较松散的古近系、新近系含水层覆盖的煤层时,开采前应当遵守下列规定:

(1)查明流砂层的埋藏分布条件,研究其相变及成因类型。

(2)查明流砂层的富水性、水理性,预计涌水量和预测可疏干性,建立动态观测网,观测疏干速度和疏干半径。

(3)在疏干开采试验中,应当观测研究导水裂缝带发育高度,水砂分离方法、跑砂休止角，巷道开口时溃水溃砂的最小垂直距离、钻孔超前探放水安全距离等。

(4)研究对溃水溃砂引起地面塌陷的预测及处理方法。

表 7-1 带压开采的方式和措施

类型编号	开采方案	必须具备的基本条件	主要措施
Ⅰ带压开采	带压开采	区内构造比较简单，隔水层较为完整，其厚度符合要求	1. 须采用能够有效控制采高和防止采面抽冒的采煤方法； 2. 相应地加大排水能力，工作面要准备好必要的泄水巷道； 3. 有关含水层应有观察孔； 4. 对断层或其他薄弱带要超前探查，并加固或留设安全煤柱
Ⅱ疏水降压开采	部分降压	1. 隔水层（岩柱）的厚度小，或厚度不够，但构造破坏严重； 2. 含水层的补给边界、水量已经查明，可以合理疏降到一定的安全水平	1. 对可能的进水边界要留设必要的防水煤柱； 2. 采用综合疏降措施，把水压降到安全值以下，并建立必要的动态观测网； 3. 采用能够有效地控制采高和防止抽冒的采煤方法
	全部降压	1. 无隔水层（岩柱）或限水层厚度很小； 2. 含水层的补给边界已经查明，补给水量较小，或经过注浆处理后，预计补给量较小，可以把水压降到开采水平以下，甚至排干	1. 对可能增加疏干水量的补给通道要留设必要的煤柱，必要时应封堵； 2. 采取综合疏降措施，把水位降到开采水平以下，并建立动态观测网

如果煤层顶板受开采破坏后，其导水裂缝带波及范围内存在富水性强的含水层（体），在掘进、开采前，应当对含水层采取超前疏干措施；进行专门水文地质勘探和试验，并编制疏干方案，选定疏干方式和方法，综合评价疏干开采条件和技术经济合理性。疏干方案由煤矿企业总工程师审定。

在矿井疏干开采过程中，应当进行定性、定量分析，可以应用“三图双预测法”进行顶板水害分区评价和预测。有条件的矿井可以应用数值模拟技术，进行导水裂缝带发育高度、疏干水量和地下水流场变化的模拟和预测。

当承压含水层与开采煤层之间的隔水层能够承受的水头值大于实际水头值时，开采后，隔水层不容易被破坏，煤层底板水突然涌出的可能性小，可以进行带压开采，但应当制定安全措施，由煤矿企业总工程师审批。

安全隔水层厚度和突水系统计算公式见单元一。

当承压含水层与开采煤层之间的隔水层能够承受的水头值小于实际水头值时，开采前应当遵守下列规定：

(1)采取疏水降压的方法，把承压含水层的水头值降到隔水层能允许的安全水头值以下，并制定安全措施，由煤矿企业总工程师批准。总结适合本矿区（井）的安全水头值，指导安全生产。矿井排水考虑与矿区供水、生态环境保护相结合,推广应用矿井排水、供水、生态环保三位一体优化组合的管理模式和方法。

(2)在承压含水层的集中补给边界已经基本查清情况下,可以预先进行帷幕注浆,截断水源,然后疏水降压开采。

(3)当承压含水层的补给水源充沛,不具备疏干降压和帷幕注浆的条件时,可以酌情采用局部注浆加固底板隔水层和改造含水层为弱含水层的方法,但应当编制专门的设计方案,在有充分防范措施的条件下进行试采,并制定专门的防止淹井措施,由煤矿企业总工程师批准。

安全水头压力值计算公式见单元一。

有条件的矿井可以采用"脆弱性指数法"或者"五图双系数法"等方法,对底板突水危险性进行综合分区评价,可以采用比拟法、解析法和数值模拟法等方法预计最大涌水量。

【正文】

单元一　底板承压水临界隔水层(岩柱)厚度和临界水压值的计算

所谓底板承压含水层,主要是指可采煤层底板以下具有一定承压水头的富含水层。由于它们本身的裂隙、岩溶较发育,含水丰富,且具有一定的承压水头,因此在开采其上覆煤层时常常会发生底板突水,甚至会毁灭矿井。引起底板突水的因素很多,但关键在于所承受的水压、煤层采动后的围岩压力、隔水层的厚度以及底板岩石的力学性质。

临界隔水层(岩柱)厚度就是指刚刚能抵抗住水压,而不致发生底板突水的隔水层(岩柱)厚度。临界水压值是指刚刚能使底板隔水层破裂的水压值。

一、根据公式计算

(1)安全隔水层厚度计算公式

$$t = \frac{L\sqrt{r^2L^2 + 8K_p p - \gamma L}}{4K_p} \tag{7-1}$$

式中　t——安全隔水层厚度,m;

L——采区巷道底宽或回采工作面最大控顶距离,m;

K_p——底板隔水层岩石的抗张强度,MPa;

γ——底板隔水层岩石的重力密度,MN/m^3;

p——底板隔水层承受的水头压力,MPa。

(2)突水系数计算公式

$$T = \frac{P}{M} \tag{7-2}$$

式中　T——突水系数,MPa/m^3;

p——底板隔水层承受的水压,MPa;

M——底板隔水层厚度,m。

式(7-1)主要适用于掘进工作面,式(7-2)适用于采煤和掘进工作面。按式(7-1)计算,如底板隔水层实际厚度小于计算值时,就是不安全的。按式(7-2)计算,就全国实际资料看,底板受构造破坏块段突水系数一般不大于0.06 MPa/m,正常块段不大于0.1 MPa/m。

(3)安全水头压力值计算公式

a)掘进巷道

底板隔水层安全水压计算公式为

$$p = 2K_p \frac{t^2}{L^2} + \gamma t \tag{7-3}$$

式中 p——底板隔水层能够承受的安全水压,MPa;

t——安全隔水层厚度,m;

L——巷道宽度,m;

γ——底板隔水层岩石的重力密度,MN/m^3;

K_p——底板隔水层的平均抗拉张度,MPa。

b)采煤工作面

底板隔水层安全水压计算公式为

$$p = T_S M \tag{7-4}$$

式中 M——底板隔水层厚度,m;

p——安全水压,MPa;

T_S——临界突水系数,MPa/m。

T_S 值应当根据本区资料确定,一般情况下,在具有构造破坏的地段按0.06 MPa/m计算,隔水层完整无断裂构造破坏地段按0.1 MPa/m计算。

根据以上公式算出的临界值,与矿井实际存在的水压值及隔水层厚度比较,可得出如下结论:

(1)作用于隔水底板的实际水压值小于 p,但实际的底板隔水层厚度大于 t,则可认为底板稳定,一般可以正常采掘。

(2)作用于隔水底板的实际水压值小于 p,而实际的底板隔水层厚度也小于 t,则认为底板不稳定,要保证安全生产,须采取安全措施。

(3)作用于隔水底板的实际水压值大于 p,而实际的底板隔水层厚度也大于 t,则认为底板基本上是稳定的,但在岩石比较破碎地段(断层破碎带等)要采取安全措施。

(4)作用于隔水底板的实际水压值大于 p,而实际的底板隔水层厚度小于 t,则认为底板不稳定,要保证安全生产,必须采取安全措施。

二、根据 p—M 关系曲线确定

底板突水与底板所承受的水压和底板隔水层厚度之间的关系,可用 p—M 关系曲线图来表示。编制这种关系曲线图,通常是以采区底板所承受的水压(p)为横坐标,以采区底板隔水层厚度(M)为纵坐标,将能了解到其底板水压值和厚度的采区(不管突水与不突水)的资料,统统按其坐标点表示到图上。从图中可以发现,突水的点集中在图的右上方为底板突水区;而不突水的点集中在图的左下方为安全区。二者之间存在着一条分界线,此分界线为突水与不突水的临界线。临界线上每一点的横坐标表示底板隔水层在某一厚度值时的临界

水压值,而纵坐标则表示底板在承受某一水压值时的临界隔水层厚度。

临界线有些情况下是曲线,有些情况下则是直线,如图 7-1 ~ 图 7-3 所示。

p—M 曲线与纵坐标(OM 轴)有一个交点 A,OA 则为底板隔水层因开采的影响而失去阻(隔)水能力的厚度,称之为采动影响的导水带深度。

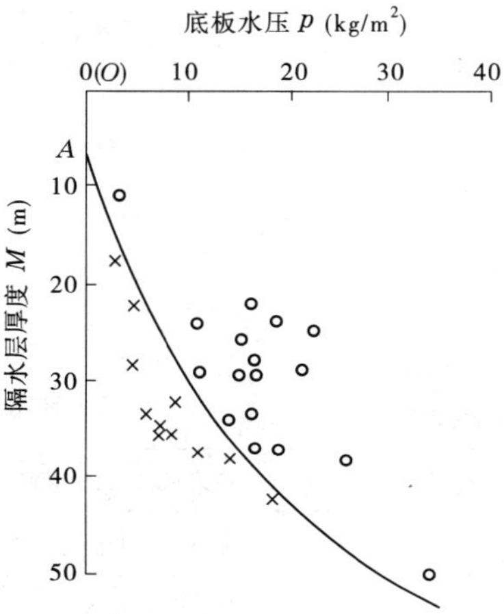

图 7-1　淄博地区 p—M 经验曲线

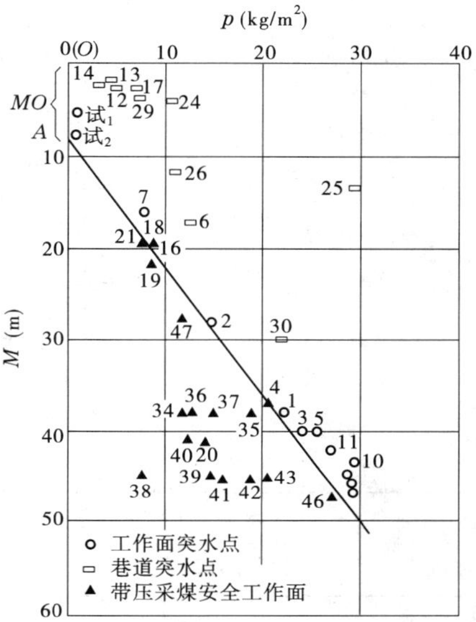

图 7-2　峰峰矿区经验曲线

三、根据突水系数换算

突水系数是指每米底板隔水层厚度所能承受的最大水压值(即临界水压值)。

由于开采活动的影响,部分底板隔水层破坏而失去阻(隔)水能力(见图 7-1 ~ 图 7-3 中的 OA 值,用 MO 表示),余下的未遭开采影响破坏的底板隔水层厚度,则称为有效隔水层厚度。

此时,突水系数的计算公式为

$$T = \frac{p_{临}}{M - MO} \tag{7-5}$$

或

$$p_{临} = T(M - MO) \tag{7-6}$$

或

$$(M - MO) = \frac{P_{临}}{T} \tag{7-7}$$

式中　T——突水系数,MPa/m;

$p_{临}$——临界水压值,kg/cm^2;

M——底板隔水层实际厚度,m;

MO——采矿影响底板隔水层的破坏深度,或称采动影响的底板导水带深度,m。

一些矿区的突水系数经验值见表 7-2。由于不同矿区底板隔水层的岩性不同,力学强度不一,阻(隔)水性能亦有所差异,因此上述突水系数在使用上有一定局限性。为弥补这个缺陷可用等效隔水层厚度来计算突水系数、临界隔水层厚度和临界水压值。

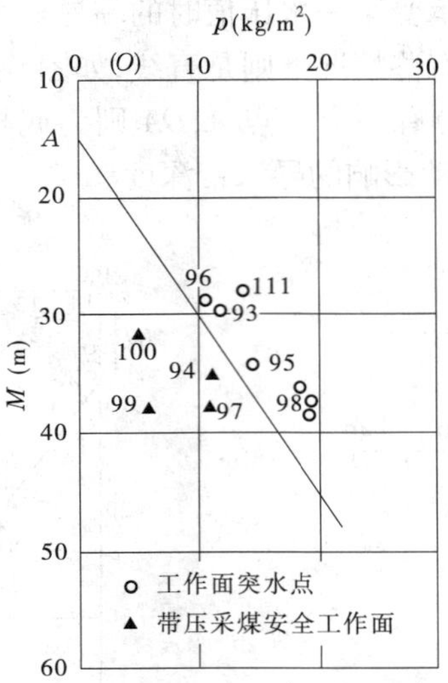

图 7-3 淄博埠村矿 p—M 经验曲线

表 7-2 一些矿区的突水系数经验值

矿区	突水系数(MPa/m)	矿区	突水系数(MPa/m)
峰峰	0.66~0.76	淄博	0.60~1.40
焦作	0.60~1.00	井陉	0.60~1.50

四、根据 p—M 力学平衡方程

p—M 力学平衡方程为

$$p_{临} = EK\left(\frac{1}{L_X^2} + \frac{1}{L_Y^2}\right)M^2 + (\gamma_{底} - 1)M\cos\alpha - \omega\gamma_{顶}\cos\alpha \tag{7-8}$$

式中 $p_{临}$——工作面底板隔水层的临界水压值,t/m²;

K——自然条件下,由实践检验求出的底板隔水层抗张强度,t/m²;

E——与突水位置有关的常数,取1~2;

L_X——工作面周期来压时最大走向控顶距离,m;

L_Y——工作面长度,m;

M——底板隔水层厚度,m;

$\gamma_{顶}$——顶板岩层的平均重力密度,t/m³;

$\gamma_{底}$——底板隔水层的平均重力密度,t/m³;

α——煤层倾角,(°);

ω——顶板压力转嫁到采空区底板的传导系数,$\omega<1$。

式(7-8)等号的右边,除 M^2、M 值外,其余各项值均可视为常数,临汾市突水系数介于峰峰和焦作之间。

令
$$A = EK\left(\frac{1}{L_X^2} + \frac{1}{L_Y^2}\right) \tag{7-9}$$

$$B = (\gamma_{底} - 1)\cos\alpha \tag{7-10}$$

$$C = \omega\gamma_{顶}\cos\alpha \tag{7-11}$$

则式(7-8)可变为

$$p_{临} = AM^2 + BM - C \tag{7-12}$$

在式(7-12)中,当作用于底板隔水层的水压值等于零时,则有如下的解:

$$M = \frac{\sqrt{B^2 + 4AC} - B}{2A} \tag{7-13}$$

式(7-13)中的 M,通常用 MO 表示。MO 为采动影响的底板隔水层导水带深度。

上述各式中的 K 值,它包含着构造破坏等多种因素,很难用实验室的数据来表征。所以在实际工作中,常常是用历年的突水资料,首先根据式(7-12),用最小二乘法或解联立方程的方法求出 A、B、C 各值,然后再根据式(7-9)求 K 值。

五、相对隔水层厚度计算法

相对隔水层厚度计算公式为

$$r = \frac{\sum m_i\delta_i - m_o}{p} \tag{7-14}$$

式中 m_i——组成隔水层的各分层厚度,m;

δ_i——组成隔水层的各分层阻(隔)水性能的质量等值系数(见表 7-3);

p——作用于隔水层的水柱压力,kg/cm^2;

r——单位水柱压力所必要的等值隔水层厚度,简称相对隔水层厚度,$m/(kg \cdot cm^2)$;

m_o——由于受开采活动的影响,需要从隔水层(岩柱)中扣除的无效隔水层厚度,可根据各矿的具体经验确定。我国峰峰、焦作、淄博为 8 ~ 12 m。

表 7-3　组成隔水层各分层隔水性能的质量等值系数

岩性	等值系数
页岩、黏土性页岩、黏土、海相堆积的灰岩	1.0
角砾岩、没有岩溶化的灰岩、泥灰岩	1.3
砂质页岩	0.8
煤(第三纪褐煤)	0.7
砂、碎石、岩溶化的灰岩、泥砂	0.0

目前,上述相对隔水层厚度在使用上大体分为以下 3 种情况:

(1)相对隔水层厚度(r)大于 6 $m/(kg \cdot cm^{-2})$为安全区,可以在不采取其他措施的条件下进行开采。

(2)相对隔水层厚度(r)在 2 ~6 $m/(kg \cdot cm^{-2})$为较安全区,可在配合其他防水安全措施的条件下进行开采。

(3)相对隔水层厚度(r)小于 2 $m/(kg \cdot cm^{-2})$,为危险区,必须采用降低水柱的办法控制水压,使相对隔水层厚度保持在 2 $m/(kg \cdot cm^{-2})$以上,以保证安全开采。

单元二　顶板承压水隔水层(岩柱)厚度的计算

顶板承压含水层下的开采与冲积层下的开采具有相似性,但又有差别。冲积层防水煤(岩)柱的计算,基本上没有考虑水压的因素。顶板承压含水层则不同,随着开采深度的增加,水压对顶板的压力越来越大,一般矿井的中深部开采水平可达 50 ~ 60 kg/cm^2,有的甚至更大些。此外,冲积层的可塑性较好,采动后重新弥合的可能性较大;而基岩承压含水层一经采动破坏,重新弥合的可能性就很差。为此,顶板承压水隔水层(岩柱)的计算方法,根据不同的条件有以下几种。

(1)引用冲积层防水煤(岩)柱的计算方法。

$$H = H_f + S$$

式中　H_f——垮落带垂高,m;

S——防护带垂高,m。

由于它没有考虑水压的因素,因此只适用于水压较小的浅部煤层。在用该式进行计算时,其安全系数应略大于冲积层的计算值。

(2)H—p 经验曲线方程。

开采后采面基本不增加涌水时

$$H_0 = 4.2Amp^{0.4245} \qquad (7\text{-}15)$$

开采后采面增加少量涌水时

$$H = 3.2Amp^{0.3541} \qquad (7\text{-}16)$$

式中　H_0——采后不增加涌水的岩柱厚度,m;

H——采后增加少量涌水的岩柱厚度,m;

p——岩柱顶面所承受的水柱压力,kg/cm^2;

m——煤层厚度,m;

A——安全系数,1.2 ~ 1.5。

该式适用于高压承压含水层下急倾斜厚煤层的开采。它是根据开滦赵各庄煤矿地层倒转区奥灰含水层下多年来试验开采的基本数据转区奥灰含水层下多年来试验开采的基本数据(见表 7-4、表 7-5 及图 7-4)分析总结而得。试采是在下述条件下进行的:顶板承压含水层为奥陶系岩溶含水层,水压为 30 ~ 40 kg/cm^2。

煤厚平均 10 m 左右,倾角 60° ~ 70°;隔水层(岩柱)由海陆交互相的黏土岩、砂质黏土岩、砂岩和薄层灰岩等组成;隔水层(岩柱)的正常厚度为 150 ~ 160 m,但试验区由于断层错动有严重的缺失;采煤方法一般均为水平分层或水平分层留煤顶短阶段间歇开采,对煤层的采高和冒顶都有较严格的控制。

上述经验公式中的某些系数虽有一定的局限性,但曲线的基本形式是肯定的。

(3)水压与岩柱强度的平衡方程式。

$$H = \frac{AL(\sqrt{R^2L^2 + 8Kp} + LK)}{4K} \qquad (7\text{-}17)$$

式中　H——岩柱厚度,m;

L——巷道宽度或工作面最大控顶距离(20 ~ 30 m);

K——自然条件下的隔水岩柱的抗张强度(包括构造破坏的因素在内),t/m^2;

p——顶板承压水的水头压力,t/m^2;

R——隔水岩柱的平均重力密度,t/m^3;

A——安全系数,1.2~1.5。

表 7-4 开滦赵各庄矿奥陶纪石灰岩含水层下开采后无涌水时的实验数据

开采水平	隔水岩柱厚度(m)	开采水平标高	奥灰水位	采后破坏奥灰标高	作用于岩柱的水位压力(kg/cm^2)	开采日期(年-月-日)
三水平	70	-166.4	-24.0	-56.0	3.2	1963-04-30
四水平	120	-261.0	-37.7	-171.0	13.3	1965-08-29
六水平	160	-430.0	-69.4	-300.4	23.1	1973-12-07

表 7-5 开滦赵各庄矿奥陶纪石灰岩含水层下开采后少量涌水时的实验数据

开采日期(年-月-日)	地点	开采标高(m)	岩柱厚度(m)	采后涌水量(m^3/min)	奥灰水位(m)	采后破坏奥灰标高(m)	作用于岩柱的水位压力(kg/cm^2)	换算成涌水量图 1 m^3/min(表中第八列和第五列数据比值)(kg/cm^2)
1965-03-02	4333 采面二道顺槽	-200.3	70	1.604	-4	-10.5	10.1	9.5
1969-09-05	4935 采面	-192.0	50	6.337	+44	-180	22.4	3.5
1970-06-24	6333 采面(西中巷)	-293.8	100	0.630	-36	-215	17.9	28.4
1970-06-29	6333 采面(东三中巷)	-353	135	0.408	-36	-265	22.9	56.0

该式适用于水平、倾斜煤层在各种水压条件下的安全开采。由于式中没有考虑煤和顶板岩层垮落、破坏等因素,因此在开采时必须严格做到分层、间歇、均匀开采,平均采高以不超过 2.5 m 为宜。该式在应用上的主要难点是岩柱的平均抗张强度(K)必须是包含地质构造因素在内的最小值,需要分析本矿历史上有代表性的类似突水事故,通过反算求得。该式能够较综合地反映本矿的多种复杂因素(根据开滦、淄博等煤矿对有关材料的初步验算,K 值大体变化于 25~73 t/m^2。其中以砂质黏土岩或砂质页岩互层为主且完整性较好的岩柱多数变化于 40~60 t/m^2)。平衡方程的曲线形态如图 7-4 所示。

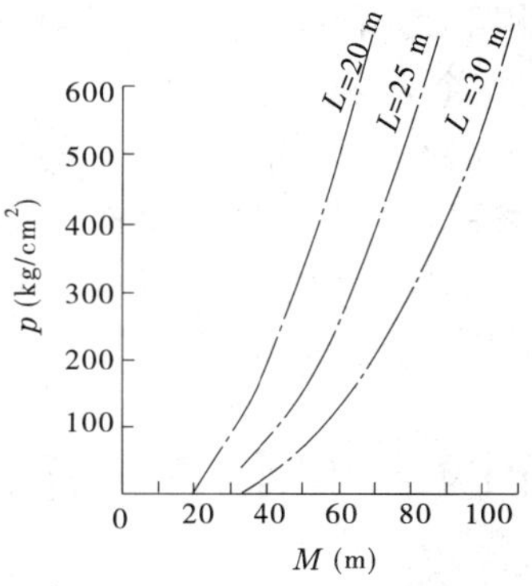

图 7-4 水压与岩柱强度的平衡方程式曲线

单元三　带压开采的要求

所谓带压开采即是在底板或顶板具有承压含水层的条件下，当隔水层的厚度稍大于临界隔水层厚度，或水压值稍小于临界水压值时，不采取其他疏降措施即可进行开采。通常带压开采对下述问题有明确的要求。

一、对地质和水文地质工作的要求

(1)通过勘探，要对主要承压含水层的赋存情况、富水性、边界条件以及可能的补给水源、补给水量等了解清楚，对一旦突水时的最大水量提出预测或估算。

(2)对本区(或本井田)范围内由承压含水层到所采煤层之间隔水层的岩性(隔水性)和厚度变化等资料要掌握确切，并按有关公式进行核算。对于顶板承压水，要编制岩柱厚度比值等值线图(实际岩柱厚度 $H_{实}$ 和必要的安全厚度 $H_{安}$ 的比值等值线图)，其中$\frac{H_{实}}{H_{安}}$大于 2.0 为安全区，1.0～2.0 为比较安全区，小于 1.0 为危险区。对于底板承压含水层要编制突水系数等值线图。

(3)突水与地质构造因素有关，因此必须查明地质构造情况。对于落差大于 5～10 m 的断层带，要单纯计算$\frac{H_{实}}{H_{安}}$值或突水系数，并在图上注明。

(4)带压开采的地区不仅隔水层厚度应大于安全厚度，而且还应该是构造较简单、岩层完整性较好的区段。对于岩柱虽较厚，但断层较多、完整性较差的区段，一般不宜带压开采。

二、对采区设计和其他有关问题的要求

(1)采煤方法上必须做到控制采高、均匀、大剥皮、间歇开采(对急倾斜煤层应为小阶段均匀间歇开采)。对于一般的构造断裂和破碎带要防止垮落。对于“岩柱厚度比值系数”小于 1.2 的断层，必须按规定留设断层防水煤柱。

(2)要考虑突水，甚至突大水的可能性。因此，一是采面要准备好必要的泄水系统，做到煤、水不相干扰，泄水和安全撤人不相干扰；二是要建造或预留水闸门(墙)位置，以便在必要时封闭整个采区。

(3)矿井必须参照可能突水时的最大预计水量及早准备好足够的备用排水能力，要做到水泵、管路和供电三配套。此外，在井下还应建立警报系统、避灾路线和区域性的水闸门等。

(4)必须事先设置含水层的动态观测孔(网)，以便随时掌握各含水层的动态变化。

单元四　疏水降压开采

在具有底板或顶板承压含水层的条件下，如隔水岩柱的厚度不足所要求的安全厚度，为了在充分利用“岩柱”强度的前提下以达到安全开采，必须采用疏水降压开采方案，把承压水头减小到安全压力以下。方案的确定也必须建立在查明本区的地质、水文地质条件的基

础之上。

一、对地质和水文地质工作的要求

(一)查明承压含水层的水文地质边界条件

对每一条“边界断层”、露头带,各岩层与冲积层的接触带等都要进行水文地质分析,查明其是否属于隔水边界、导水边界、弱导水或半导水边界(见表 7-6),从而明确圈出疏降区的范围和确定疏干区的边界封闭类型(见表 7-7)。

表 7-6　边界的导水性分类

类型	边界的导水性	同一种类型的不同边界形式
Ⅲ	导水性边界	1. 与分水断层接触,或通过断层与另一强含水层接触; 2. 与冲积层中的强含水层直接接触; 3. 露头直接为地表水(河流、水库等)所覆盖
Ⅱ	弱导水或半导水性边界	1. 与弱导水断层接触,或通过断层与另一弱含水层接触; 2. 与冲积层中的弱含水层接触,或通过弱导水性的基岩强风化带与冲积层含水层接触。
Ⅰ	不导水边界	1. 与不导水的断层接触,而另一盘为不导水岩层; 2. 与冲积层中稳定面均匀分布的隔水黏土层接触; 3. 为不导水的岩浆岩墙所切断

注:含水层边界的导(隔)水性,是由多种因素决定的,不仅应研究它在原生条件下的导(隔)水性,而且还应注意研究其在采动与其他人为因素下的可能转化。因此,一般都需经过长期的观测或专门试验(抽、注水试验,连通试验)才能确定。

表 7-7　含水层的封闭类型

类型	含水层的封闭情况		边界条件	是否适宜于疏水降压开采
Ⅰ	封闭型		含水层的周边均为不导水边界	适宜疏干开采和疏水降压开采
Ⅱ	半封闭型		含水层的周边均为不导水边界和弱导水边界,但也可能有局部有限的导水边界	当补水量较小时,适宜于疏水降压开采;当导水量较大而又有注浆堵截条件时,须进行注浆处理
Ⅲ	张开型	A	含水层的边界完全或大部分为导水边界	补给量太大,不宜于疏水降压开采
Ⅲ	张开型	B	大部分不导水或弱导水边界,其中有一部分为导水边界	经过注浆处理,有可能实现有限的降压开采

(二)查明疏降范围内的地质构造

对水文地质条件有影响的断层,必须逐个进行分析并计算断层两侧岩柱厚度与应有安全厚度的比值，以查明哪些断层具有突水的危险性。此外，还要通过对各含水层的动态观测，各含水层间接触关系和地质构造因素等的综合分析，查明含水层的主要补给水源和补给途径。

（三）根据所占有的资料编制各种专用图件

（1）井田（区）的水压等值线图。

（2）井田（区）隔水岩柱厚度等值线图。

（3）井田（区）隔水岩柱厚度与应有安全厚度的比值（η）等值线图。

（4）井田（区）××煤层开采的突水系数等值线图。

（5）××承压含水层水文地质边界条件分析图。

（四）确定合理的疏水降压值（Js）和安全水压（$p_{安}$）

（1）从隔水岩柱厚度比值等值线图和突水系数等值线图上圈出危险区（即岩柱比值小于1～1.2，或突水系数大于 B_0 的区段）。

（2）从岩柱厚度等值线图上查得该危险区的最小隔水岩柱厚度（$H_{实}$），按以下各式求安全水压（$p_{安}$）值。

对顶板承压含水层采用

$$p_{安}^{0.354} = \frac{H_{实}}{3.2Am} \tag{7-18}$$

或

$$p_{安} = B_0\left(2K\frac{H_{实}^2}{L^2} - \gamma L\right)\frac{1}{A} \tag{7-19}$$

对底板承压含水层应用

$$p_{安} = B_0(H_{实} - M_0)\frac{1}{A} \tag{7-20}$$

式中　$p_{安}$——安全水柱压力，t/m² 或 kg/cm²；

$H_{实}$——危险区隔水岩柱的最小厚度，m；

K——岩柱的实际抗张强度（在无实测资料时，可暂取40～80 t/m²）；

γ——岩柱的平均重力密度，t/m³；

L——周期来压前，工作面的最大控顶距（一般可取20～30 m）；

m——煤层厚度，m；

B_0——要疏放含水层的突水系数临界值（在无资料时可取0.66～0.75）；

M_0——采动破坏带的影响深度（无资料时可暂取8～12 m）；

A——安全系数（一般可取1.2）。

（3）从水压等值线图上找到该危险区的常年平均最高水压值（$p_{实}$），并求出它与安全水柱压力（$p_{安}$）的差值（s），即为设计的疏水降压值。

（4）根据疏降水设计安全水位，重新绘制隔水岩柱厚度比值等值线图和突水系数等值线图，进一步分析检查是否还有危险区存在。

（五）预计疏降到设计安全水位时的正常水量和最大水量

特别要分析研究在雨季期间保持住设计安全水位的可能性，并预计雨季期间的最大涌水量。

二、对采区设计和其他有关问题的要求

(1)对采煤方法的要求与带压开采相同,但必须在采掘中严格保护隔水边界不受破坏。对疏水降压范围内岩柱厚度比值小于1.2的断层,必须按规定留设断层防水煤柱。

(2)为了尽量减少无效排水量,对于有些已经查明的水源补给通道,应根据具体条件采用注浆截流或封堵;对于不完全和不可靠的隔水边界或弱隔水边界,也应查明其具体条件并加以处理。

(3)某些隔水边界只具有相对的稳定性,当其两侧的压差加大时(或由于采动的影响),突水的可能性依然存在。为此,矿井除应有一定的备用排水能力外,还必须建立防水闸门、警报系统,确定避灾路线等,以保证矿井安全。

(4)水位疏降后,可能会带来泉井干涸、地表局部坍塌和影响农田灌溉等一系列问题,对此应事先有所考虑。

(5)为了确切掌握疏水降压漏斗的形状和水量、水压之间的变化关系,了解疏降区边界内外的水压差值,进一步查明某些含水层对被疏放含水层的补给情况,必须建立一个跨越疏降区内外的各有关含水层的水位动态观测网。

三、疏水降压开采

(一)疏水降压开采的工作步骤

(1)进行以疏水降压为目的的补充水文地质勘探。对预定疏水降压区的含水层、隔水层、进水和隔水边界、构造分布、水压标高、水量、水质等进行综合分析。如资料不足,则需投入一定的补充勘探工程量,以编制出疏水降压开采所要求的各种图件。

(2)分析资料,提出疏水降压工程设计(包括图件和文字说明)。

(3)根据设计组织施工。

(4)随疏水降压开采工作的进展,及时进行观测(包括井下、地面观测),如发现异常情况,应立即处理。

(5)总结经验,评价效果,并提出今后工作意见。

(二)疏水降压开采应注意的问题

进行疏水降压这一工作,要注意如下几个问题:

(1)钻孔布置必须与构造分析以及富水带的分析结合起来。疏水钻孔必须布置在富水地段,非富水地段则只作一般的控制。

(2)水压较高时,必须注意孔口的安全控制装置,对于孔口管长度、下入孔内的深度、固结方法等要提出专门设计;疏水钻孔的位置应选择在不受开采影响破坏的地点。

(3)对强含水层或有强补给源的疏水区,应有防止水量意外加大的安全措施。放水巷道或疏水区要建立防水闸门或预留砌筑水闸墙的位置。

(4)钻探施工中要针对水压高的特点采取措施。例如,为了防喷,孔口应装上三通水门;为防止水门失效,可串接双水门;钻孔要多级变径,以便发生喷水时,能减轻上下钻进时的阻力;钻杆应有灵便的专用卡瓦,可迅速进退和卡稳,防止被高压水打出;见高压水后,继续钻进应使用肋骨钻头或锥形无岩芯钻头;岩芯管异径接头应有导水槽;钻机用三角皮带传动,因皮带易打滑,电动机应防爆防潮;操作钻机时,应站在给进手把旋转范围以外,以防止

高压水打翻手把伤人。

(5)疏水钻孔有时会打不出水,因此应尽量打斜孔,使钻进含水层的段距加长。钻孔展布方向应与区域导水的构造节理组方向垂直,以扩大疏水量。必要时应采取孔内爆破。

(6)疏水降压开采有两种情况,一是煤层与含水层之间有一定厚度的隔水层,只要把采区水压降至安全水头值以下即可;二是煤层直接顶底板就是承压含水层或与顶底板相距不远,这样必须把水压降到回采面以下方能安全开采。实际施工中往往会出现许多预想不到的情况:①当补给水量很小时,在疏水降压过程中会自动趋于疏干状态;②补给水量很丰富时,水位降不下去;③雨季能得到强烈补给时,降压区又可能重新升压;④影响半径不断扩展,排泄区变成补给区甚至袭夺其他地下径流,使水量和地表坍陷区不断扩大;⑤疏干工程疏不出水,开采时又突然涌水等。因此,疏水降压工作必须进一步查明水文地质条件,并与地表防水、探水等工程密切结合起来。对于雨季疏降漏斗的水位又能回升的区域,必要时要根据历史资料查明历年最高水位标高、最大回升幅度,以及回升幅度与降雨量的关系,进行超深疏降,即在雨季前把水位疏降到安全水位以下的某一个深度,从而使雨季水位回升后仍在安全水头以下。

(7)为尽量减少疏放水量,对于明显的增水因素,如钻孔封孔不良、地表渗漏等现象必须认真处理。已经回采的老采区疏干钻孔或突水点,如与新采区无关,也应封孔或隔离,以减少无效排水。

(8)含水层在煤层顶板,可从地表打钻穿透井下巷道疏水,但要防止导通其他无关含水层。要疏放的含水层埋藏很深时,可从煤层巷道向上打斜孔或开拓专用巷道放水。

■ 单元五　专门水文地质说明书与工程设计

一、带压开采、疏水降压开采专门水文地质说明书的基本要求

开采受承压含水层影响或威胁的煤层,必须有专门的水文地质说明书,其主要包括以下内容。

(一)概况

(1)采区所在地表位置、井下位置、上下限标高。

(2)煤层赋存条件、走向、倾向、倾角、厚度、周围开采情况和采区储量。

(3)采区顶底有关煤层、含水层的情况,包括间距、层厚、富水或采后积水情况。

(4)顶底煤层开采范围及其对本煤层的影响。

(5)勘探钻孔的分布及其封闭质量。

(二)区域地质构造特征(概要简述)

(1)区域地形、地貌。

(2)地层、区域地质发展简史及其特征。

(3)地质构造、区域构造形态及断层节理组的分布。

(4)岩浆岩侵入情况,岩墙、岩柱、岩床的产状和分布。

(三)区域水文地质条件

(1)气象、水文要素(主要是降水量、河流及其他地表水体的分布状况)。

(2)含水层(组)的划分及各层组的富水特征。

(3)区域地下水的补给、径流、排泄条件,地下水的天然及人工露头及其流量、水位以及水质动态特征。

(四)开采水文地质条件分析

(1)影响或威胁生产的承压含水层的厚度、水位、富水性、边界条件及其补给水源和水量的分析,并编制水压等值线图。

(2)承压含水层与开采煤层之间隔水岩柱的厚度、岩性、岩组结构的变化,并编制隔水岩柱厚度等值线图。

(3)采区有关构造分布、断距、煤层与含水层对接情况分析,并编制含水层水文地质边界条件分析图。

(4)承压含水层突水可能性的分析,编制实际隔水层厚度与应有安全隔水岩柱厚度比值等值线图和突水系数等值线图。

(5)一般情况下涌水量和最大可能突水量的预测。

(五)对安全开采及今后地质与水文地质工作的建议

(1)带压开采时的有关建议。

(2)允许安全水头与疏降工作的建议。

(3)今后地质及水文地质工作的建议。

水文地质说明书通常应在补充水文地质勘探或调查的基础上提出。如系疏水降压开采,可在放水试验后提出补充说明,供采区设计参考应用。

二、带压开采工程设计的主要内容

(一)带压开采的条件分析和依据

(1)含水层厚度变化和富水特征的分析。

(2)隔水层厚度变化和抗张(弯)强度的分析。

(3)易于突水的薄弱地段的分析(断层、封孔不良钻孔、富水带位置或范围)。

(二)井上下检查观测系统要求

(1)隔水层厚度检查孔的布置密度,一般应每100~300 m布置一个检查孔。

(2)地面或井下针对主要承压含水层水位(压)的观测孔位置、个数及钻孔结构应合理。

(3)对层间弱含水导水层放水孔的布置(主要起报警作用),可与隔水层厚度检查孔结合考虑,探明情况后,封闭下段钻孔。

(4)采区边界或采区内断距大于5 m的断层应布置断层检查孔,确切探明走向、倾角、落差,保留必要的防水煤柱或注浆加固。

(三)预防性的安全工程

(1)设置(或预留)水闸门(墙)。

(2)一旦发生突水时流水巷道的安排。

(3)相应的增强供电、排水能力。

(4)避灾路线。

(5)掘进时为防止意外遇断层破碎带导通高压水的超前探水工程的安排。

(四)采矿方面的相应工程

(1)工作面推进与主要断层节理组最佳交角的安排。

(2)减轻矿山压力的顶板控制方式方法的选择。

(3)工作面长度和推进速度的适当安排。

(4)其他安全措施。

三、疏放排水

疏放排水是煤矿防治水工作的一种基本手段,可以说排水工作对于所有的矿井都是必要的,无一例外。但是,疏放排水与一般的矿井排水又有不同之处,前者是指借助于专门的工程(如疏水巷道、放水钻孔、水位降低钻孔、吸水钻孔)有计划、有步骤地使影响采掘安全的煤层上覆或下伏强水层中的地下水降低水位(水压)或使其局部疏干;后者则是指通过排水设备将流入矿井水仓(排水硐室)中的水直接排至地表。因此,疏放排水在有计划、有步骤地均衡矿井涌水量,改善井下作业条件,保证采掘工作安全和降低排水费用等方面可以起到一般的矿井排水所不能起的作用。

疏放排水工作根据具体的水文地质条件,有时在地表进行(地面疏干),有时在井下巷道中进行(井下疏干),有时在建井生产前进行(预疏干),也有时在建井生产过程中进行。

在地下开采的煤矿中,疏放排水工作主要是在井下巷道中进行。

(一)顶板水的疏放

临汾市绝大多数煤矿,煤层上覆含水层为砂岩裂隙含水层,砂岩含水层中的裂隙水常常沿裂隙进入采掘工作面,造成顶板滴水和淋水,影响采掘作业,甚至在矿山压力作用下,伴随着回采放顶,导致大量的水溃入井下,造成垮面停产和人身事故。在华北型煤田的矿井中,容易发生这样的水害事故。如华北某煤矿 139 乙工作面,含水砂岩位于煤层顶板以上 17 m 处(见图 7-5),回采前几乎无水,回采后期也仅见淋水,水量为 0.052 m^3/min,但顶板垮落后涌水量骤增至 1.17 m^3/min,冲垮工作面,堵死出口,造成事故。

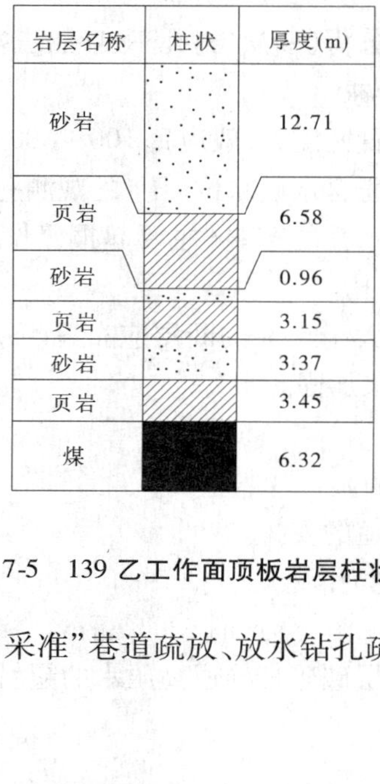

图 7-5　139 乙工作面顶板岩层柱状图

顶板水的疏放方法有利用“采准”巷道疏放、放水钻孔疏放、直通式放水钻孔疏放。

1. 利用“采准”巷道疏放

煤层直接顶板为含水层时，通常是将采区巷道或采面准备巷道提前开拓出来，利用“采准”巷道预先疏放顶板含水层。如华东开采太原群煤层的某煤矿，21 层煤直接顶板为 12 层灰岩，为了疏干灰岩含水层，常常利用 21 层煤的采准巷道进行疏放，如图 7-6 所示。

此外，有时还利用石门进行疏放，如图 7-7 所示。

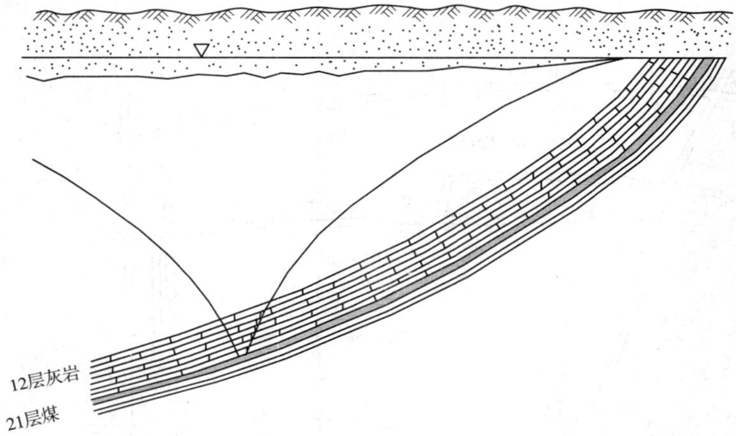

图 7-6 利用 21 层煤的“采准”巷道疏放顶板灰岩含水层

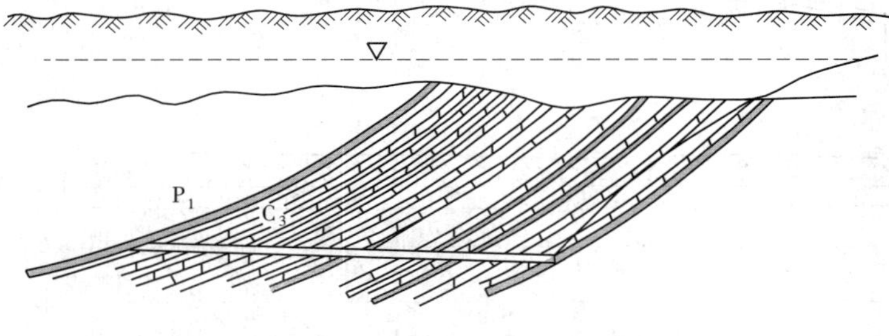

图 7-7 利用石门疏放太原群灰岩含水层

利用采准巷道预先疏放坝顶板含水层中地下水是一种经济有效的办法，既不需要专门的设备和额外的巷道工程，又能保证疏放水效果，在有利的地形条件下(如开采位于侵蚀基准面以上的煤层时)还可以自流排水。利用采准巷道疏放顶板含水层时应注意以下几点：

(1)采准巷道提前掘进的时间应根据疏放水量和疏放速度决定，超前时间过长会影响采掘计划的平衡，造成巷道长期闲置，有时还会增加维修工作量；超前时间太短又会影响疏放效果。

(2)疏放强含水层时，应视水量大小考虑是否要扩大排水沟、水仓以及增加排水设备。至于专门的疏放水巷道在煤矿矿井中并不多见，只是在水量很大的情况下偶尔采用。

2. 放水钻孔疏放

当含水层距离煤层较远，采准巷道起不到疏放效果时，常采用在巷道中每隔一定距离向含水层打放水钻孔的办法进行预先疏放。如华东煤矿 141 ~ 143 工作面疏放顶板水时共打放水孔 10 个，其中 6 个孔见水(见图 7-8)，涌水量一般为 1.5 ~ 2.5 m^3/h，5 号孔最大为 17.4 m^3/h，两个多月共放水 10 900 m^3。

放水钻孔的布置应考虑以下几点：

(1)钻孔应布置在裂隙发育和标高较低的地段。

(2)钻孔的间距按疏干降落曲线的要求布置，或与基本顶周期来压的距离同步。

(3)钻孔深度达到打透采空后形成的导水断裂带即可，若穿透导水断裂带以外的含水层，将会导致额外的水源涌入工作面。

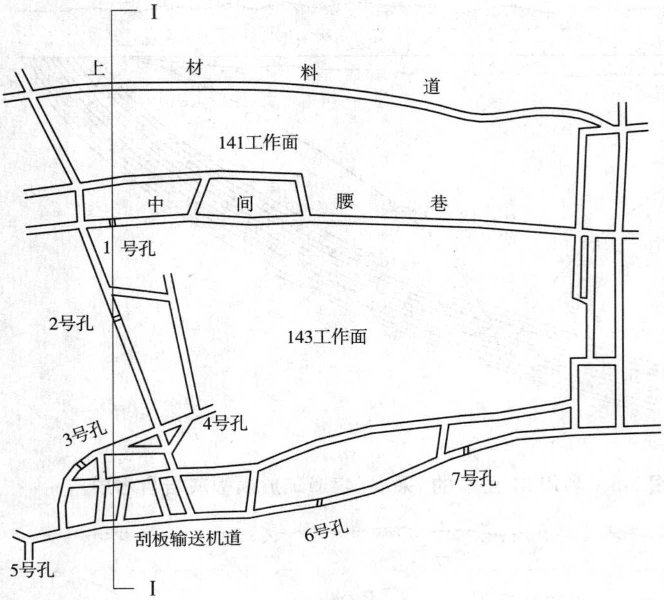

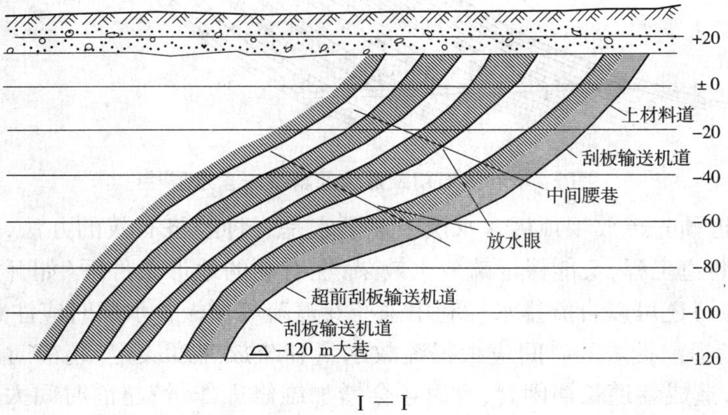

图 7-8　141、143 工作面疏放顶板水钻孔布置示意图

(4)钻孔的方位垂直或接近于垂直顶板含水层时工程量最小，但斜孔揭露含水层范围大，疏放水效果好。

(5)钻孔数量和孔径视水量大小而定，孔径一般不宜过大。

3. 直通式放水钻孔疏放

煤层顶板以上有几层含水层，岩层比较平缓，含水层距地表较浅，并且巷道顶板为相对隔水层时可使用直通式放水钻孔。它是由地表施工，向下打穿含水层，并与井下疏干巷道的放水硐室相通的垂直放水钻孔。当放水钻孔通过松散含水层或者涌砂涌泥的含水层时,应在相应部位安装过滤器。

(二)底板水的疏放

临汾市的许多煤矿,煤层底板下蕴藏有丰富的地下水,这种地下水常常具有很高的承压水头,压力有时高达10 kg/cm^2。在采掘活动中,由于岩层的原始平衡状态遭到破坏,巷道或回采工作面底板在水压和矿山压力的共同作用下,底板隔水岩层开始变形,产生底鼓,继之出现裂缝。当裂缝向下发展延深达到含水层时,高压的地下水便会突破底板涌入矿井,造成突水事故。

这种底板突水的现象,在我国华北型煤田的矿井中屡见不鲜。如太行山东南麓某煤矿12121工作面底板 L_8 灰岩突水即为一例。该工作面开采山西组大煤,沿倾斜长为80 m,煤厚为7 m,采顶层煤(采高为2.0~2.2 m),工作面底板距太原群 L_8 灰岩为25 m(包括大煤5 m)。当沿走向采至30 m时,工作面顶压增大,自下而上普遍发生底鼓(最大处底板鼓起0.9 m),沿工作面打了13个木垛都未能制止底鼓蔓延。由于底鼓的发生,底板出现裂缝并往上渗水,初期水量1 m^3/min,随着顶压增大,底鼓进一步发展,水压冲开裂缝在下风道刮板输送机尾部发生特大涌水,出口直径1 m,最大水量89 m^3/min,水压15 kg/cm^2。

疏放底板水的方法有利用巷道疏放、疏放降压钻孔。

1.利用巷道疏放

将巷道布置于强含水层中,利用巷道直接疏放。如煤炭坝煤矿开采龙潭煤组下层煤,底板为茅口灰岩,隔水层很薄,原先将运输巷道布置于煤层中,水大压力也大。后来将运输巷道直接布置在底板茅口灰岩的岩溶发育带中(见图7-9),既取得了很好的疏放效果,也解决了巷道布置在煤层中经常被压垮的问题。但是,这种方法只有在矿井具有足够的排水能力时才能使用,否则在强含水层中掘进巷道将是不可能的。

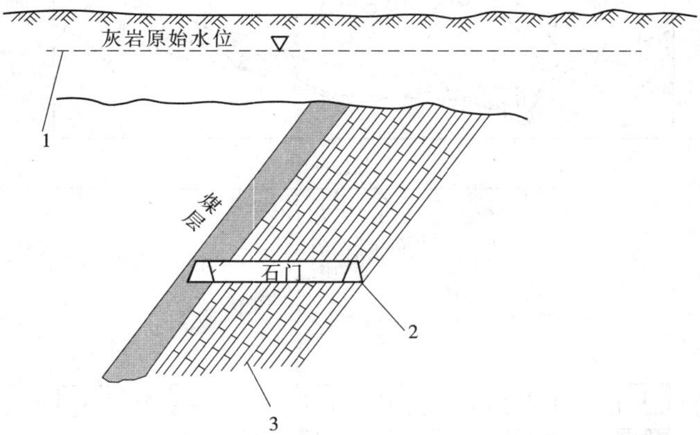

1—灰岩原始水位;2—疏放水巷道;3—石灰岩含水层

图7-9 直接布置在含水层中的疏放水巷道

2.疏放降压钻孔

根据底板突水的原因分析,不难设想预防底板突水可以从两个方面进行。一方面是增加隔水层的"抗破坏能力",如用注浆增加隔水层抗张强度及留设防水煤柱或保护煤层以加大隔水层厚度;另一方面是降低或消除"破坏力"的影响,如疏放降压等。

根据安全水头的概念，疏放降压并不需要将底板水的水头无限制地降低，乃至完全疏干，只要将底板水的静水压力降至安全水头以下，即可达到防治底板水的目的。

疏放降压钻孔和顶板放水孔一样，是在计划疏降的地段，在采区巷道或专门布置的疏干巷道中，每隔一定距离向底板含水层打钻孔放水，使之形成降落漏斗，逐步将静止水位降至安全水头以下。

（三）其他疏放方法

1. 地面疏降

地面疏降是指在需要疏降的地段于地面施工大口径钻孔，安装深井泵或深井潜水泵排水，使地下水位降低的一种疏降方法。

地面疏降的适用条件：①渗透性能良好，含水丰富的含水层，其渗透系数一般不小于 2.5 ~6.6 m/d；②疏放降压深度不应超过水泵的扬程。

地面疏放的优点是施工简单，施工期限较短，劳动和安全条件好，疏放工程布置的灵活性强。缺点是受含水层渗透条件的限制，深井泵的管理和维修比较复杂。因此，这种方法目前使用尚不普遍，尤其是在地下开采的煤矿中更为少见。

根据疏放地段的地质、水文地质条件和几何轮廓，疏放降压孔的布置主要有两种形式：

（1）直线孔排：地下水由一侧补给时采用，如茂名露天油页岩矿利用疏放降压钻孔疏放矿层顶板含水层（见图 7-10）。

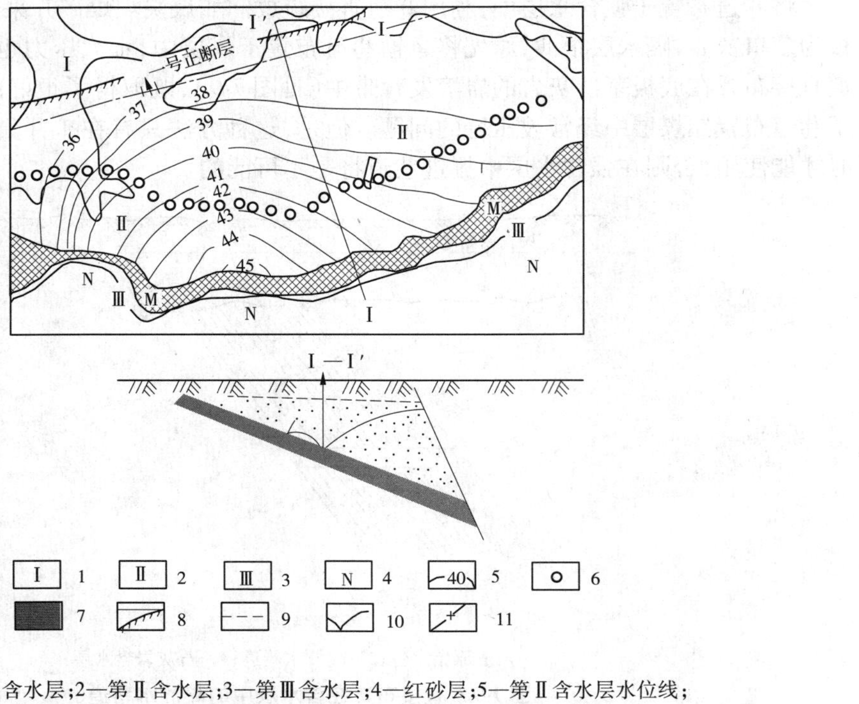

1—第Ⅰ含水层；2—第Ⅱ含水层；3—第Ⅲ含水层；4—红砂层；5—第Ⅱ含水层水位线；6—疏干钻孔；7—矿体；8—露头最终境界；9—疏干前第Ⅱ含水层水位；10—疏干后第Ⅱ含水层水位；11—露头初期境界

图 7-10　茂名露天油页岩矿疏放降压钻孔布置图

（2）环形孔群：地下水为圆形补给时采用，如大屯煤矿在井筒穿过疏松含水层时曾采用过这种方式,但成本较高。

2. 调节水位(压)

对于充水来源以岩溶水为主的矿井,在地面或井下进行强烈疏降时,随着水位大幅度下降,降落漏斗不断扩大,常常引起排水影响范围内灰岩露头带的岩溶充填物被冲刷,逐步导致地表沉降、开裂、塌陷,出现河水断流、泉水干涸、农田塌陷、房屋倒塌等现象,给工农业生产和人民生活造成很大的影响。这种情形在我国华南的一些中、小煤矿中经常见到。为了解决这一矛盾,可以采用注浆堵水调节水位(压)的办法:

(1)注浆堵塞井下突水点,以减小地下水进入矿井的水流断面,使地下水封闭、调节在含水层中。这样,由于水位降低值减小,矿井涌水量也随之减小。

(2)对于井下起决定性作用的突水点,注浆并埋设孔口管,在孔口管上安装闸阀和压力表,借以控制水量。这样,当需要减少矿井涌水量时(如雨季矿井安全受威胁,枯季为了减少排水费用或排水系统发生故障等情况),可以关闭闸阀,控制涌水量;当升压至一定程度,可能导致底板水突破底板时,则打开闸阀放水,以降低作用在底板上的压力。

我国华南有些煤矿采用调节水位(压)的方法并配合地面防排水工程,有效地减少了矿井涌水量,并且由于水位回升,地下水水力坡度随之减小,较好地控制了地面沉降、开裂和塌陷。

3. 吸水钻孔疏放

吸水钻孔是指将煤层上部含水层中的水放入煤层下部含水层中的钻孔(见图 7-11)。利用吸水钻孔疏放水的特定条件如下:

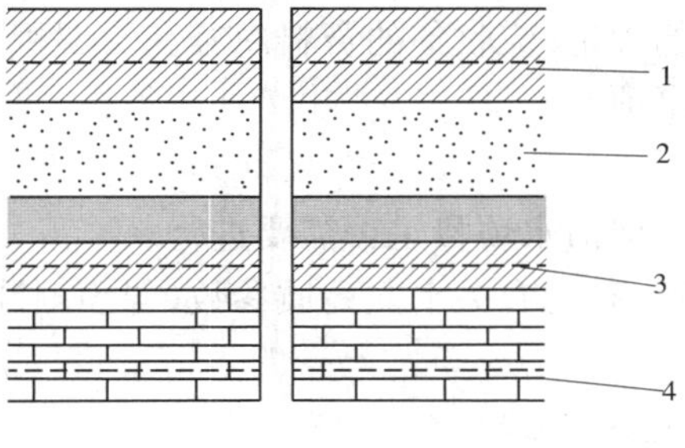

1—煤层上部砂岩含水层水位;2—煤层上部含水层;3—灰岩含水层吸水后水位;
4—煤层下部灰岩含水层原始水位

图 7-11 吸水钻孔示意图

(1)煤层下部含水层的水位低于煤层底板或干燥无水,具有一定的吸水能力。

(2)煤层下部含水层的吸水能力大于煤层上部含水层的泄水量。

吸水钻孔疏放不仅经济简单,不需要任何排水设备,且不会增大矿井排水量。陕西省蒲城矿区白水煤矿和白堤煤矿,20 世纪 60 年代将矿井水引至位于奥灰岩中的大巷(大巷位于奥灰水静止水位以上 20 余 m)。临汾市有不少矿井主采含太原组煤层,在奥灰水静止水位以上,都没有用吸水钻孔向奥灰岩疏放,是因为怕污染奥灰水质,影响区域供水。

四、疏水降压工程的主要内容

(一)水文地质概述

(1)概括专门水文地质说明书的主要资料和分析意见。

(2)采区(疏降区)的水文地质边界条件的具体分析。

(3)采区有关断裂构造及其他薄弱地带的具体分析。

(二)疏水降压工程设计

(1)允许安全水头值和疏降水头值的计算。

(2)勘探性的抽(放)水的试验。在主要突水区或补给方向区,充分利用已有条件,尽量节约工程量,在地表打若干钻孔或井下利用已有硐室打一组或数组放射状钻孔,进行有控制且具有一定规模的抽(放)水,摸清一些情况,取得必要的水文地质参数,为大规模的疏水降压作准备。这些放水孔可成为正式疏降工程的一部分。

(3)疏降动、静储量和影响半径的计算预测。

(4)疏降工程的选择。地表大口径钻孔、地表井筒、疏水巷道、井下钻孔(间隔单孔或密集分组),一次疏降或分阶段疏降等。

(5)观测系统的选择。要根据水文地质条件,工程量适宜并能长期利用。

(6)供电、排水、流水系统的选择。要掌握不影响生产,不排循环水,有利于分流至几个排水泵房,有利于地下水的利用等原则。

(7)单项工程的设计,如巷道硐室布置及规格、钻孔孔径结构和深度、放水孔安全控水测压装置、连通试验等。

(三)疏水降压工程的施工组织

(1)施工顺序和工程量、工程进度的安排。

(2)观测工作的组织。

(3)资料收集汇编工作的确定,应收集的资料内容和长期积累汇编应有明确要求。

(4)施工中的安全注意事项。

(四)资料分析和效果评价

(1)确定进一步疏降或其他治水项目是否需要进行。

(2)重新做水文地质计算,确定有关水文地质参数,与预测计算作对比,总结经验。

(五)疏水降压工程类型

疏水降压工程类型比较见表7-8。

表7-8　疏水降压工程类型比较

工程类型	适用条件	比较
地表大径钻孔	1.含水层埋藏浅或承压水位距地表不深 2.不用留煤柱护孔,且可利用地下水	1.较井下钻孔安全,易于独立施工管理便于综合利用地下水 2.投资较大,疏降深度有一定限制
地表打专用疏水井筒,在井底集中疏排水	1.含水层水力联系广泛,突水地带清楚 2.井筒易于做到无水或少水条件下掘凿	1.一次投资较大,但便于集中管理和综合利用,便于安全控制 2.疏降范围有一定限制

续表 7-8

工程类型	适用条件	比较
井下打疏水巷道或石门	1. 含水层埋藏深,在煤层顶底板均可 2. 有些现成巷道可以利用 3. 含水层必须揭露	1. 便于生产和疏水相结合,节省投资 2. 疏水效果比较有保证,含水层可以直接揭露 3. 强含水层需组织超前探水或设水闸门
井下打等距或不等距疏排孔	1. 含水层埋藏深,在煤层顶底板均可 2. 有井下巷道可以利用 3. 含水层水力联系不广泛,分散	1. 可以适应各种水文地质条件,易于找水疏放和控制放水 2. 工程量少,但疏放水量与其他矿坑水混合,利用面窄
利用井下硐室打放射状钻孔组	1. 含水层埋藏深,在煤层顶底板均可 2. 含水层块段分区性、富水区比较明显,水压高,需集中控制	1. 利用集中控制放水,管理方便,随时可以疏放、关闭,直至最后作封孔处理 2. 疏水范围有一定限制

【知识链接】

有关用语的含义

水淹区域,是指被水淹没的井巷和被水淹没的采空区的总称。

安全水头,是指不致引起矿井突水的承压水头最大值。

防隔水煤(岩)柱,是指为确保近水体安全采煤而留设的煤层开采上(下)限至水体底(顶)界面之间的煤岩层区段。

抽冒,是指在浅部厚煤层、急倾斜煤层及断层破碎带和基岩风化带附近采煤或掘巷时,顶板岩层或煤层本身在较小范围内垮落超过正常高度的现象。

带压开采,是指在具有承压水压力的含水层上进行的采煤。

隔水层厚度,是指开采煤层底板至含水层顶面之间隔水的完整岩层的厚度。

三图双预测法,是一种解决煤层顶板充水水源、通道和强度三大问题的顶板水害评价方法。三图是指煤层顶板充水含水层富水性分区图、顶板垮裂安全性分区图和顶板涌(突)水条件综合分区图。双预测是指顶板充水含水层预处理前、后采煤工作面分段和整体工程涌水量预测。

脆弱性指数法,是指将可确定底板突水多种主控因素权重系数的信息融合与具有强大空间信息分析处理功能的 GIS 耦合于一体的煤层底板水害评价方法。

五图双系数法,是一种煤层底板水害评价方法。五图是指底板保护层破坏深度等值线图、底板保护层厚度等值线图、煤层底板以上水头等值线图、有效保护层厚度等值图和带压开采评价图。双系数是指带压系数和突水系数。

项目小结

当煤层顶板以上或底板以下有承压含水层存在时,必须根据具体的水文地质条件采取不同的防治水措施和开采方案,以有效地防止突然涌水。本项目主要介绍了底板承压水临界隔水层(岩柱)厚度和临界水压值的计算方法,顶板承压水隔水层(岩柱)厚度的计算方法，带压开采以及疏水降压开采的基本概念和各种要求。在掌握各种基本理论知识后，能熟练应用知识，制定带压开采或疏水降压开采的技术方案。

■ 综合实训

根据×××公司所给条件，首先进行带压开采安全评价，其次确定带压开采防治水方案，最后编制《×××公司带压开采方案说明书》；如果要采用疏水降压开采，试编制该矿疏水降压安全技术措施。

山西×××煤炭有限责任公司（以下简称×××公司）为技改矿井，由原×××市×××镇金山坡煤矿和××××煤矿及部分新增区整合而成。随着技改工作的完成，×××公司已经进入联合试运转阶段，矿井生产区域部分进入带压开采区，面临底板水水害问题影响比较明显。

矿井及井田概况

1. 基本情况

矿井设计生产能力900 kt/a，批准开采2、3、5、9、10、11号煤层，2号、3号、5号煤层为上组煤，9号、10号、11号煤层为下组煤。大巷布置形式采用分组联合布置方式，上组煤2号、3号、5号煤层联合布置一组（3条）大巷，下组煤9号、10号、11号煤层布置一组（3条）大巷进行联合开采。

2. 井田构造概况

井田内构造较简单，地层总体上为一走向近南北、倾向北东的单斜构造，地层倾角10°~18°，根据勘察资料和生产揭露，井田内发现有29条断层，井田内无岩浆岩侵入。

3. 水文地质条件

1）主要含水层

（1）奥陶系灰岩岩溶裂隙含水层。奥陶系灰岩为煤系地层的基底灰岩，是影响矿井安全的最重要底板含水层，构成矿井水文地质条件的背景。奥陶系灰岩在矿井西部埋藏较浅，东部埋藏较深。根据ZK2－1水文地质勘探钻孔揭露，奥灰水位为+923.5 m。

矿井下组煤最低开采标高+700 m，存在奥灰带压开采区域。开采过程中如果遇到导通奥灰水的导水通道，可能发生奥灰突水。

（2）太原组灰岩岩溶裂隙含水层。太原组灰岩含水层是较奥陶系灰岩含水层次一级的薄层灰岩含水层，主要含水地层为四层石灰岩，K21、K22、K3、K4（四节石灰岩），其水层富水性不均匀，埋藏较浅区域裂隙发育，补给条件较好，富水性相对较强。

（3）二叠系砂岩裂隙含水层。砂岩含水层包括山西组、上石盒子组、下石盒子组砂岩裂隙含水，均为富水性弱的含水层。

（4）第四系松散层含水层。第四系中、上更新统地层多为透水而不含水岩层，局部含上层滞水，水量微弱。

第四系全新统地层主要为砂砾石层，但由于含水层厚度小，单井出水量也不大，可供生活和灌溉用水，属弱富水含水层。

2）隔水层

（1）11号煤至奥灰隔水层。据钻孔ZK2－1资料，本溪组地层平均厚24.60 m，岩性以泥岩、黏土岩、铁铝岩为主，夹薄层石灰岩，隔水性能较好，区域稳定连续。加之 11 号煤下无煤段厚度达 22.85 m，合计 47.45 m，是主采 11 号煤与奥陶系岩溶水间重要的隔水层。

(2)二叠系泥岩隔水层段。二叠系上、下石盒子组泥岩、砂泥岩段构成相对隔水层，垂直分布呈平行复合式结构，裂隙不发育，为山西组顶部的隔水层，对上部松散层孔隙水下渗有良好的隔水作用。

项目八　注浆堵水

学习目标

(1)掌握注浆堵水中地质工作的基本内容和要求。

(2)掌握注浆施工的程序和要求。

(3)了解注浆材料的分类、性能、测定方法,掌握常见注浆材料的配制方法。

(4)了解注浆设备的基本原理,掌握注浆泵、搅拌机的选型方法和使用要求。

【导入】

注浆堵水是防治水害的有效方法之一,注浆堵水技术是煤矿防治水最重要的手段之一,主要应用于井筒掘凿前的预注浆、成井后的壁后注浆、堵大突水点恢复被淹矿井、截源堵水减少矿井涌水、井巷堵水过含水层或导水断层,其优点如下:

(1)减轻矿井排水负担。

(2)不破坏或少破坏地下水的动态平衡,有利于保护水源和合理开发利用水源。

(3)改善采掘工程的劳动条件,创造打干井、打干巷的条件,提高工效和质量。

(4)加固薄弱地带,减少突水概率。

(5)避免地下水对工程设备的浸泡腐蚀,延长使用年限。

【正文】

单元一　注浆施工

一、注浆堵水中水文地质工作的基本要求

(1)工程前,收集分析历史资料,作出初步判断,并围绕堵水工程进行补充钻探,为堵水方案的选择提出依据。

(2)工程中,根据施工中的新发现,及时修正注浆钻孔的个数和阶段,尽早打中注浆堵水的关键地段或层位,做好抽(压)水及连通试验,为确定注浆参数、分析浆液条件、评价堵水效果提供资料。

(3)工程后,对堵水过程中所有水文地质资料进行综合分析,绘制相应图表,加深对矿区水文地质条件的认识。

二、注浆堵水中水文地质工作的具体工作

(1)通过野外地质调查、补充钻探,编制工程需要的不同比例尺图件,以查清下列问题:①与工程有关的断裂构造的确切位置、产状;②各含水层的断裂位移和对接情况;③工程地段含水层的分布、埋深、层数、厚度及它们之间的水力联系情况;④地下水流速、流向;⑤含水层的岩溶裂隙率及其发育部位或区段;⑥隔水层或隔水边界的确切位置,圈定工程范围,选定注浆层位和深度。

(2)合理部署地下水动态观测网,开展堵水前、注浆过程中、堵水后三个阶段的水文动态观测,并编制注浆前后观测点历时曲线和等水位线图,进行综合分析。

(3)对堵水有关的各类钻孔进行认真的水文地质编录,绘出详尽的钻孔水文地质综合成果图。

(4)因地制宜地进行连通试验。

(5)利用钻孔和被淹矿井做抽(排)水试验,确切了解各含水层与出水点的水力联系情况。通过工程前后排水资料对比,判定堵水效果。

(6)进行不同目的的压水试验,目的:①冲洗裂隙通道,扩大注浆半径,提高堵水效果;②测定岩层单位吸水量,具体了解岩层渗透性,以选择浆液材料及其浓度和压力;③帷幕堵水或井筒预注浆时,全孔分段压水,编制出帷幕渗透剖面图(地质剖面图上标明各钻孔不同深度的单位吸水量,圈连出等值线即可),可作为工程设计和质量评价的依据;④求得渗透系数(K)值,对松散或裂隙均匀地层来说,可依据泰勒经验值大致判断浆液扩散半径。

(7)注堵层埋藏很深,钻孔的偏斜对堵水效果影响很大,而且正确的水文地质分析也必须建立在对钻孔深部位置的确切了解上,堵水钻孔一般要严格防止偏斜并及时进行测斜。

(8)使用物探、水化学法或专用仪器设备探查地下水的集中运流带及其补给来源,指导堵水工程。

三、注浆施工中的基本概念

(一)注浆段高和注浆方式

注浆段高是指一次注浆的长度,可分为全段一注浆和分段注浆两种。前者是将注浆孔钻至终孔后一次注浆,适用于含水层距地表近且厚度不大、裂隙发育较均匀的岩层,其优点是一次钻进、一次完成注浆,缩短施工时间;缺点是段高大时不易保证质量。当岩层吸浆量大时要求注浆设备能力大,易出现不均匀扩散,影响注浆堵水效果。当注浆深度较大,穿过裂隙大小不同的多个含水层时,在一定注浆压力下,为防止浆液在大裂隙扩散远、小裂隙扩散近,上部岩层的裂隙进浆多、下部岩层裂隙进浆少,应采用分段注浆。

段高可按岩层破碎程度划分。我国经验数据如下:极破碎岩层一般为5~10 m,破碎岩层为10~15 m,裂隙岩层为15~30 m,重复注浆可取30~50 m。

注浆方式是指注浆顺序,分下行式和上行式两种。自上而下依次注浆称下行式注浆,即从地表钻进含水层,钻一段孔,注一段浆,反复交替,直至全深。其优点是上段注浆后,下段高压注浆时不跑浆,同时上段获得复注,注浆堵水效果好。缺点是钻孔与注浆交替进行,工期长。该方式适用于岩层破碎或裂隙发育的地层。自下而上的注浆称上行式注浆,即注浆孔一次钻进到注浆终深,使用止浆塞,自下而上逐段注浆。其优点是无重复钻进,能加快注

浆速度。该方法适用于岩层较稳定、垂直节理不发育的地层。

（二）注浆前压水

注浆前压水的目的在于将裂隙中松软的泥质充填物推送到注浆范围以外，从而提高注浆质量和堵水效果。对于大裂隙，压水时间为 10～20 min；中小裂隙，则需 15～30 min 或更长一些。重复注浆钻孔压水时间适当延长至 30～60 min。压水时压力应由小增大，最大不得超过注浆终压。

（三）下放止浆塞及注浆

止浆塞放至规定位置后，接好输浆管，压缩胶塞止浆并经压水试验检查好，即可进行注浆。注浆过程中应特别注意堵浆、跑浆及冒浆，对不同情况采取相应措施，以保证注浆工作正常进行。

四、注浆施工分类

注浆堵水根据工程性质、使用材料、注入方式的不同，有各种分类和名称：

（1）按时间分，有预注浆和后注浆；

（2）按材料分，有水泥、黏土、化学浆；

（3）按注入方式分，有单管压入的单液注浆和双管路孔口或孔内混合的双液注浆；

（4）按工程性质分，有突水点动水注浆、静水注浆、帷幕截流注浆；

（5）按地层条件分，有岩溶地层、裂隙地层和砂砾松散层注浆。

各类注浆施工有许多共同点，但因工程地质条件、注浆方式和目的要求的不同，也各有相应的施工要求。

五、注浆堵水的适用条件

（1）当老窑或被淹井巷的积水与强大水源有密切联系时，可先注浆堵截水源，然后排干积水。例如，山东肥城国庄矿、河南焦作演马庄矿等，都是先堵截水源后再排干积水恢复生产的。

（2）当井巷工程必须穿过一个或几个强含水层或充水断层，如不堵截水源，将给矿井生产和建设带来很大困难和危害，甚至无法实施，我国许多矿井穿过强含水层时，都是利用这一方法。

（3）当井筒或工作面发生严重淋水，为了加固井壁、改善劳动条件、减少排水费用，可以采取注浆措施。

（4）某些涌水量特大的矿井，为了减少矿井涌水量，降低常年排水费用，亦可采用注浆堵截水源。

六、注浆工作程序

（一）注浆材料的选择

注浆材料的选择应根据堵水的目的、地质条件、施工条件、注浆工艺和投资多少等因素决定。

（二）注浆工作步骤

注浆堵水的一般施工流程可分为 14 个程序，根据各地施工经验，其主要施工要求见

表 8-1。

表 8-1 注浆堵水的一级施工流程

工艺内容	说明	主要施工要求
水文地质分析与打试探检查孔	本阶段工作主要是分析旧有水水文地质资料，作出判断并确定一定数量的试探或检查性钻孔，验证判断是与否客观实际符合	1. 要有大比例尺(1/500 甚至 1/200)工程平面图和断面图。构造、节理组、岩层产状、含水层埋深有较准确的坐标、标高控制； 2. 检查孔要求分段正规抽水或压水，全取岩芯，详细描述； 3. 进行必要的其他试验，提出设计所需的有关参数
制定方案设计	制定方案时应反复研究分析，在弄清情况的基础上，对堵水方法做出正确的部署和明确的要求，在资金、设备、人力、物力上组织实现	1. 来水原因、富水层位、隔水边界必须要有可靠的资料； 2. 关键要抓住堵水部位的选择，卡主要突水通道。既有直对咽喉的重点孔，又有包围孔； 3. 方案设计内容包括：确定堵水范围，注浆部位，注浆、观测、检查孔数及其排列方式； 注浆深度，注段划分，选择注浆方式和止浆方式； 选择注浆材料，提出配方试验要求； 选择钻探设备，钻孔结构及施工方法； 设备选型与注浆站布置； 确定注浆参数、质量检查和评价方法； 施工组织与工期安排； 主要安全措施； 估算材料消耗量、编制设备、材料清单和资金概算； 相应的图件
注浆孔施工	注浆堵水工程进展快慢关键是钻探施工，既要速度快，又要取得确切资料，尽快打中关键注浆部位	1. 采取措施防止钻孔偏斜。 2. 尽量用注浆法护壁，孔内不下套管。下套管时，底部 5 ~ 8 m 可用水泥固结，上用反扣接箍后提出。 3. 注浆段必须清水钻孔，遇坍孔，可注浆或下护管。 4. 做好扫孔复注工作，充分利用已打钻孔注浆。有的钻孔可多次扫孔复注达 10 次以上
建立注浆站	注浆站的位置必须充分估计到钻孔位置的变化，设立在最适中的地点，避免移动，设备配置应紧凑，操作方便	1. 密封式风动运灰和造浆系统是科学的注浆系统，大的堵水工程应尽可能采用。 2. 水泥浆必须两次搅拌，两池之间要有高差，便于放浆过滤杂物碎块。栓塞式放浆门启闭方便，不易堵塞，尽量不用闸阀开关。 3. 地道吸尘比壁扇和天窗除尘效果好。 4. 要求供水充足，运输顺畅，而且能风雨无阻地工作。 5. 对注浆的易损件，尤其是钢球、阀座、缸套、活塞要有足够的备用件

续表 8-1

工艺内容	说明	主要施工要求
冲洗注浆孔,下好止浆塞	下塞前的冲洗孔十分关键,可事先向钻孔灌水测定水位,保持与孔口平衡时的实际漏失量。如漏失量不大,应分析原因,采取刷孔、冲孔,如化学剂([Na_2CO_3]、NaOH、HCl、对石灰岩)等措施,扩大裂隙,提高注浆效果	1. 下塞前应测水位,下钻试探孔深,孔内无坍塌吊块,岩粉不超过溶洞裂隙时方可下入; 2. 选岩石坚硬、孔壁规则、无垂直节理的部位下塞,下入长度、段数应丈量准确,记录清楚; 3. 塞子应在地面预先实验,正确组装; 4. 注浆管应逐条检查,是否畅通,有无损坏,丝扣要完好,下入时加棉线上铅油拧紧,防止结头处跑浆埋管; 5. 下塞和加压时要操作慢速稳当; 6. 下塞后,可在塞上注水至孔口,塞下压水,检查质量,同时冲洗受注段的裂隙溶洞
注浆系统试运转并作耐压实验	整个注浆系统安装好后,应及时进行该项工作,以便发现问题及时处理	1. 操作时,应首先打开回水阀,然后开泵,逐渐关闭阀门,减少流量,使整个管路逐步升压,当压力升至预定耐压实验时,立即敞开阀门泄压或停泵,防止无限升压,损坏管路或泵件; 2. 试安全阀工作是否灵敏时,应先检查安全阀的组装情况,防止压力上升到额定值时也不工作,发生意外; 3. 试压时要有安全措施
对注浆段做简易或正规压水实验	每次注浆前都必须做压水实验,按需求的精度求出注堵层的单位吸水量(W)和渗透系数值(K),为确定注浆浓度、材料和适宜泵压提供依据	1. 以不引起注浆岩体和止浆塞的破坏为原则,用高、中、低压进行脉动冲孔,必要时可加化学剂(如灰岩用 HCl)冲洗裂隙通道; 2. 简易压水只用一个压力量程求稳定吸水量,正规压水要有3个压力量程。每一量程稳定 30 ~60 min; 3. 压水时应对周围水动态观测,必要时可进行连通实验
正式造浆压注	工艺过程中,上料、造浆、放浆、司泵和注浆值班员应严格执行工种岗位责任制。有的注浆单位曾提出下列岗位责任要点:	要正确掌握下列注浆作业有关的参数: 1. 浆液扩散半径(R):与裂痕大小、岩溶发育程度有关。缝宽 5 mm 以下,水泥浆有效 $R\approx2$ m;缝宽 5 ~30 mm,$R\approx4$ ~6 m;缝宽 30 mm 以上,$R>6$ m。大的溶洞或巷道,水泥可以 20°的安息角流布,根据注浆段 R 大小,应及时变换浓度、压力、浆材和注浆方式方法(如单液浓浆、定量间歇加骨料、双液浆等)。 2. 根据单位吸水量和裂隙(岩溶)率,对每一注浆的浆液注入量应作估算,对比实际注入量,以判断注浆充填质量,一般采用下面公式: $V=AH\pi R^2nB$ 式中 V—本段浆液预计注入量,可按水灰比 0.75:1,1 t 水泥约可造浆 1 m^3 考虑; A—浆液消耗系数,一般取 1.2; H—注浆段岩溶浆裂隙层厚度,m; R—浆液有效扩散半径,m; n—岩溶裂隙率(%); B—浆液填充系数,0.7 ~0.9

续表 8-1

<table>
<tr><th>工艺内容</th><th>说明</th><th>主要施工要求</th></tr>
<tr>
<td>正式造浆压注</td>
<td>值班员：检查各个环节、贯彻安全措施；熟悉设备开关和联络信号，注意止浆塞和水文动态观测结果，及时指导泵压、泵量和浓度调整；注意场地和设备的维护清理，做好工作小结
上料工：戴好防护用品，扎紧衣袖裤腿。听清信号，点清数量，放料均匀，先加水和附加剂，然后加水泥；加灰时随时注意三不加（搅拌机未开动、水泥结块、机内水少均不加灰）。
造浆工：负责搅拌机正常运转，一次搅拌机不能随便停，二次搅拌机不能随便停，二次搅拌机要防吸浆沉淀、按指定浓度放水上料，正确记录造浆次数和用料量；及时清理下灰漏斗；停注后，彻底清理搅拌机；冬季要放尽池内管内积水，防止冻结受损。
放浆工：经常清理放浆阀门，放好笼头窝隔板；管好滤浆和笼头，防淤塞；一次搅拌不均匀不放浆，二次搅拌池内有灰浆不能停止运转。</td>
<td>3. 终压（或最大允许压力）标准：按注浆质量要求，应大于含水层静水压力的 2 倍，但同时必须以不引起围岩破裂抬动为度。一般可随注浆深度的增大而增加，约每深 10 m 增 2 kg/cm^2，操作时应逐步升压
4. 浆液浓度：一般先稀后浓，结束时又略稀。初始浓度据吸水量确定：
<table>
<tr><th>吸水量</th><th>水灰比</th></tr>
<tr><td>60 ~ 80 L/min</td><td>1:1 ~ 1.5:1</td></tr>
<tr><td>80 ~ 150 L/min</td><td>1.25:1 ~ 1:1</td></tr>
<tr><td>150 ~ 200 L/min</td><td>1:1</td></tr>
<tr><td>200 L/min 以上</td><td>0.8:1</td></tr>
</table></td>
</tr>
</table>

续表 8-1

工艺内容	说明	主要施工要求
正式造浆压注	司泵工:保持泵、三通、安全阀、压力表运转正常,反应灵敏;备足拉杆、活塞、阀球、盘根等易损部件材料和检修工具;及时调整泵压、泵量,注意泵的运转状态;回浆阀及时试放浆,防堵塞;泵压升高时,注意安全阀或打开回浆阀时伤人;双液注浆时,应先开水玻璃泵,后开泥浆泵,注意避免混合器堵塞和串浆;注浆结束,应彻底清洗泵、阀和管路	5. 结束注浆标准:达最高允许压力,进浆量小于 60 L/min,稳定 20 ~ 30 min,一般可结束本段注浆。重要注浆孔段应多次扫孔复注,以压水不再吸水为真正结束标准 6. 注浆段落高度:岩溶裂隙发育段,注浆前期段高 5 ~ 15 m 为宜,复注 30 ~ 40 m 为宜;岩溶裂隙不太发育段,注浆前期 10 ~ 30 m,复注 60 ~ 80 m 为宜
观测、记录与情况分析	进行压注工作时,应固定专人对泵压、泵量、灰浆浓度和观察点水位水量作定时观察记录,这是正常指导注浆作业的一个十分重要环节	1. 注浆情况现场记录见表 8-2 2. 对注浆前后的情况及时进行综合分析,其要求见表 8-3
注后压水	正确掌握这一工序,有利于保证注浆质量,防止堵管堵孔,充分发挥注浆孔的作用。有间歇压水、结束压水两种情况	1. 间歇压水的目的在于保留再次注浆的条件又不冲刷已注入灰浆,以便堵住大的溶洞裂隙,压水量不宜太大或太小,一般为注浆管容积的 4 倍左右 2. 结束压水指注浆段已达结束标准,准备提管不注,但需防止堵管和提管后的喷浆。以压入注浆管容积 1 ~ 2 倍的水量为宜;有时可能出现根本压不进水的情况,这时应尽快提管冲洗
关孔口阀,拆洗孔外注浆系统	井下注浆孔原来就有高压自流水,地面注浆孔有压缩空气或浆液,停泵后,弹力释放,往往会出现孔口返水喷浆现象。因此,注浆后压水,应先关闭孔口阀门,待孔口压力消失后方可打开	1. 孔口阀门必须严密,不能因漏水造成浆液向注浆管内倒流 2. 关闭时间一般应达 4 h,待水泥初凝后,方可慢慢启动,放气放水,察看情况 3. 孔外注浆系统必须及时冲洗检查,附着在管壁的水泥结块需要自动脱落,冲出管外,冬季则应放尽积水,或包扎防冻

续表 8-1

工艺内容	说明	主要施工要求
打开孔口阀，提取止浆塞或再次注浆	该工序的关键是要正确分析孔内情况，防止埋住注浆管。无埋管危险，可不提塞子，再次注浆。有埋管危险应及时提塞冲管。再次扫孔复注，直至下入止浆塞压水也不漏水或漏失很小，方可最后结束本段（孔）的注浆工作，转入封孔工序	1. 这一工序要注意3种情况： 如发现止浆塞有返浆可能，应及时打开孔口阀观察动静。无严重喷浆现象，即可提出止浆塞，以免被固结在孔内 无埋管危险，可待水泥初凝后，打开孔口阀，不要过早打开，以免水泥回返，堵住注浆管 如系间歇注浆，孔口阀可按规定时间打开，不论喷浆与否，可立即再次注浆，不提止浆塞 2. 不提止浆塞，反复注浆，可能埋塞，需改进止浆塞结构。在胶囊托盘以下穿8号铁丝做插销，先提钢芯部分，再处理残留部分
封孔	经认真分析，确实已完成注浆任务的注浆孔，最后必须封孔	1. 应有封孔设计。封孔结果应在钻孔柱状图上注明 2. 灰浆初凝后，应下钻测探封孔深度，达不到设计要求者，需重封
分析检查注浆效果	1. 复注前压（抽）水资料与未注前资料作对比； 2. 观察已注孔的岩芯，察看裂隙水泥充填情况； 3. 根据注浆时观察孔动态变化，分析浆液注入部位； 4. 打检查孔进行压（抽）水试验； 5. 组织被淹矿井排水试验； 分析观测动态，如水位大幅度下降、排水量减少、降深加大、水质产生变化等	1. 要编制效果分析图表； 2. 要根据抽（排）试验进行水文地质计算； 3. 要防止出水点第二次鼓水，对关键部位应打检查孔检查加固

表 8-2　注浆情况现场记录表

孔号	注浆段 自~止	时间		水泥浆(C)				水玻璃浆(S)				用料						观测点动态		
		年月日	h - min	浓度	进量	泵压	孔口 压力	C: S	进量	泵压	孔口 压力	水泥		水玻璃		××		1号	2号	3号
												t	累计	m^3	累计	×	累计			

表 8-3 注浆情况历时综合分析

本日工作内容		注浆	注浆	压水					
注入材料数量	孔号与注段深度								
	水泥当天累计(t)								
	水玻璃当天累计(t)								
	石子当天累计(t)								
	砂子当天累计(t)								
	附加剂当天累计(t)								
观测点动态	×××水位								
	×××水位								
	×××水位								
	××水质(特定成分)								
	气温(℃)								
	降雨量(mm)								
日期	日								
	年　月	××××年××月							

整理分析人：　　　　　　负责人：

单元二　注浆材料

一、注浆材料的分类

用于注浆堵水的材料种类繁多。当前常用的水泥单液浆、水泥掺附加剂浆、水泥水玻璃双液浆、化学浆(其中又区分为水玻璃类、铬木素类、丙烯酰胺类、脲醛树脂类、糠醛树脂类和聚氨酯类)。

注浆材料的分类见表8-4。

表8-4　注浆材料的分类

注浆材料	无机类	单液水泥浆类、水泥—黏土类、水泥—砂浆类、水泥一水玻璃类、水玻璃类、砂砾石等骨料类、其他类
	有机类	丙烯酰胺类、铬木素类、脲醛树脂类、聚氨酯类、糠醛树脂类、其他类

二、对注浆材料的要求

对注浆材料的要求见表8-5。

表8-5　对注浆材料的要求

材料种类	规格要求
水泥	不过期及未变质的325号或425号普通硅酸盐水泥或矿渣水泥
水玻璃	模数为2.4～3.4、浓度在50°Bé以上
纸浆废液	酸法木浆废液(浓度在40%以上)或其干粉
其他化学药品	工业品或试剂

三、浆液主要性能及测定方法

(一)黏度

几种常用注浆材料的黏度及测定方法见表8-6。

表 8-6 几种常用注浆材料的黏度及测定方法

浆液名称		动力黏度(Pa·s)	测定方法
悬浊液型浆液	单液水泥类	0.001 5~0.014	常用 ZNN 型泥浆黏度计
	水泥—水玻璃类	0.001 5~0.014	
溶液型泥浆	水玻璃类	0.003~0.004	使用旋转式黏度计,落球式黏度计等
	丙烯酰胺类	0.001 2	
	铬木素类	0.003~0.004	
	脲醛树脂类	0.005~0.006	
	糠醛树脂类	百分之几至十分之几(<0.002)	

注:动力黏度与运动黏度的关系式为 $\eta=\nu\rho$;式中 η 为动力魏度,ν 为运动黏度,ρ 为液体密度。

(二)凝胶时间

几种常用注浆材料的凝胶时间及测定方法见表 8-7。

表 8-7 几种常用注浆材料的凝胶时间及测定方法

浆液名称	凝胶时间	测定方位
单液水泥浆类	6~15 h	维卡仪
水泥—玻璃类	十几秒至十几分	人工搅拌、手感为准或用 NJY-1型凝胶时间测定仪(糠醛树脂类浆液除外)
水玻璃类	瞬间至几十分	
丙烯酰胺类	十几秒至几十分	
铬木素类	十几秒至几十分	
脲醛树脂类	十几秒至几十分	
糠醛树脂类	几十秒至几十分	
聚氨酯类	十几秒至几十分	PM 型浆液专用仪器

(三)渗透能力

几种常用注浆材料的渗透能力及适应范围见表 8-8 和表 8-9。

表 8-8 几种常用注浆材料的渗透能力

浆液名称	可能注入的砂层最小粒径(m)	浆液名称	可能注入的砂层最小粒径(m)
单液水泥浆类	1.1	铬木素类	0.03
水泥—水玻璃类	1.0	脲醛树脂类	0.06
水玻璃类	0.1	聚氨酯类	0.03
丙烯酰胺类	0.01	糠醛树脂类	0.01

表 8-9　几种常用注浆材料的适用范围

类别	浆液名称	砾石			砂粒			粉砂	黏土
		大	中	小	粗	中	细		
无机类	单液水泥类								
	水泥黏土类								
	水泥—水玻璃类								
	水玻璃类								
有机类	丙烯酰胺类								
	铬木素类								
	脲醛树脂类								
	聚氨酯类								
	糠醛树脂类								
粒径(mm)		10	4	2	0.5	0.25	0.05	0.005	
渗透系数(cm/s)			10^{-1}	10^{-2}		10^{-3}	10^{-4}	10^{-5}	

(四)抗压强度

几种常用注浆材料的抗压强度及测定方法见表 8-10。

表 8-10　几种常用注浆材料的抗压强度及测定方法

浆液名称	抗压强度(kPa)	测定仪器及方法
单液水泥浆类	5 000 ~ 25 000	试块均放在(20 ± 5)℃水中养护,测定 1、3、14、28 d 抗压强度,每组 3 块取平均值,仪器用 1 ~ 5 t 压力机或高分子材料万能试验机
水泥—玻璃类	5 000 ~ 20 000	
水玻璃类	< 3 000	
水泥—黏土类	3 000 ~ 20 000	
脲醛树脂类	2 000 ~ 8 000	
糠醛树脂类	1 000 ~ 6 000	
丙烯酰胺类	400 ~ 600	
铬木素类	400 ~ 2 000	
聚氨酯类(PM 型)	6 000 ~ 10 000	

四、常见注浆材料的配制

(一)单液水泥类浆液

单液水泥类浆液是注浆堵水工程中最常用的一种浆液,具有材料来源丰富、浆液结石体抗压强度高、抗渗性能好、工艺设备简单、操作方便等优点,其配比及性能见表 8-11 及表 8-12。

(二)水泥黏土类浆液

水泥黏土一般采用 425 ~ 525 号普通硅酸盐水泥、峰峰黏土或加一定量 45°Bé 水玻璃。配制方法可先配制水灰比 1∶1 的水泥浆,然后按照水泥质量的 5% ~ 50% 的黏土搅拌成

50%浓度的黏土浆(可加入10%～30%的水玻璃同时搅拌)再与水泥浆均匀混合。这种浆液较单液水泥不但成本低、流动性及稳定性好,而且结实率可达87%～95%,但抗压强度随黏土比例的增大而降低,多适用于充填注浆,配制时要先做地面试验选择合适配比。

表8-11　纯水泥浆配比及性能

水灰比(质量比)	黏度(Pa·s)	密度(g/cm^3)	凝胶时间		结实率(%)	抗压强度(MPa)			
			初凝(h－min)	终凝(h－min)		3 d	7 d	14 d	28 d
0.5∶1	0.013 9	1.86	7－41	12－36	99	4.14	6.45	15.30	22.00
0.75∶1	0.003 3	1.62	10－47	20－33	97	2.43	2.60	5.54	11.27
1∶1	0.001 8	1.49	14－56	24－27	85	2.00	2.40	2.42	8.90
1.5∶1	0.001 7	1.37	16－52	34－47	67	2.04	2.33	1.78	2.22
2∶1	0.001 6	1.30	7－17	15－48	56	1.66	2.56	2.10	2.80

表8-12　单液水泥类浆液配比及性能

水灰比	外加剂		凝胶时间		抗压强度(MPa)			
	名称	用量(%)	初凝(h－min)	终凝(h－min)	3 d	7 d	14 d	28 d
1∶1	—	—	14－56	24－27	0.8	2.0	5.9	8.9
	水玻璃	3	7－20	14－30	1.0	1.8	5.5	—
	氯化钙	2	7－10	15－04	1.0	1.9	6.1	9.5
	氯化钙	3	6－50	13－08	1.1	2.0	6.5	9.8
	三乙醇胺	0.05	6－45	12－35	2.4	3.9	7.2	14.3
	氯化钠	0.5	7－73	12－58	2.3	4.6	9.8	15.2
	三乙醇胺	0.1						
	氯化钠	1.0						
	三异丙醇胺	0.05	11－03	18－22	1.4	2.7	7.4	12.0
	氯化钠	0.5	9－36	14－12	1.8	3.5	8.2	13.1
	三异丙醇胺	0.1						
	氯化钠	1.0						

注:1. 水泥为P. O 32.5。

2. 外加剂用量是指占水泥质量的百分数。

3. 氯化钠用量一般占水泥质量的5%以下,水玻璃占3%以下。

(三)水泥—水玻璃类浆液

水泥—水玻璃类浆也亦称CS浆液,其组成及配方见表8-13。

(四)水玻璃类浆液

水玻璃由于来源丰富、价格低廉,加上各种新的固化剂不断研究出现,使这类浆液的性能不断改善并广泛应用于注浆堵水。由于品种繁多,这里仅介绍几种较普遍且效果良好的浆液配方,见表8-14。

表 8-13 水泥—水玻璃类浆液组成及配方

材料	规格要求	作用	用量	主要性能
水泥	P.O 32.5 水泥	主剂	1	1. 凝胶时间可控制在几秒至几十分钟范围内 2. 抗压强度为 5 ~ 20 MPa
水玻璃	模数为 2.4 ~ 3.4，浓度为 30 ~ 45°Bé	主剂	0.5 ~ 1	
氢氧化钠	工业品	速凝剂	0.05 ~ 0.2	
磷酸氢二钠	工业品	缓凝剂	0.01 ~ 0.03	

注：1. 水玻璃用量为与水泥浆的体积比数。

2. 速凝剂和缓凝剂的用量为占水泥质量的比数。

表 8-14 水玻璃类浆液的组成、性能及主要用途

浆液名称	材料	规格要求	用量（体积比）	凝胶时间	注入方式	抗压强度（MPa）	主要用途	备注
水玻璃–氯化钙	水玻璃	浓度为 43 ~ 45°Bé 模数为 2.5 ~ 3.0	0.45	瞬间	单液或双浆	<3.0	加固地基	注浆效果受操作技术影响较大
	氯化钙	相对密度为 1.26 ~ 1.28 浓度为 30 ~ 32°Bé	0.55					
水玻璃–铝酸钠	水玻璃	模数为 2.3 ~ 3.4 浓度为 40°Bé	1	几十秒至几十分	双液	<3.0	堵水或加固	改变水玻璃模数浓度、铝酸钠含铝量和温度，可调节胶凝时间
	铝酸钠	含铝量为 160 ~ 190 g/L	1					
水玻璃–硅氟酸	水玻璃	模数为 2.4 ~ 3.4 浓度为 30 ~ 45°Bé	1	几秒至几十分	双液	<1.0	堵水或加固	1. 两液等体积注入，硅氟酸不足部分加水 2. 两液相遇有絮状沉淀产生
	硅氟酸	浓度为 28% ~ 30%	0.1 ~ 0.4					
水玻璃–乙二醛	水玻璃	模数为 3.2 浓度为 42°Bé	1	几秒至几十分	双液	<2.0	堵水或加固	1. 两液等体积注入，乙二醛不足部分加水 2. 醋酸为速凝剂
	乙二醛	浓度为 35%	0.2 ~ 0.6					
	醋酸	浓度为 90%	0 ~ 0.02					

（五）丙烯酰胺类浆液

丙烯酰胺类浆液亦称 MG – 646 化学浆液，其组成、配方及主要性能见表 8-15。

表 8-15　MG－646 化学浆液的组成、配方及主要性能

体系	材料名称	分子式	作用	简称		配方（质量比）	主要性能		
							黏度（Pa·s）	凝胶时间	抗压强度（MPa）
甲液	丙烯酰胺	$CH_2=CHCONH_2$	主剂	AAM	MG－646	9.5	0.001 2	十几秒至几十分	0.4～0.5
	NN′－亚甲基双丙烯酰胺	$(CH_2=CHCONH)_2CH_2$	角联剂	MBAM		0.5			
	β－二甲氨基丙硝	$(CH_3)_2NCH_2CH_2CN$	还原剂	DMAPN		0.3～1.2			
	硫酸亚铁	$FeSO_4 \cdot 7H_2O$	强还原剂	Fe	0～0.16				
	铁氰化钾	$K_3Fe(CN)_5$	缓凝剂	K、Fe	0～0.05				
乙液	过硫酸铵	$(NH_4)_2S_2O_8$	氧化剂	AP	0.3～1.2				

注：1. 甲、乙液等体积注入。

2. 配方其余部分为水。

3. MBAM 应用温水溶解。

（六）铬木素类浆液

铬木素类浆液的组成、配方及主要性能见表 8-16。

表 8-16　铬木素类浆液组成、配方及主要性能

浆液名称	体系	材料	作用	分子式	浓度（%）	用量（体积比）	注入方式	凝胶时间	抗压强度（MPa）	备注
纸浆废液－重铬酸钠的浆液	甲液	纸浆废液	主剂		20～45	1	双液	几分至几小时	0.04～1.0	1. 甲乙两液等体积注入 2. 重铬酸钠用量不足部分加水
	乙液	重铬酸钠	固化剂	$Na_2Cr_2O_7$	100	0.1～1				
纸浆废液－三氯化铁－重铬酸钠浆液	甲液	纸浆废液	主剂		20～45	1	双液	十几分至几十分	0.4～1.0	1. 甲乙两液等体积注入；乙液用量不足部分加水代替 2. $FeCl_3$ 量增加会降低强度
	乙液	重铬酸钠	固化剂	$Na_2Cr_2O_7$	100	0.1～0.5				
		三氯化铁	促进剂	$FeCl_3$	100	0.1～0.5				

续表 8-16

浆液名称	体系	材料	作用	分子式	浓度(%)	用量(体积比)	注入方式	凝胶时间	抗压强度(MPa)	备注
纸浆废液–铝盐及铜盐–重铬酸钠浆液	甲液	纸浆废液	主剂		40~50	1	双液	几分至几十分	<20	1. 甲乙两液等体积注入,不足部分加水代替 2. 采用氯化铝、氯化铜亦可
	乙液	重铬酸钠	固化剂	$Na_2Cr_2O_7$	100	0.15~0.2				
		硫酸铝	促进剂	$Al_2(SO_4)_2$	50	0.2~0.4				
		硫酸铜	促进剂	$CuSO_4$	20	0.1~0.25				

(七)聚氨酯类浆液

聚氨酯类浆液分为非水溶性聚氨酯类浆液(简称 PM 型浆液)和水溶性聚氨酯类浆液(简称 WPU 型浆液),其组成、配方及性能见表 8-17。

表 8-17 聚氨酯类浆液的组成、配方及性能

浆液名称	材料名称	规格	作用	用量(质量比)			凝胶时间(min)	抗压强度(MPa)
				PM-311	PM-21	WPU		
PM 型浆液	甲苯二异氰酸酯	65/35 或 80/20	制成预聚体为主剂	3	2		十几秒至几十分	6~10
	丙二醇聚醚(N-204)	羟值 280±20		1	1			
	丙三醇聚醚(N-303)	羟值 480±50		1	1			
	邻苯二甲酸二丁酯(DPP)		溶剂	1	0.4			
	丙酮		溶剂	1	0.4			
	发泡灵(硅油)		表面活性剂	0.1%~0.5%	0.1%~0.5%			
	三乙胺		催化剂	0.1%~3.0%	0.1%~3.0%			

续表 8-17

浆液名称	材料名称	规格	作用	用量(质量比)			凝胶时间(min)	抗压强度(MPa)
				PM－311	PM－21	WPU		
WPU型浆液	甲苯二异氰酸酯(TDI)		制成预聚体为主剂			1	<2	<1
	聚醚					0.15～0.5		
	邻苯二甲酸二丁酯(DBP)		溶剂			0.5～1		
	丙酮		溶剂			适量		
	2,4－二氨基甲苯		催化剂			5～10		
	水		反应剂兼溶剂					

注:1. 发泡灵、三乙胺用量为占总体系重。
2. WPU 与 PM 主要区别在于聚醚。
3. WPU 中聚醚以环氧乙烷为开始剂,分子量为 3 000～4 000。

(八)糠醛树脂类浆液

糠醛树脂类浆液的组成、配方及主要性能见表 8-18。

表 8-18　糠醛树脂类浆液的组成、配方及主要性能

材料名称	状态	浓度	用量(体积比)(%)	凝胶时间	抗压强度(MPa)
糠醛	浅黄色油状液体	100%	15～35	几十秒至几十分	1～6
脲素	白色晶体	50%水溶液	45～55		
硫酸	无色透明液体	10%水溶液	10～20		

单元三　注浆设备

注浆中需要的主要设备有钻机、注浆泵、搅拌机、止浆塞、混合器、输浆管路及相应的闸阀和接头、压力表及流量计等。

一、钻机

钻机主要技术参数及其适用条件见表 8-19。

表 8-19　钻机主要技术参数及其适用条件

技术参数	TXU－50	TXU－75	TK－5	TK－4	TK－3	XY－5	DZJ500－1000
钻进深度（m）	50	75	300	600	1 000	1 000	1 500
开孔与终孔直径（mm）							
转速（r/min）	73～311	112～340	90～311	73～581	85～778	85～1 232	55～215
配备动力（kW）	2.2	4	17	30	37	40	100
外形尺寸（长×宽×高）（mm×mm×mm）	900×850×850	1 150×600×1 080	1 870×850×1 490	2 500×1 100×1 800	2 600×1 330×1 860	3 190×1 495×2 140	3 400×1 740×1 200
质量（kg）	130	515	1 000	1 900	3 280	3 500	4 800
适用条件	井下与工作面注浆	井下与工作面注浆	工作面与地面注浆	地面注浆	地面注浆	地面注浆	地面注浆

二、注浆泵

（一）选型原则

（1）根据设计的注浆终压及注浆量选型，应尽量选用压力、流量可调节的注浆泵。

（2）根据单液或双液注浆系统及备用量确定台数。

（3）根据注浆材料（见表 8-20）选用注浆泵。

（二）注浆泵主要技术参数及其适用条件

注浆泵主要技术参数及其适用条件见表 8-21。

三、搅拌机（组）

搅拌机是注浆工程中的造浆设备，它根据注浆材料和用量大小确定搅拌方法和机具。

（一）选型的基本要求

（1）为防止浆液沉淀和保证连续供浆，要采用两次搅拌，一次搅拌的浆液在进入二次搅拌的过程中过筛滤除杂物碎块，保证浆液的纯净，然后在二次搅拌机（池）内不停搅拌，供泵吸注。

表 8-20　各种注浆材料的基本性能、主要成分、成本及适用范围一览表

浆液名称	黏度（Pa·s）	注入砂层的最小粒径（mm）	渗透系数（cm/s）	凝胶时间	抗压强度（MPa）	注入方式	砂层中扩散半径（mm）	适用范围	主要成分	材料来源难易程度	备注
单液水泥浆	0.001 5～0.014	1	10^{-1}～10^{-3}	6～5 h	10.0～25.0	单液	200～300	基层裂隙、孔隙、溶洞、陷落柱及断层破碎带的注浆	水泥、其他外加剂	容易	
水泥—水玻璃浆	0.003～0.004	0.1	10^{-2}～10^{-3}	十几秒至几十分	5.0～20.0	双液	200～300	基层裂隙、孔隙、溶洞、陷落柱断层破碎带注浆及封堵特大涌水	水泥、水玻璃	容易	
水玻璃类	0.003～0.004	0.1	10^{-2}	瞬间至几十分	<3.0	双液	300～400	冲积层注浆	水玻璃其他外加剂	容易	有些固化剂昂贵，成本很高
铬木素类	0.003～0.004	0.03	10^{-3}～10^{-5}	十几秒至几十分	0.4～2.0	单或双液	300～400	冲积层注浆	亚硫酸盐纸浆废液、重铬酸钠、过硫酸铵、其他	较容易	使用重铬酸钠对地下水有污染
丙烯酰胺类	0.001 2	0.01	10^{-5}～10^{-6}	十几秒至几十分	0.4～0.6	双液	500～600	冲积层堵水防渗	丙烯酰胺、过硫酸铵、NN’－亚甲基双丙烯酰胺、β－二甲氨基丙腈等	难	

续表 8-20

浆液名称	黏度（Pa·s）	注入砂层的最小粒径(mm)	渗透系数（cm/s）	凝胶时间	抗压强度（MPa）	注入方式	砂层中扩散半径（mm）	适用范围	主要成分	材料来源难易程度	备注
脲醛树脂类	0.005～0.006	0.06	10^{-3}～10^{-4}	十几秒至几十分	2.0～8.0	单或双液	300～400	冲积层注浆、钻孔堵漏	脲醛树脂或尿素甲醛、酸或酸性盐	较难	
聚氨酯类（PM型浆类）	百分之几至十分之几	0.03	10^{-4}～10^{-5}	十几秒至几十分	6.0～10.0	单液	400～500	冲积层或裂隙中堵水加固	甲苯二异氰酸酯、聚醚树脂、溶剂、催化剂、表面活性剂等	难	
糠醛树脂类	<0.002	0.01	10^{-4}～10^{-5}	十几秒至几十分	1.0～6.0	双液	500～600	冲积层或小裂隙堵水加固	糠醛树脂、尿素、硫酸等	较容易	

注：对过水断面大的空隙（裂隙、空隙、溶洞……），必须先注骨料（砂、石、炉渣、岩块等）。

表 8-21 注浆泵主要技术参数及其适用条件

技术参数	2MJ-3/40	2TGZ-60/210	KBY-50/70	TBV-20/15	NBB-250/60	YSB-250/120
泵压(MPa)	4	21	7	1.5	6	12
排量(L/min)	50	16~60	50	20	40~250	50~250
配套功率(kW)	7.5	7.5	10	0.8	30	75
质量(kg)	1 000	1 050	300	60	1 538	3 000
外形尺寸(长×宽×高)(mm×mm×mm)	1 130×720×1 050	1 750×720×700	670×300×490	670×300×490	2 148×1 260×1 000	3 100×700×1 725
适用条件	井壁与工作面注浆	井壁与工作面注浆	井壁与工作面注浆	井壁与工作面注浆	地面注浆与堵涌水	地面注浆与堵涌水

注:2MJ-3/40、TGZ-60/210 为单体双液注浆泵。

(2)一次搅拌机的造浆能力应能满足泵最大流量连续注浆的要求。如用一台能力不够时,配置两台或两台以上。二次搅拌机(池)的容积应能保证泵的最大流量吸注 4min 以上。

(3)造浆浓度应满足注浆所需的最大浓度。

(二)搅拌方法和机具

1. 搅拌方法

(1)每次注浆量不超过 5 m^3,总注入量不超过 30 t 水泥的小型工程,如缺乏搅拌机,可人工搅拌。用容积 1 m^3的容器 3~4 个。2~3 个用做一次搅拌,1 个用做二次搅拌。一次搅拌均匀后,轮流放入二次搅拌器过筛即可;搅拌工具为长柄耙子和风轮(有压缩空风机供风时)或水枪(用小型水泵循环浆,排浆管可人工移动,使浆液自搅)。

(2)自制搅拌机,一般地表用立式,井下用卧式。每台容积 0.8~1.2 m^3为宜,便于运输安装。每台需变速箱、4~7.5 kW 电动机各一台。用少量圆钢(做机轴用)、矿用工字钢、角钢、铁板即可制成,以齿轮、链轮或三角皮带传动均可,为了节约铁板,也可用砖砌圆形搅拌池两个,甲池底高于乙池顶,前者用做一次搅拌,后者用做二次搅拌。随时可以放浆过筛。在砌体上安装电动机及搅拌叶片即可。

2. 所需机具

在一次搅拌机加水泥处应有以下机具:

(1)滚动式小割刀,切割水泥纸袋。

(2)吹散式或吸入式除尘装置,通常用 7.5~11 kW 局部通风机,实践表明用地沟抽出式比向上或向一侧抽(吹)好。

(3)注浆规模大,用料多时,最好有风动设备造浆。它由散装水泥运输罐、水泥储存仓、散装水泥计量器、风动搅拌罐(机)和 8~10 m^3空气压缩机等部件组成,以压缩空气为动力,使水泥在压风的作用下,“气化”为流体,这种造浆系列既改善了环境卫生,降低了劳动强度，提高了效率，又可减少水泥损耗，实现整个工序的自动化。但它也存在一些不足之处，如不宜搅拌 0.7∶1以上的浓浆，易从出气筒冒浆，体内清理不太方便等，这些都有待于进一步研究改进。

四、止浆塞

止浆塞由胶囊和压胀机两部分组成，用于下入孔穴内定部位，实现分段注浆。胶囊分直线筒状和算盘珠状两种。直线筒状优于算盘珠状，直线筒状胶囊长 0.2 m，内径较注浆管大 1 ~ 2 mm，外径与钻孔直径相同（可分为 89 m、108 mm、127 mm 数种），两端有凹槽。组装时可绑铅丝，以防挤压时翻转。制作时要求天然橡胶含量不低于 70%，恢复性能好；抗张强度不低于 200 kg/cm^2；永久变形不大于 10%；伸长率不小于 40%；在 10% 氢氧化钠溶液中浸泡 2 h，膨胀率不大于 5%；邵氏硬度为 70 ~ 75。

压缩机构有三爪式、单管异径式、双管式和单管水力膨胀式、双管水力膨胀式等多种。

五、混合器

注双液浆时，使两种浆液在预定地点混合均匀，并发生物理、化学反应，达到控制凝胶时间的目的。它分孔口混合和孔内混合两种结构（见图 8-1）。

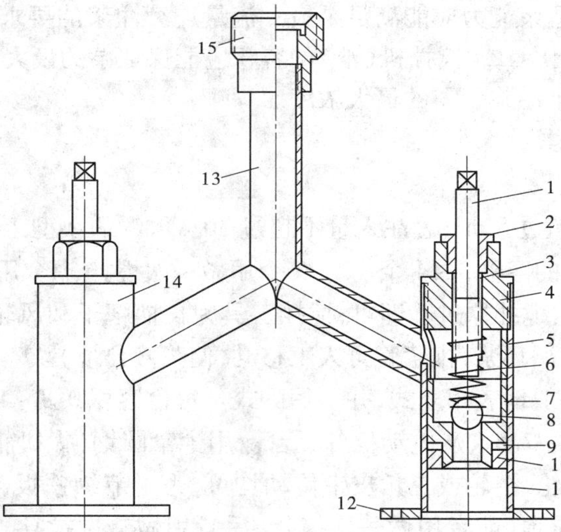

1—调节轴杆；2—螺母；3—盘根；4—阀盖；5—球座轴；6—弹簧；
7 —球座；8—钢球；9—密封垫；10—卡环；11—阀壳；12—法兰盘；
13—混合器；14—逆止阀；15—后接头

图 8-1　人字形孔口混合器

六、注浆管路

一般选用外径 50 ~ 73 mm 无缝钢管作为固定注浆管。地表部分法兰盘连接，孔内部分用丝扣接箍连接泵的排浆口至固定管，另一端固定管至孔口用高压胶管以快速拆卸的活接头连接，便于伸缩弯曲和移动。管路中关键部件泵口三通阀、孔口阀和活接头，要与设计的最大注浆压力相适应，并在带压的情况下能启闭灵便，最好使用转芯阀。

七、压力表与油杯

压力表必须反应准确，脉动量小，表针指示稳定：一般应选用抗震压力表（如 KY－1 型等，$p=160\ kg/cm^2$），它配置有隔膜缓冲器（与表配套），如使用一般压力表，应自制油杯缓冲，保证压力表的稳定和使用期限，油杯结构如图 8-2 所示。

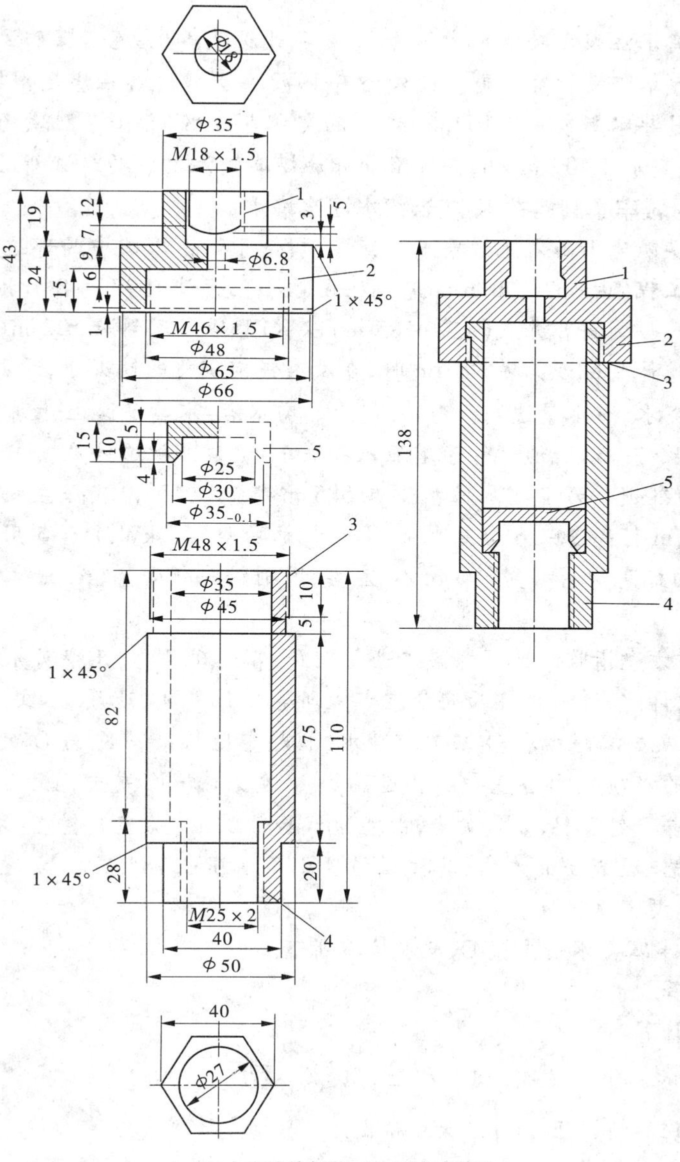

1—压力表连接螺纹；2—压力表接头；

3—油缸连接螺纹；4—活塞；5—管路连接螺纹

图 8-2　压力表缓冲油杯结构

八、流量计

一般可用浮子标杆测量法,根据容器升降体积确定泵的流量,但此法误差较大。用数字流量计:如 ZL-1 型数字流量计,配用直径 50 mm 的电磁流量计,可测 0～39.9 L/min 的流量,最大计算量可达 999.99 m^3。

【案例分析】

世界罕见的突水注浆成功堵水案例为 1984 年开滦范各庄、范二煤矿注浆封堵突水量为 123 180 m^3/h 的导水陷落柱突水群。此外还有 1972 年开滦赵各庄煤矿用钻孔注浆,成功封堵奥灰岩溶水通过导水断裂带 3 162.6 m^3/h 的突水点;1985 年山东肥城杨庄煤矿用钻孔注浆,成功封堵断层突水 4 409 m^3/h;安徽淮北相城煤矿用注浆成功封堵断层突水淹井事故。

【例 8-1】 翼城牢寨副斜井 K_3 灰岩突水注浆堵水

翼城县牢寨煤矿为山西省地方重点国营煤矿,位于沁水煤田中西部边缘附近。自 1991 年起开始改扩建工程(由 0.21 Mt/a 扩建成 0.6 Mt/a),预计 1997 年 8 月投产。

当关键工程——副斜井井底(标高 585 m)以 -17°坡延深斜长 122 m(标高 550 m),距落底斜长仅 25 m,下距 K_3 灰岩不足 3 m 时,在没有任何征兆的情况下,于 1997 年 4 月 17 日突然发生爆发型突水,突水量达 600 m^3/h 以上。突水后,水量迅速上升到 585 m 标高,继而淹没管子道和旧泵房。水流通过管子道泄入井底车场,矿井被迫停产。

当天,县矿两级领导为了把水位控制在 585 m 标高以下,以确保主斜井各系统正常运行,在副斜井 585 m 标高安装 6 台潜水泵,电动机总功率 355 kW,1 台备用,最大排水量 100 m^3/h,而 585 m 的标高处涌水量 300 m^3/h 左右,因副斜井断面小,无法增加排水泵,矿井被迫停产。

当月下旬,矿方邀请临汾地区煤炭工业管理局、霍州矿务局、开滦矿务局、省煤炭地质公司、省煤矿规划设计院、煤科总院西安分院水文所等单位采矿、地质、水文地质专家商议,认为突水水源为 K_2 灰岩溶隙水和 O_2 灰岩溶隙水(据精查地质报告 K_2 与 O_2 的溶隙水有共同的静止水位和相似的水质),因潜在导水构造沟通 K_3 灰岩(与 K_2 灰岩间距 8.34 m)中转层所致。此推论已由井下钻孔钻入 K_3 灰岩,由连通试验示踪剂(荧光素钠盐)投放孔试验证实。K_3 灰岩上覆粉砂岩、泥岩 3 m 左右,其抗压强度小于水压 0.784 MPa,加之在爆破震动的诱发下,发生了爆发型突水事故。

5 月上旬,因牢寨突水使南梁 O_2 泉水位有所下降。

1. 突水量估算

依据水力学计算:

$$Q = \omega C \sqrt{2g\Delta H}$$

在突水无变化的情况下 $\omega C \sqrt{2g}$ 为常数,则

$$Q = a \sqrt{\Delta H}$$

$$a = \frac{Q}{\sqrt{\Delta H}}$$

已知 585 m 标高涌水量 $Q = 300\ m^3/h$,该处水压差,$\Delta H = 630\ m - 585\ m = 45\ m$,即

0.441 MPa（当地奥灰岩静止水位为630 m），该处 $a=44.72$。

当追水至550 m突水点标高时，内外水压差 $\Delta H=630\ \text{m}-550\ \text{m}=80\ \text{m}$，即0.784 MPa，则突水点处稳定涌水量为

$$Q=a\sqrt{\Delta H}=44.72\times\sqrt{80}=400(\text{m}^3/\text{h})$$

根据华北石炭二叠系煤田诸多突水事例统计，爆发型突水点初期水量 $Q_{tu}=1.5Q_0$，即本次突水初见水量在600 m^3/h 以上。

2. 水患治理

水患治理总的步骤是：对突水点附近充水副斜井井巷（>10 m）做骨料充填与注浆，突水点周围裂隙岩层封闭与加固注浆，副斜井延深段预防突水底板加固。

1）副斜井井底骨料充填与注浆井下钻孔布置

在副斜井附近有一条585 m标高回风巷，距突水点550 m标高35 m。利用该回风巷根据井下钻孔设计位置布置钻窝、泥浆池、绞车窝等，自突水点由里向外在斜井中心线上依次施工2、1、3号孔（见图8-3）。

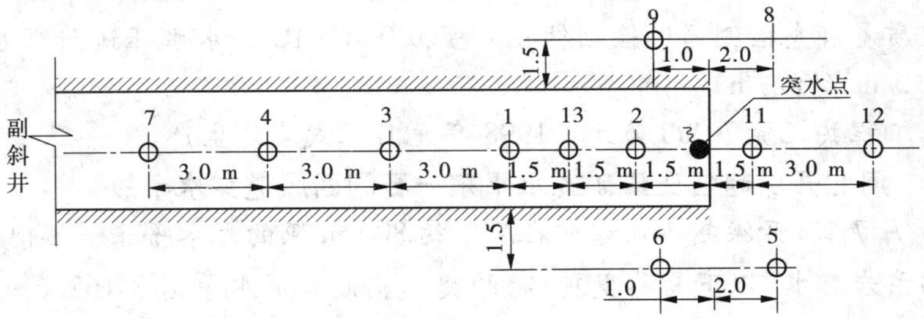

图8-3　骨料充填与注浆井下钻孔布置图

2号孔距突水点1.5 m。所有钻孔在550 m标高以上均为无岩芯钻进，至550 m标高以下5 m取芯，为该注浆段清孔创造孔内条件。各钻孔遇 K_4 灰岩和砂岩漏水段，均注浆堵漏。2号孔钻进到空巷时，由底向上注骨料，巷底为粗砂，高度过半后，开始注砾石，由此到顶砾石逐步增加，砂∶砾=10∶1～1∶10。注入骨料到巷顶形成滤层后，开始从2号孔预埋的花管注浆，防止浆液“管漏”现象发生，避免大量浆液进入积水水体。重点地段是550 m标高附近及底板岩层，注浆深度不低于巷道底板5 m。掘进工作面以里11、12号孔注浆加固。1号孔亦注浆。3、4、7号孔投骨料。除5、6、8、9号孔为向副斜井中心线倾斜的斜孔，其余孔为垂直孔。11、12号孔施工场地不具备时，也可考虑施工斜孔。13号孔作为骨料充填和底板岩层注浆的检查孔，并对漏注段补注浆液。

钻孔结构，开口直径为127 mm，埋孔口管3 m，至巷顶孔径为110 mm，巷道底板下岩层段孔径为91 mm。以上13个钻孔累计进尺563.5 m。

骨料粗砂粒径≥2 mm，砾石直径≤10 mm，可就地取材。经过骨料充填，构成了突水点的阻水“盖帽”，使过水断面减小，水流速降低，突水量减小到150 m^3/h，为封闭突水点制造接近静水注浆条件。注浆工艺全部完成后，巷道底板加固了。施工5、6、8、9、10、11号斜孔后，突水点以里5～6 m，巷道两侧3.5 m的围岩及巷道底板下5 m岩层均加固了，因此使残余涌水量小于15 m^3/h。

2）副斜井排水、延深掘进底板加固预防突水

用5台潜水泵排水4 904 m^3,清除"充填骨料"至原突水点,掘进标高将由550 m到524.7 m,进入K_3灰岩,由于巷道底板系粉—细砂岩、泥岩,抗压强度小,而K_3灰岩水压递增,待掘段发生突水已成必然。为避免事故发生,需对待掘巷道底板注浆加固。

在原掘进工作面由近及远布置2列8排共计16个注浆钻孔。要求如下:

(1)砂岩地层无岩芯钻进,灰岩取芯。

(2)钻孔水平偏斜<2.5°。

(3)注浆段只允许清水钻进。

(4)孔口管ϕ127 mm,下入3 m,以下孔段ϕ89 mm至注浆段。

(5)浆液配比:水固比0.8:1~1.2:1,水玻璃(42°Bé)按水泥质量的4%;高耗浆地层或地段代用材料——灰岩中遇大容积溶洞时,可适量加入粉煤灰,此时必须选用DH系列添加剂。

注浆质量控制和检测是影响注浆质量的关键因素:一是水泥质量(安定性和强度),二是浆液充填饱和度。选用425号普通硅酸盐水泥,并作浆液模块试验,还需排除导致突填饱和度不足的钻孔质量原因(如孔内不洁、裂隙被岩粉堵塞)和浆液配比不当、操作工序有误等因素。注浆质量静态检测通过检测钻孔。模拟0.8 MPa突水水压进行压水试验,压水消耗量要小于0.5 $m^3/(m\cdot h)$。

以上堵水工程共耗资7 000万元。1998年元月正式恢复生产。

【例8-2】 河北开滦赵各庄煤矿九水平东一石门西风道突水事故

1972年3月7日,开滦赵各庄煤矿在地下约800 m深的九水平东一石门西风道外F_3断层带发生奥陶系岩溶水(以下简称奥灰水)的突水。最大涌水量达3 162.6 m^3/h,稳定涌水量1 428 m^3/h,使八水平以下停产了半年。突水后,及时进行了注浆堵水,共打注浆钻孔48个,总进尺3 308 m,注入水泥2 164 t、水玻璃1 124 m^3,耗资55万元,再加上其他材料,共损失366万元。

1. 水害发生经过

突水是由渐变到突变的过程。1972年3月3日发现九水平东一石门西风道一号密闭墙有水珠(该密闭以西均为F_3断层位置)。4日,发现密闭墙裂隙中有漏水,当晚在一、三、四号密闭墙上各打小洞泄水并观测水情。到5日晨,出水量增至220.2 m^3/h,并伴有矸石和煤冲出。上午10时许,涌水量突然增大到756 m^3/h,同时,九水平东翼位于风道北侧的电车道F_3断层处开始来压、淋水,并有明显的底鼓。中午12时左右,电车道南帮有一股高压水沿层面由下往上喷出0.5 m高。到8日凌晨4时半,该处电车道已基本上为底鼓所闭合。从而使突水点的水量大部分不能流向井口而转向东回灌。12日,9132采煤工作面中巷西头和上采煤工作面西边上眼F_3断层带出水(30 m^3/h)。23日,下采面第二分层又大量出水,达480 m^3/h。这时,九水平东5个石门及电车道已全部被淹没,而且,积水水位仍在以每天近2 m的速度上升。根据测算,当时最大涌水约3 162.6 m^3/h。4月下旬,涌水量开始下降并大致稳定在1 380 m^3/h左右(见图8-4)。

2. 水源和突水原因的分析

该煤矿地表无冲积层和其他含水体,开采水平以上的煤系地层又长期处于疏干状态,故水源只能来自奥灰。从突水后取样化验以及6~9日奥灰观测钻孔水位大幅度下降(最大日降3.49 m),和3、4月两个月水位分别下降了72.82 m和43.48 m等证实,水源确实来自

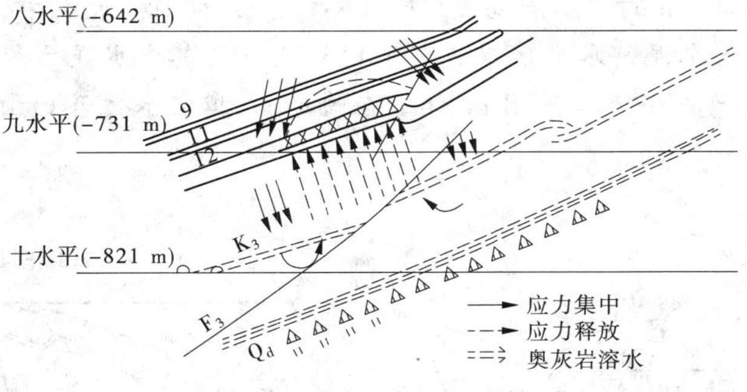

图 8-4　赵各庄煤矿九水平 9132 采煤工作面采后应力集中造成突水示意图

奥灰。

突水点位于赵各庄煤矿九水平（-730 m）井口以东 440 m 岩石风道内的 F_3 断层处。其层位为第 12 层以下 30 多 m 的粉砂岩。地层产状、层序基本正常。F_3 断层走向为 N70°～80°W，倾向 W，倾角在 40°～50°，是由数条小断层所组成的张性断裂带，总落差 20 m 左右。该断层带从地表往下各水平均有出现，其落差和破碎带宽度有随深度增加而加大的趋势。但在九水平以上，除了巷道压力较大，有局部底鼓或少量淋水外，各煤层采后没有发现什么异状。

该煤矿正常地区，由第 12 煤层到奥灰的层间距为 150 m 左右，开采各煤层均未发生奥灰突水的问题。该区由于 F_3 断层的影响而使层"间距"缩小，但突水点距奥灰的间距仍有 110 m 左右。

为什么九水平东一石门地区自 1960 年开拓以来 12 年之后才发生突水呢？这是由于采动的影响和 F_3 断层破碎带双重原因造成的。煤层开采后，矿山压力在采区边缘造成应力集中，并向下传递而将地层破坏。对突水又有两种解释：1960 年前后在九水平东一石门地区开拓电车道时，断层带就有水，水量在 30～60 m^3/h，水量稳定，水温在 18 ℃左右。该处标高为 -736 m 左右，按地温随深度上升的增温率看，水温本应高于 20 ℃，低温水的出现，判断为奥灰水，由于认为煤层与奥灰间距大，不会发生突水，故未引起重视。由于所见 F_3 断层带是早已渗水的断层带，而 12 煤层开拓后应力集中进一步破坏 F_3 煤层的破碎导水带后，水压高达 6.0 MPa 以上的奥灰高压岩溶水就沿着破碎带逐步往上发展而最后突出。因此，突水是由集中应力和局部导水断层带双重因素所导致的。

3. 水害治理的经过

采用水泥、水玻璃双液注浆堵水取得了良好的效果。注浆过程大体分为 3 个互相关系的阶段。

第一阶段：突水初期，由于对突水水源和来水通道尚未搞清，所以采用"深部截流"和"浅部加盖"并举的方案。其中"深部截流"就是在突水区下方从第十水平（-820 m）往 F_3 断层带钻孔注浆，以截断由奥灰沿断层带上升的水流。但打了 6 个钻孔，除个别钻孔因施工困难而未达到预计层位外，其余 4 个钻孔穿过 F_3 断层后均未见水。所谓"浅部加盖"，主要是向突水点附近 30～40 m 范围内打钻。本着见水就注浆的原则，把出水点包围起来，以控制水量和突水口的继续发展。因此，选择突水区上方与突水点垂距 50 多 m 的 9132 采煤工作面北中巷，作为打钻注浆的场地，从上往下打钻注浆。用 4 台钻机同时施工，钻孔一般均落在九水平以下 20~30 m 的突水点周围(见图 8-5)。历时 100 天左右,共打钻孔 13 个,总进尺 909.79 m,共注入水泥—水玻璃双液浆 1 113.78 m^3(其中水泥 548.8 t,水玻璃 394.88 m^3),使突水点的出水量减少到 200.8 m^3/h。在此期间,奥灰水位开始由大幅度下降转为回升,共回升了 15.74 m。

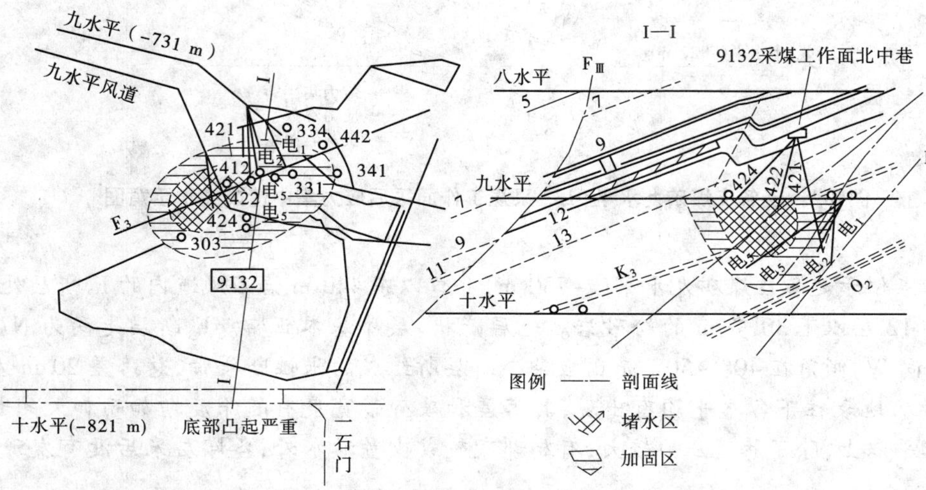

图 8-5 赵各庄煤矿九水平堵水钻孔布置图

第二阶段:由于前期注浆的结果,使得有可能从电车道北侧新开绕道进入突水区附近。这就为在九水平突水点以南开辟新的注浆场地创造了条件。这时,除继续利用 9132 采煤工作面往较深的部位打钻孔注浆外,主要是利用九水平新的注浆场地从突水区南侧进行钻孔注浆(见图 8-4)。首先在突水点以下较深部位打了几个试验钻孔,其中 3 个钻孔打在采后应力集中破碎带以内。这 3 个钻孔不仅在钻进中涌水量大(118.2 m^3/h),而且第一次注浆 19.3 m^3 后,突水区总涌水量就减少了 44 m^3/h,第二次注浆 11.2 m^3/h 后,总涌水量又进一步减少了 60 m^3/h。但是,其余打在集中应力破坏区以外的电$_1$334 和 442 等钻孔,不仅在钻进中孔内涌水量很少或基本无水,而且注浆后突水点总涌水量并没有明显地减小(见图 8-5)。此后,才开始把注浆堵水的重点转向采后应力集中区的较深部位。本阶段共施工钻孔 19 个,总进尺 1 733.01 m,注入双液浆 2 616.3 m^3(其中水泥 1 309.2 t、水玻璃 661.39 m^3),使突水点的总涌水量减少到 151.8 m^3/h。在此期间,奥灰水位又继续回升了 53.46 m。

第三阶段:主要是注浆加固。通过前两个阶段的注浆,总涌水量已经减少了 89.37%,但随着水位的回升,静水压力不断增大,再次突水的可能性很大,所以必须进行加固。其方法之一是扩大以突水点为中心的注浆范围;二是由上往下逐步加大注浆形成的隔水岩盖的厚度。共打钻孔 16 个,总进尺 624.9 m。注入双液浆和纯水泥浆 502.58 m^3(其中水泥 305.9 t、水玻璃 68.13 m^3)。这时,突水点的总涌水量减少到 111.6 m^3/h。

4. 治理方法的合理性分析及防水措施

(1)本次注浆,证明在静水压力为 6.0 MPa 的井下,采用水泥—水玻璃双液浆在动水条件下进行注浆堵水是可行的,效果比较好。不仅封堵水达到 92% 以上,而且强度还经受了 1976 年大地震的考验(震后突水点未发生变化)。

由于本次突水主要是采动应力集中、断层和高压地下水等多种因素共同作用的结果,通过打钻已知突水区附近是一片松软的含水破碎带，很难找到突水区，而且很可能根本不存在集中的来水道路。因此，注浆堵水的难度很大，采用"顺藤摸瓜"的办法，用较多的钻孔把这一片破碎带重新固结起来的办法，可以较快地从没有头绪中找到头绪。实践证明，在这种情况下采用这种方法是对的，它基本达到了赢得时间、争取主动和较快地收到成效的目的。

(2)井下高压条件下的动水注浆，关键是掌握好浆液的配比和压力。要安设孔口管和注浆管，下好止浆塞，一切工程措施要严格进行。在注浆中要根据串浆情况随时调节浆液配比浓度。注浆后期，钻孔常发生喷水、喷矸石等现象，给注浆带来了困难。为此，应缩短注浆段高度，用下行法进行短段注浆、逐步加固，逐步延深钻孔。这样便可有效地防止喷水、喷矸。

(3)必须要有一套严密的组织，统一指挥。明确职责分工和质量检查制度，才能保证技术措施的实施。

【例 8-3】 山东肥城杨庄煤矿 9101 上采煤工作面回风巷突水事故

1. 概况

杨庄煤矿于 1985 年 5 月 27 日 9 时左右发生徐灰岩溶水淹井事故。突水点在已经停止掘进达 4 个月之久的 9101 上采煤工作面回风巷，标高 -32 m 处。初期涌水量为 600 m^3/h 左右，17 时增至 4 000 m^3/h，最后稳定在 4 409 m^3/h。全矿井最大涌水量达 5 237 m^3/h。

水害发生后，各种水泵一起开动，并把一部分水引入上组煤的下山采空区。原来只有 1 680 m^3/h的排水能力，虽然经过努力达到 2 360 m^3/h，但还远远抵不住 5 000 m^3/h 的涌水量。到 5 月 28 日 4 时 35 分，该矿井被淹没，停产半年，井下全部设备被淹没，共损失 2 001.5 万元。

2. 地质构造及突水原因

9101 上采煤工作面处于 $F_{Ⅲ-1}$、$F_{Ⅰ-1}$和 $F_{Ⅰ-2}$断层所组成的地堑内(见图 8-6、图 8-7)。上部为 $F_{Ⅲ-1}$断层，走向 NE，倾向 NW，倾角 68°，落差 18 m；$F_{Ⅰ-1}$断层走向 NE，倾角 NW，倾角 65°，落差 8 m；下部为 $F_{Ⅰ-2}$断层，走向 NE，倾向 SE，倾角 70°，落差 7 m；该工作面开采 9 煤层，煤层厚 1.2 m 左右，徐灰厚 13.5 m。徐灰至奥灰 12 m 左右。奥灰厚 800 m 左右，徐灰和奥灰含水极为丰富，两者水力联系密切，其水位动态及水质特征基本一致。

突水的主要原因如下：

(1)巷道揭露断层是突水的主要原因。对 8 煤已经揭露的断层的地质资料没有深入分析和利用，生产管理不严，未按作业规程施工，致使 9101 上采煤工作面回风巷揭露 $F_{Ⅰ-1}$断层后，掘进巷道接近了强含水层，形成了一触即发之势。

(2)对于已揭露断层的点没有采取加固等防水措施，使其长期裸露，而且断层面被水淹没、浸泡，使其附近岩石变软、强度降低，出现了滞后突水。

(3)9101 采煤工作面的地质构造及水文地质条件极为复杂。该工作面处在被 3 条较大断层切割所形成的地堑构造内。同时，在该工作面东北方 230 m 处有 1 个陷落柱和断层密集带，岩石破碎，顶底板裂隙发育，是一个富水地带。

根据地面水文观测孔资料，徐灰水与奥灰水水力联系极为密切，二者水位同步下降。奥灰水在近处能大量补给徐灰，所以这次突水水量之大是空前的。

(4)矿井排水能力不足，防水设施不健全，矿井没有防水闸门，这些都是本次淹井的根本原因。

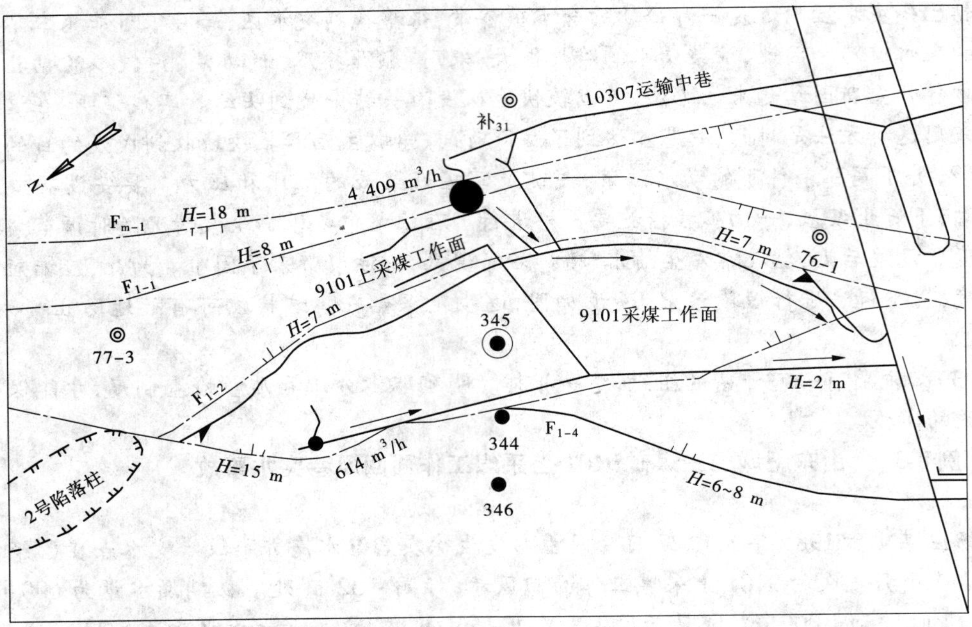

图 8-6　杨庄煤矿 9101 上采煤工作面突水点平面

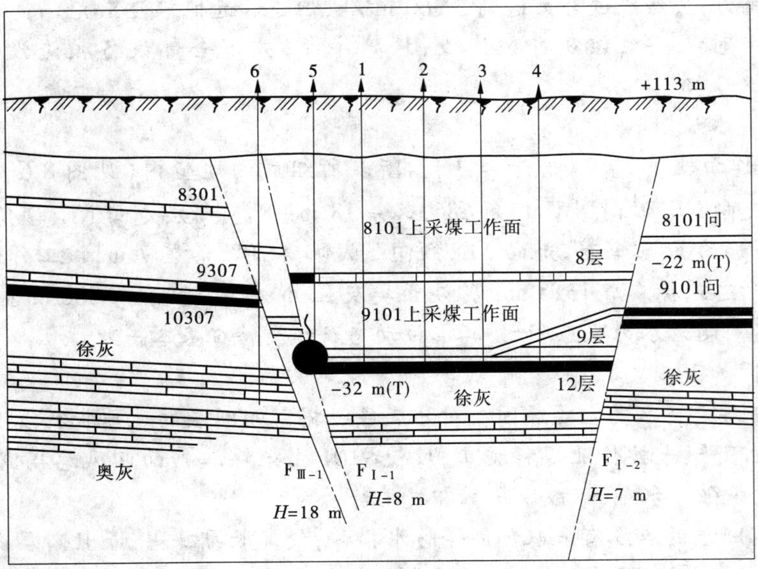

图 8-7　杨庄煤矿 9101 上采煤工作面突水点构造剖面图

3. 水害治理

淹井后，局、队、矿工程技术人员共同编制了注浆堵水方案，采取先注浆封堵巷道，然后堵出水点，最后再加固断层带的方法。

治水基本工艺流程：对巷道定点打钻孔→注骨料→注浆封堵→旋转喷射水泥浆加固→检查→矿井排水→封堵钻孔。

该堵水工程共打了 6 个钻孔，即注$_1$至注$_6$（见图 8-7）。其中，注$_1$、注$_2$、注$_3$、注$_4$为封堵巷道注浆钻孔，注$_5$、注$_6$为封堵水源和加固断层破碎带注浆钻孔。由于多数钻孔要求打入巷道内，因而要求钻孔偏斜度要小。6台钻机同时施工，因孔位标定准确，钻孔质量高，都达到了预期目标，为注浆堵水打下了良好基础。

为了增加水流的阻力，减少浆液流失，先在注$_1$、注$_4$钻孔注入大量骨料，当骨料堆积至巷道顶板时，下钻具将骨料推到较远的地方，要求充填半径达到5 m以上。先后共注入石子255 m^3、砂33.57 m^3。在注骨料的同时，为了使其固结，防止浆液流失，采用特制钻头在石子堆中由下而上地进行旋转喷射水泥浆，并在水泥浆内加入0.035‰的三乙醇胺和0.5‰的食盐作为速凝早强剂。这样，就使堆积在巷道内的骨料形成了固结的阻浆塞。随后，再进行大量的注浆工作。在注浆过程中，以单液浆为主、双液浆为辅，采用间歇式注浆工艺，共注单液浆59次、双液浆27次，共注水泥1 738 t、水玻璃532 t。

封堵工作基本完成后，为防止巷道淤积物漏水而进行了加固。其方法是：延深钻孔至巷道底板以下0.5～1.0 m，进行加压注浆，注浆压力超过突水静水压力(0.9 MPa)的3倍以上，即泵压达到3～4 MPa，浆液浓度不宜过大，水灰比为0.8左右，使浆液均匀地充填淤积物的空隙，提高其整体强度和防渗效果。

检查堵水效果的方法是在注浆过程中观测非注浆钻孔的水位变化；每个钻孔注浆后，扫孔取样检查；钻孔与钻孔之间作水的流速试验；每个钻孔在注浆结束时向孔内注水。观察其消耗量；矿井试排水前，进行了钻孔无线电波透视，认为合乎要求后，才进行矿井正式排水。

从1982年6月2日开始打钻，至7月20日出水点已经堵住，共进行了3次试排水。8月12日正式排水，9月15日排至井底。从打钻注浆到排水，共历时3个半月，花费90万元。矿井恢复时，出水点水量小于50 m^3/h，堵水效果达99%以上。

4. 经验教训

通过对突水点水文地质条件的分析和技术论证，只施工7个钻孔就达到了预期目的，说明了堵水技术方案是合理的，堵水效果也很好。在注骨料过程中，水固比例适当，下料均匀，避免了堵孔事故。单液、双液、骨料配合使用，采用间歇式注浆方法，控制了浆液的扩散范围，提高了堵水材料的整体强度，采用多种方法检查堵水效果，这些都是在实践中积累的治水经验。

同时，我们体会到此类水害以预防为主，只要采取适当措施，事故本来是可以避免的。主要体会如下：

(1)对断层一定要留足煤柱。对已经留设的煤柱，应打钻验证，以保证煤柱尺寸的准确。

(2)尽量少用巷探形式揭露断层，应采取钻探或物探手段探测断层。如果用巷探，必须事先制定出预防突水的措施。

(3)对已揭露的断层，必须采取措施进行封堵，防止滞后突水。

(4)开采6－2煤层要禁止破底板；开采9煤层悬顶不能太大，需要及时放顶，以减小顶板压力。一般悬顶不能超过4 m。

(5)对水压高、隔水层厚度达不到安全开采的，要进行疏水降压，待水压降到安全值时，再进行开采。

(6)应健全防水措施，设置必要的挡水墙、水闸门，装备足够的矿井排水设施，以抗拒水害。

【例 8-4】 霍州煤电白龙矿陷落柱突水注浆堵水

1. 概况

白龙矿 2 – 1101 工作面在 370 水平，系走向综采工作面，一次采全高(4.5 m)。370 水平受 4 条断层控制，其落差为 17 ~ 88 m。该水平断层发育密度 60 ~ 70 条/km^2，陷落柱发育密度 80 ~ 90 个/ km^2。

主要含水层：K_4灰岩厚 6.68 m，上距 2 号煤层 40 m 左右，q = 0.046 5 L/(s · m)，K = 0.323 m/d；K_3灰岩厚 3.9 m，上距 K_4灰岩 7.26 m，q = 0.046 5 L/(s · m)，K = 0.323 m/d；K_2灰岩厚 8.71 m，上距 K_3灰岩 12.16 m，q = 1.15 ~ 3.16 L/(s · m)，K = 0.8 ~ 18.8 m/d；O_2灰岩总厚 617 m，上距 K_2灰岩 31.29 m，距 2 号煤层 110 m 左右，q = 0.3 ~ 4.97 L/(s · m)，K = 18.8 m/d。上列 4 层含水层有统一的静止水位 – 520 m，说明它们之间的导水通道畅通。

2 – 1101 工作面，顺槽长 710 ~ 740 m，切巷长 150 m，2 号煤层底板标高 305 ~ 371 m，煤层平均倾角 14°，顶板为灰色泥岩，厚 3.5 m，局部含煤线；底板为灰色细砂岩，厚 2.5 m。2006 年 11 月开始回采，至 2007 年 3 月 18 日推进 350 m，在回采过程中共揭露断层 9 条，其落差为 0.4 ~ 2.0 m，揭露陷落柱 5 个，其长轴长为 8 ~ 40 m。

2. 突水经过

2007 年 3 月 13 日工作面揭露 No572 陷落柱，至 3 月 18 日 8 时，推进陷落柱 13 m，长度 37 m，此时底板突水，出水点标高 350 m，带压 1.7 MPa 左右，涌水量 50 ~ 60 m^3/h。水色时清时浑，并夹有大量泥沙，水质与 K_4灰岩相似。3 月 20 日，陷落柱靠近运输顺槽边缘底板，涌水量为 100 m^3/h 左右，3 月 25 日为 140 m^3/h，3 月 28 日为 310 m^3/h，3 月 31 日达 500 ~ 600 m^3/h，4 月 5 日 11 时，涌水量达到 1 000 ~ 1 200 m^3/h。白龙矿主要突水情况见表 8-22。

表 8-22 白龙矿主要突水情况

时间(年-月-日)	地点(工作面)	涌水量(m^3/h)			水灾类型	出水点标高(m)	突水通道	封堵情况
		最大	最小	稳定				
1991-12-14	2 – 401	110	150	130	K_2O_2	330	陷落柱	未封
2006-04-04	2 – 1020	15	80	60	K_2	298	陷落柱	未封
2006-05-04	2 – 1021	15	60	40	K_2O_2	276	陷落柱	未封
2007-03-18	2 – 1101	25	1 200	600	K_2O_2	350	陷落柱	注浆(地面)

3. 水害治理

2007 年 4 月 19 日、7 月 25 日、9 月 20 日，集团公司先后邀请全国部分防治水专家进行分析研讨，白龙矿与西安煤科院共同编制了《白龙矿 No572 陷落柱注浆验证孔设计》和《白龙矿 2 – 1101 工作面 No572 陷落柱井下探查注浆加固方案》，施工注浆效果验证孔 8 个，落实了设计和方案后，对 No572 陷落柱南部范围进行了控制，对地面注浆堵水效果进行了验证，对部分地段进行了注浆加固，确保了支架安全回撤。

■ 项目小结

本项目对注浆堵水中的地质工作进行了介绍，重点讲解了注浆施工的程序、施工要求、注浆参数的选择;介绍了注浆材料的分类、性能、测定方法以及常见注浆材料的配制方法;对注浆设备的基本原理进行了简单介绍,详细讲解了注浆泵、搅拌机的选型方法和使用要求;并结合案例对注浆堵水施工进行了分析。

基础训练

1. 阐述注浆堵水中水文地质工作的具体内容。
2. 简述注浆堵水施工的一般流程。
3. 注浆孔施工的具体要求是什么?
4. 简述注浆作业有关参数的选择原则。

项目九　矿井防水设施与设备

学习目标

(1)熟悉水闸门、密闭门及水闸墙在矿井防水中的作用；

(2)掌握水闸门、密闭门及水闸墙等各种的砌筑要求和施工方法；

(3)了解各种离心式水泵的结构；

(4)掌握离心式水泵的性能与工况分析方法；

(5)熟悉矿井防(排)水设备的操作运行与维护要求；

(6)熟悉《煤矿安全规程》关于矿井防治水设施有关规定。

【导入】

水文地质条件复杂、极复杂的矿井，为了避免矿井受突然涌水的袭击，发生水灾事故要求砌筑如闸门、密闭门及水闸墙等各种矿井防水设施，本项目的主要内容就是介绍各种矿井防水设施。

矿山排水系统一般由水泵、电动机、启动设备、管路及管路附件和仪表等组成，本项目主要介绍各种离心式水泵的结构、性能及工况分析。

矿井水灾事故作为矿井五大自然灾害事故之一，对煤矿的安全生产威胁极大，《煤矿安全规程》对矿井防治水方面有各种详细的规定，本项目主要介绍了各种规定。

【正文】

单元一　矿井防水设施

一、水闸门、密闭门及水闸墙

水文地质条件复杂、极复杂的矿井，为了避免矿井受突然涌水的袭击，或因临时停电，设备发生故障，致使水位迅速上升而淹井，故在井底车场周围设置防水闸门，拦截水流，或在正常排水系统基础上安装配备排水能力不小于最大涌水量的潜水电泵排水系统，确保矿井安全。

(一)水闸门、密闭门及水闸墙的砌筑

在矿井有突水危险的采掘区域，应在其附近设置防水闸门。不具备建筑防水闸门的隔

离条件时,可不建筑防水闸门,但应制定严格的其他防治水措施,并经煤矿企业主要负责人审批同意。

在井下巷道掘进遇溶洞或断层突水时,为封堵矿井水或溶洞泄出的泥沙石块,可构筑水闸墙。此外,采区间的隔离防水,也可构筑水闸墙。

水闸门、密闭门或水闸墙要求设置在致密坚硬及完整无隙的岩石中。如果必须在松软岩石中砌筑时,就应当在砌水闸门、密闭门或水闸墙内外的一段巷道里全部砌碹,碹后注浆,使之与围岩紧密固结,构成一个坚固整体,以防漏水甚至崩溃。

水闸门、密闭门或水闸墙可用缸砖、料石、钢筋混凝土或建筑用砖砌筑,视所受压力大小而选定材料。墙垛四周应掏槽伸入岩石之中,事先埋好注浆管,待墙垛竣工后,再压注水泥砂浆,充填缝隙,使之与围岩构成一体。

水闸门或密闭门由墙垛门框、门扇及衬垫组成。门框净高净宽视巷道运输量的需要而确定,通常尺寸见表9-1。

表9-1 门框净高净宽

类别	净高(m)	净宽(m)
水闸门	2.0~2.2	1.9~2.7
密闭门	1.8~2.0	1.8~1.9

水闸门或密闭门的墙垛由混凝土筑成,应按设计留好各种水管孔和电缆孔。门扇可根据经受水压的大小,采用铁板焊接或铸钢制成。门的形式在水的压强不超过25 kg/cm^2时,常采用平面状。当水的压强超过25~30 kg/cm^2时,采用扁壳状或球壳状。门框与门扇之间的衬垫,用铜片或铁皮包橡皮做成。

建筑防水闸门应当符合下列规定:

(1)防水闸门由具有相应资质的单位进行设计,门体采用定型设计。

(2)防水闸门的施工及其质量,符合设计要求。闸门和闸门硐室不得漏水。

(3)防水闸门硐室前、后两端,分别砌筑不小于5 m的混凝土护碹,碹后用混凝土填实,不得空帮、空顶。防水闸门硐室和护碹采用高标号水泥进行注浆加固,注浆压力符合设计要求。

(4)防水闸门来水一侧15~25 m处,加设1道挡物箅子门。防水闸门与箅子门之间,不得停放车辆或堆放杂物。来水时,先关箅子门,后关防水闸门。如果采用双向防水闸门,在两侧各设1道箅子门。

(5)通过防水闸门的轨道、电机车架空线、带式输送机等能够灵活易拆。通过防水闸门墙体的各种管路和安设在闸门外侧的闸阀的耐压能力,与防水闸门设计压力相一致。电缆、管道通过防水闸门墙体外,用堵头或阀门封堵严密,不得漏水。

(6)防水闸门安设观测水压的装置,并有放水管和放水闸阀。

(7)防水闸门竣工后,按照设计要求进行验收。对新掘巷道内建筑的防水闸门,进行注水耐压试验;水闸门内巷道的长度不得大于15 m,试验的压力不得低于设计水压,其稳压时间在 24 h 以上，试压时有专门安全措施。

防水闸门应当灵活可靠，并保证每年进行 2 次关闭试验，其中 1 次在雨季前进行。关闭闸门所用的工具和零配件应当由专人保管，并在专门地点存放，任何人不得挪用丢失。

井下需要构筑水闸墙的，应当由具有相应资质的单位进行设计，按照设计进行施工，并按照规定进行竣工验收；否则，不得投入使用。

报废巷道封闭时，在报废的暗井和倾斜巷道下口的密闭水闸墙应当留泄水孔，每月定期进行观测，雨季加密观测。

（二）水闸门及密闭门的设计图纸举例

1. 峰峰矿务局通二矿使用的两种防水闸门

一为矩形闸门（见图 9-1），一为圆形闸门（见图 9-2），系根据膜型扁壳理论设计而成，能承受 32 kg/cm^2 的压力，适用于 900 mm 轨距的单轨巷道。门扇及门框均用 ZG35 碳素钢整体一次铸成。门与框的接触面要精细加工，宜用大刨床刨光刨平，其间要有衬垫，以利关闭严密而不漏水。

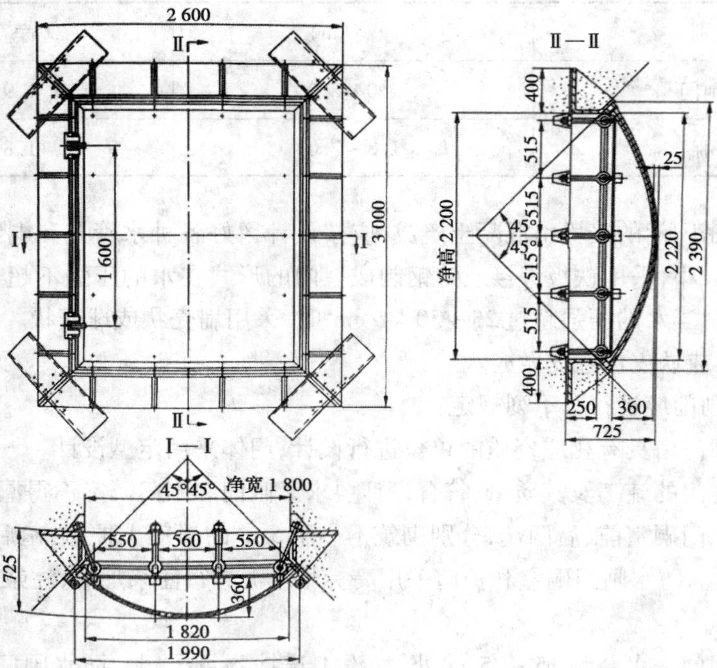

图 9-1　矩形闸门

2. 湖北煤矿设计院设计的密闭门

如图 9-3 所示，这种密闭门适用于水泵房与变电所的通道中，承受的压力小于 1 kg/cm^2。

3. 湖南省煤炭坝煤矿使用的水闸门

湖南省煤炭坝煤矿使用的水闸门如图 9-4 所示，水闸门的工程量及主要材料消耗见表 9-2。

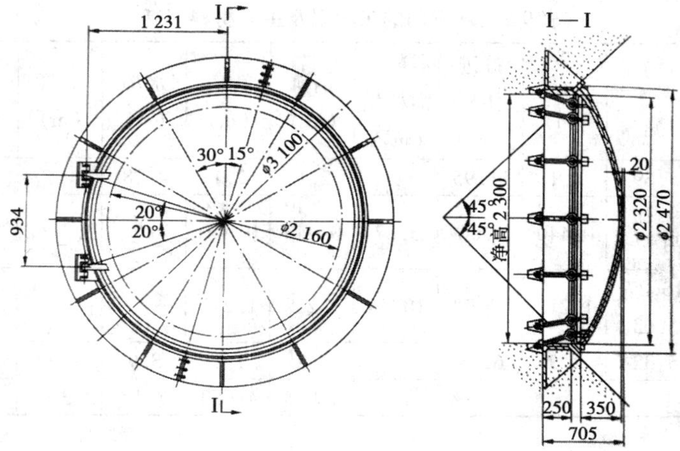

图 9-2　圆形闸门

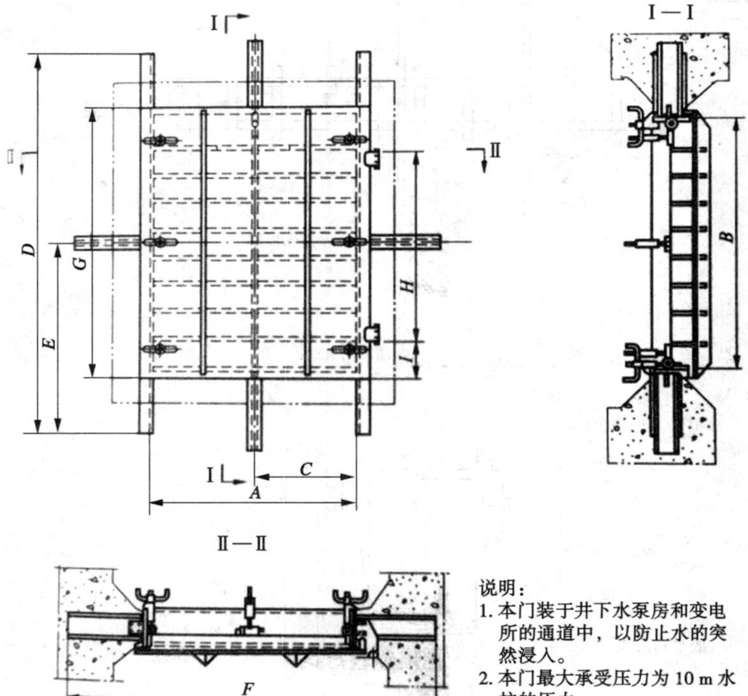

说明：
1. 本门装于井下水泵房和变电所的通道中，以防止水的突然浸入。
2. 本门最大承受压力为 10 m 水柱的压力。

图 9-3　湖北煤矿设计院设计的密闭门平面图、剖面图

表 9-2　水闸门的工程量及主要材料消耗

项目	净面积(m^2)		长度(m)	掘进体积(m^3)	混凝土消耗量(m^3)	钢轨(kg)	轨道(m)	水沟(m)	水管(m)	闸阀(个)	压力表(只)
	净	掘									
①-②	5.32	5.69	2.1	11.95		2.1	2.1	4.28			
②-③	2.7	9.23 13.27	0.440	5.06	3.87	0.440	0.440		2.3×2	2	1
③-④	2.7	13.27 5.63	1.212	11.73	10.54	1.212	1.212				
④-⑤	5.32	5.32	1.2	6.38		1.2	1.2	3.9			
合计				35.12	14.41	4.953	4.953	8.18	2.3×2	2	1

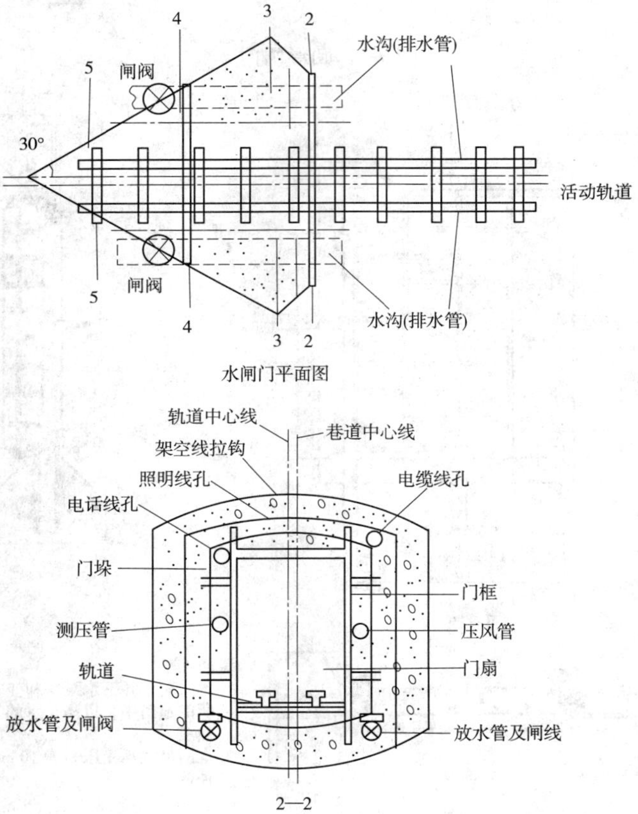

图 9-4　湖南省煤炭坝煤矿使用的水闸门平面图(1∶200)

4. 徐州矿业集团使用的水闸墙

徐州矿业集团使用的水闸墙为圆柱形闸墙,墙上安有放水管的闸阀。墙砌好之后,可以堵水,也可以放水(见图 9-5)。

二、水闸门墙垛类型及厚度计算

水闸门、密闭门或水闸墙垛厚度必须经过准确计算。闸墙的型式不同,其计算公式也不同。

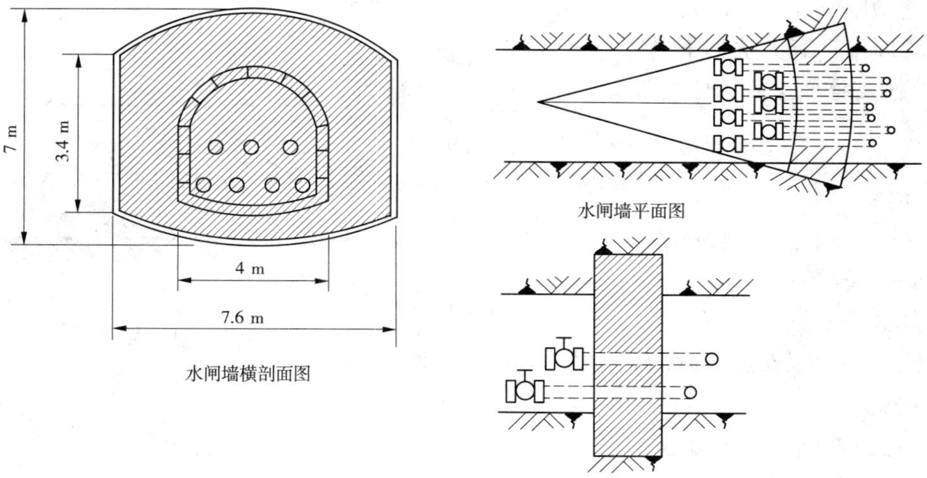

图 9-5 徐州矿业集团使用的水闸门平面图

(一)平面型闸墙

平面型闸墙系用方木构筑的临时闸墙,在发生突水事故的情况下,用以掩护永久性闸墙的施工,或在一定时间内切断水流,赢得时间,撤走排水设备或施工人员。这种防水闸墙具有结构简单、构筑速度快的特点,承受水压通常为 1.5 ~2.0 kg/cm^2。

平面型闸墙(见图 9-6)按简支梁计算:

$$S = L \times \sqrt{\frac{3p}{4K}} \tag{9-1}$$

式中 S——闸墙厚度,cm;

p——水的压强,kg/cm^2;

K——木材许用弯曲应力,kg/cm^2;

L——闸墙的高度(或宽度),cm。

计算时,L 根据巷道宽度和高度而定,应取其最大值进行计算。水闸门如用木材建造,因其处于长期潮湿的情况下,木材的强度会降低,故强度乘以 0.75 的系数。其许用弯曲应力取其弯曲应力的 1/10。

嵌入巷道壁上截口中的方木长度 l,可按下式计算:

$$l = \frac{0.1HL}{2(R_d - 0.1H)} \tag{9-2}$$

式中 R_d——基础岩石许可抗压强度(取岩石抗压强度的 1/10),kg/cm^2;

H——闸墙承受的水压力,kg/cm^2。

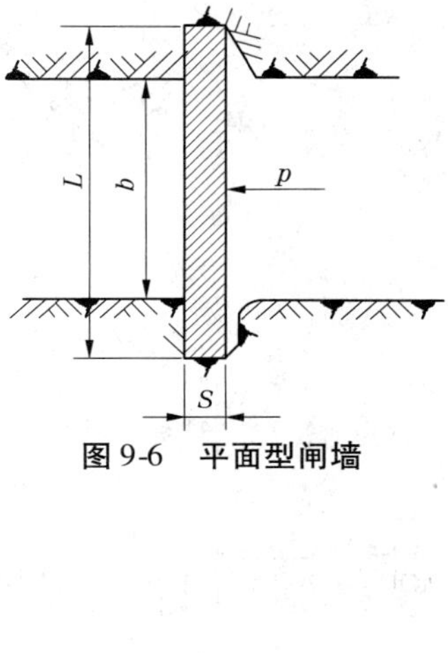

图 9-6 平面型闸墙

(二)圆柱型闸墙

圆柱型闸墙使用在窄而高的巷道中,能承受较平面型闸墙更大的压力,一般采用缸砖、料石或混凝土块砌筑。如闸墙厚度较大时,可在闸墙的内外侧用缸砖砌筑,中间以混凝土捣制,若全部采用混凝土,则需装模板。

圆柱型闸墙支撑于两帮基础的斜面上，如图 9-7 所示。

墙垛厚度计算方法如下。

（1）按支撑面上受力强度计算：

$$S = \frac{r}{\frac{nR_d}{p} - 1} \tag{9-3}$$

式中　r——内半径长度，cm；

n——段数；

其他符号意义同前。

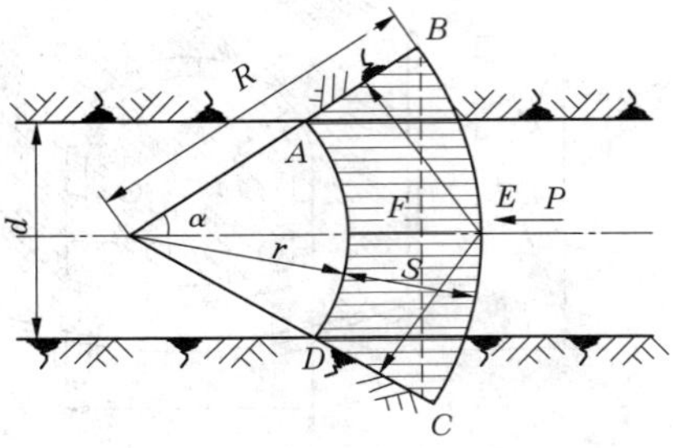

图 9-7　圆柱型闸墙

为使闸墙稳定安全。应满足：$SR_d \geqslant pR$（R 为外半径，cm）。

（2）按厚壁圆筒公式计算：

$$S = r\left(\sqrt{\frac{nR_d}{nR_d - 2p}} - 1\right) \tag{9-4}$$

式中各符号的意义同前。

（三）球面型闸墙

球面型防水闸墙的建筑尺寸应与砌筑闸墙处的巷道宽度和高度相适应。这种防水闸墙支撑于基座的 4 个支撑斜面上，比圆柱型闸墙有较大的支撑面，因而能承受较大的水压。

（1）按厚壁球面体（见图 9-8）公式计算：

$$S = r\left(1 - \sqrt[3]{\frac{nR_d}{nR_d - 1.5p}} - 1\right) \tag{9-5}$$

（2）按球壳体（见图 9-9）4 个支撑面受力无弯矩计算：

$$S = \frac{b\left(\sqrt{1 + \frac{180p\sin\alpha}{2\pi R_d - 180p\sin\alpha}} - 1\right)}{2\sin\alpha} \tag{9-6}$$

式中　b——巷道的宽度或高度，cm，取其最大值。

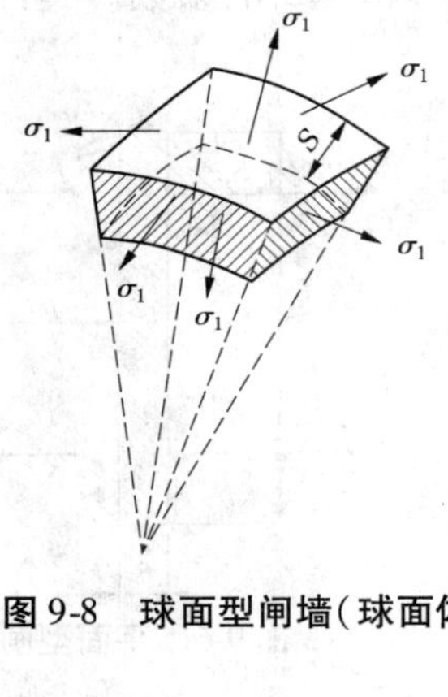

图 9-8　球面型闸墙（球面体）

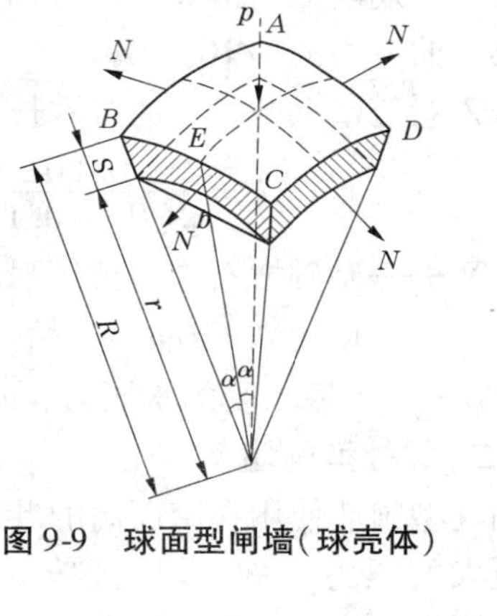

图 9-9　球面型闸墙（球壳体）

（四）楔型闸墙

楔型闸墙在基础上具有 4 个支撑面，因而能承受较高的水压。如果水压特别大，可构筑多段楔型闸墙,如图 9-10 所示。

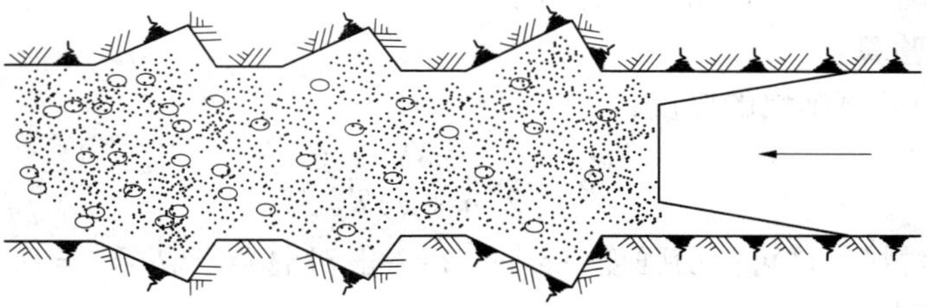

图 9-10　多段墙垛组成形式

楔型闸墙(见图 9-11)的计算如下:

$$S = \frac{\sqrt{(a+b)^2 + \frac{4pab\sin^2\alpha}{R_d}} - (a+b)}{4\tan\alpha} \tag{9-7}$$

式中　a——巷道净跨度,cm;

b——巷道高度,cm;

α——楔型闸墙侧边与巷道中心线夹角,一般取 $\alpha = 15° \sim 30°$。

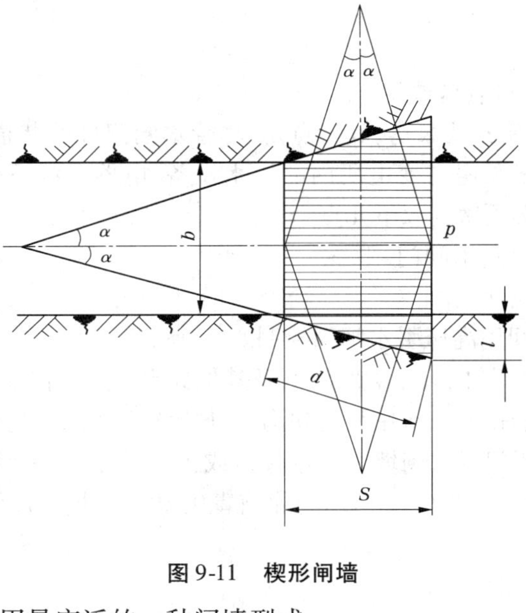

图 9-11　楔形闸墙

楔形闸墙是当前使用最广泛的一种闸墙型式。

(五)闸墙内半径及支撑座截口深度计算

(1)圆柱型闸墙及球面型闸墙内半径的计算:

闸用支承座与巷道中心所成夹角的大小视支承座的岩石抗压强度而定:软岩石 $\alpha \leqslant 30°$,中硬岩石 $\alpha = 30° \sim 35°$,硬岩石 $\alpha = 35° \sim 40°$。

由于 $r = \frac{a}{2\sin\alpha}$,所以,软岩石 $r = 1.0 \sim 1.5a$,中硬岩石 $r = 0.85 \sim 1.0a$,硬岩石 $r = 0.75 \sim 0.85a$。

(2)楔形闸墙支撑座截口深度计算:$h = S\sin\alpha$,如系多段闸墙,则 $h = S_0\sin\alpha$。h 为支撑座截口深度,cm;S_0 为每段闸墙的厚度,cm。

(六)闸墙的验算

(1)按剪应力验算闸墙的厚度:

$$S = \frac{pab}{2(a+b)T_{剪}} \tag{9-8}$$

其中,$T_{剪}$ 为密闭材料的许可抗剪强度(kg/cm²),一般对混凝土取 $T_{剪} = 0.15R_d$。

(2)验算密闭的抗渗性:

$$S > S_{抗渗} = 48KHF \tag{9-9}$$

式中　K——混凝土渗透系数(见表 9-3);

H——水头高度,m;

F——砌筑闸墙处巷道掘进断面积,m^2。

表 9-3　混凝土渗透系数 K 值

最大抗压强度(kg/cm²)	K 值	最大抗压强度(kg/cm²)	K 值
117	0.000 018 72	122	0.000 030 42
120	0.000 023 70	140	0.000 035 29

三、密封式泵房

(一)密封式泵房的特点与作用

大水矿井必须设计密封式泵房,其特点是:尽管水闸门外的巷道被水淹没,但水泵房与变电所却平安无事,由于泵房与变电所内的排水设备、电器系统不受水浸,仍可照常运转。为使泵房达到密封,就必须做到以下几点:

(1)运输大巷两翼设置水闸门。

(2)泵房与大巷用密闭门相隔。

(3)水仓与配水井间用高压引水闸阀控制。

(4)泵房(包括变电所)内大小裂隙溶洞及其他导水通路一律注浆封闭,使之不漏水。

(5)泵房与排水井(副井)、风井及主井沟通处应设密闭门。这些井筒如与其他来水井巷相通时,也应设置密闭门或水闸墙。经过改造或扩建的生产井,巷道多相互沟通,更应注意采取防水设施使之密封。图 9-12 所示为徐州青山泉二号井,为使 -118 m 水平泵房保持密封,设置了 6 个水闸墙。

(二)密封式泵房的类型

1. 一般密封泵房

大水矿井常用的一般泵房是:泵房及变电所的位置高于水仓入口标高 0.5 m。水仓底标高低于泵房水平 4 m,矿井水从水仓经过引水闸阀进入配水巷,再经配水巷的配水闸阀进入吸水井,吸水井通常低于汇水巷 0.5 m,其具体布置如图 9-13 所示。

泵房要求建立在岩石坚硬致密、无裂隙的地段。如必须建在松软破碎岩石中时,必须留设泵房煤柱。泵房必须砌碹,碹壁之后必须注满砂浆,不得留有空隙或导水裂隙,以确保泵房的干燥与稳定。

这种泵房的优点是施工方便,容易密封,设备安装方便。

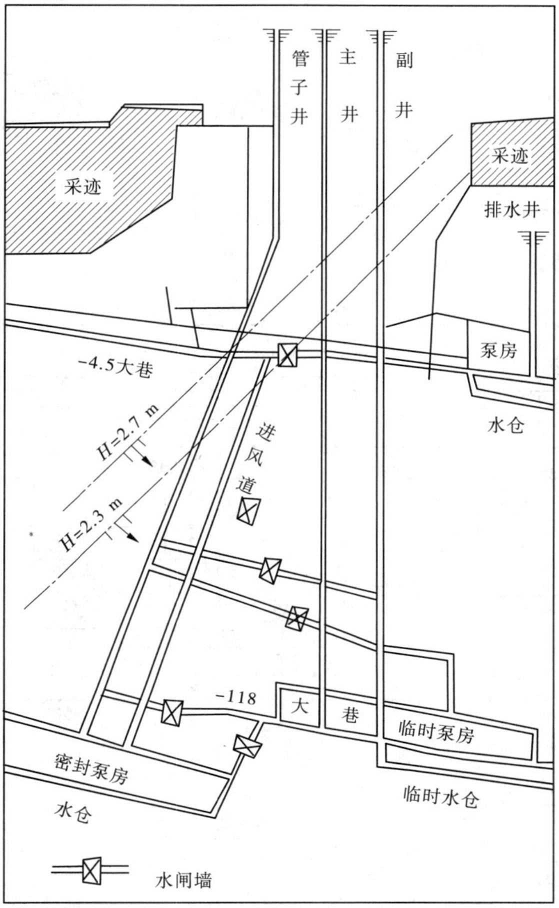

图 9-12　徐州青山泉二号井密闭泵房

2. 潜没式密封泵房

潜没式密封泵房是将泵房与变电所布置在比井底车场标高低 4 m 的水平处。泵房、变电所至井底车场的通道内应设置密闭门，水仓底标高低于井底车场底板 2.5 m，比泵房标高高出 1.5 m。水由水仓经引水闸阀进入汇水巷，再经汇水巷的配水闸阀进入吸水井。每两台泵布置一个吸水井。其平面布置如图 9-14 所示，其剖面位置如图 9-15 所示。

潜没式泵房的优点如下：

(1) 由于吸水管是正压，可适当采用效率高、吸程低的水泵。

(2) 水泵没有底阀，阻力小，电耗少。

(3) 水泵启动时不需灌水，容易实现水泵运转自动化。

(4) 没有气蚀现象，水泵寿命可以延长。

潜没式泵房的缺点如下：

(1) 由于泵房变电所标高较井底车场标高低，须开凿设备运输斜巷，安装调度绞车以及运输设备。

(2) 通行条件较一般水泵硐室要差。

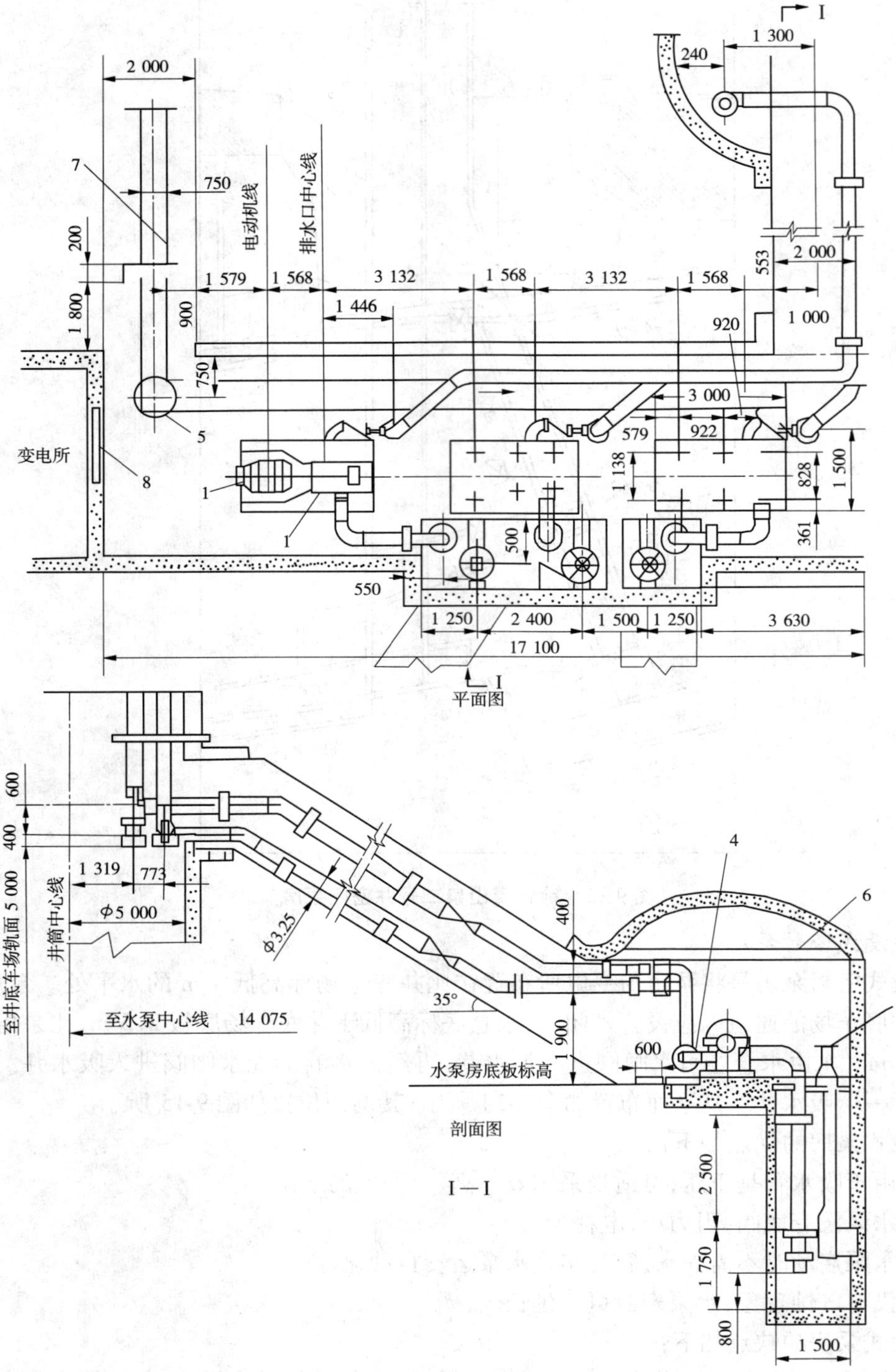

1—DK400－11 型水泵；2—电动机；3—ϕ500 分水闸阀；4—压力表；

5—转盘；6—手动葫芦；7—栅门；8—防水门

图 9-13　一般水泵房布置图

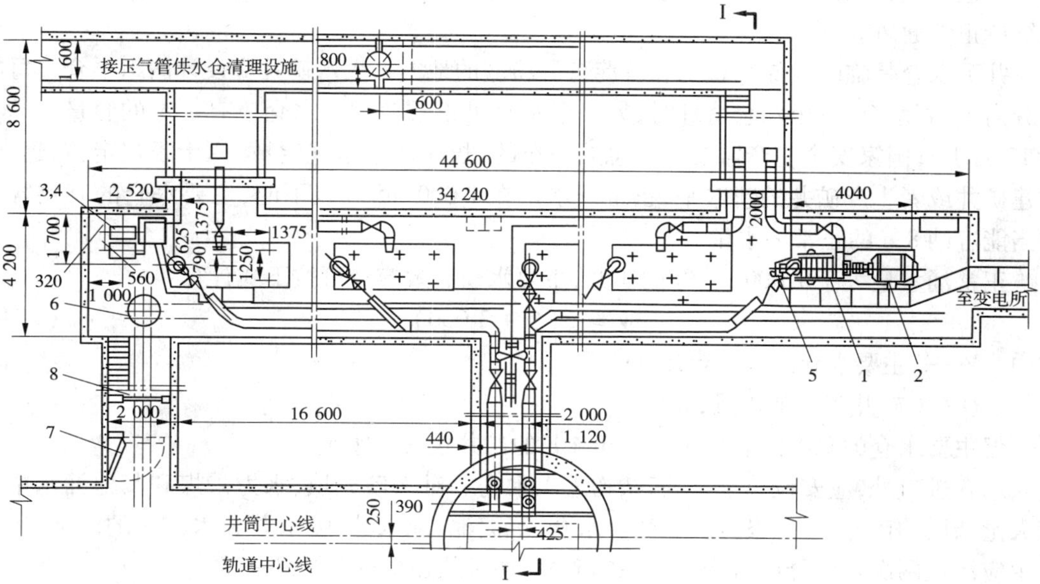

1—8DA89 水泵;2—电动机;3、4—水泵及电动机;5—电动阀门;6—转盘;7—防水门;8—栅门

图 9-14 潜没式密封泵房布置图 （单位:mm）

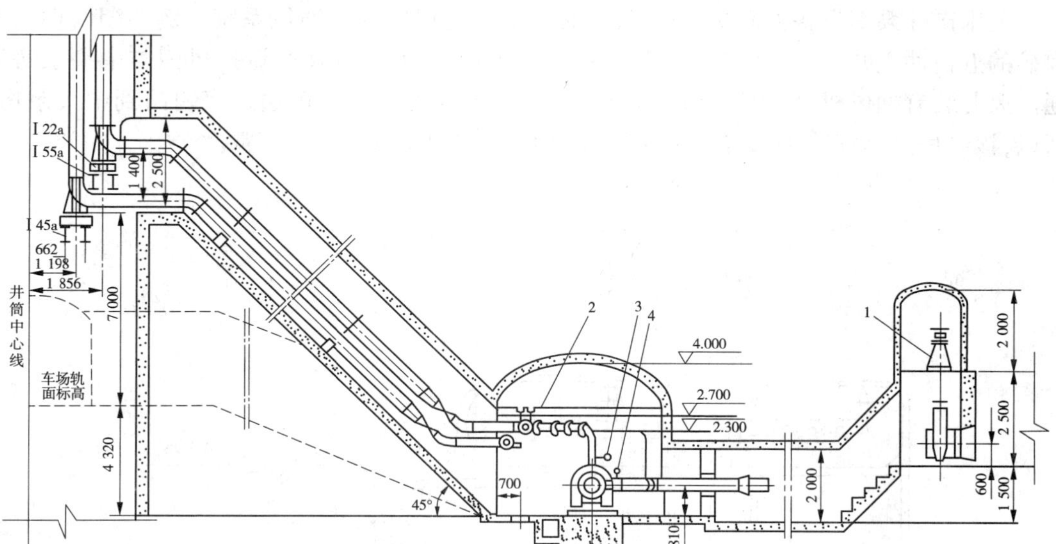

1—ϕ750 分水闸阀;2—手动葫芦;3、4—电力表

图 9-15 潜没式密封泵房剖面图 （长度:mm;高程:m）

(3)水泵硐室、排水井巷施工困难,基建工程量大。

3. 密封式泵房的配套工程及要求

密封式泵房的配套工程有水仓、配水井、配水巷、吸水井、泵房通道及密闭的硐室、紧急提升巷道。在大水矿井最好设置独立的通风系统,以便在关闭水闸门、密闭门时,泵房内仍能维持正常通风。

井下水仓是临时性储存积水和沉淀煤矸粉渣的地方。大水矿井应设计两组水仓。每组又分为主、副水仓,一个水仓清理时,另一个水仓可正常使用。水仓应有一定的容量。2009年12月1日国家安全生产监督管理总局颁布的《煤矿防治水规定》第六十条规定:新建、改扩建矿井或者生产矿井的新水平,正常涌水量在1 000 m^3/h 以下时,主要水仓的有效容量应当能容纳8 h的正常涌水量。

正常涌水量大于1 000 m^3/h 的矿井,主要水仓有效容量可按下式计算:

$$V = 2(Q + 3\,000) \tag{9-10}$$

式中 V——主要水仓的有效容量,m^3;

Q——矿井正常涌水量,m^3/h。

但主要水仓的总有效容量不得小于4 h的矿井正常涌水量。

水仓进口处,应安设箅子,以防杂物进入水仓。对水砂充填、水力采煤和其他涌水中带有大量杂质的矿井,还应设置沉淀池。水仓、沉淀池、配水巷、吸水井和水沟中的淤泥,每年至少应清理两次。与降雨有密切关系的矿井,还必须在雨季前清理一次。

主要泵房至少有两个安全出口,一个由副井(排水井)通至泵房,另一个由主斜井车道通泵房。泵房还有出口通井底车场。在这些通道内应设置容易关闭的、既能防水又能防火的密闭门。

大水矿井泵房设备大而多,有条件时必须准备专门的独立通风系统。例如湖南煤炭坝煤矿的五亩冲立井(见图9-16),主井与副井都可进风,而风井通过调剂风门与中央泵房沟通。风井装有抽风机,使中央泵房形成负压,主、副井的风流即可通过密闭门到中央泵房。所以,该泵房虽然安装了32台350 kW大型水泵,但温度却能保持正常。

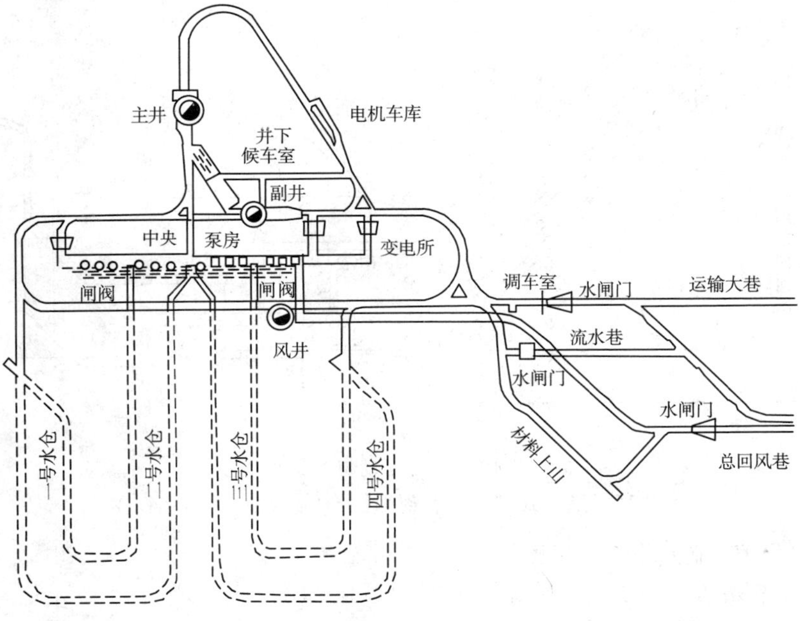

图9-16 湖南煤炭坝煤矿的五亩冲立井泵房通风系统

泵房内水泵台数与排水能力要根据矿井预计涌水量的大小设计配置。《煤矿安全规程》第二百七十八条规定:备用水泵的能力应不小于工作水泵能力的70%。工作和备用水泵的总能力,应能在20 h内排出矿井24 h的最大涌水量。检修水泵的能力应不小于工作水泵能力的25%。水文地质条件复杂的矿井,可在主泵房内预留一定数量水泵的位置。排水管道及配电设备,也应与水泵数量相适应,配合工作和备用水泵在20 h内排出矿井24 h的最大涌水量。应安装两趟排水管和两回路供电线路,受条件限制时,其中一回路可引自同种设备房的配电装置。

密封式泵房要求达到:当矿井全部淹没后,地下水位恢复到静止水位时,地下水都不进入泵房与变电所;待排水条件成熟时,又可将地下水全部排除,恢复矿井的正常生产。

单元二 矿井防水设备

矿山防水设备一般由水泵、电动机、启动设备、管路及管路附件和仪表等组成(如图9-17所示)。

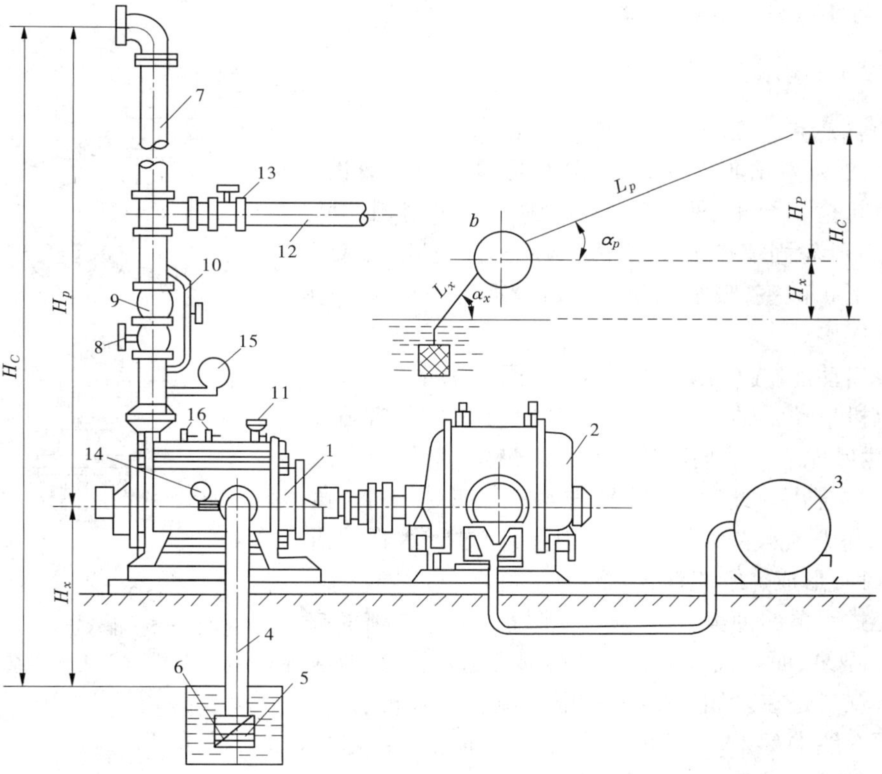

1—离心式水泵;2—电动机;3—启动设备;4—吸水管;5—滤水器;
6—底阀;7—排水管;8—调节闸阀;9—逆止阀;10—旁通管;
11—引水漏斗;12—放水管;13—放水闸阀;14—真空表;15—压力表;16—放气栓

图9-17 矿井防水设备示意图

水泵是把原动机械能传输给水的机械,叶轮是传输能量的主要零件。

滤水器5装在吸水管的最下端,其作用是过滤矿水中的杂物,防止杂物进入水泵。

底阀6用于防止水泵启动前充灌的引水及停泵后的存水漏入吸水井。底阀阻力较大,并常出现故障,所以一些矿井采用了无底阀排水。无底阀排水就是去掉底阀,减小吸水管路的阻力,并减少了存在底阀时的故障。

调节闸阀8安装在靠近水泵的出水管段上,用来调节水泵的扬程和流量、关闭时启动水泵(电机启动功率最小,以免电机过载)和正常停泵时先关闭该闸阀以免水击水泵与管路。

逆止阀9安装在调节闸阀的上方,防止突然停泵时来不及关闭调节闸阀而发生的水击,以保护水泵和管路。

旁通管10(对有底阀的水泵)跨接在逆止阀和调节闸阀两端。水泵启动前,可通过旁通管用排水管中的存水向水泵充灌引水。

引水漏斗11用来充灌引水。

放水管12是在检修水泵和管路时,把排水管中的存水放入吸水井。

真空表14用来检测水泵入口处的真空度。

压力表15用来检测水泵出口的压力。

放气栓16是在充灌引水时排出水泵内的空气。

一、离心式水泵的结构

(一)离心式水泵的工作原理

如9-18为一单吸单级离心式水泵的结构示意图。它主要由叶轮1、泵轴、外壳3、轴承及吸水管4和排水管5等组成。叶轮固定在泵轴上,随泵轴一起转动。外壳3为一螺线形扩散室,吸水口和排水口分别与吸水管4和排水管5连接。

水泵启动前,先向水泵充灌引水,灌满引水后,启动电机。电机带动泵轴与叶轮旋转,叶轮内的水在离心力作用下,由叶轮入口流向叶轮出口,并经螺线形扩散室进入排水管被排出。此时,在叶轮进水口处形成真空(负压),吸水井中的水在大气压力作用下,通过吸水管被压入叶轮入口,形成连续流动。

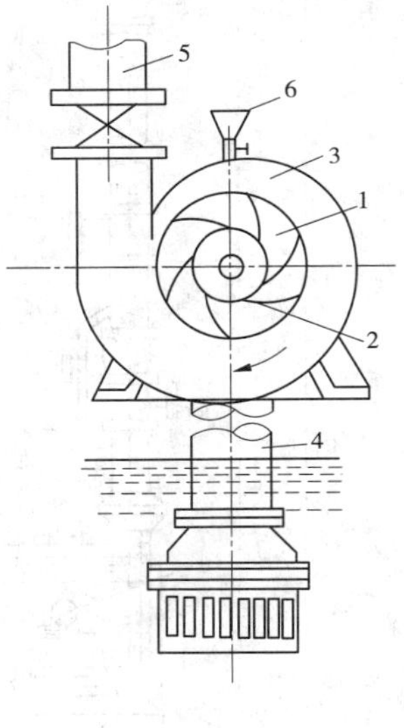

1—叶轮;2—叶片;3—外壳
4—吸水管;5—排水管;6—引水漏斗

图9-18 单级离心式水泵结构示意图

离心式水泵的种类和型号很多,目前,矿山主排水泵主要用D型泵,而井底水窝和采区局部排水常用IS型水泵。有些煤矿还在采用DA型、B型泵等一些老式水泵。本节主要介绍D型和IS型水泵的结构,其他型号的水泵在此不作介绍。

(二)离心式水泵的分类

1.按叶轮数目分

(1)单级水泵:泵轴上只装有一个叶轮。

(2)多级水泵:泵轴上装有多个叶轮。

2.按叶轮进水口数目分

(1)单吸水泵:叶轮上只有一个进水口。

(2)双吸水泵:叶轮两侧都有进水口。

3. 按泵壳接缝形式分

(1)分段式水泵:垂直泵轴心线的平面上有泵壳接缝。

(2)中开式水泵:在通过泵轴心线的平面上有泵壳接缝。

4. 按泵轴的位置分

(1)卧式水泵:泵轴为水平位置。

(2)立式水泵:泵轴为垂直位置。

(三)D 型离心式水泵

D 型泵是卧式单吸多级分段式离心泵,供输送清水及物理化学性质类似于清水的液体,输送液体的最高温度不超过 80 ℃,广泛用于矿山排水、工厂及城市给水等。为适应不同工作条件与环境,D 型泵又派生出一些产品,如 DM 型(耐磨泵)、DF 型(耐腐蚀泵)、DG 型(锅炉给水泵)等,也可用于矿山排水。它们都为卧式单吸多级分段式离心泵,除 DG 型吸水口为垂直向上(有些 DF 型水泵吸水口也为垂直向上)外,其他皆为吸水口水平、排水口垂直向上,其他结构基本相同,不同的是它们的过流部件采用的材料不同。图 9-19 为 D 型泵的外形图。

图 9-19 D 型泵外形图

1. D 型泵的结构

图 9-20 为 D 型泵的结构图。D 型泵主要由转动部分、固定部分和密封部分等组成。

1)转动部分

转动部分主要由泵轴、叶轮、平衡盘和轴承组成,叶轮和平衡盘装在泵轴上,泵轴支撑在两端的轴承上,在电动机带动下一起转动。

(1)叶轮。D 型泵采用的闭式叶轮结构如图 9-21 所示。叶轮由前盘、后盘、叶片和轮毂组成,由灰口铸铁或铸钢铸造加工而成。

叶轮主要是靠离心力的作用把能量传递给水,以提高水的能量。D 型泵叶轮叶片数目一般为 5 ~ 8 片,并采用后弯扭曲叶片,以减小动压增大静压。第一级叶轮的入水口内径较大,目的是降低水流进入第一级叶轮的速度,提高水泵的抗气蚀性能。其余各级叶轮入口直径相同。叶轮的制造和加工精度对水泵的效率有重要的影响,是水泵的易损件。

(2)泵轴。泵轴是传递扭矩的主要零件,叶轮和平衡盘用键固定在其上,泵轴其余部分加装轴套,以防止磨损和锈蚀。泵轴一般用碳素钢或合金钢加工制成。

(3)平衡盘与平衡环。平衡盘与平衡环是用来平衡轴向推力的装置。平衡盘用键固定

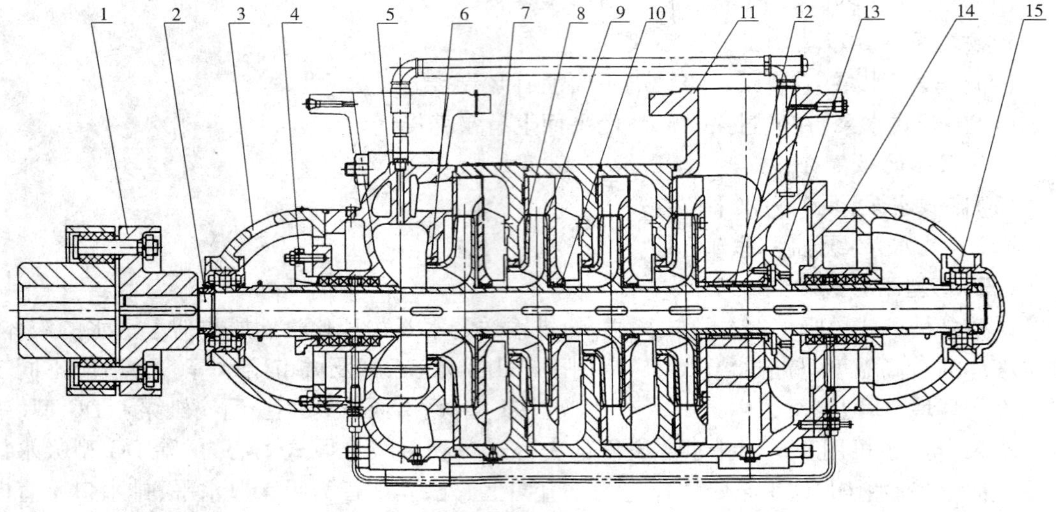

1—联轴器部件；2—轴；3—轴承体；4—填料压盖；5—进水段；6—密封环；7—中段；
8—叶轮；9—导叶；10—导叶套；11—出水段；12—平衡套（环）；13—平衡盘；14—尾盖；15—轴承

图 9-20　D 型泵的结构图

在泵轴上，随泵轴一起转动，平衡环用螺钉固定在出水段上。平衡盘见图 9-20 中 13。

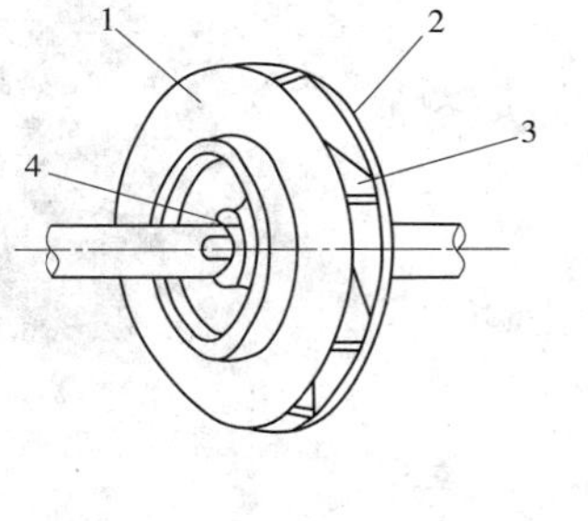

1—前盘；2—后盘；3—叶片；4—轮毂

图 9-21　闭式叶轮结构示意图

轴向推力产生的主要原因是叶轮前后盘压力不平衡。如图 9-22 所示，叶轮旋转时，叶轮前盘和后盘上的水压是依半径按抛物线规律变化的。叶轮入口半径 R_1 至叶轮外缘 R_2 环形部分受到的压力，可以与后盘对应部分受到的压力相互抵消，但叶轮入口处（ $R_1 - R_g$ ）环形部分压力小于后盘对应环形部分的压力，这样就产生了一个由后盘向前盘方向的推力，该推力称为轴向推力。由于 D 型泵为多级泵，轴向推力为多个叶轮产生的推力之和。D 型泵的轴向推力很大，如不进行平衡，转子部分将向吸水段窜动，造成转动部分与固定部分摩擦磨损、轴承发热、电机过载等，水泵将不能正常工作。

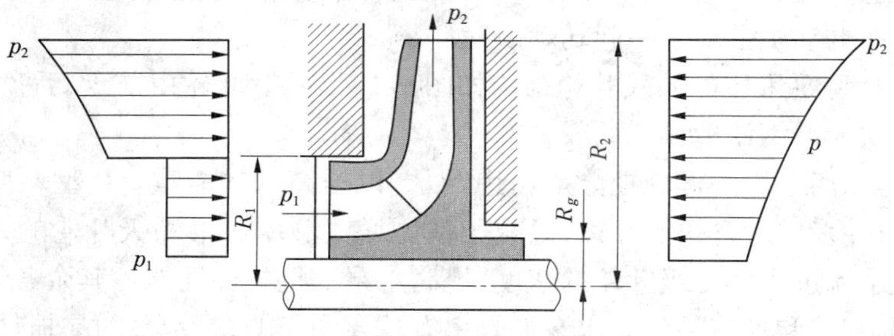

图 9-22　轴向推力产生原理图

图 9-23 所示为平衡盘平衡轴向推力工作原理示意图。平衡盘与平衡环之间的间隙 l_2 为平衡室，l_2 经过窜水间隙 l_1 与最后一级叶轮的高压水 p_2 相通，平衡盘右侧空腔用回水管与吸水管连通。因此，平衡盘左侧（平衡室）压力 p_2 高于右侧压力 p_0 ，产生一个和轴向推力

相反的平衡力。平衡过程是,当水泵启动时,平衡室 l_2 内水的压力较低,平衡力较小,这时的轴向推力大于平衡力,平衡盘随泵轴向左移动,平衡室 l_2 间隙减小,排出流量减小,平衡室内压力增大(向右),平衡力增大;当平衡力大于轴向推力时,平衡盘右移,平衡室 l_2 间隙增大,排出流量增大,平衡室压力降低,平衡力减小;当平衡力小于轴向推力时,平衡盘又向左移动,不停重复上述过程。由以上分析可知,平衡装置能自动平衡轴向推力。

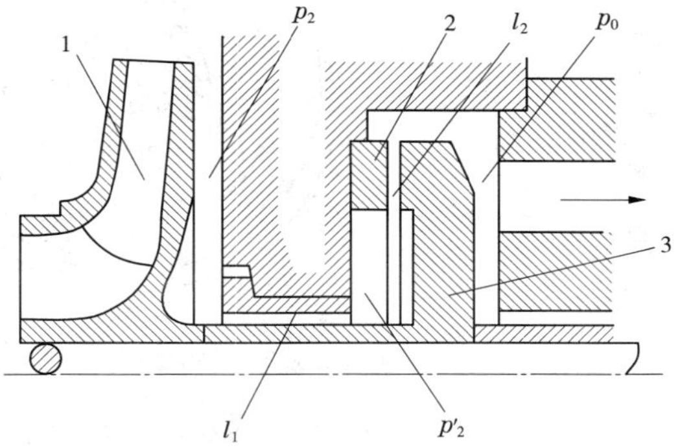

1—末级叶轮;2—平衡座;3—平衡盘

图 9-23　平衡装置示意图

平衡盘平衡轴向推力应注意以下几个问题:首先,要尽量减少水泵的启动、停止次数,以减少平衡盘和平衡环以及叶轮和固定部分的磨损,并防止轴承的损坏,因为水泵在启动过程中,流量小、扬程大,平衡力较小,轴向推力较大,会使泵轴向吸水侧窜动,使平衡盘与平衡环摩擦、叶轮与固定部分摩擦而造成磨损。其次,要保证回水管的畅通,如果回水管堵塞,平衡盘两侧没有了压力差,平衡盘将失去作用。再者,应使泵轴有一定的轴向窜量,因为平衡盘在平衡轴向推力的过程中是随泵轴左右移动的。

(4)轴承。轴承作用是支撑水泵的转动,减少转动部分的摩擦阻力,降低运转负荷,提高了水泵的效率。

D 型泵的轴承采用单列向心滚柱轴承,用润滑脂润滑。这种轴承允许有少量的轴向位移,以利于平衡盘平衡轴向推力。轴承两侧用“O”型耐油橡胶密封圈和挡水圈防水。D 型泵采用滚动轴承也减小了摩擦阻力,提高了水泵的效率。装在泵轴两端的轴承支架内。

2)固定部分

如图 9-20 所示,固定部分主要包括进水段(前段)5、中段 7 和出水段(末段)11 等部件。它们之间用拉紧螺栓连接。吸水口为水平方向并位于进水段,出水口为垂直方向位于出水段。

(1)进水段。图 9-24 所示为 D 型泵进水段结构图。进水段内的吸水室接收来自吸水管内的水,并把水均匀地导入第一级叶轮入口,以降低流动损失。进水段一般由灰口铸铁铸造加工而成。

(2)中段。图 9-25 所示为 D 型泵中段结构图。中段又称导叶,主要由导水叶片 2 和返水叶片 3 组成。导水叶片间的导水流道和返水叶片间的返水流道,把上一级叶轮流出的高压水以最小的损失导入下一级叶轮入口。导水叶片和叶轮叶片数目相差一个,以避免产生冲击和振动。中段一般由灰口铸铁铸造加工而成。

(3)出水段。图 9-26 所示为 D 型泵出水段结构示意图。出水段主要是一螺线形扩散

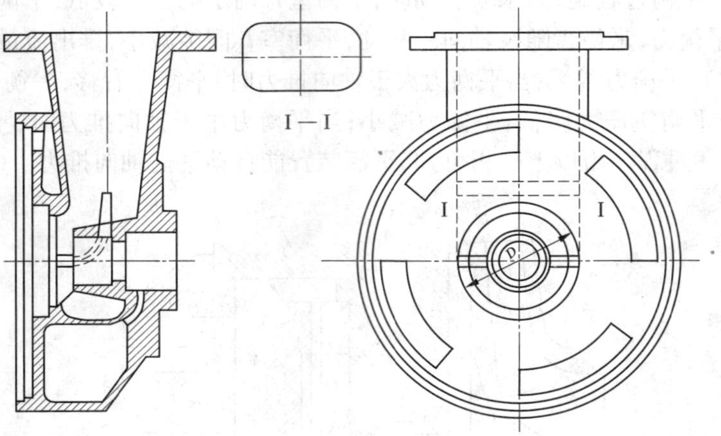

图 9-24　D 型泵进水段结构图

室，其作用是收集最后一级叶轮流出的高压水，并以最小的损失把水均匀地引至出口。由于扩散室的流道是逐渐扩大的，水在流动时，流速逐渐降低，除产生扩散损失外，有一部分动压转变成了静压，提高了水泵的效率。

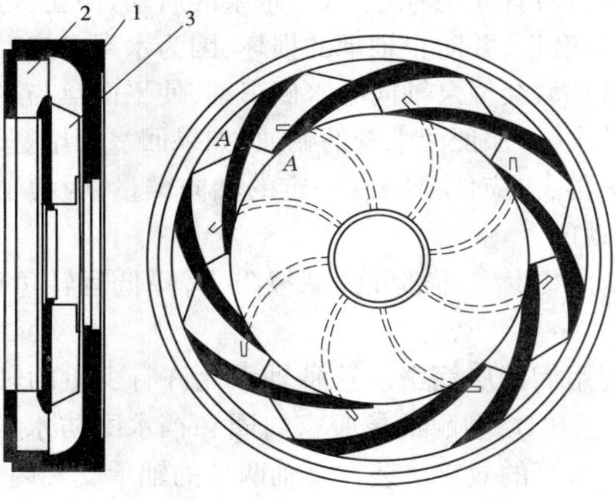

1—中段；2—导水叶片；3—返水叶片

图 9-25　D 型泵中段结构

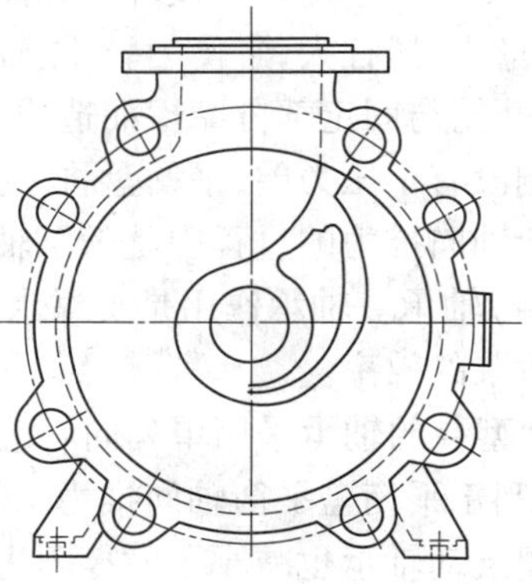

图 9-26　D 型泵出水段结构示意图

3）密封部分

水泵的密封包括固定段之间静止结合面的密封和转动部分的密封。固定段之间静止结合面采用纸垫进行密封。转动部分的密封包括叶轮密封、轴封（吸水侧轴封和出水侧轴封）。

（1）叶轮密封。叶轮与固定段之间采用密封环进行密封。密封环又称为口环，叶轮进水口采用大口环密封，叶轮背面轮毂采用小口环进行密封。密封环（大口环）见图 9-20 中 6。

叶轮是高速旋转零件，不可避免地与固定部分产生摩擦磨损。为避免叶轮和固定部分的磨损，在叶轮入口与固定段配合处加装大口环，在叶轮背面轮毂与固定部分配合处加装小口环,以便于磨损后更换密封环,而不必更换固定段和叶轮。叶轮与密封环之间有环行间隙,高压区的水会通过环行间隙流入低压区,使水泵的流量减小、效率降低。在保证叶轮正常转动的情况下,为提高密封效果,大口环与叶轮的配合间隙应尽量小,如大口环直径为200 mm时,装配间隙应小于0.35 mm,磨损后的最大间隙不超过0.7 mm。小口环两侧的压力差不大,要求没有大口环严格。密封环磨损超过最大间隙时应及时更换,以保证水泵的流量和效率。

(2)轴封。如图9-20所示,泵轴是穿过泵体的,泵轴与进水段和出水段都有间隙,所以必须进行密封。轴封包括进水段密封和出水段密封,常采用填料密封,有些也采用机械密封,并在密封腔中通入一定的压力水,起水封、冷却和冲洗作用。

进水段填料密封的主要目的是防止空气进入水泵。由于泵轴与进水段之间有环形间隙,而吸水室的压力小于大气压力,如果不进行密封或者密封不好,外界大气将进入吸水室,影响水泵的正常工作,严重时产生断流。

图9-27为D型泵进水段填料密封结构图。它由填料箱、填料、水封环及填料压盖等组成。填料一般用浸油石棉绳,弯成圆形装入填料箱,水封环装在填料箱中间。水封环上一般有4个小孔,由水泵引入的压力水进入水封环形成水封,并起到冷却、润滑作用。填料压盖不能压得太紧或太松,一般以滴水不成线为宜(一般为3秒1滴水)。

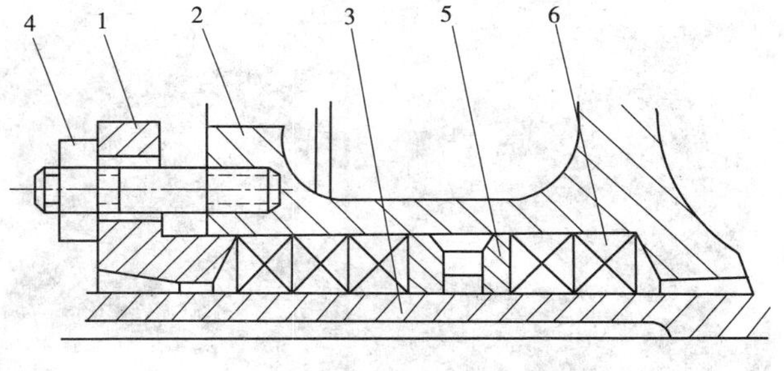

1—填料压盖;2—进水段;3—轴套;
4—压盖螺栓;5—水封环;6—填料

图9-27 D型泵进水段填料密封结构图

出水段填料密封结构与进水段结构相同,其主要目的是防止高压水的泄露,并起冷却、润滑作用。

2. D型泵型号的意义

新型号:D280 -43 ×5 DF(M、G)280 -43 ×5

D—单吸多级分段式清水泵;

DF—单吸多级分段式耐酸离心泵;

DM—单吸多级分段式耐磨离心泵;

DG—单吸多级分段式锅炉给水泵;

280—额定流量,m^3/h;

43—平均单级额定扬程,m;

5—水泵级数。

老型号:200D43 ×5

200—吸水口的直径,mm;

D—单吸多级分段式清水泵;

43—平均单级额定扬程,m;

5—水泵级数。

3. D 型离心式水泵的特点

D 型离心式水泵,是我国目前设计制造的多级离心泵中效率最高,流量、扬程范围较大,并有清水泵、耐酸泵和耐磨泵等,适合于矿山排水。D 型泵采用了单列向心滚柱轴承,减小了摩擦阻力,提高了水泵的效率,采用的平衡装置(平衡盘和平衡环)具有自动平衡轴向推力的特点。

(四)IS 型水泵

图 9-28 所示为 IS 型水泵的外形图。IS 型水泵系单级单吸轴向吸入式离心泵,是根据国际标准所规定的性能和尺寸设计的,输送液体温度不超过 80 ℃的清水或物理化学性质类似于水的液体。它具有结构简单、性能可靠、体积小、质量轻、效率高、振动小、气蚀余量低等特点。该型号水泵采用"后开式"结构,检修方便。IS 型水泵共有 26 个基本型号,126 个规格,零部件通用化程度高达 92% 以上,使用维修方便。IS 型水泵在矿山主要用于井底水窝和采区局部排水等。

图 9-28　IS 型水泵的外形图

1. IS 型水泵的结构

图 9-29 所示为 IS 型水泵的结构图。IS 型水泵主要由泵体和泵盖、叶轮、泵轴、轴承、密封环、填料密封部分和悬架轴承部件等组成。

1)泵体和泵盖

泵体和泵盖一般由灰口铸铁铸造加工而成。泵体内有螺线形流道,用来收集叶轮排出的水,在螺线形扩散流道内把一部分动能转化为压力能。泵体下部加工有放水孔。泵盖中主要有填料室和窜水孔,少量的高压水通过窜水孔进入填料室,起到密封、冷却和润滑作用。

2)叶轮

叶轮一般由灰口铸铁铸造加工而成。叶轮为轴向单侧进水,叶轮与泵体、泵盖之间的间隙用密封环密封,为平衡轴向推力,大多数 IS 泵叶轮前、后均设有密封环,并在叶轮后盘设有平衡孔。有些小型泵,由于轴向推力不大,叶轮背面未设平衡孔。

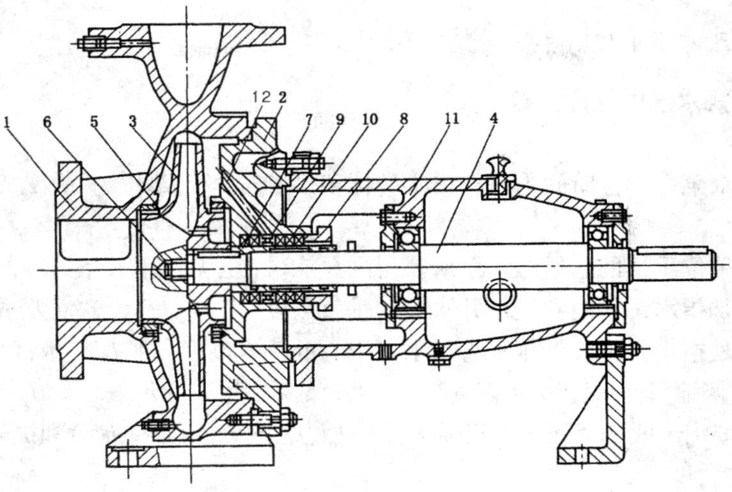

1—泵体;2—泵盖;3—叶轮;4—泵轴;5—密封环;6—叶轮螺母;7—轴套;
8—填料压盖;9—填料环;10—填料;11—悬架轴承部件;12—窜水孔

图 9-29　IS 型水泵的结构图

3)泵轴

泵轴用优质碳素钢锻造加工而成。泵轴一端固定叶轮,另一端接联轴器部件,并由两个滚动轴承支撑在悬架上。为避免轴磨损,在轴通过填料腔的部位装有轴套保护,轴套与轴之间装有“O”型密封圈,防止进气、漏水。

4)密封环

密封环一般由灰铁制成,用来减小叶轮与泵体、泵盖之间的摩擦磨损,并减少水的泄露,提高水泵的效率。

5)填料密封部分

IS 泵填料密封部分由填料压盖 8、填料环 9 和填料 10 等组成。叶轮有平衡孔时,由于填料空腔通过平衡孔与叶轮入口相通,而叶轮入口为负压,空气很容易沿轴套 7 进到叶轮内部。所以,在填料腔内装有填料环,通过泵盖上的小孔(窜水孔)12,将泵室内的压力水引至填料环进行水封,并起到冷却、润滑作用。如果叶轮没有平衡孔,可不装填料环。

6)悬架轴承部件

悬架轴承部件包括悬架、悬架支架、轴承及轴承压盖等。悬架由铸铁制成,内有轴承室,轴承室用来安装轴承,轴承用轴承压盖压紧。悬架支架用来支撑悬架,并安装在水泵的基础上。

2. IS 泵型号的意义

以 IS80－65－160 和 IS80－65－160A 为例:

IS—国际标准离心泵;

80—泵进口直径,mm;

65—泵出口直径,mm;

160—叶轮名义直径,mm;

A—叶轮直径第一次切割。

二、离心式水泵的性能与工况分析

(一)离心式水泵的性能参数

1. 流量

流量是指水泵在单位时间内所排出水的体积,用 Q 表示,单位为 m^3/s 或 m^3/h。

2. 扬程

扬程是指单位重量的水通过水泵所获得的总能量(压头),用 H 表示,单位为 m。

吸水高度是指水泵轴线到吸水井水面的垂直高度,用 H_x 表示,单位为 m。

排水高度是指水泵轴线到排水管出水口中心的垂直高度,用 H_p 表示,单位为 m。

实际扬程(测地高度)是指吸水高度与排水高度之和,用 H_c 表示, $H_c = H_x + H_p$,单位为 m。

总扬程 H 的作用是提高水位(实际扬程) H_c 、克服流动阻力(h_w)和提供流动所需的速度水头($v^2/2g$),即

$$H = H_c + h_w + \frac{v^2}{2g} \tag{9-11}$$

3. 功率

水泵的功率是指单位时间内水泵所做功的大小,单位为 kW。

轴功率(输入功率)是指电动机传递给水泵轴的功率,用 P_a 表示,单位为 kW。

有效功率(输出功率)是指水泵传递给水的实际功率,用 N_x 表示,单位为 kW。

$$N_x = \frac{\gamma QH}{1\ 000} \tag{9-12}$$

式中 N_x ——水泵的有效功率,kW;

γ ——矿水的重度,N/m^3;

Q ——水泵的流量,m^3/s;

H ——水泵的扬程,m。

4. 效率

水泵的效率是指有效功率与轴功率的比值,用 η 表示。

$$\eta = \frac{N_x}{P_a} = \frac{\gamma QH}{P_a} \times 100\% \tag{9-13}$$

5. 转速

转速是指水泵轴和叶轮每分钟的转数,用 n 表示,单位为 r/min。

6. 允许吸上真空度或气蚀余量

在保证水泵不发生气蚀的情况下,水泵吸水口处所允许的真空度,叫作水泵的允许吸上真空度。用符号 H_s 表示。

水泵吸水口处单位重量的水超出水的汽化压力的富余能量,叫作水泵的气蚀余量。

必需气蚀余量又叫水泵气蚀余量,是指水泵进口动压降。必需气蚀余量越小水泵的抗气蚀性能越好。

新型号 D 型泵,用必需气蚀余量表示水泵的抗气蚀能力,而老型号 D 型泵采用的是允许吸上真空度 H_s 。气蚀余量或允许吸上真空度是正确确定最大吸水高度(水泵安装高度)的重要参数。

表 9-4 为部分 IS 型水泵性能参数，供参考。如需要其他型号的性能可在《泵类产品样本手册》或生产厂家说明书等资料中查找。

表 9-4 部分 IS 型离心式水泵的性能表（摘录）

型号	流量 Q m^3/h	流量 Q m^3/s	扬程 H	转速 n r/min	轴功率 P_a kW	电机 功率（kW）	电机 型号	效率 η（%）	必需气蚀余量（m）	泵口径 吸入（mm）	泵口径 吐出（mm）	泵重（kg）
IS150－129－315B	105.6	29.31	26.3	1 450	11.13	18.50	Y180 M－4	68	2.50	150	125	158
	176	48.93	24.8		15.44			77	2.50			
	211.2	58.70	22.5		16.57			78	3			
IS150－129－400	120	33.33	53	1 450	27.90	45	Y225 M－4	62	2	150	125	187
	200	55.56	50		36.30			75	2.80			
	240	66.67	46		40.60			74	3.50			
IS150－129－400A	114	31.64	47.8	1 450	24.31	37	Y225 S－4	61	2	150	125	187
	190	52.82	45.2		31.54			74	2.80			
	228	63.36	41.5		35.29			73	3.50			
IS150－129－400B	105.6	29.31	41	1 450	19.64	30	YU200 L－4	60	2	150	125	187
	176	48.93	38.7		25.42			73	2.80			
	211.2	58.67	35.6		28.44			72	3.50			
IS200－150－250	240	66.67	21.5	1 450	19.80	37	Y225 S－4	71	3.50	200	150	150
	400	111.11	20		26.60			82	4.30			
	460	127.78	17.5		27.40			80	5			
IS200－150－250A	228	63.37	19.4	1 450	17.20	30	Y200 L－4	70	3.50	200	150	150
	380	105.55	18.1		23.10			81	4.30			
	437	121.41	15.8		23.80			79	5			
IS200－150－250B	211.2	58.67	16.6	1 450	13.80	22	Y180 L－4	69	3.50	200	150	150
	352	97.77	15.5		18.58			80	4.30			
	404.8	112.48	13.6		19.20			78	5			
IS200－150－315	240	66.67	37	1 450	34.60	55	Y250 M－4	70	3	200	150	168
	400	111.11	32		42.50			82	3.50			
	460	127.78	28.5		44.60			80	4			
IS200－150－315A	228	63.37	33.4	1 450	30.10	45	Y225 M－4	69	3	200	150	168
	380	105.55	28.9		36.89			81	3.50			
	437	121.41	25.7		38.72			79	4			

(二)离心式水泵的特性曲线

图 9-30 为 D 型泵 200D43 型水泵单级特性曲线,因为 D 型泵现场使用仍然较多,在此作简单介绍。老型号 D 型泵和新型号 D 型泵特性曲线不同之处在于,老型号 D 型泵给出的是允许吸上真空度特性曲线 H_s 。它们的其他特性曲线都相同。

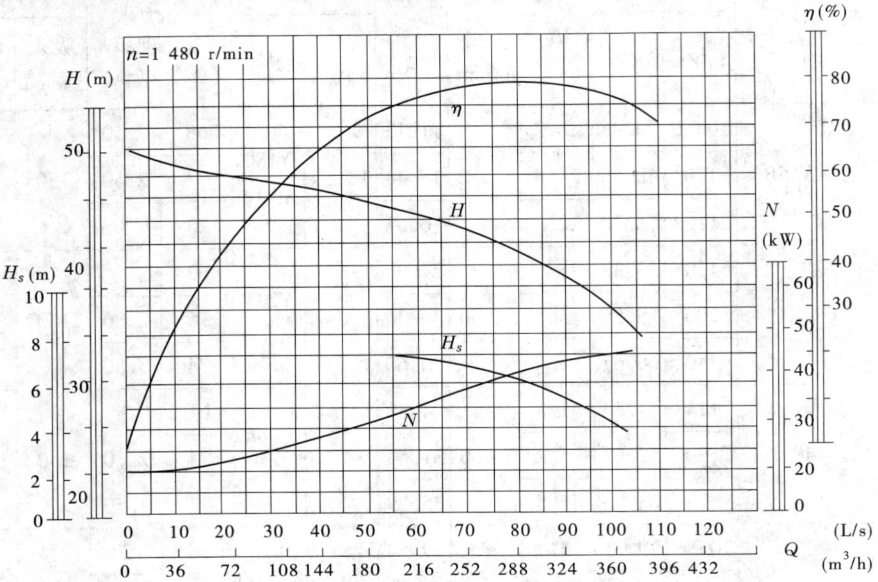

图 9-30　200D43 型水泵单级特性曲线

允许吸上真空度曲线($H_s - Q$)同样反映了水泵的抗气蚀能力。随水泵流量的增加,允许吸上真空度降低,水泵抗气蚀能力下降。

水泵的特性曲线包括扬程特性曲线 H 、轴功率特性曲线 P_a 、效率特性曲线 η 和必需气蚀余量特性曲线。特性曲线是反映水泵在额定转速下,扬程 H 、轴功率 P_a 、效率 η 以及必需气蚀余量随流量 Q 变化的规律的曲线。水泵的特性曲线是由生产厂家通过对水泵性能测试而绘制的。通常,现场也需要进行性能测试绘制水泵的特性曲线。水泵的特性曲线能较全面地反映水泵的特性,在水泵的选择和使用中具有重要作用。

扬程特性曲线($H - Q$)反映了水泵的扬程 H 与流量 Q 之间的关系。从图中可以看出,当流量为零时,扬程最大,这时的扬程称为初始扬程(或零扬程),用 H_0 表示。水泵的扬程 H 随流量 Q 的增加而逐渐降低。离心式水泵叶轮的叶片形式有后弯、径向和前弯三种,在实际中常使用后弯叶片叶轮。后弯叶片叶轮水泵的扬程特性曲线是随流量增加而单调下降的。

轴功率特性曲线($P_a - Q$)反映了水泵的轴功率 P_a 与流量 Q 之间的关系。从图中可以看出,轴功率 N 随流量 Q 的增大而增大。流量为零时,轴功率 P_a 最小,所以,水泵应在调节闸阀全部关闭时启动,使启动功率最小,避免损坏电机。

效率特性曲线($\eta - Q$)反映了水泵的效率 η 与流量 Q 之间的关系。效率曲线类似于抛物线状,中间高,两边低。这是因为,水泵在额定流量下(如 D280 - 43 额定流量为 280 m^3/h),水流方向与叶片相切,冲击损失最小,接近于零,效率最高。当流量大于或小于额定流量时,冲击损失都会增加,效率降低,使效率曲线中间高、两边低。

（三）离心式水泵的管路特性

水泵和管路是联合工作的，水泵产生的扬程不仅用于提高水位，还要用于克服水在管路中的流动损失（包括沿程损失、局部损失和速度水头）。因此，水泵的工作状况不仅与水泵本身的性能有关，而且与管路的配置情况有关。

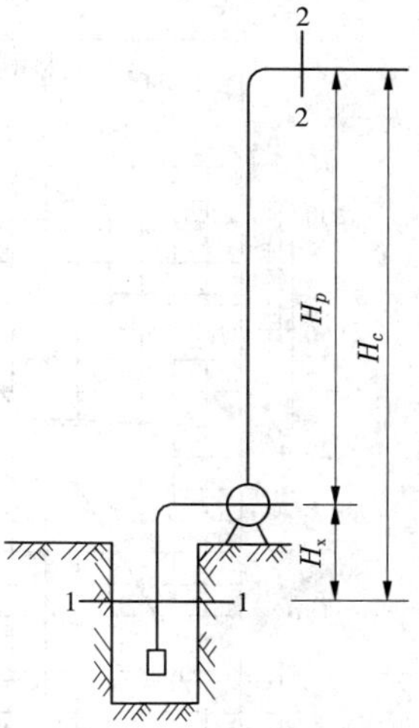

图 9-31　排水系统示意图

图 9-31 所示为一台水泵和一趟管路联合工作的排水系统示意图。H 为水泵的扬程，1—1 断面为吸水井水面，2—2 断面为出水口断面。根据伯努里方程或水泵扬程的概念，则有

$$H = H_c + (h_x + h_p) + \frac{v_p^2}{2g} \tag{9-14}$$

式中　v_p——排水管的流速，m/s；

h_x——吸水管路的阻力损失，m；

h_p——排水管路的阻力损失，m。

根据管路阻力损失计算公式，公式(9-14)可变化为

$$H = H_c + (8/\pi^2 g)\left[\sum \xi_x/d_x^4 + (\lambda_x l_x)/d_x^5 + \left(\sum \xi_p + 1\right)/d_p^4 + (\lambda_p l_p)/d_p^5\right]Q^2$$

令
$$R = (8/\pi^2 g)\left[\sum \xi_x/d_x^4 + (\lambda_x l_x)/d_x^5 + \left(\sum \xi_p + 1\right)/d_p^4 + (\lambda_p l_p)/d_p^5\right]$$

则
$$H = H_c + RQ^2 \tag{9-15}$$

式中　R——管路阻力系数，s^2/m^5。

公式(9-15)为管路特性方程式。该特性方程式表达了通过管路的流量 Q 与所需扬程 H 之间的关系。

以 Q 为横坐标，以 H 为纵坐标，作出 $H = H_c + RQ^2$ 表示的曲线，即为管路的特性曲线。该曲线是一条二次抛物线，如图 9-32 所示。

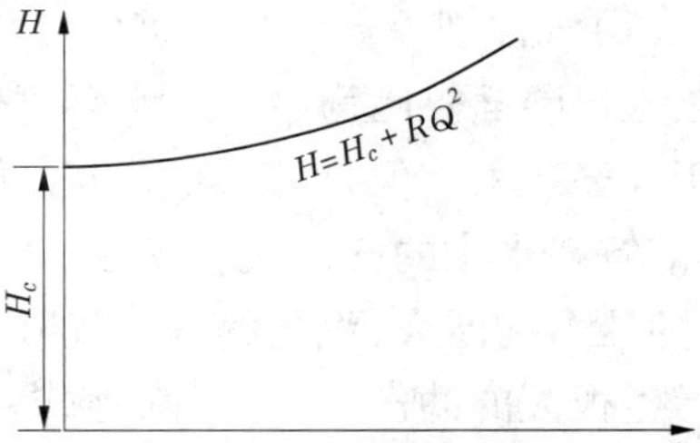

图 9-32　管路的特性曲线

（四）水泵的工况点及工作条件

1. 水泵的工况点

1）水泵的工况点

水泵和管路是联合工作的，水泵流量就是管路流量，水泵扬程也要全部消耗在管路中。D 型泵扬程特性曲线是一条单调下降的曲线，而管路特性曲线是一条单调上升的曲线。因此，只有在同一坐标下两条曲线的交点处，水泵流量与管路流量相等，水泵扬程与管路中的全部能量消耗相等。所谓水泵的工况点，就是在同一坐标中，水泵的扬程特性曲线与管路特性曲线的交点，该交点叫水泵的工况点，用 M 表示。水泵的工况点如图 9-33 所示。

2）水泵的工况参数

水泵的工况参数是指水泵工况点对应的工作参数，包括流量 Q_M、扬程 H_M、轴功率 P_{aM}、效率 η_M 和必需气蚀余量 $(NPSH)_{rM}$（老型号 D 型泵为允许吸上真空度 H_{sM}）。水泵工况参数如图 9-33 所示。

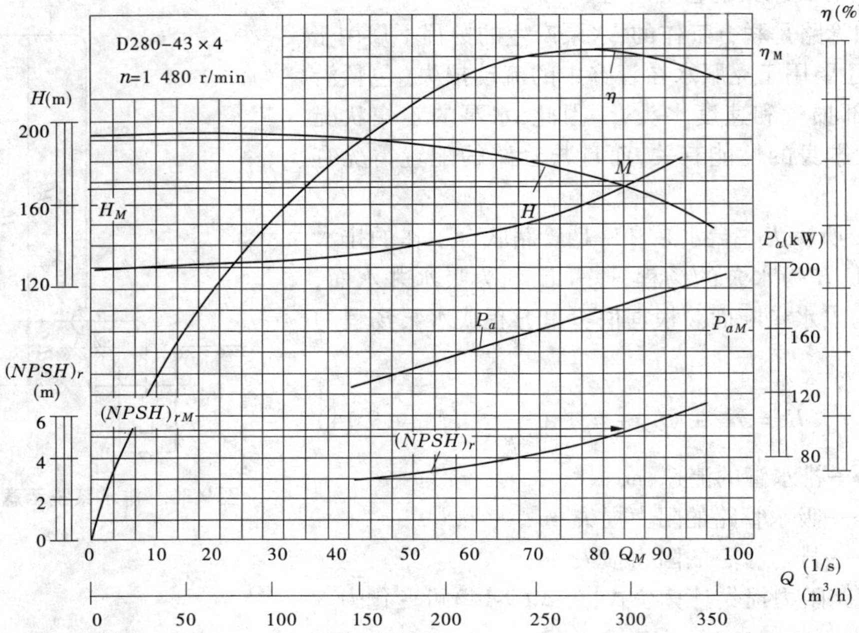

图 9-33　水泵工况点及工况参数

2. 离心式水泵的工作条件

离心式水泵的正常、安全工作条件包括不发生气蚀条件、稳定工作条件和经济工作条件。

1）不发生气蚀条件

（1）气蚀现象。图 9-34 所示为一吸入式离心泵，0—0 断面为吸水井水面，1—1 断面为水泵入口断面。因为吸入式水泵是依靠大气压力把水压入水泵的，所以水泵入口处的压力低于大气压力。但是，水泵入口压力不能低于当时水温下的饱和蒸汽压力，否则水就会汽化，溶解在水中的气体也会逸出，形成蒸汽与逸出气体混合的小气泡。这些气泡进入叶轮后，随压力的增大，汽化的水蒸气凝结成水，体积急剧缩小，形成局部真空，周围的水对真空处产生很大的冲击力，并不断地作用在叶轮上，使叶轮产生疲劳，并使表面金属产生脱落。同时，从水中逸出的活泼性气体借助水凝结放出的热量，对金属产生化学腐蚀作用，使叶轮很快出现蜂窝状麻点，并逐渐形成空洞，这种现象称为气蚀现象。

水泵发生气蚀时，会产生振动和噪声，流量、扬程、功率和效率显著下降，严重时会出现断流。因此，水泵不能在气蚀的情况下进行工作。水泵扬程下降 1% ，一般认为发生了气蚀。

对于 D 型泵，要使水泵不发生气蚀，应使水泵入口产生的真空度 H_s' 小于允许吸上真空度 H_s 。

所以，水泵不发生气蚀条件为：$H'_s \leq H_s$

离心泵气蚀的影响因素主要有水泵的吸水高度、吸水管的阻力、流动速度以及水泵安装地点的大气压力和工作水温等。水泵安装地点的大气压力一般不变，阻力、流速、温度变化

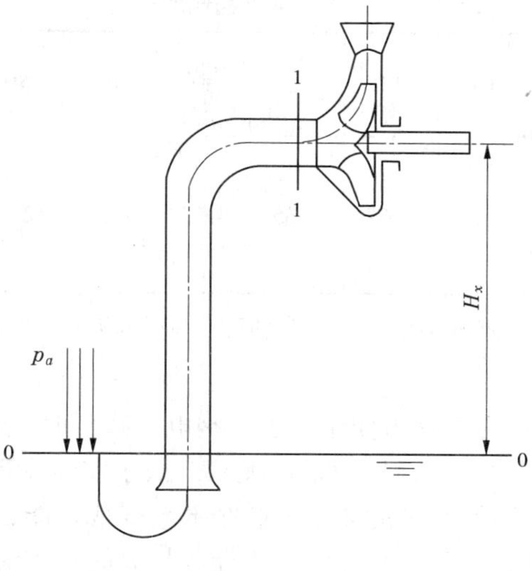

图 9-34 吸入式水泵吸水示意图

也不大,所以水泵不发生气蚀的主要影响因素是吸水高度。正确地确定水泵最大吸水高度,对水泵的安装和保证其正常安全工作具有重要意义。下面介绍水泵吸水高度 H_x 的计算方法。

(2)吸水高度。为使水泵不发生气蚀,水泵在工作时,必需气蚀余量 $(NPSH)_r$ 必须小于装置气蚀余量 $(NPSH)_a$ 。根据公式(9-16)计算

$$H_x = \frac{p_a}{\gamma} - (NPSH)_r - \frac{p_n}{\gamma} - h_x \tag{9-16}$$

为保证水泵安全工作,还应留有一定的安全量 Δh ,一般 $\Delta h = 0.5$ m,所以水泵的最大吸水高度 $H_{x\max}$ 为

$$H_{x\max} = \frac{p_a}{\gamma} - (NPSH)_r - \frac{p_n}{\gamma} - h_x - \Delta h \tag{9-17}$$

当采用允许吸上真空度时,水泵的最大吸水高度(安装高度) $H_{x\max}$ 的计算方法如下

$$H_{x\max} = H_s - (h_x + \frac{v_x^2}{2g}) \tag{9-18}$$

式中 v_x ——水泵入口处的流速,m/s。

表 9-5 不同海拔高度下的大气压力

海拔高度(m)	-600	0	100	200	300	400	500	600	700	800	900	1 000	1 500
大气压 p_a (kN/m^2)	111	101	100	99	98	96	95	94	93	92	91	90	84

注:海拔高度每增加 100 m,大气压力减少 1 kN/m^2。

表 9-6 不同水温度下的饱和蒸汽压力

水温(℃)	0	5	10	15	20	30	40	50	60	70	80
饱和蒸汽压 p_a (kN/m²)	0.58	0.88	1.18	1.67	2.35	4.21	7.35	12.25	19.82	31.10	47.28

注:如工作温度和表中温度不同,用内插法计算工作温度下的饱和蒸汽压力。

2)水泵的稳定工作条件

电网电压允许在 ±5% 的范围内变化。当电网电压降低时,水泵转速下降,水泵的扬程特性曲线相应下降。当水泵的零扬程(初始扬程) H_0 低于实际扬程 H_c 时,水泵便排不出水,流量为零。这时,电动机传递给水泵的能量就会全部转变成热能,使水泵和管路中的水温迅速上升,水泵强烈发热,很快损坏。因此,水泵不允许长时间在零流量下工作,为保证水泵稳定工作,应使电压降低 5% 后的零扬程大于实际扬程。

水泵稳定工作条件为 $H_c \leqslant 0.9H_0$。

3)水泵的经济工作条件

为保证水泵经济工作,水泵的效率不能太低,要求水泵的工况效率 η_M 不低于最高效率 η_{max} 的 85% ~90%,并依此划定的水泵工作区域称为工业利用区。也就是说,水泵的设计工况点和工作工况点,都应在该区域内。工业利用区如图 9-35 所示。

经济工作条件为: $\eta_M \geqslant (0.85 \sim 0.9)\eta_{max}$。

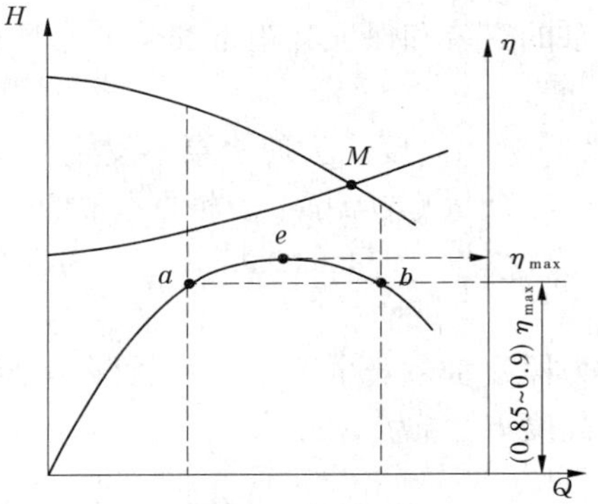

图 9-35 经济工作条件与工业利用区

(五)离心式水泵的联合工作

当一台水泵的扬程或流量不能满足排水要求时,可采用两台或多台串联或并联工作。在串联或并联时,一般采用同型号的水泵。

1. 水泵的串联工作

水泵串联工作的目的是增大扬程。当井筒较深,现有水泵的扬程不能满足排水高度要求时,可采用两台或多台水泵串联工作。

图 9-36 所示为两台同型号水泵串联工作的合成扬程特性曲线。Ⅰ和Ⅱ为两台同型号水泵扬程特性曲线,Ⅲ为管路的特性曲线。(Ⅰ+Ⅱ)为两台水泵串联后的扬程特性曲线,即把相同流量下Ⅰ和Ⅱ扬程相加,就可得到合成特性曲线。

由图 9-36 可以看出,两台水泵串联,每台水泵的流量和串联后的总流量相同,都为 Q_M;每台水泵的扬程是总扬程的 1/2。

由于串联工作受水泵强度、排水系统及水泵之间的相互影响等,实际中很少采用。

2. 水泵的并联工作

水泵并联工作的目的是增大流量。当一台水泵流量不能满足排水量要求时,或者管路

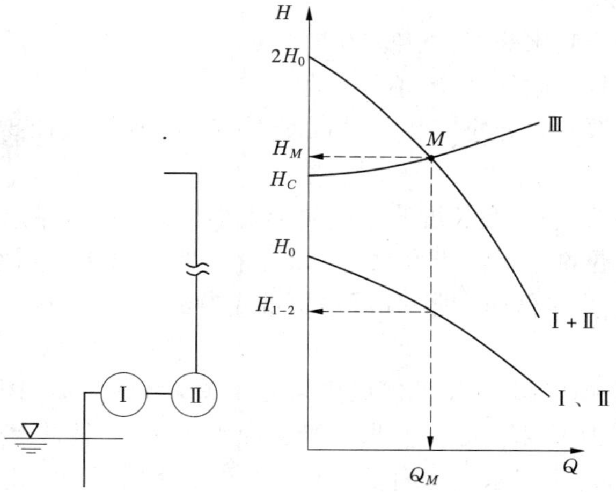

图 9-36　两台同型号水泵串联扬程特性曲线

趟数少于水泵台数时,可采用水泵并联工作。

图 9-37 所示为两台同型号水泵并联工作合成特性曲线。Ⅰ、Ⅱ为两台同型号水泵的特性曲线,Ⅲ为管路的特性曲线。(Ⅰ+Ⅱ)为两台水泵合成特性曲线,即把扬程相同下的流量相加,就可得到合成特性曲线。

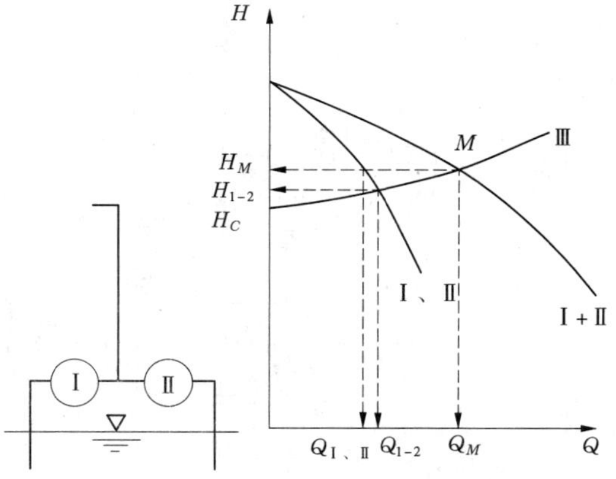

图 9-37　两台同型号水泵并联扬程特性曲线

由图 9-37 可以看出,两台同型号水泵并联工作,每台水泵的流量相等,并等于总流量的 1/2;每台水泵产生的扬程相等,并等于总扬程。

水泵的并联可以增大流量,在矿井排水中,常用这种方法增大排水量。

(六)改善吸水管路的特性

改善吸水管路的特性,主要是降低吸水阻力,节约电耗,增大吸水高度,并可减少底阀存在的故障等。主要措施有选择较大直径的吸水管、正确安装吸水管路、采用无底阀排水等。

1. 选择较大直径的吸水管

采用较大直径的吸水管,可以降低流速,减小吸水管路阻力损失,增大吸水高度,节约电耗。

2. 正确安装吸水管路

(1)正确合理地确定吸水高度,以免发生气蚀;

(2)尽量减少吸水管路附件,以减小吸水阻力;

(3)在吸水管和水泵入口处应安装一段长度不小于吸水管直径 3 倍的直管,使水流以均匀的速度进入水泵;

(4)如需安装异径管,应安装长度等于或大于大小头直径差 7 倍且为偏心的异径管;

(5)吸水管任何部位都不能高于水泵入口,以避免吸水管中存留空气;否则吸水时,这些存气将随周围水的压力降低而膨胀,使吸水困难或中断。

3. 采用无底阀排水

无底阀排水就是去掉底阀,保留滤网或更换为无底阀滤网。据测定,吸水管路中的阻力约有 70% 来自底阀,阻力不仅增大了电耗,降低了吸水高度,而且常产生故障。无底阀排水采用射流泵或真空泵等充灌引水。下面以射流泵充灌引水为例,说明无底阀排水的工作原理。

图 9-38 所示为射流泵实现无底阀排水示意图。其工作原理是:打开高压阀门 8 和低压阀门 7,排水管 9 中的高压水,经水源管 5 从喷嘴 4 中以很高的速度喷出,并经混合室 3、颈口 2 和扩散管 1 流入大气。混合室 3 中的空气随水流喷出,在喷嘴处形成真空,水泵和吸水管中的空气被抽出。吸水井中的水在大气压力作用下,被压入水泵,达到向水泵充灌引水的目的。

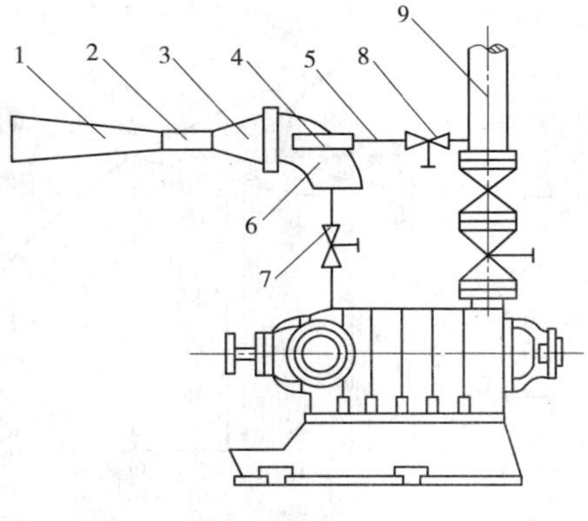

1—扩散管;2—颈口;3—混合室;4—喷嘴;5—水源管;
6—吸管;7—低压阀门;8—高压阀门;9—排水管

图 9-38　射流泵实现无底阀排水示意图

射流泵实现无低阀排水的优点:

减小了吸水管路的阻力损失,提高了吸水高度;消除了因底阀存在而引起的故障,节约了电耗;射流泵结构简单、运行可靠,用排水管中的水作为工作水源,不需要增加动力设备;可配合自动阀门实现水泵工作的自动化。

采用射流泵实现无底阀排水应注意的几个问题:

用射流泵实现无底阀排水时,如果没有其他水源管,泵房内至少要保留一台有底阀的水泵,以解决第一次启动或管路漏水等造成射流泵没有水源的问题;水源管上的高压阀门最好采用板式闸阀,充灌引水时并注意把阀门开大;滤网最好更换为无底阀排水滤网;防止射流泵喷嘴的锈蚀;各处的密封要良好,以免射流泵工作时漏气,影响水泵吸水;要加强矿水的清洁沉淀,避免矿水中的杂物堵塞水泵吸水口。

三、矿井排水设备的操作运行与维护

(一)操作运行

1. 启动前的检查

(1)启动前,检查全部螺栓、管路连接是否完好、紧固;

(2)检查全部仪表、仪器及阀门是否正常;

(3)检查润滑油(脂)是否正常;

(4)检查电动机的接线、转向是否正确;

(5)转动泵的转子,检查转子是否灵活。

2. 水泵启动

通过检查,完全正常后,向水泵充灌引水,引水灌满后,关闭放气栓和闸阀,启动电动机。当电动机转速达到正常后,打开压力表旋塞,逐渐打开调节闸阀。

对于无底阀排水水泵的启动,用射流泵或真空泵向水泵充灌引水,引水是否灌满,应观察真空表,当达到要求的真空度时,启动电动机,电动机转速达到正常后,打开压力表旋塞,并逐渐打开调节闸阀。

注意:启动过程一般不能超过 2 min。

3. 水泵运行

(1)水泵只能允许在规定的参数范围内运行,特别是流量不能超出工业利用区右侧,否则会使电机过载,也易发生气蚀。

(2)经常注意观察电压、电流是否正常。当电流、电压的变化超出 ±5% 时,应停车检查原因,并进行处理。

(3)检查轴承温度是否正常,润滑是否良好,轴承温度一般不超过 75 ℃,或按厂家规定。

(4)经常观察压力表、真空表的指示是否正常,以确定水泵的扬程是否满足要求,水泵是否有气蚀现象。

(5)注意声音及震动情况,检查螺栓及连接部分是否有松动,是否有气蚀噪声。

(6)检查水泵的填料密封情况,检查填料箱的温度是否正常,填料压紧程度是否合适。

(7)检查回水管是否畅通、水量是否正常,检查吸水井水位变化情况,底阀或滤水器应在水面以下 0.5 m。

(8)准确填写运行记录,并定期总结。

4. 停泵

停泵前,先关闭压力表旋塞,逐渐关闭排水管出口闸阀,待出口闸阀完全关闭后,停止电机。如有吸入阀的水泵,当泵停稳后关闭吸入阀。

紧急停泵时,不需进行上述步骤,而直接停止电机。

停泵后注意事项:如果水泵短期内不工作,应将泵内的水放空,以免锈蚀和冬季冻裂;如果长期停用,应对水泵进行油封,同时,分开联轴器,每隔一定时期,让电机空转一次,以免电机受潮。

(二)排水设备的维护

(1)为保持矿井排水设备的安全经济运行,排水设备必须经常进行维护、检修。维护和检修项目以及每次维修的间隔时间,取决于水泵的工作条件和水泵的运行状况。

(2)定期检查泵的性能(如流量、扬程、振动等),并做好记录,按记录数据去分析泵是否正常工作,是否需要维修,或确定要维修的部位。在一般情况下,坚持精确的测试、记录,并定期分析总结,每隔几个月就可以得到是否要维护的可靠资料。

(3)主排水泵的维护检修分为小修、中修和大修。中修一般为 6 个月,大修一般为 12 个月。一般来讲,雨雪季节煤矿井下的涌水量最大,水泵的中修、大修最好在雨雪季节前进行,包括备用水泵的检修。

(4)除中修、大修外,下面的维护是经常的。检查水泵底座、泵、电机是否紧固;检查仪表、引线的状况;检查管路是否泄露、松动或有无其他形式的损坏,如需维修应立即进行检修;检查填料及压紧情况,压盖太紧会影响填料寿命;轴承润滑油一般每工作 1 000 h 至 1 500 h应更换一次,或按厂家规定进行更换。

(5)水泵的维修应根据矿井的具体情况,总结经验,得到更换零部件、中修、大修的可靠间隔时间。如有些矿井,泥沙含量较大,叶轮、平衡盘等磨损较大,更换叶轮和平衡盘的时间就会短,清理回水管的时间也短。管路的维护、检修时间间隔也不同,如果积垢严重、矿水酸性较强,维护、检修时间间隔应短。所以,要根据矿井的实际情况,制定出维修制度,并严格按照维修制度进行维护、检修,确保排水设备高效稳定工作,保证生产安全、正常进行。

单元三　矿井防水要求

《煤矿安全规程》关于矿井防治水方面有以下规定。

一、一般规定

(1)煤矿企业、矿井应当配备满足工作需要的防治水专业技术人员,配齐专用探放水设备,建立专门的探放水作业队伍,建立健全防治水各项制度,装备必要的防治水抢险救灾设备。

(2)煤矿企业、矿井应当编制本单位的防治水中长期规划(5 ~ 10 年)和年度计划,并认真组织实施。

煤矿企业、矿井应当对矿井水文地质类型进行划分,定期收集、调查和核对相邻煤矿和废弃的老窑情况,并在井上、下工程对照图和矿井充水性图上标出其井田位置、开采范围、开采年限、积水情况。矿井应当建立水文地质观测系统,加强水文地质动态观测和水害预测分析工作。

水文地质条件复杂、极复杂矿井应当每月至少开展 1 次水害隐患排查及治理活动,其他矿井应当每季度至少开展 1 次水害隐患排查及治理活动。

(3)煤矿企业每年雨季前必须对防治水工作进行全面检查。

雨季受水威胁的矿井,应当制定雨季防治水措施,建立雨季巡视制度并组织抢险队伍,储备足够的防洪抢险物资。当暴雨威胁矿井安全时,必须立即停产撤出井下全部人员,只有在确认暴雨洪水隐患彻底消除后方可恢复生产。

二、地面防治水

(1)煤矿企业、矿井应当查清矿区及其附近地面河流水系的汇水、渗漏、疏水能力和有关水利工程等情况;了解当地水库、水电站大坝、江河大堤、河道、河道中障碍物等情况;掌握当地历年降水量和最高洪水位资料,建立疏水、防水和排水系统。

煤矿企业、矿井应当建立灾害性天气预警和预防机制,加强与周边相邻矿井的信息沟通,发现矿井水害可能影响相邻矿井时,立即向周边相邻矿井进行预警。

(2)矿井井口和工业场地内建筑物的地面标高必须高于当地历年最高洪水位;在山区还必须避开可能发生泥石流、滑坡等地质灾害危险的地段。

矿井井口及工业场地内主要建筑物的地面标高低于当地历年最高洪水位的,应当修筑堤坝、沟渠或者采取其他可靠防御洪水的措施。不能采取可靠安全措施的,应当封闭填实该井口。

(3)当矿井井口附近或者开采塌陷波及区域的地表有水体时,必须采取安全防范措施,并遵守下列规定:

①严禁开采和破坏煤层露头的防隔水煤(岩)柱。

②在地表容易积水的地点,修筑泄水沟渠,或者建排洪站专门排水,杜绝积水渗入井下。

③当矿井受到河流、山洪威胁时,修筑堤坝和泄洪渠,有效防止洪水侵入。

④对于排到地面的矿井水,妥善疏导,避免渗入井下。

⑤对于漏水的沟渠(包括农田水利的灌溉沟渠)和河床,及时堵漏或者改道,地面裂缝和塌陷地点及时填塞。进行填塞工作时,采取相应的安全措施,防止人员陷入塌陷坑内。

⑥当有滑坡、泥石流等地质灾害威胁煤矿安全时,及时撤出受威胁区域的人员,并采取防止滑坡、泥石流的措施。

(4)严禁将矸石、炉灰、垃圾等杂物堆放在山洪、河流可能冲刷到的地段,防止淤塞河道、沟渠。

发现与矿井防治水有关系的河道中存在障碍物或者堤坝破损时,应当及时清理障碍物或者修复堤坝,并报告当地人民政府相关部门。

(5)使用中的钻孔,应当安装孔口盖。报废的钻孔应当及时封孔,并将封孔资料和实施负责人的情况记录在案、存档备查。

三、井下防治水

(1)相邻矿井的分界处,应当留防隔水煤(岩)柱。矿井以断层分界的,应当在断层两侧留有防隔水煤(岩)柱。

防隔水煤(岩)柱的尺寸,应当根据相邻矿井的地质构造、水文地质条件、煤层赋存条件、围岩性质、开采方法以及岩层移动规律等因素,在矿井设计中确定。

矿井防隔水煤(岩)柱一经确定,不得随意变动,并通报相邻矿井。严禁在各类防隔水煤(岩)柱中进行采掘活动。

(2)在采掘工程平面图和矿井充水性图上必须标绘出井巷出水点的位置及其涌水量、积水的井巷及采空区的积水范围、底板标高和积水量等。在水淹区域应当标出探水线的位置。

(3)每次降大到暴雨时和降雨后,应当有专业人员分工观测井上积水情况、洪水情况、井下涌水量等有关水文变化情况以及矿区附近地面有无裂缝、老窑陷落和岩溶塌陷等现象,并及时向矿调度室及有关负责人报告,并将上述情况记录在案、存档备查。

情况危急时,矿调度室及有关负责人应当立即组织井下撤人,确保人员安全。

(4)受水淹区积水威胁的区域,必须在排除积水、消除威胁后方可进行采掘作业;如果无法排除积水,开采倾斜、缓倾斜煤层的,必须按照《建筑物、水体、铁路及主要井巷煤柱留设与压煤开采规程》中有关水体下开采的规定,编制专项开采设计,由煤矿企业主要负责人审批后,方可进行。

严禁在水体下、采空区水淹区域下开采急倾斜煤层。

(5)在未固结的灌浆区、有淤泥的废弃井巷、岩石洞穴附近采掘时,应当按照受水淹积水威胁的情况进行管理,并执行本规程第二百五十九条、第二百六十条、第二百六十二条的规定。

(6)开采水淹区域下的废弃防隔水煤柱时,应当彻底疏干上部积水,进行可行性技术评价,确保无溃浆(沙)威胁。严禁顶水作业。

(7)井田内有与河流、湖泊、溶洞、含水层等存在水力联系的导水断层、裂隙(带)、陷落柱等构造时,应当查明其确切位置,按规定留设防隔水煤(岩)柱,并采取有效的防治水措施。巷道必须穿过上述构造时,必须探水前进。如果前方有水,应超前预注浆封堵加固,必要时预先建筑防水闸门或采取其他防治水措施。

(8)采掘工作面或其他地点发现有煤层变湿、挂红、挂汗、空气变冷、出现雾气、水叫、顶板来压、片帮、淋水加大、底板鼓起或产生裂隙、出现渗水、钻孔喷水、底板涌水、煤壁溃水、水色发浑、有臭味等透水征兆时,应当立即停止作业,报告矿调度室,并发出警报,撤出所有受水威胁地点的人员。在原因未查清、隐患未排除之前,不得进行任何采掘活动。

(9)矿井采掘工作面探放水应当采用钻探方法,由专业人员和专职探放水队伍使用专用探放水钻机进行施工。同时,应当配合其他方法(如物探、化探和水文地质试验等)查清采掘工作面及周边老空水、含水层富水性以及地质构造等情况,确保探放水的可靠性。

(10)煤层顶板有含水层和水体存在时,应当观测垮落带、导水裂缝带、弯曲带发育高度,进行专项设计,确定安全合理的防隔水煤(岩)柱厚度。当导水裂缝带范围内的含水层或老空积水影响安全掘进和采煤时,应当超前进行钻探,待彻底疏放水后,方可进行掘进回采。

(11)开采底板有承压含水层的煤层,应当保证隔水层能够承受的水头值大于实际水头值,制定专项安全技术措施。

专项安全技术措施由煤矿企业技术负责人审查,报煤矿企业主要负责人审批。

(12)当承压含水层与开采煤层之间的隔水层能够承受的水头值小于实际水头值时,应当采用疏水降压、注浆加固底板和改造含水层或充填开采等措施,并进行效果检测,保证隔水层能够承受的水头值大于实际水头值,有效防止底板突水。

上述措施由煤矿企业技术负责人审查,报煤矿企业主要负责人审批。

(13)矿井建设和延深中,当开拓到设计水平时,只有在建成防、排水系统后,方可开始向有突水危险地区开拓掘进。

(14)煤系顶、底部有强岩溶承压含水层时,主要运输巷和主要回风巷应当布置在不受水威胁的层位中，并以石门分区隔离开采。

(15)水文地质条件复杂或有突水淹井危险的矿井，应当在井底车场周围设置防水闸门或在正常排水系统基础上另外安设具有独立供电系统且排水能力不小于最大涌水量的潜水泵。

在其他有突水危险的采掘区域，应当在其附近设置防水闸门；不具备设置防水闸门条件的，应当制定防突水措施，由煤矿企业主要负责人审批。

水文地质条件复杂或有突水淹井危险的矿井，必须在井底车场周围设置防水闸门。在其他有突水危险的地区，只有在其附近设置防水闸门后，方可掘进。

防水闸门应符合下列要求：

①防水闸门必须采用定型设计。

②防水闸门的施工及其质量，必须符合设计要求。闸门和闸门硐室不得漏水。

③防水闸门硐室前、后两端，应分别砌筑不小于5 m的混凝土护碹，碹后用混凝土填实，不得空帮、空顶。防水硐室和护碹必须采用高标号水泥进行注浆加固，注浆压力应符合设计要求。

④防水闸门来水一侧19~25 m处，应加设1道挡物箅子门。防水闸门与箅子门之间不得停放车辆或堆放杂物。来水时先关箅子门，后关防水闸门。如果采用双向防水闸门，应在两侧各设1道箅子门。

⑤通过防水闸门的轨道、电机车架空线、带式输送机等必须灵活易拆；通过防水闸门墙体的各种管路和安设在闸门外侧的闸阀的耐压能力，都必须与防水设计压力相一致；电缆、管道通过防水闸门，必须用堵头和阀门封堵严密，不得漏水。

⑥防水闸门必须安设观测水压的装置，并有放水管和放水闸阀。

⑦防水闸门竣工后，必须按设计要求进行验收；对新掘进巷道内建筑的防水闸门，必须进行注水耐压试验，水闸门内巷道的长度不得大于15 m，试验的压力不得低于设计水压，其稳压时间应在24 h以上，试压时应有专门安全措施。

⑧防水闸门必须灵活可靠，并保证每年进行2次关闭试验，其中1次应当在雨季前进行，关闭闸门所用的工具和零配件必须专人保管，专地点存放，不得挪用丢失。

(16)井下防水闸墙的设置应当根据矿井水文地质情况决定，防水闸墙的设计经煤矿企业技术负责人批准后方可施工，投入使用前应当由煤矿企业技术负责人组织竣工验收。

(17)条井筒穿过含水层段的井壁结构应当采用有效防水混凝土或设置隔水层。

井筒淋水超过每小时6 m^3 时，应当进行壁后注浆处理。

(18)井巷揭穿含水层、地质构造带前，必须编制探放水和注浆堵水设计。

井巷揭露的主要出水点或地段，必须进行水温、水量、水质等地下水动态和松散含水层涌水含砂量综合观测和分析，防止滞后突水。

(19)立井基岩段施工时，对含水层数多、含水层段又较集中的地段，应当采用地面预注浆。含水层数少或含水层数分散的地段，应当在工作面进行预注浆，并短探、短注、短掘。

四、井下排水

(1)矿井应当配备与矿井涌水量相匹配的水泵、排水管路、配电设备和水仓等，确保矿井排水能力充足。

矿井井下排水设备应当满足矿井排水的要求。除正在检修的水泵外,应当有工作水泵和备用水泵。工作水泵的能力,应当能在20 h内排出矿井24 h的正常涌水量(包括充填水及其他用水)。备用水泵的能力应当不小于工作水泵能力的70%。检修水泵的能力,应当不小于工作水泵能力的25%。工作和备用水泵的总能力,应当能在20 h内排出矿井24 h的最大涌水量。

排水管路应当有工作和备用水管。工作排水管路的能力,应当能配合工作水泵在20 h内排出矿井24 h的正常涌水量。工作和备用排水管路的总能力,应当能配合工作和备用水泵在20 h内排出矿井24 h的最大涌水量。

配电设备的能力应当与工作、备用和检修水泵的能力相匹配,能够保证全部水泵同时运转。

(2)主要泵房至少有2个出口,一个出口用斜巷通到井筒,并应高出泵房7 m以上;另一个出口通到井底车场,在此出口通路内,应设置易于关闭的既能防水又能防火的密闭门。泵房和水仓的连接通道,应设置可靠的控制闸门。

(3)矿井主要水仓应当有主仓和副仓,当一个水仓清理时,另一个水仓能够正常使用。

新建、改扩建矿井或者生产矿井的新水平,正常涌水量在1 000 m^3/h以下时,主要水仓的有效容量应当能容纳8 h的正常涌水量。

正常涌水量大于1 000 m^3/h的矿井,主要水仓有效容量可以按照下式计算:

$$V = 2(Q + 3\,000)$$

式中 V——主要水仓的有效容量,m^3;

Q——矿井每小时的正常涌水量,m^3。

采区水仓的有效容量应当能容纳4 h的采区正常涌水量。

水仓进口处应当设置箅子。对水砂充填和其他涌水中带有大量杂质的矿井,还应当设置沉淀池。水仓的空仓容量应当经常保持在总容量的50%以上。

(4)水泵、水管、排水用的配电设备和输电线路,必须经常检查和维护。在每年雨季以前,必须全面检修1次,并对全部工作水泵和备用水泵进行1次联合排水试验,发现问题,及时处理。

水仓、沉淀池和水沟中的淤泥,应及时清理,每年雨季前必须清理1次。

(5)新建矿井揭露的水文地质条件比地质报告复杂的,应当进行水文地质补充勘探,及时查明水害隐患,采取可靠的安全防范措施。井下探放水应当采用专用钻机,由专业人员和专职探放水队伍进行施工。

(6)井筒开凿到底后,应当先施工永久排水系统。永久排水系统应当在进入采区施工前完成。在永久排水系统完成前,井底附近应当先设置具有足够能力的临时排水设施,保证永久排水系统形成之前的施工安全。

(7)井下采区、巷道有突水或者可能积水的,应当优先施工安装防、排水系统,并保证有足够的排水能力。

五、探放水

(1)矿井应当做好充水条件分析预报和水害评价预报工作,加强探放水工作。

探放水应当使用专用钻机,由专业人员和专职队伍进行设计、施工,并采取防止瓦斯和其他有害气体危害等安全措施。探放水结束后，应当提交探放水总结报告存档备查。

探水孔的布置和超前距离，应当根据水压大小、煤（岩）层厚度和硬度以及安全措施等，在探放水设计中做出具体规定。探放老空积水最小超前水平钻距不得小于 30 m，止水套管长度不得小于 10 m。

在地面无法查明矿井全部水文地质条件和充水因素时，应当采用井下钻探方法，按照有掘必探的原则开展探放水工作，并确保探放水的效果。

（2）采掘工作面遇有下列情况之一时，应当立即停止施工，确定探水线，由专业人员和专职队伍使用专用钻机进行探放水，经确认无水害威胁后，方可施工：

①接近水淹或可能积水的井巷、老空或相邻煤矿时。

②接近含水层、导水断层、溶洞和导水陷落柱时。

③打开隔离煤柱放水时。

④接近可能与河流、湖泊、水库、蓄水池、水井等相通的断层破碎带时。

⑤接近有出水可能的钻孔时。

⑥接近水文地质条件不清的区域时。

⑦接近有积水的灌浆区时。

⑧接近其他可能突水的地区时。

（3）对于煤层顶、底板带压的采掘工作面，应当提前编制防治水设计，制定并落实开采期间各项安全防范措施。

（4）下探放水应当使用专用钻机，由专业人员和专职队伍进行施工。严禁使用煤电钻等非专用探放水设备进行探放水。探放水工应当按照有关规定，经培训合格后持证上岗。

安装钻机进行探水前，应当符合下列规定：

①加强钻孔附近的巷道支护，并在工作面迎头打好坚固的立柱和拦板。

②清理巷道，挖好排水沟。探水钻孔位于巷道低洼处时，配备与探放水量相适应的排水设备。

③在打钻地点或其附近安设专用电话，人员撤离通道畅通。

④依据设计，确定主要探水孔位置时，由测量人员进行标定。负责探放水工作的人员必须亲临现场，共同确定钻孔的方位、倾角、深度和钻孔数量。

（5）在预计水压大于 0.1 MPa 的地点探水时，应当预先固结套管，在套管口安装闸阀，进行耐压试验。套管长度应当在探放水设计中规定。预先开掘安全躲避硐，制定包括撤人的避灾路线等安全措施，并使每个作业人员了解和掌握。

（6）钻孔内水压大于 1.5 MPa 时，应当采用反压和有防喷装置的方法钻进，并制定防止孔口管和煤（岩）壁突然鼓出的措施。

（7）在探放水钻进时，发现煤岩松软、片帮、来压或者钻眼中水压、水量突然增大和顶钻等透水征兆时，应当立即停止钻进，但不得拔出钻杆；现场负责人员应当立即向矿井调度室汇报，立即撤出所有受水威胁区域的人员到安全地点。然后采取安全措施，派专业技术人员监测水情并进行分析，妥善处理。

（8）探放老空水前，应当首先分析查明老空水体的空间位置、积水量和水压等。探放水应当使用专用钻机，由专业人员和专职队伍进行施工，钻孔应当钻入老空水体最底部，并监视放水全过程，核对放水量和水压等，直到老空水放完为止。

探放水时,应当撤出探放水点以下部位受水害威胁区域内的所有人员。

钻探接近老空水时,应当安排专职瓦斯检查员或者矿山救护队员在现场值班,随时检查空气成分。如果瓦斯或者其他有害气体浓度超过有关规定,应当立即停止钻进,切断电源,撤出人员,并报告矿井调度室,及时采取措施进行处理。

(9)钻孔放水前,应当估计积水量,并根据矿井排水能力和水仓容量,控制放水流量,防止淹井;放水时,应当设有专人监测钻孔出水情况,测定水量和水压,做好记录。如果水量突然变化,应当立即报告矿井调度室,分析原因,及时处理。

(10)排除井筒和下山的积水及恢复被淹井巷前,应当制定可靠的安全措施,防止被水封住的有毒、有害气体突然涌出。

排水过程中,应当定时观测排水量、水位和观测孔水位,并由矿山救护队随时检查水面上的空气成分,发现有害气体,及时采取措施进行处理。

六、大水矿井的延深、淹没与恢复的几点经验教训

(1)为了使井筒顺利地向设计水平延深,应慎重选择井筒的具体位置。要求在延深地段附近的数十米走向范围内,没有断层或大型褶皱,岩溶裂隙不发育,无突水点,煤层与围岩的坡度正常。

(2)延深井筒一般成对施工,这不仅是为了便于通风,更主要的是为了分散井筒涌水量,相互接应,交替掘进,以顺利而迅速地达到设计水平。

(3)井筒达到设计标高落底时,首先要抓紧时间抢占排水阵地,并按井筒设计涌水量要求做临时性的水仓泵房,安好排水设备,再去打永久性的水仓与泵房。待井下防排水设施全部完善,并经校查试验合格后,再向两翼拉开大巷,布置采区。

(4)大巷流水沟应有经过计算的足够断面,水沟坡度与巷道坡度一致,沟内保持畅通无阻。

(5)延深时,现生产水平不能停产,所以主、副井不能直接延深,可在岩溶裂隙不发育的地段或层位中,或在隔水层中开凿延深下山。延深下山落底后即开设临时泵房、水仓,进行排水并开凿永久泵房、水仓,然后采取反井施工,接通主、副井。这样做,不仅可以连续生产,而且可以避免主、副井直接下延时,遇到较大岩溶裂隙水,影响继续掘进。

(6)立井开掘的矿井,当立井井底达到设计标高后,还应再打 9 m 以上的水窝,便于矿井一旦淹没,也能用潜水泵排水,以便迅速将大巷积水排干。

(7)大水矿井、风井与副井(管子道)的断面都要留有一定的余地,便于碰到意外淹井后,能在副井或风井增设水泵或管路,以配合主井排水。对于中央并列式通风的风井要考虑有备用管路,以便与副井管路配合排水,加速恢复矿井的进程。

(8)如果一个矿井设有两个泵房排水时,要求两个泵房的高程一致,不宜一高一低,避免突然涌水将低泵房淹没,而高泵房的排水能力又不足,从而招致淹井。

项目小结

水文地质条件复杂、极复杂的矿井,为了避免矿井受突然涌水的袭击,发生水灾事故,要求砌筑如闸门、密闭门及水闸墙等各种矿井防水设施,并备齐各种以水泵为主的防水设备,

本项目主要介绍了各种矿井防水设施和设备的基本理论知识和防水设施构筑方法。

综合实训

根据以下所给的矿井基本条件，模仿书中案例，进行水闸墙设计。

耒阳市新市镇马水乡境内有樟冲井田和王家井田，樟冲井田分布有新市镇老雅背煤矿、利群煤矿屋图井和利群煤矿樟冲井；王家井田分布有新市镇长冲里煤矿、利群煤矿王家井和耒阳界冲村煤矿（由于发生事故而关闭）；新市镇长冲里煤矿和利群煤矿王家井现已组建了耒阳市王家井煤业有限公司；原规划新市镇老雅背煤矿、利群煤矿屋图井和利群煤矿樟冲井组建一个煤业公司；由于资源枯竭已申请关闭。

利群煤矿樟冲井采用斜井开拓方式，主斜井落底标高 -20 m，东翼暗井落底标高 -46 m，为了争抢资源，该矿在 -46 m 往新市镇长冲里煤矿掘进了 680 m 运输石门已至 -601 钻孔附近。

耒阳市王家井煤业有限公司长冲里煤矿采用斜井开拓方式，保留一主一副二风四个井筒，目前最低开采标高 -170 m；耒阳市王家井煤业有限公司王家井煤矿采用斜井开拓方式，保留一主一副二风四个井筒，目前最低开采标高 -110 m。

利群煤矿屋图井和利群煤矿樟冲井关闭后，地表水可通过废弃井筒、老窑及开采裂隙带溃入井下，造成井下水位升高；给长冲里煤矿和王家井煤矿安全生产构成极大威胁。

为了消除利群煤矿屋图井和利群煤矿樟冲井关闭老窑水对长冲里煤矿和王家井煤矿威胁，王家井煤业有限公司决定在利群煤矿樟冲井 -46 石门构筑防水闸墙。

设计参数如下：

（1）防水闸墙位置选择：设计防水闸墙位于樟冲煤矿 -46 石门内，防水闸墙应处于岩石坚硬、稳定、完整致密的岩层中，具体位置由公司根据现场情况确定。

（2）水压：设计防水闸墙位于樟冲煤矿 -46 石门内，巷道底板标高为 -46 m，樟冲井主井井口标高 +159.24 m，地面最低标高 +122 m；关闭后地下水位升至地面，从地表最低处流出，水位高差为 148 m，因此设计防水闸墙水压 $P = 17\ kg/cm^2 = 1.7\ N/mm^2$。

（3）防水闸墙巷道所处岩石为砂岩：岩石普氏系数 $f = 4 \sim 6$。

（4）巷道断面规格：宽（B）×高（H）= 2.2 m×2.2 m。

（5）混凝土强度设计值：根据水压和《混凝土结构设计规范》（GB 50010—2010）中规定，混凝土强度取 C25。

（6）防水闸墙支撑面与巷道中心线夹角 α：防水闸墙所处围岩普氏系数 $f = 4 \sim 6$，根据取值办法，$\alpha = 20°$。

项目十　矿井水害事故分析及突水抢险救灾技术

学习目标

(1)掌握造成水害事故的直接原因;
(2)掌握矿井透水事故时自救和互救的方法;
(3)了解现场紧急处理抢险时控制水情的方法和抢险救灾指挥程序;
(4)了解抢险救灾方案的编制要求;
(5)掌握矿井突水时的强排水和控水技术;
(6)熟悉矿井突水时注浆堵水方案的编制要求;
(7)熟悉矿井突水时水文地质工作的具体内容和要求。

【导入】

矿井突水会给企业带来不同程度的损失,轻者停工停产,造成经济损失;重者可造成局部或全矿井淹没及重大伤亡,所以当矿井突水时,紧急组织抢险救灾是关键。及时组织和合理调度抢救队伍,采取科学合理的技术措施和安全措施,使灾害控制在最小范围,损失降低到最低程度。矿井早日恢复生产是抢险救灾的重要目标,历史经验证明,由于抢险指挥得力、措施得当,淹井的事故最终可得到控制;也有由于指挥不利抢险混乱,特别是突水条件和周围环境分析不清,基础工作不牢,从而造成多人死亡的事故,甚至造成二次人员伤亡事故。所以,矿井特大突水的抢险救灾效果的好坏,是对矿山企业领导水平、人员素质、科学管理、技术基础的综合考验。

【正文】

单元一　水害事故综合分析

一、水害事故原因分析

(一)直接原因

通过透水事故的分析可以看出,造成事故的直接原因有以下几种:

(1)对矿井水文地质条件了解不清、盲目开采。一些矿井在水文地质条件没有查明的情况下,盲目开采,引发透水事故。

(2)在水体下采煤防治措施不落实。一些煤矿违反煤矿安全规程规定,在防、隔水煤柱中进行采掘活动;有些在水体下开采急倾斜煤层的煤矿,未按采煤的规定进行试采,超强度开采,煤层连续冒落,导致透水事故。

(3)超层越界开采,破坏防、隔水煤柱。部分煤矿经过多年的开采,资源基本枯竭,为维持生产,违法超(深)层越界开采甚至开采防、隔水煤柱,由于不清楚相邻矿井的地质资料,也不进行探放水,盲目进入积水老空区,发生突水;还有一些矿井,在采掘工程平面图上弄虚作假,将井下超层越界开采区域和存在水患的采掘工作面进行封闭伪装,掩盖真实采掘活动,逃避监管。

(4)防治水技术力量及从业人员相关知识匮乏。多数老空透水在事故发生前,均有明显的透水预兆,但由于煤矿地质和水文地质人员缺乏,矿井没有防治水害的专业人员,不能识别明显的透水预兆,使本可避免的重特大透水事故在同一地区或不同地区重复发生。

(5)对已有水患未采取有力措施。有的矿井在水体下或冲积层下采煤留设的防水安全煤柱不合理;有的煤矿对地面的塌陷坑、废弃的小煤矿充填不实,使地表水溃入井下,导致事故发生。

(6)雨季暴雨期井上下水情监测不够。有的煤矿井口标高低于历史最高洪水位;一些煤矿对断层水、底板水、溶洞水认识不足,未引起高度重视,不认真编制防治水措施,导致突水。

(7)未进行或者违章探放水。很多煤矿经多次治理整顿、资源整合和关闭,许多废弃老窑没有留下详细的地质资料,其开采边界、分布范围、积水空间不清楚,已成为正在开采煤矿的主要水害隐患。大多数小煤矿没有防治水专业人员和探放水队伍,在掘进和采煤过程中,不进行探放水,或者违章用煤电钻代替专用探水钻机进行探放,导致事故发生。

(二)间接原因

(1)防治水工作管理滑坡。企业受经济利益驱动、技术力量限制等,对防治水工作管理松懈、投入不足,没有认真落实水害防治责任制。主管部门或者监管部门疏于对煤矿水害的日常监管工作以及重大水害隐患的跟踪督促和落实。

(2)煤矿水害防治监管制度不落实。煤矿超层越界和非法开采活动,未按照规程落实水害防治措施,没有建立水害隐患排查制度、制订水害防治应急预案等,都是造成重大水害事故的原因。

(3)部分煤矿被动进行矿井防治水害工作。主要表现在防治水投入不足,防治水措施不到位不落实,没有主动安排防治水工作。

(4)部分煤矿"三违"现象时有发生。部分煤矿没有处理好安全生产与经济利益的关系,为获得利润不惜违法或违规生产,导致水害事故时有发生。

二、防范措施建议

如果我们按照有关规定、规程、规范、条例等的要求,选择并开展了适合矿井实际的防治水工作,有相当一部分矿井水害事故是可以避免的,即便有些事故难以避免也可将水害造成的损失降到最低程度。

为了进一步抓好煤矿水害防治工作,从根本上遏制煤矿重大水害事故的发生,各矿对于本矿存在的水害,应制定针对性强、切实可行的综合防范措施。为此,有如下建议:

(1)领导重视。各级领导都应高度重视矿井水害问题。

(2)建立全矿井防治水专门机构,充实专业水文地质人员。机构和人员是做好防治水工作的基础。因此,煤矿企业要想做好防治水工作,就必须按照规定和规程的要求,配备满足工作需要的防治水设备和人员,配齐专用探放水设备,建立专门的探放水作业队伍,建立健全防治水各项制度,装备必要的防治水抢险救灾设备。

(3)重视矿井水文地质基础工作。煤矿企业要按照规定和规程的要求,对防治水工作进行整改达标,对矿井水文地质类型进行划分,建立健全有关矿井地质报告、图件和基础台账。定期收集、调查和核对相邻煤矿和废弃的老窑情况,并在井上、下工程对照图和矿井充水性图上标出其井田位置、开采范围、开采年限、积水情况。矿井应当建立水文地质观测系统,加强水文地质动态观测和水害预测分析工作。水文地质条件复杂、极复杂矿井应当每月至少开展1次水害隐患排查及治理活动,其他矿井应当每季度至少开展1次水害隐患排查及治理活动。加大防治水资金投入力度,落实防治水各项措施。同时要加强科技投入,大力推广先进适用的新技术和管理新经验。

(4)重视防治水技术方法和手段的推广应用。对适合本矿地质、水文地质条件的防治水技术方法和手段应选择使用,该投入的一定要投入。

(5)按照"预测预报、有疑必探、先探后掘、先治后采"的原则,开展矿井充水条件分析,提高水害预测预报水平。根据水害预测预报的结果,确定探水警戒线,编制探放水设计,并严格按探放水设计进行施工。采掘工作面探放水必须建立专业探放水队伍,由专业人员使用专用探放水钻机进行探放水,严禁使用煤电钻探放水。井下作业现场发现透水征兆时,要立即停止作业,报告煤矿调度室,立即撤出受水害威胁的所有作业人员。发现水文地质情况异常的,要组织专业人员认真分析,采取措施,及时处理。未查明情况、未采取措施消除隐患的,不得进行采掘作业。探放水作业工应当经培训合格后持证上岗。

(6)老窑水的探放必须有严密的技术措施,对于老窑水,放与不放、何时探放要慎重处理。探放老窑水前应根据测量资料、物探结果等分析并明确老窑的空间位置、含水量及水位标高,估算老窑积水量及水压。如果水量大、水压高,在孔口要安装法兰盘、下套管等,绝不能凑合行事。

(7)加强培训,坚持持证上岗制度。经常针对性地举办水文地质知识讲座,使每一位职工都能熟知突水的各种征兆、自救方法和最佳避灾路线等。

(8)严禁超层越界开采,按设计留足各类保护煤柱,杜绝一切破坏煤柱行为。

(9)进一步加大煤矿水害防治工作的监察管理力度,齐抓共管,力求实效。

(10)组建物探队,购买适用的物探仪器,引进有关科技人员,逐步进行采掘前方有害地质体的探测,为矿井安全高效生产创造条件。

(11)高度重视汛期煤矿防治水工作。近年来,极端天气多发,各地区要高度重视雨季"三防"工作。要加强与气象、水利等部门的联系,遇到暴雨洪水灾害时,要科学判断、果断处置,一旦发现淹井险情,必须立即撤出井下所有作业人员。

(12)通过事故教训推动防治水工作。对发生水害事故的,要按照"四不放过"和"依法依规、实事求是、注重实效"的原则,严肃调查处理,认真吸取水害事故教训,提升防治水工作水平,有效遏制重特大水害事故的发生。

三、水害事故应急救援预案及实施

(1)煤矿企业、矿井应当根据本单位的主要水害类型和可能发生的水害事故,制订水害应急预案和现场处置方案。应急预案内容应当具有针对性、科学性和可操作性。处置方案应当包括发生不可预见性水害事故时,人员安全撤离的具体措施,每年都应当对应急预案修订完善并进行1次救灾演练。

(2)矿井管理人员和调度室人员应当熟悉水害应急预案和现场处置方案。

(3)矿井应当设置安全出口,规定避水灾路线,设置贴有发光膜的清晰路标,并让全体职工熟知,一旦突水能够安全撤离,避免意外伤亡事故。

(4)井下泵房应当积极推广无人值守和远程监控集控系统,加强排水系统检测与维修,时刻保持水仓容量不小于50%和排水系统运转正常。受水威胁严重的矿井,应当实现井下泵房无人值守和地面远程监控,推广使用地面操控的潜水泵排水系统。

(5)现场发现水情的作业人员,应当立即向矿井调度室报告有关突水地点及水情,并通知周围有关人员撤离到安全地点或升井。

(6)矿井调度室接到水情报告后,应当立即启动本矿井水害应急预案,根据来水方向、地点、水量等因素,确定人员安全撤离的路径,通知井下受水患影响地点的人员马上撤离到安全地点或者升井,向值班负责人和矿井主要负责人汇报,并将水患情况通报周边所有矿井。

(7)当发生突水时,矿井应当立即做好关闭防水闸门的准备,在确认人员全部撤离后,方可关闭防水闸门。

(8)矿井应当根据水患的影响程度,及时调整井下通风系统,避免风流紊乱、有害气体超限。

(9)矿井应当将防范暴雨洪水引发煤矿事故灾难的情况纳入《事故应急救援预案》和《灾害预防处理计划》中,落实防范暴雨洪水所需的物资、设备和资金,建立专业抢险救灾队伍,或者与专业抢险救灾队伍签订协议。

(10)矿井应当加强与各级抢险救灾机构的联系,掌握抢救技术装备情况,一旦发生水害事故,立即启动相应的应急预案,争取社会救援,实施事故抢救。

(11)水害事故发生后,矿井应当依照有关规定报告政府有关部门,不得迟报、漏报、谎报或者瞒报。

四、排水恢复被淹井巷

恢复被淹井巷前,应当编制突水淹井调查报告。报告应当包括下列内容:

(1)突水淹井过程,突水点位置,突水时间,突水形式,水源分析,淹没速度和涌水量变化等。

(2)突水淹没范围,估算积水量。

(3)预计排水中的涌水量。查清淹没前井巷各个部分的涌水量,推算突水点的最大涌水量和稳定涌水量,预计恢复中各不同标高段的涌水量,并设计恢复过程中排水量曲线。

(4)提供分析突水原因用的有关水文地质点(孔、井、泉)的动态资料和曲线,水文地质平面图、剖面图,矿井充水性图和水化学资料等。

矿井恢复时，应当设有专人跟班定时测定涌水量和下降水面高程，并做好记录；观察记录恢复后井巷的冒顶、片帮和淋水等情况；观察记录突水点的具体位置、涌水量和水温等，并作突水点素描；定时对地面观测孔、井、泉等水文地质点进行动态观测，并观察地面有无塌陷、裂缝现象等。

排除井筒和下山的积水及恢复被淹井巷前，应当制定防止被水封住的有害气体突然涌出的安全措施。排水过程中，应当有矿山救护队检查水面上的空气成分，发现有害气体，及时处理。

矿井恢复后，应当全面整理淹没和恢复两个过程的图纸和资料，确定突水原因，提出避免发生重复事故的措施意见，并总结排水恢复中水文地质工作的经验与教训。

■ 单元二　矿井透水事故时自救与互救

一、自救和互救的概念

矿井发生事故后，矿山救护队不可能立即到达事故地点进行抢救。实践证明，在事故初期，矿工如能及时采取措施，正确开展自救互救，则可以减小事故危害程度，减少人员伤亡。

所谓“自救”，就是矿井发生意外灾变事故时，在灾区或受灾变影响区域的每个工作人员进行避灾和保护自己的方法。而“互救”则是在有效地自救前提下妥善地救护他人。自救和互救的成效如何，决定于自救方法的正确性。其具体内容包括：

(1)熟悉所在矿井的应急救援预案；

(2)熟悉矿井的避灾路线和安全出口；

(3)掌握避灾方法，会使用自救器；

(4)掌握抢救伤员的基本方法及现场急救的操作技术。

为此，应加强对职工自救和互救知识的教育，让所有井下人员学会如何识别各种事故的预兆；判断事故的性质、地点及应采取自救和互救的措施，熟练地配用自救器；正确地选择避灾路线；在遇险人员暂时不能撤出灾区的情况下，进入避难硐室待救等。

在对职工进行自救和互救知识教育时，首先使职工能熟练正确地佩用自救器。

矿井发生重大灾害事故时的初期，波及的范围和危害一般较小，既是抢救和控制事故的有利时机，也是决定矿井和人员安全的关键时刻。灾区人员的自身安全和控制灾情的扩大具有重要的作用。即使在灾害事故处理的中、后期，也往往需要井下职工正确地避灾自救和互救，才能提高抢险救灾的工作成效。

大量事实证明，当矿井发生灾害事故后，矿工在万分危急的情况下，依靠自己的力量，积极、正确地采取救灾、自救、互救措施，是最大限度地减少事故损失的重要环节。

二、发生事故时在场人员的行动原则

(一)及时报告灾情

发生灾变事故后，事故地点附近的人员应尽量了解或判断事故性质、地点和灾害程度，并迅速地利用最近处的电话或其他方式向矿调度室汇报，并迅速向事故可能波及的区域发出警报，使其他工作人员尽快知道灾情。在汇报灾情时，要将看到的异常现象(火烟、飞尘

等)，听到的异常声响，感觉到的异常冲击如实汇报，不能凭主观想象判定事故性质，以免给领导造成错觉，影响救灾。这方面我国煤矿救灾中是有沉痛教训的。

(二)积极抢救

灾害事故发生后，处于灾区内以及受威胁区域的人员，应沉着冷静。根据灾情和现场条件，在保证自身安全的前提下，采取积极有效的方法和措施，及时投入现场抢救，将事故消灭在初期阶段或控制在最小范围，最大限度地减少事故造成的损失。在抢救时，必须保持统一的指挥和严密的组织，严禁冒险蛮干和惊慌失措，严禁各行其是和单独行动；要采取防止灾区条件恶化和保障救灾人员安全的措施，特别要提高警惕，避免中毒、窒息、爆炸、触电、二次突出、顶帮二次垮落等再生事故的发生。

(三)安全撤离

当受灾现场不具备事故抢救的条件，或可能危及人员的安全时，应由在场负责人或有经验的老工人带领，根据矿井应急救援预案中规定的撤退路线和当时当地的实际情况，尽量选择安全条件最好、距离最短的路线，迅速撤离危险区域。在撤退时，要服从领导，听从指挥。根据灾情使用防护用品和器具；要发扬团结互助的精神和先人后己的风格，主动承担工作任务，照料好伤员和年老体弱者；遇有溜煤眼、积水区、垮落区等危险段，应探明情况，谨慎通过。灾区人员撤出路线选择正确与否决定自救的成败。

(四)妥善避灾

如无法撤退(通路冒顶阻塞、在自救器有效工作时间内不能到达安全地点等)时，应迅速进入预先筑好的或就近地点快速建筑的临时避难硐室，妥善避灾，等待矿山救护队的援救，切忌盲动。

三、现场抢救

井下发生突水事故时，由于水势急，冲力大，人员躲避不及，就会被水冲走，遭致水淹。有时人员在水仓或水井附近工作，不慎失足，也会造成溺水。溺水时，大量的水由口鼻灌入肺和胃里，引起窒息，使呼吸和心跳停止。在井下发现有人溺水时，要照下述方法抢救：

(1)尽快把溺水者捞救出水，并以最快的速度撬开他的嘴，清除堵塞在嘴和鼻孔里的煤渣和泥土，并把他的舌头拉出来，使呼吸道畅通。

(2)救护者取半跪的姿势，把溺水者的腹部放在自己的膝盖上，头部下垂、并不断地压迫他的背部，把灌入胃里的水控出来，如图10-1(a)所示。也可以抱起溺水者的腰部，使他的背部向上，头部下垂，将积水从溺水者的胃里控出，如图10-1(b)所示。

还可以抱起溺水者，把腹部放在急救者的肩上，快步奔跑或不断上下耸肩，以达到使积水不断控出的目的，如图10-1(c)所示。

(3)把溺水者胃里的水控出来以后，要立即进行人工呼吸。如心跳已停止，要同时做心脏挤压，且必须连续进行，直到确实无效时才能停止。在整个抢救过程中，要特别注意使溺水者的身体保温。如果条件许可，可给溺水者输氧。

(4)在进行抢救的同时，要派人立即向指挥部报告，请求医生赶来协同抢救。抢救成功后，要立即转送到医院。

四、透水后现场人员撤退时的注意事项

(1)透水后，应在可能的情况下迅速观察和判断透水的地点、水源、涌水量、发生原因，

(a)跪姿控水

(b)抱姿控水　　(c)扛姿控水

图 10-1　救护溺水伤员示意图

危害程度等情况，根据应急救援预案中规定的撤退路线，迅速撤退到透水地点以上的水平，不能进入透水点附近及下方的独头巷道。

(2)行进中，应靠近巷道一侧，抓牢支架或其他固定物体，尽量避开压力水头和泄水流，注意防止被水中滚动的矸石和木料撞伤。

(3)如透水后破坏了巷道中的照明和路标，迷失行进方向时，遇险人员应朝着有风流通过的上山巷道方向撤退。

(4)在撤退沿途和所经过的巷道交叉口，应留设指示行进方向的明显标志，以提示救护人员注意。

(5)人员撤退至竖井，需从梯子间上去时，应遵守秩序，禁止慌乱和争抢。行动中手要抓牢，脚要蹬稳，切实注意自己和他人的安全。

(6)如唯一的出口被水封堵无法撤退时，应有组织地在独头工作面躲避，等待救护人员的营救，严禁盲目潜水逃生等冒险行为。

某地方煤矿发生突水事故后，井下的 7 名矿工一同向灾区外撤退。当走到下山底车场时，发现积水已将去路淹没。这时，一名青年工人急于脱险，自认为水性好，巷道情况熟悉，而不顾其他同志的劝阻，贸然潜入水中，企图脱离灾区。结果，因在水中迷失方向和被杂物缠绕而溺水身亡。而另外的 6 名遇险人员，由于在原地沉着正确地避难待救，时隔两个小时后，随着抢救工作进展，积水位下降，全部安全地撤出了灾区。

五、被矿井水灾围困时的避灾自救措施

当被矿井水灾围困无法撤出灾区时，可充分利用矿井紧急避险设施避灾自救。矿井紧急避险设施主要为避难硐室。

避难硐室是供矿工在遇到事故无法撤退而躲避待救的设施，分永久避难硐室和临时避难硐室2种。永久避难硐室事先设在井底车场附近或采区工作地点安全出口的路线上。临时避难硐室是利用独头巷道、硐室或两巷风门之间的巷道，由避灾人员临时修建的。因此，应在这些地点事先准备好所需的木板、木桩、黏土、沙子或砖等材料，还应装有带阀门的压气管。若无上述材料时，避灾人员就用衣服和身边现有的材料临时构筑，以减少有害气体的侵入。临时避难硐室机动灵活、修筑方便，正确地利用它，往往能发挥很好的救护作用。

被矿井水灾围困时的避灾自救措施：

(1)当现场人员被涌水围困无法退出时，应迅速进入预先筑好的避难硐室中避灾，或选择合适地点快速建筑临时避难硐室避灾。迫不得已时，可爬上巷道中高冒空间待救。如系老窑透水，则须在避难硐室处建临时挡墙或吊挂风帘，防止被涌出的有害气体伤害。进入避难硐室前，应在硐室外留设明显标志。

(2)在避灾期间，遇险矿工要有良好的精神心理状态，情绪安定、自信乐观、意志坚强。要坚信上级领导一定会组织人员快速营救；坚信在班组长和有经验老工人的带领下，一定能够克服各种困难，共渡难关、安全脱险。要做好长时间避灾的准备，除轮流担任岗哨观察水情的人员外。其余人员均应静卧，以减少体力和空气消耗。

(3)避灾期间，当与外界通信中断时应用敲击的方法有规律、间断地发出呼救信号，向营救人员指示躲避处的位置。

(4)被困期间断绝食物后，即使在饥饿难忍的情况下，也应努力克制自己，决不嚼食杂物充饥。需要饮用井下水时，应选择适宜的水源，并用纱布或衣服过滤。

(5)长时间被困在井下，发觉救护人员来营救时，避灾人员不可过度兴奋和慌乱。得救后，不可吃硬质和过量的食物，要避开强烈的光线，以防发生意外。

单元三　矿井突水抢险救灾

一、现场紧急处理抢险

矿井发生突水时，无论其水量大小、危害程度如何，现场管理人员都必须在保证自身安全的条件下迅速组织抢险工作。如停止工作面施工、组织抢救遇难者、有序撤离无关人员等。有条件时，组织进行加固巷道等防止事故扩大的技术处理，组织水情观测，并报告矿调度室。灾情严重时，现场管理人员有权指挥或带领工人主动撤离现场。由于矿井突水有一个逐步恶化的演变过程，所以现场工作人员，特别是班组长、区队长和技术人员，在处理突水事故的初始阶段，起着非常重要的作用。他们既是直接指挥者，又是现场紧急处理的操作者。因此，对他们进行经常性的防水、治水技术知识培训教育和安全技术操作规程贯彻，提高现场紧急处理突水事故的技能是十分必要的。

在现场紧急处理、抢险中，根据水情发展和突水现场条件，可以采取构筑临时水闸墙控

制水情、紧急投入强排水等措施。特别是当水势较猛、水压较大,有可能发生出水口破坏扩大或发生冲毁流水巷道情况时,快速构筑临时挡水闸墙非常重要,一方面可以使涌水按照人为规定的路线流泄,另一方面又可以对出水口和巷道加固保护。紧急建闸可以选择袋装水泥码砌垛办法。袋装水泥重量适中,搬运方便,码砌比较规整,并且在涌水的喷射下和温度大的环境中,可以逐渐固结,对巷道顶底板起到一定的支撑作用。开滦矿区曾先后两次使用码放水泥袋建临时水闸墙控水的方法,控制了水流的漫流:一是1990年范各庄煤矿208巷道平七孔突水,突水量为26.68 m^3/min,水压达4.7 MPa,高压射流对煤层巷道强烈冲击,出水口不断扩大,一旦巷道冲垮,则涌水有可能危及相邻区域而使灾害扩大,在指挥部统一指挥下,调动了一个开拓区的工力,向出水点附近运送袋装水泥,码砌水泥袋墙,及时地保护了巷道,防止了出水口扩大,为构筑永久闸墙,实现分区隔离赢得了时间;二是1991年2月20日林南仓煤矿-240风道突水,突水量为10.69 m^3/min,并伴随着巷道急剧底鼓,为控制流水和巷道底鼓,采用了码砌袋装水泥闸墙的办法控制水情。

利用袋装水泥码砌水闸墙,也应留设泄水管路,以便大部分涌水由管路泄出,避免闸墙即刻受压。码砌长度应视涌水对巷道可能造成破坏的范围而定,袋装水泥闸墙码砌一定高度(0.5~1.0 m)后,闸墙中部的水泥袋划破,在有少量涌水条件下形成水泥浓浆,其扩散性能好,对闸墙有充填作用。

虽然码砌袋装水泥闸墙漏水量较大,但一定程度上可以起到控制涌水乱流和保护巷道的作用,使大量涌水可以按人为意志流泄,并缩小了流水巷道的过水断面,对突水点巷道也能起到保护作用。并且水泥是矿井生产消耗的主要材料,一般都有一定库存,取之方便,搬运快捷,操作简单,可充分满足矿井突水初期现场快速处理的要求。

在矿井突水时的紧急抢险中,抢排水是控制水势漫延、防止灾情恶化的另一有效措施,主要应突出一个快字,千方百计抢时间、争速度,减少淹矿的程度和损失。除充分利用突水水平和未被淹水平排水能力外,也可以采用非正常作业条件下抢排水,如立井卧泵排水、立井潜水泵群强排水、斜井卧泵排水、斜井潜水泵群排水等。总的指导思想是调动一切可利用的排水设施,充分利用各种排水场地,形成综合强排水能力,联合排水以减缓或控制矿井淹没水位上涨。当联合排水能力超过突水量时,同时可以进行追水,减少矿井损失,恢复被淹井巷。

二、抢险救灾指挥

当发生可能淹矿、淹水平或多人遇难的重大水害事故时,矿井应建立抢险救灾指挥系统。矿(公司)调度室接到突水水情报告后,必须立即通知矿长(经理)、总工程师、主管矿长(副经理)、安全矿长、救护队长及有关部门,由矿长(经理)负责全权指挥,组织有关人员立即赶赴现场进行抢险,并立即报告县、市煤炭局总调度室。当灾情严重,可能造成重大损失和危害时,矿应成立以矿长(经理)为总指挥的抢险救灾指挥部,其职责分工如下:

矿长(经理)——处理灾害事故的全权指挥者;

总工程师——矿长处理灾害事故的第一助手,在矿长领导下组织制订营救遇难人员和处理事故计划;

有关副矿长(副经理)——根据营救人员和灾害处理计划,负责组织落实分管范围内的有关事项;

安全矿长——根据批准的营救遇难人员和灾害处理计划，对抢险救灾工作的安全进行有效监督；

救护队长——对矿山救护队的行动具体负责，指挥救护队根据营救遇难人员和灾害处理计划，完成营救遇难人员和有关事故处理。

其他有关领导和部门（如通风、地测、生产、机电、供应、后勤、政工、通信、医院、保卫等），根据需要作为抢险救灾成员，完成分管的工作，并由指挥部统一指挥，协调联动。当发生矿井淹没特大透水事故时，还应有专门的人员做好被淹矿井的人员安置和分流工作，以保证职工的情绪稳定。

煤炭局（总公司）总调度室接到重大突水灾害事故报告后，必须立即向局长（总经理）及有关领导报告，通知附近矿井的矿山救护队和局救护大队待命，准备支援抢险救灾，并向上级主管部门报告。煤炭局（总公司）及上级主管部门应立即派出有经验的技术人员和管理人员及部门负责人赶赴现场参加抢险救灾工作。根据灾情发展，必要时可以成立高一级的抢险救灾指挥系统，以便于动员全局及全省乃至全国的力量进行抢险保矿或治水复矿。

三、抢险救灾方案

矿井发生大的突水后，处理工作一般分为抢险救灾、治水保矿、治水复矿 3 个阶段。其中前两个阶段是关键，其目的是通过现场紧急抢险处置，努力控制水情恶化，尽量减少人员伤亡，千方百计保住矿井，使损失降低到最低程度，并为治水复矿、恢复生产打下基础。

新中国成立后，开滦矿区曾发生过几次大的突水事故。根据不同的水情采取了不同的抢险救灾方案：①林西煤矿四西 23 石门突水，采取了涌水下放、加大排水能力、构筑临时及永久水闸墙方案，恢复了生产；②矾土矿三号井突水后，采取了后退式分期构筑 5 个水闸墙的方案，控制了涌水；③赵各庄煤矿九东一石门突水，采取了部分涌水下放、临时水闸分区隔离、现场快速注浆封堵突水点综合方案，保住了矿井未被淹：④范各庄煤矿二水平 204 突水，采取了强排水后构筑水闸墙方案封堵水源；⑤范各庄煤矿 2171 特大突水治理采取了初期强排，保相邻矿井，同时进行垂直三段式和水平三段式注浆堵水方案，恢复了矿井并保证了相邻矿井的安全。

总之，矿井发生大突水后，其抢险治水方案不外乎打闸封水、强排水、注浆堵水等方法，一般情况下 3 种方式结合进行，会取得更好更快的效果。

无论采取任何抢险救灾方案，一般应突出以下几个方面：

（1）水情要掌握清楚，并且对水情的发展变化趋势做出预测，这样才能根据水情变化，有针对性地采取措施，编制方案。因此，突水期间加强水文地质工作十分重要。

（2）无论采取任何方案，必须根据变化了的情况对方案随时进行调整。在矿井突水救灾中，还没有固定的模式可遵循，只有治水复矿完成后，其抢险救灾和治水复矿才形成了比较完整的方案，但在方案实施中发生变化是必然的。

（3）无论编制何种方案，必须因地制宜，符合现场实际。有条件时尽量采用比较成熟的新设备、新技术。

（4）抢险救灾方案编制的主导思想应立足于一个“快”字，只有争取时间，才能尽可能地减少损失。

（5）无论采取何种抢险救灾方案，均应尽量避免给后期矿井恢复工作留下后遗症或困难，一般在编制抢险救灾方案时，就应该提前考虑矿井恢复生产问题。

(6)采取综合方法抢险救灾时，各方法间必须协调联动，互相配合，互相创造条件。强排水与注浆堵水同时进行时，应以强排水为前提，调整注浆工艺，以适应大动水条件下注浆；当以强排水控制水情最终打闸封堵突水点时，强排水应为构筑水闸墙创造条件，尽量采取多种方式拉低水位。关键是使抢险救灾方案形成一个整体，以最快的速度实现治水复矿目标。

单元四　抢险救灾中的控水、排水和注浆堵水技术

控水、排水是矿井突水抢险及治理过程中常用的保矿和复矿技术。在条件允许的情况下两项技术结合应用，会获得很好的效果。新中国成立以来，开滦矿区几次大的突水，都是采用控水和强排水相结合的方法保证和恢复了生产，特别是矿井突水初期的强排水，只要基础工作扎实，设备和场地条件允许，对抢险保护作用极大，效果显著。

一、矿井突水时的强排水技术

矿井突水时强排水方案的制订，必须根据矿井突水地点、突水量、井巷工程条件，采空区及淹没区域充水条件，预测矿井淹没过程中不同标高的最大涌水量以及未被淹没泵房的设备能力等资料为基础，来编制强排水方案。

(一)矿井突水水平的排水泵房未被淹没前的强排

此时矿井突水量及可能最大突水的预测是关键。

(1)认真测定涌水量和预测最大可能的涌水量。

(2)启动全部排水能力强行排水。

(3)当突水量较大，核实能力不足时，有条件的矿井可以关闭有关井底车场水闸门限制放水。

(4)有条件时可向低标高井巷部分放水。

其主要目的是坚守排水泵房为扩大排水能力赢得时间。

(二)突水水平泵房被淹，水位仍上涨时的强排水

1. 减缓水位上涨的一般措施

封堵未淹井巷内一切可以封堵的涌水，对在排水能力不足的情况下减缓水位淹没速度能起到很好的作用，如关闭未淹井巷涌水钻孔，对部分下放的涌水采取闸墙封堵或建临时排水站等。总之，要努力防止上巷涌水下灌而增加淹没矿井的水量。

2. 制止淹没水位上涨的重要措施

制止淹没水位上涨的重要措施主要是迅速建立临时强排水基地。临时强排水基地应尽可能接近淹没水位，还需保证不被继续上涨的水位淹没，所以必须依据矿井突水量、预测最大突水量、可能被淹没井巷及采空区充水体积等资料，预计水位上升到各未淹水平的时间，为临时排水基地选址和建立留出时间。

1)立井潜水泵强排水

立井大型潜水泵排水是矿井抢险救灾和排水复矿的最好形式。

立井潜水泵强排水的主要优点：大型潜水泵扬程高，流量大，泵组截断面尺寸小；一个井筒内可安装多台，形成很大的排水能力。如西德里兹公司的6835型泵组，扬程500 m，流量

1 120 m^3/h，泵组横截面外形最大尺寸仅为 1 100 mm；6726 型泵组，扬程 460 m，流量 550 m^3/h，泵组横截面外形最大尺寸为 930 mm。这两种型号的泵组，在范各庄煤矿新井混合安装 12 台，形成 9 000～12 000 m^3/h 的强排水能力，为控制较大突水、控制水位上涨发挥了巨大作用。潜水泵在允许扬程范围内，安装深度可以根据需要而定，也可以一次下放达到预定扬程深度，泵组能够连续运行，不存在接管停泵问题。

立井潜水泵强排水的主要缺点：潜水泵适合预定期限内集中全力完成排水任务，不适合长期消耗性排水，一般排水时间超过半年，泵组的各种事故将不断出现，并且正常条件下潜水泵适应排清水，对矿井适应性差，矿井水中的杂质容易堵塞泵的上下吸水滤网，降低排水量；水中杂质对泵的导轴承易造成损坏。大型潜水泵组至少要潜在水面以下 2 m 才能正常工作，故不能排干最终水平的巷道积水。

立井潜水泵排水应注意的问题：

（1）井筒中安装潜水泵排水，必须要先掌握井筒各部位情况，井筒设施的分布和空间尺寸关系，不可贸然安泵，以免损坏泵组；

（2）充分利用井筒的有效断面，泵组可上下分错布置或双层布置；

（3）大型潜水泵组质量较大，如 6726 型、6835 型泵组全重为 90～120 t，所以必须事先设计好承载组合梁并选用足够安全系数的滑轮组，使用不旋转钢丝绳和合适的悬吊绞车、起重吊车和常用卡具等，安装中每个环节都要做到万无一失；

（4）潜水电机是潜水泵组的关键，安装前应对电机的定子、转子、导轴承、止推轴承等各部位密封（特别是轴密封）进行细致检验，按标准调整止推轴承的间隙，电机内部要按规定注满清水，并保证不得泄漏，电机要试好转向，再与泵体组合下井；

（5）潜水动力电缆在下井前全部浸水做绝缘电阻试验，电缆接头在泵的额定压头下做绝缘电阻及泄漏试验；

（6）冬季安装潜水泵组的井筒，一定要采取保温措施，防止井筒结冰后，因化冰，冰块砸坏潜水电缆。

1984 年 6 月 2 日，范各庄煤矿发生特大突水时，在情况十分危急的关键时刻，采取立井潜水泵群联合排水，起到了关键作用。在范各庄煤矿和吕家坨煤矿的 4 个立井中，抢装了 20 台大型潜水泵，总排水能力达 18 080 m^3/h，总功率为 262 200 kW。在林西煤矿井下 8、9、10 水平又增加卧泵的排水能力 1 470 m^3/h。由于范各庄、吕家坨、林西 3 矿联合强排水，实现了确保林西煤矿、赵各庄煤矿和唐家庄煤矿防水的目标。

2）斜井卧式离心泵排水

斜井卧式离心泵排水的优点：安装技术比较简单，初期安装工程量小，不需要大型悬吊设备，收效快。

斜井卧式离心泵排水的缺点：随着淹没水位的升降移泵接（拆）管的工作量增大，管理比较复杂，运行条件较立井差，开泵的台时利用率比立井低。

根据水泵的排列组合情况，可采用如下形式：

（1）单泵一级排水。其安装可以采取多种形式，如平板式泵车和笼头车组合安装，反倾斜式泵车和平板式笼头车托管组合安装。滑橇式泵架和笼头车组合安装，反倾斜式泵车和强制浮筒笼头车组合安装等。单泵一级采取何种形式安装要视巷道具体情况而定。

（2）双泵一级排水。在泵车和笼头车前各交错安装水泵，以增加排水能力。

(3)小泵群组合一级排水。充分利用斜井轨道(双轨),在滑橇泵架上安装各种排水泵,如离心泵、深井泵(卧放)等,扩大排水能力。

(4)串联泵多级排水。当巷道断面较小而要求扬程又高时采用下部带一台泵与第二台泵串联,中间用胶管联结,两台泵分别安装在滑橇上。第一台泵水龙头用强制浮筒架设,以提高排水扬程。

总之,斜井卧式离心泵排水形式多样,各具特点,选择时关键在于因地制宜。

二、矿井突水时的控水技术

防水闸门硐室和水闸墙是井下防水的主要安全设施,凡水患威胁严重的矿井,在井下巷道设计布置中,就应在适当地点预留防水闸门硐室和水闸墙的位置,使矿井形成分翼、分水平或分采区隔离开采。在水患发生时,能够使矿井分区隔离,缩小灾情影响范围,控制水势危害,确保矿井安全。在矿井突水初期,为了控制涌水漫流,加固巷道和出水口,并用以掩护永久水闸墙的施工,可以采取快速码砌袋装水泥墙的办法,为永久水闸墙施工创造条件。根据水情变化和突水场地及相关巷道条件,最终构筑永久水闸墙以控制涌水。

水闸墙的设计、施工、试验、日常维护以及技术管理等方面的工作,必须严格执行《煤矿安全规程》的有关规定。

防水闸门为井下防水的主要安全设施,凡水患威胁严重的矿井,在井下巷道设计布置中,就应在适当地点考虑防水闸门的设置,使矿井形成分翼、分水平或分采区隔离开采。在水患发生时,能够使矿井分区隔离,缩小灾情影响范围,控制水势危害,确保矿井安全。

1. 防水闸门的关闭

(1)当井下发生突然涌水或出现突水预兆危及矿井安全时,必须立即做好关闭防水闸门准备工作,同时请示矿务局总工程师,批准后方可关闭防水闸门。正常情况下,由于采区报废或按计划暂停采区生产,要求关闭防水闸门时,须提前写出专题报告(内容包括采区尚余储量、涌水量、充水含水层的静水位、关闭防水闸门原因、今后打算以及关闭防水闸门的安全技术措施),报请矿务局局长批准。关闭防水闸门时,矿长(经理)要深入井下检查准备情况,具体指挥关闭工作。

(2)关闭防水闸门以前,需先做好以下工作:①将水害影响地区的人员全部撤退,并在各通道口设岗警戒,防止人员误入封闭区;②防水闸门硐室的所有设施(如放水截门、水压表、管子堵头板、活动短轨等)全部准备妥当;③防水闸门附近和水沟内杂物清理干净;④防水闸门以外的防水避灾路线畅通无阻;⑤检修排水设备,清挖水仓,将水仓内的积水排至最低水位;⑥防水闸门以里的栅栏门全部关好;⑦防水闸门附近的临时局部通风机和临时直通地面电话安装妥当;⑧认真贯彻意外应变措施。以上各项工作都完成后,由矿长(经理)发布关门命令。

(3)几个防水闸门或水闸墙需要一次关闭时,其关闭顺序应是先关闭所在位置较低的,然后关闭所在位置较高的,依次进行。

(4)关闭防水闸门以前,要以书面通知邻近各有关矿井,说明本矿水闸门关闭时间、封闭地区位置、最高静止水位和可能造成的影响;并要求近期内对井下各涌水点水量变化和井上各水文钻孔的水位变化进行定时观测。对各矿观测资料要及时进行交流,互通情报。

(5)防水闸门关闭以后,除定时派人观测本矿其他地区的水量和水位变化外,还必须在防水闸门附近的安全地点设人（每班不少于2人）值班，观测防水闸门附近的水压变化、漏水情况、硐室巷道压力有无异常。值班人员要作出观测记录，定时向矿调度室汇报，特殊情况及时汇报处理。

（6）防水闸门关闭，水压稳定7天以后，如无特殊情况发生，方可停止一切观测工作，撤离观测人员。

2. 防水闸门的开启

（1）防水闸门开启前，需编制开启防水闸门的安全技术措施。经审批、贯彻后，方可进行开启防水闸门工作。

（2）防水闸门开启前，要对井下排水、供电系统进行一次全面检查。排水能力要与防水闸门硐室放水管的放水量相适应。水仓要清理干净，水沟要畅通无阻。

（3）开启防水闸门要先打开放水管，有控制地泄压放水。当水源已经封闭或已疏干时，水压必须降到零位，方能打开防水闸门；如果水压降不到零位，必须承压开启时，矿（公司）总工程师可在不损坏防水闸门的情况下，制定出安全措施和规定最低水压之后强制开门。

（4）同时有几个防水闸门需要开启时，宜先高后低依次开启。

（5）防水闸门打开以后，首先由矿（公司）救护队进入，检查瓦斯和巷道情况，只有在恢复通风系统，消除一切不安全因素以后，才准许其他人员进入闸门以内工作。

三、矿井突水时的注浆堵水技术

矿井突水后，一方面，组织人力采取强排水和打闸分区隔离方式制止水患漫延和控制淹没水位上涨；另一方面，根据水情和突水条件，在无法分区隔离且矿井永久排水能力又不足以排除突水量时，应及时采取注浆堵水方法封堵水源。因此，在抢险救灾的同时，要认真制订注浆堵水方案。在编制注浆堵水方案时，要尽量遵循下列原则：

（1）必须清楚掌握矿井地质及水文地质条件：掌握突水发生的原因、突水点的位置、突水通道的性质、突水量的变化、突水点附近地质及工程地质条件、采掘状况，并具有准确的相关图纸，以便明确堵水位置，分析钻探及注浆的难度，做到各方面条件分析充分，设计考虑周全。

（2）注浆堵水设计中第一批钻孔位置原则上首先针对出水点附近设计并施工，以便尽快确定突水补给通道的性质并提前注浆封堵，并为注浆堵水打好基础。但钻孔终孔位置应慎重考虑注浆时浆液流失问题，特别是在动水条件下，应适当考虑浆液扩散问题。

（3）无论是静水条件还是动水条件下注浆，其前期一般应以增加出水口阻力为目标，尽量减小过水断面，而后再加大注浆强度以达到堵水目的。

（4）注浆钻孔孔径不宜过小，以不影响钻进速度为原则，同时要提高效率。

（5）注浆堵水方案最终形成的是一个动态变化过程，随着对突水水源通道及地质水文条件的深入了解，随时调整注浆方案，所以注浆场地以及钻孔布设要留有余地，依据变化了的情况修正注浆方案。

（6）注浆堵水工程要进行多方案对比，如钻孔数量、施工顺序、注浆工艺等，以便好中选优，综合运用。

（7）注浆钻探设备选型可靠，注浆材料充分保证。

（8）注浆工艺一般采取分段下行注浆，而不采取孔口混合注浆。

(9)注浆堵水设计要明确规定配合注浆堵水过程中的地质及水文地质工作内容,认真分析有关资料,以指导修正注浆工艺及注浆方案。

(10)前期注浆堵水钻孔施工,一般都带有探测的性质,所以条件探查应列入设计内容。

(11)打钻注浆工程要有施工组织设计,明确施工中的细节问题。

(12)打钻注浆工程尽量采用比较成熟的先进技术和工艺,并在注浆堵水设计中规定。

1984 年范各庄煤矿特大突水治理注浆堵水工程,是在特大动水条件下进行的,其方案是随着钻探所取得成果资料及注浆效果的显现而逐步完善形成的。施工中,方案一直都在修订,在实施过程中,根据施工的需要,其注浆、钻探及其他各专业从引进和创造新技术方面也不断得到进展。如垂直三段和水平三段式堵水方案的确定,提高了堵水速度;中心引流注浆技术减少了无效浆液;定向导斜钻进技术减少了钻探工程量;采用皮托管测钻孔水流速为选择骨料级配提供了科学依据:小钻孔下大骨料布袋充填巷道技术以阻截大的动水流;水下巷道爆破压顶堵塞巷道技术以及钻孔透视、盐化测井等技术的应用,促进了注浆堵水技术的发展。在特大动水条件下,使吕家坨煤矿仅用 6 个月堵截过水通道成功;范各庄煤矿仅用 12 个月封堵了特大涌水并排水复矿,所以只要方案正确,不断开发引进新技术,动水条件下封堵特大涌水是可行的。

单元五　抢险救灾中的水文地质工作

矿井突水后需要做的水文地质工作很多,但最紧急最关键的工作主要有以下几个方面。

一、水量及预测变化

测定突水量及预测变化为制定抢险救灾保矿、增设排水能力、紧急救护人员等措施提供了可靠的依据,是指挥部抢险救灾决策指挥的基础,矿井突水量测定要快并力求准确,要加强观测,掌握突水量的发展变化规律,对可能变大或变小的情况做出必要的预测。突水量测定方法很多,可根据不同条件选用。

(一)用流速仪或浮标测

用流速仪或浮标在流水巷道中实测,方法简单,测量速度快,数据也基本可靠,但工作人员必须进入突水点附近水流必经的巷道,水深不能过膝,流速不能过急,有些大的突水为跳跃式增加,所以一旦水量突增,测水人员要能迅速撤至安全地点。因此当突水量特大时,难以使用此法。

(二)用淹没法计算

用淹没法计算突水量是特大突水时常采用的一种方法,只要能测量矿井淹没水位,对采掘情况基础资料清楚就可计算突水量。但若对井巷工程底数不清或采空区突水系数选择不准,会影响突水量的计算精度。用淹没法计算突水量的关键是井巷及采空区充水系数的确定,特别是采空区充水系数情况比较复杂,它与采煤方法、开采时间、煤层倾角、工作面回收率等因素有关,很难准确确定。如开滦矿区经历了 1976 年唐山大地震,生产矿井全部停电自动淹没,在复矿排水中积累了一些资料;在一般情况下,被淹的岩巷、硐室充水系数可按 100% 计算,煤巷可按 80% 计算,水仓一般按 50% ~80% 计算。倾角小于 30°的走向长壁采空区充水系数,10 年以上的最大不超过 20% ,10 年以内的最大不超过 30%。淹没体积的计算比较复杂，也很费时间，按照矿井灾害预防及处理计划的编制要求，凡有突水危险的矿井，在每年的第一季度内都要对截止到上一年度末的井巷硐室、采空区可能存水的容积进行全面的统计，比较计算出确切的分水平、分阶段垂高可能的积水空间，以及每升降 1 m 的平均积水空间。1984 年范各庄煤矿发生特大突水，在计算突水量时，采用矿井淹没水位曲线图与矿井容积曲线图相对照，求出不同标高段的淹没容积和淹没时间，确定矿井突水量。其中矿井最大平均突水量是依据矿井淹没水位上升速度与奥灰水位下降速率曲线互相对照确定的，其值为 2 053 m^3/min，经与淹没法计算核实，两种办法计算结果大致接近。

二、突水量计算

通过对突水量的连续监测或计算，在基本掌握突水量增长变化趋势的基础上，对淹没水位的上涨速度及淹没某个关键性水平的时间做出大体的预计，协助有关部门划定危险区域，并为未淹井巷的抢险措施制定提供依据。1978 年范各庄煤矿二水平 204 开拓巷道突水 59.7 m^3/min（含原有突水点出水 12.9 m^3/min）。利用淹没法计算不同标高淹没水量预测淹没到一水平（－310 m）时的突水量为 26.6～28.3 m^3/min，分析核实一水平排水能力可以排出涌水，且泵房也做好了充分准备。涌水上涨到一水平时的实测涌水量为 29.3 m^3/min。经淹没水位与淹没水量相关曲线核实，二者结果相近，使一水平强排水工作得以有序正常进行。

三、确定直接水源和补给水源

根据当时所得的有关资料进一步确定突水直接水源、突水通道和间接补给水源，为分析预测水情变化及治理打下基础，主要应进行以下工作。

（一）地下水位动态变化观测

突水后，必须立即组织力量对地面各含水层观测孔水位进行观测，一般情况下，突水后水位下降幅度最大，下降速率最快，影响时间最早的含水层应属于突水的直接水源含水层，但动静储量均十分丰富的强含水层（如奥灰、冲积层）虽然降幅不甚大，但也可能是直接突水水源或主要补给水源。对于突水时表现水位降幅、速率较小、影响时间较晚，则可认为已受到本次突水的影响，但不是突水的直接补给水源。

（二）根据突水的水质监测确定突水水源

矿井突水后，设法立即取得突水点水质资料，并进行长期监测。地下水化学资料的长期积累，对于生产矿井的水文地质工作，应是一项必不可少的内容，在日常工作中就应对矿井直接充水含水层和间接充水含水层建立水质档案，并要对各含水层的具有特殊代表意义的特征离子成分明确掌握，一旦突水，进行水质分析对比，辅助地下水位变化记录，就能很快确定突水水源。开滦矿区范各庄煤矿自 1984 年突水后，加强了水化学勘探工作，建立了各含水层离子含量的本底值和特征离子档案，对分析水源起到了重要作用。但是仅靠水化学资料单项指标判断水源有可能出现误判，有时各含水层的离子成分差别不大，也有时受构造影响造成突水水质为混合型，所以水质判别法只能作为辅助手段。

（三）突水通道的确定

大的突水案例，一般都与构造突水有关，如大的导水裂隙、断层破碎带、陷落柱等，也有的是由于采煤工作面回采时顶板冒裂突水，这种情况比较容易判断。构造引起的突水其通道可以利用突水期间地下水位流场变化趋势图概略推测，也可以按照突水点附近的地质构造条件来推测，或采用物探方法推测。但突水通道的最终确定，还是以在治理中边探查边治理，逐步推断准确的突水通道性质和空间位置。在治理中切忌盲目施工，以免造成工程浪费。

四、开展环境水文地质灾害调查

发生突水后，要组织人员对井田范围进行地面调查，观察是否发生地面沉陷、岩溶陷落、供水水源变化等，发现问题及时处理，以免造成灾害扩大。1984 年范各庄煤矿突水后，在突水点的上游段地面，相继发生塌陷坑 17 个，其体积 200 ~ 1 000 m^3不等。在发生塌陷坑的同时，地面发生大面积沉陷，最大沉陷达 0.5 m 左右，沉降中心附近的村庄民房墙壁发生裂缝，在塌陷坑周围和沉降区内，地面发生开裂，由于突水后奥灰地下水位大幅下降，造成东矿区两个大型的奥灰地下水供水水源地失去供水能力，给人民生活造成极大影响。所以，发生特大突水后，一定要开展地面环境调查，发现问题及时采取补救措施。

五、建立专项图纸资料台账

准确记载突水后井上下各种有关观测数据，及时绘制各种分析图纸。

(1)绘制突水量和各主要含水层水位变化曲线图，用以分析可能的补给关系，以及对突水量变化做出预测。

(2)绘制强排水量、淹没水位、淹没体积历时关系曲线图，用以分析计算各个不同时间的突水量变化。

(3)绘制主要含水层突水前后的水位线图，分析比较可能发生的变化。

(4)建立各种专项资料台账，为条件分析提供依据。

六、加强资料分析

根据历史资料和突水后的有关资料，对突水构造和突水原因做出初步分析，并在此基础上，制订对突水的治理方案。

(1)开拓岩巷突水。由于突水通道比较集中，地质条件较好，巷道系统简单，一般属于独头，只要排水能力适应，最好采用边强排边建筑永久水闸墙控水的方案，如林西煤矿四水平 23 南石门开拓突水，范各庄煤矿二水平 204 开拓突水，都采用此种方法治理成功。

(2)采煤造成的突水。由于突水口空间关系比较复杂，老采空区四通八达，很难用水闸墙封水，所以必须查明突水原因和具体条件，有针对性地采取措施，当突水量不大且补给水源不充裕时，可以采用疏水降压方式治理突水。若是断层突水或陷落柱突水，则可采用井上或井下注浆方法治理，其重点钻孔前期应放在主要构造出水部位上。

七、其他工作

随着突水情况变化和抢险救灾的需要，随时提供相关的预测资料，如当井下抢险救护遇难人员时，必须提供有关突水区域变化的预测资料和安全时限；当安泵强排水时，必须提供强排水需要的泵量及动水位变化预测；当井下打闸墙封堵水源时，必须提供封堵的水量、水压及相关的地质条件资料；当水势发生突变时，要及时提出可能危及相关区域和保护邻矿安全的有关资料。

当发现异常问题或有可能发生水情突变时，要及时向领导汇报，提出分析意见和防治建议，以供指挥决策。

【案例分析】

【例 10-1】 河南省三门峡市陕县支建煤矿“7·29”淹井事故

1. 事故发生经过

2007 年 7 月 28 日 20 时至 29 日 8 时，河南省三门峡地区急降暴雨，降雨量达 115 mm，引起山洪暴发。洪水造成流经陕县支建矿业有限公司（支建煤矿）的铁炉沟河河水暴涨。29 日 8 时 40 分左右，洪水涌入一废弃充填不严实的铝土矿井（紧临中铝矿业分公司联办的露天采矿大坑旁边），冲垮三道密闭，泄入支建煤矿井下，导致垂深 173 m 的巷道被淹。该矿井下当班作业人员 102 人，其中 33 人脱险升井，69 人被困。

2. 救援经过

事故发生后，支建煤矿、中铝矿业分公司和当地政府立即组织抢险自救，查找、封堵泄水点，组织向被困人员通风。国家安全监管总局 29 日下午 14 时接到事故报告后，立即启动应急预案，与现场通话了解情况，要求首先堵死水源，向井下通风，尽快组织排水营救。国务院领导立即做出重要批示，提出明确要求。国家安全监管总局、国家煤矿安监局、河南省委省政府主要负责同志迅速赶赴现场，共同研究确定了“一堵、二排、三送”的抢险方案，组织协调抢险救援工作。经过各方共同努力，通过 76 小时的艰苦奋战，克服困难，排除险情，最终取得了救援成功。截至 8 月 1 日 12 时 53 分，69 名被困矿工全部获救。

“一堵”即堵住地表洪水泄露点。调援武警在河床透水地段，堵实了河床泄露通道，保证了井下水位的稳定，为井下及时开展抢救工作创造了安全条件。

“二排”即在井下安装水泵排除洪水和淤积物。在井下原透水通道仍有一定的水量从一水平流向二水平被困人员灾区的情况下，在一水平车场进行堵截，并在车场架泵排水，有效减少了井下水量，为抢险救援工作争取了宝贵时间；对巷道 5 处局部塌方进行了修复，清理巷道 45 m，安装管道 3 趟、水泵 3 台，形成 210 m^3/h 的排水能力，累计排水 4 860 m^3，水位下降 1.5 m。

“三送”即向井下送压风、送氧、送牛奶。通过巷道里的压风管向井下压送新鲜空气和牛奶，保证了井下被困人员的生存需要。

在灾害发生后，井下被困人员没有慌乱，在站上高平台、割断巷道中的压风管后，被困人员成立“临时队委会”，指定了负责人，进行了人员分工，由两人负责与井上指挥部联络，两人负责稳定大家情绪，两人负责瓦斯检测和水位观察，在人员安置好后，将所有食物集中了起来。

3. 抢救成功的经验

一是有一个“人命大于天”的处理理念，事故发生后，各级部门高度重视，集中各方面力量，全力进行抢救。

二是有一套科学缜密的救援方案。抢险指挥部和专家在科学分析后果断决策，制订了“一堵、二排、三送风”的救援方案。

三是有一支顽强拼搏的救援队伍。

四是有一批训练有素的煤矿工人。被困69名矿工在突如其来的巨大灾难面前没有惊慌失措，而是团结起来开展自救，通过集中保管食物，集中使用矿灯，分组做思想工作，互相鼓励，坚定信心，有效地配合了地面救援抢险工作。

4. 事故原因分析

该事故是一起矿坑老巷导水事故，教训十分深刻。造成事故的根本原因：一是防治水安全意识淡薄，把水闸墙建成了密闭墙，一水平垂深只有50 m，0.5 MPa的水压就冲垮了三道“水闸墙”；二是技术资料严重缺失和失真，开采过的铝土矿找不到技术图纸资料，井下煤层开采采用地质罗盘定位，据矿方技术人员估计，被困人员的实际受困地点与图纸误差30 m左右，原定地面打孔施救方案无法进行；三是防治水工作欠缺，没有进行井下突水演练，在这次矿坑老空透水事故发生时没有使部分人员及时撤退，造成69人被困。

【例10-2】 郑煤超化煤矿“4·11”透水事故

4月11日，郑煤集团公司超化煤矿21051上副巷掘进工作面发生透水事故，12人遇险被困。在国务院、安监局，河南省委、省政府的亲切关怀和大力支持下，郑煤集团公司迅速启动重大事故应急救援预案，展开抢救工作。经过109 h紧张有序的奋战，4月16日7时50分，12人被成功营救。

1. 煤矿概况

超化煤矿21051工作面北邻13031采空区，南邻21071采空区，大都为地方小煤窑采空区，西邻工业广场及21下山保护煤柱。

工作面所采煤层为二叠系山西组二1煤，赋存比较稳定，结构复杂。煤层厚度为1.5～23 m，倾角4°～16.5°；老顶为细砂岩，厚度1.25～8.59 m；直接顶为砂质泥岩，厚度0.49～4.24 m；伪顶不发育；直接底为砂质泥岩，厚度2.64～9.61 m；老底为灰岩。

1051上副巷于2003年9月20日开始施工，总工程量为1 680 m，至2004年4月11日透水时，上副巷已掘进1 488 m，其中：1 354 m采用10.5 m^2U型钢支护，134 m采用3.2 m×3.0 m矿用工字钢支护。

该工作面水文地质条件简单。影响施工的主要含水层为煤层底板L7－8灰岩含水层和顶板砂岩含水层，在底板灰岩含水层没有构造导通时，一般不会对采掘构成威胁。上副巷在施工时，会受到东部周天润煤矿老空影响。

从2003年12月22日在距可疑小窑老空位置30 m时，进行第一次探放水，到2004年3月19日共进行7次探放水，施工钻孔41个，钻进进尺1 100 m，其中第3次和第5次探出老空水共约4 000 m^3，然后进入原始煤层掘进。

2. 事故发生经过

2004年4月11日4点班，416掘进队跟班队长邢国遂安排朱广伟等3人在21051上副巷沿帮距底板约1.8 m处打注水孔。当钻进0.5～0.6 m深时，钻孔出水，水顺钻杆成线状流出，便停止打钻。向邢国遂汇报，邢察看水情后，安排撤人，并于16:32向矿调度室汇报。调度室立即通知矿有关领导，矿领导便安排调度室通知416掘进队加固迎头工程，清理水沟。邢国遂和王红雨等人在撤出途中，接到加固迎头工程、清理水沟的命令，就返回上副巷迎头算子、清挖水沟。

先期下井察看的416掘进队队长王宝库、调度室主任路广、副总工程师李爱彬到达迎头后，迎头算子已打五分之三，路广等人让王宝库安排铺水沟。出去催料的王宝库从迎头出来，行至排放巷口外50～70 m处遇见从郑州赶回矿上的副总工程师周定栓，向他简单介绍了迎头情况后即出去，周定栓和后出来的李爱彬等便又去了迎头。

邢国遂、王红雨等人打好迎头算子后，就去清挖水沟，不到20 min，王红雨听到迎头有人喊："出水了！出水了"。随着喊声，人员便往外跑。

此时，周定栓等人向里刚走到排放口，水量突然增大，见有人向外跑及跑出的几个人又返回，周将他们喊到排放巷，打电话通知调度室要求21051上副巷标高以下人员撤出。周等人看到，来水开始较小，后突然增大，最大时水头有1 m多高。待水减小，他们从排放巷出来向外走，走了约100 m，走在前面的人见到煤尘扑来，感到是巷道冒顶，又返回来，经清点，共12人。

19:30左右，矿领导王登星等人随后下井察看水情，在副井底安排人员加固中联巷十字头和在东二车场堵水，同时下令撤出21下山、23胶带下山和－300 m水平大巷所有人员。

21:25，在副井底清点人员时，发现周定栓等12人没有撤出。

3. 救援过程

11日19:57，超化煤矿向集团公司总调度室汇报了21051上副巷透水情况。集团公司接到事故报告后，立即启动事故应急救援预案。相关领导在了解事故简要情况后，成立了超化煤矿"4·11"事故抢险指挥部，下设技术、救护、后勤保障、治安保卫、善后处理、稳定与接待6个工作组，分头开展工作。安监局长禹海盈、副总经理杨松君、总工程师宋建成等立即下井到现场指挥抢险工作。

12日6:28，救护人员通过了第一个淤积区，进入巷道进行侦察，未发现遇险人员；7:11，侦察至距迎头约300 m处发现巷道冒顶，侦察工作受阻。按照抢险救灾指挥部的部署，组织力量清挖淤积巷道，加固受损巷道，恢复巷道局部通风。

巷道恢复局部通风后，抢险指挥人员进行了现场勘察，发现现场冒落大量大块矸石，冒落区继续向外涌水，涌水量200 m^3/h左右，巷道冒落长度难以确定，直接通过冒落区十分困难。

根据现场情况，抢险指挥部制订了多套抢险方案，并付诸实施，及时调整施工力量，采取多轮次作业方式，保持抢险人员有充沛的体力，提高抢险效率，加快掘进施工进度。

4月15日13:16，抢险指挥部接到抢险现场报告，上副巷绕巷掘进过程中，现场人员听到被困人员敲打水管传递出来的信号，随后又听到喊话。指挥部果断命令改变绕巷方向，加快掘进速度，以最短时间与被困人员所在上副巷贯通；确保向人员受困区域连续压风供氧；构筑绕巷水沟，保证安全放出上副巷积水，为营救人员创造条件；在井下建立急救站，配备急救人员和必备的急救药品与器材；地面设置14台救护车编号待命。16日6:34，绕巷与上副巷贯通，7:50成功营救出12名被困人员。

4. 事故抢救的成功经验

(1)现场有利因素是抢险救灾成功的基础。"4·11"事故为水灾事故，不同于瓦斯和火灾事故，除救护队员外其他人员可以进入灾区，有充足的救援力量，使得抢救速度加快，赢得抢救时间。本次透水为独头巷道，且已施工一段瓦斯高抽巷，基本可以确定遇险人员的位置。21051上副巷破坏不严重，整条巷道仅有一处淤塞、一处冒顶，没有给抢救工作带来很大难度。

(2)事故应急救援预案是抢险救灾成功的可靠依据。这次事故发生后，立即启动预案实施救援,按照预案规定的程序和分工,各司其职,各负其责,使抢险工作按照正确的、科学的、规范的程序快速推进,提高了抢险工作的效率。

(3)决策果断科学是抢险救灾成功的可靠保障。指挥部根据现场情况,制订了五套抢险方案,同时实施:一是从上副巷开掘绕巷绕过冒落区。二是利用下副运输系统,从下副巷开掘联巷与被困人员可能所在位置贯通。三是查清小窑补给水源和越界开采情况,由当地政府安排,启动邻近所有小煤窑排水设施,实施强力排水,减少小窑向超化煤矿涌水量;同时从小窑井下寻找可能营救遇险人员的最短路径(后经救护队员下井侦察因条件不具备而放弃)。四是采用快速冲击钻进技术,从地面向巷道打钻孔,向遇险人员可能避灾的地点输送新鲜空气和食品,利用窥视仪探察灾区情况。五是紧急调用平煤集团 MK－4 大型钻机,从下副巷向上副巷打直径 300 mm 的钻孔,一是超前探水,掩护下联巷掘进;二是与上副巷贯通,实现输送空气和与被困人员联系。

实践证明,第二方案在实施中遇到现场情况变化,施工受阻,进展缓慢,而由于开始就多策并举,提高了抢险成功的可靠性,第一方案最先与灾区贯通,最终以最短的时间成功营救出全部遇险人员。

(4)深入现场、靠前指挥是抢险救灾成功的关键。在“4·11”的抢险过程中,集团公司领导坚持在调度室坐镇指挥,遇到情况变化,亲自下井到现场指导。指挥部根据现场不断变化的情况,及时调整劳动组织,合理配置施工力量,提高抢险效率,加快掘进速度,赢得了抢险时间。公司副总经理、安监局长、总工程师和有关处室领导及矿领导分班现场跟班指挥,督促抢险,解决问题。

(5)遇险人员临危不惧、开展自救是抢险救灾成功的重要环节。“4·11”事故遇险人员当大水来时没有盲目地向外撤离,及时躲避到位置较高的瓦斯抽放巷,避开了大水的冲击;在巷道冒落、通风中断、抽放巷瓦斯不断升高情况下,他们撤离到上副巷,在抽放巷口设置风幛,防止瓦斯向上副巷涌出;12 盏矿灯集中使用,只保留一盏矿灯照明;2 人一组值班巡查,疏通水路,其他人员休息待命,保存体力;采用敲打水管、喊话、往流水中放纸条、倾倒煤油等多种方式向救援人员传递信号。这些措施为最终获救创造了重要条件。

(6)救护医疗的准备工作超前是抢险成功的重要支撑。在井下积极实施抢险的同时,指挥部组织在矿待命的救护医疗人员,对被困人员的救护医疗预案进行审定。在井下设置两级急救站,安排了充足的救护医疗人员,配备必要的救护、医疗器材和药品。被困人员一出灾区,不到 3 分钟全部输氧、输液,进行紧急处置,争取了抢救时间。如果不是采取措施超前、充分,3 名重病号就有生命危险。

(7)质量标准化工作扎实是抢险救灾成功的前提条件。21051 上副巷掘进采用 U 型钢支护,支架两侧全部使用了金属拉杆,把支架联锁成一个整体,支架具有较强的稳定性;巷道为倾斜布置,基本沿底掘进,水都能自流。事故发生后,抢险绕巷以里的巷道完好无损,整条巷道仅有一处坡度较大地段发生冒顶。由于巷道支护质量好,给遇险人员提供了一个较大的避难、生存空间。

【例 10-3】 湖南省益阳市安化县皮井煤矿“4·27”突水事故

2009 年 4 月 27 日 10 时 20 分左右,益阳市安化县皮井煤矿副井 2 上山发生突水事故,事故发生后,经 30 小时的救援,1 人脱险生还,5 人遇难,现将抢险救援情况报告如下:

1. 矿井概况

皮井煤矿坐落在安化县梅城镇清水村，属渣渡矿区。可开采面积0.977 5 km^2，有村水泥公路16 km，与207 国道相连。该矿1995 年建成投产，2006 年核定生产能力3 万 t/a，2007 年扩界与胡家欣荣煤矿（硐探井）整合，保有储量76 万 t，设计生产能力6 万 t/a。事故井为副井，斜井开拓，局部通风机通风，低瓦斯矿井，已探采的2 个上山均已见煤，煤层倾角16°左右，厚度1.3 ~1.6 m。

2. 救援经过

事故发生后，该矿立即启动应急预案组织救援，并向政府及相关部门报告了事故情况。省安全生产监督管理局、省煤炭工业局、湖南煤矿安全监察局长沙站、省安全生产应急办及市、县、乡镇主要领导和部门负责人、技术专家等人员在第一时间内赶到事故现场指挥、协调救援工作。

27 日14 时前，救援指挥部从邻近矿井调集10 ~30 m^3/h 的潜水泵、农用泵5 台开始排水，并用压风机向突水区压风供给新鲜空气，开启局部通风机向排水地点供风，至21 时，排出水量约600 m^3。

27 日13 时许，省矿山救援邵阳基地暨省煤矿水灾事故救援中心，接到省煤炭局、省安全生产应急办的救援指令和安化县煤冶局的邀请后，立即组织救援人员装运排水设备，派出2 个战斗小队和三辆救援车携带排水量100 ~150 m^3/h，扬程90 ~180 m 的潜水泵3 台及排水管、电缆、变压器等救援设备、仪器等，于15 时30 分出警，19 时到达事故现场。21 时完成设备安装，但在调试设备时排水泵发生故障中断排水。经指挥部研究采用三条恢复应急排水措施。一是维修故障水泵，二是调换新水泵，三是恢复原小流量的排水泵。经邵阳基地救援人员与矿机电技术人员共同商议维修，于28 日上午10 时15 分，重新开始排水，流量150 m^3/h，水位以每小时0.3 ~0.4 m 的速度下降。18 时，增加10 m^3/h 的潜水泵一台，20 时，增加10 m^3/h 的潜水泵和30 m^3/h 的农用水泵各一台，排水总量达到200 m^3/h。

排水过程中，加强了排水地点的通风，现场检测气体浓度分别为：O_2，20%；H_2S，0%；CH_4，0.5%；CO_2，0.3%。28 日23 时20 分，井底车场水位下降，距巷道顶板约40 cm，此时，负责监控水位与准备救援的邵阳基地和县煤冶局人员，发现距井底车场变坡点10 m 左右的地点有矿灯光，片刻只见一名遇险人员游泳过来，邵阳基地救援人员将该遇险人员搀扶到斜井，并给他更换衣服保温，于23 时40 分抬运到地面。

23 时35 分，邵阳基地救援6 名指战员按照遇险人员撤退路线，游泳进入灾区侦察与救人。涉水至距井底110 m 处，巷道内浮满了支架，通行困难；此时，发现1 号遇难人员（按发现顺序排号）俯卧在被突水急流冲翻的矿车上。救援人员扒开浮木前进10 m 处，发现2 号遇难人员，再往前行5 m 处，发现3 号遇难人员，3 名遇难人员卧姿：头向井底方向，脚朝大巷当头。检测该岩石运输大巷气体分别为：O_2，20%；H_2S，0%；CH_4，0.5%；CO_2，0.3%；SO_2，0%；空气清新无老窑气味。从3 号遇难者处再前行约35 m，巷道垮落，被水冲击的浮木与支架堵塞了巷道，进入困难，侦察人员在刺骨寒水实在难忍的情况下撤离灾区。

指挥部根据侦察情况分析，一上山的2 名遇险矿工未找到，仍有生存空间，决定再次组织侦察，由熟悉情况的人员带路，邵阳基地人员负责搜救全部巷道。29 日凌晨1 时30 分，大巷水深仍有1.3 m，此时，由皮井煤矿副矿长带路，3 名侦察人员进入灾区侦察，邵阳基地副大队长等4 名人员在斜井底接应待机。侦察人员对一上山处的所有巷道进行了全面侦察：巷道支架完好、空气清新，未发现遇险矿工。在一上山往大巷当头寻找时，有10 m 左右的上山与一上山连通，支架完好、空气清新，未发现遇险矿工，往大巷当头处大面积垮落，撤离灾区。

指挥部根据二次侦察情况分析，一上山的2名遇险矿工已进入大巷无生存希望，决定搬运遇难人员。邵阳基地再次组织指战员进入灾区搬运遇难矿工，于29日6时30分，将三名遇难矿工搬运出井。水继续在排，每小时约140 m^3/h。29日14时30分，井底水位已降至0.5 m深。指挥部决定由邵阳基地队员负责气体和顶底板监控，组织矿工全面搜索。29日15时，岩石运输大巷仅有0.2 m的积水。15时10分左右，搜救中，在1号遇难者处（进入方向的矿车右侧下）发现4号遇难矿工，头向大巷当头，脚朝巷道左侧（呈横卧状态）。

15时20分左右，搜救人员在二上山往大巷当头前5 m左右处，拔开零乱的支架，发现5号遇难者，卧姿为：头向井底方向，脚朝大巷当头。16时30分，搜救人员将2名遇难矿工搬运出井，16时40分开始拆救援排水设备，17时30分完成救援工作。

3. 经验教训

"4·27"突水事故的抢险成功主要得益于以下几个方面：

(1)制订了正确的救援方案，并得以实施。

(2)矿领导、矿及邻近矿的救援人员，在抢险救援中积极主动，听从指挥，为本次救援做出了积极的努力。

(3)邵阳基地主动分析事故水源，计算的有关数据确切，为救援工作提供了可靠依据。

(4)本次涌水量为6 000~7 000 m^3，排水量约6 000 m^3。在排水量与事故发生时预计数增加的情况下，及时增加排水设备，保证了顺利救援。

4. 事故分析

1)事故性质

本次为突水事故，表现在：事故后的存水量大大超过了平时存水量，排水设备被淹；运输大巷道中有大量水流冲击的泥、矸、支架和杂物；遇难矿工有被水冲击和淹没的迹象。

2)水源

"4·27"突水事故的水源有两类，一是老窑水，排出的水呈褐黄色；二是地表水或断层水，突水巷道中最后水流清澈，现场空气清新。

3)突水地点

本次突水地点在二上山的平巷探矿头，沿平巷以下30 m到岩石运输大巷呈上窄下宽喇叭形的垮塌，支架完全被冲毁，见顶、底板良好。

4)事故原因

(1)直接原因：探矿掘进时发现透水预兆，没有立即停止生产，违章指挥、违章作业。

(2)间接原因：缺乏安全思想和救援知识，没有按照《煤矿安全规程》开展防治水工作，对矿井水的存在没有采取强力的安全措施。一上山的2名遇难矿工按当时的状况分析完全可以避免伤害，但由于缺乏自救常识，造成死亡。

【例10-4】 广东省梅州市大兴煤矿"8·7"特别重大透水事故

2005年8月7日13时13分，广东省梅州市兴宁市大兴煤矿发生特别重大透水责任事故，造成121人死亡，直接经济损失4 725万元。

1. 大兴煤矿基本情况

1)矿井由来

大兴煤矿前身为兴宁市黄槐镇永丰煤矿和原来的大兴煤矿。原大兴煤矿始建于1993年，永丰煤矿始建于1994年，两矿同属于原广东省四望嶂矿务局一矿井田范围内的小煤窑，是两个独立的私营煤矿。

2002年10月，曾云高等人出资收购并控股原大兴煤矿。2003年5月，又买断永丰煤矿，将两个矿联合改造，更名为大兴煤矿，并于2003年5、6月，将两个矿的巷道贯通，2003年底形成一个生产系统。但在实际生产中将主井和副井作为两个独立系统，分别配备管理人员，生产和成本独立核算，在经营上实行统一管理。

2）水淹区下开采的形成过程

在原四望嶂矿务局范围内，约有300处小煤窑。1999年11月，因小煤窑开采破坏，当年降水量大，矿井排水能力不足及排水费用过高，原四望嶂矿务局各矿生产采区被淹，井下巷道大量积水。经梅州市兴宁市、平远县重新规划保留大径里、大兴等6对矿井，为了安全开采煤层和减少排水费用，各矿均在－180 m水平以上各水平构筑了井下堵水闸墙，6对矿井共构筑29处堵水闸墙，使－180 m水平以上老空区大量积水，形成水淹区。经专家估算，积水量为1 500万～2 000万m^3。

为了保证在水淹区下进行采煤的安全，原大兴煤矿实施了堵水工程，并于1999年12月委托北京煤炭设计研究院（集团）对水淹区域下采煤进行井田延深方案设计和防水隔离工程设计，2000年1月，北京煤炭设计研究院（集团）提交了《井田延深方案设计》和《防水密闭墙设计及施工方案》。2003年7月19日，大兴煤矿委托山东科技大学对9号煤层防水煤柱托梁（以下简称托水梁）和回采工作面进行设计。大兴煤矿按照设计方案构筑了堵水墙，在－180 m水平修建了托水梁，从－180 m水平至－290 m水平留设垂高110 m防水安全煤柱，并将矿井井巷延深，开采水淹区下深部煤炭资源。

3）矿井概况

大兴煤矿设计能力3万t/a，服务年限11.8 a。该矿煤炭生产许可证载明能力3万t/a，2004年生产原煤15.1万t；2005年1～7月，共生产原煤8.6万t，全矿最多时拥有职工800多人，分三班作业，一个班最多时下井近300人。

2004年1月，该矿向广东省经贸委申办了煤炭生产许可证。2005年6月，向广东省安全监管局申办了安全生产许可证。该矿没有取得采矿许可证和营业执照，属违法生产矿井。

大兴煤矿采用斜井开拓方式，主井、副井和风井三条明斜井与暗斜井分三级延深至－480 m水平。该矿现布置6个水平，布置34个采煤工作面和12个掘进工作面，采用斜坡短壁采煤法，采用打眼爆破落煤工艺，自然垮落管理顶板，开采顺序为下行式。通风方式为中央并列抽出式，由主井、副井进风，风井回风。

大兴煤矿现开采7号、9号和10号三个煤层，7号煤层平均厚度0.91 m，9号煤层平均厚度3.54 m，10号煤层平均厚度为1.11 m。倾角平均65°，属急倾斜煤层，开采深度－290～－500 m水平。

大兴煤矿井田内共有6个相对含水层组和4个相对隔水层组，导水裂隙不发育，含水性较差，矿井本身水文地质条件简单。但上部水淹区对矿井安全威胁较大。

大兴煤矿深部设计正常涌水量150 m^3/h，最大涌水量200 m^3/h。矿井分三级排水。－480 m水平的水先排到－290 m水平，－290 m水平分别排到－55 m水平和＋42 m水平，再分别通过主、副斜井排至地面。

2. 事故经过及抢险救援情况

1) 事故经过

2005 年 8 月 7 日 13 时 13 分，大兴煤矿主井发生透水，13 时 15 分主井停电，主、副井井筒均有雾气冒出，出现反风现象。13 时 30 分，水位已到 -281 m。14 时，水位已涨至离主井口斜长 80 m，此时水位为 $+245$ m。经专家估算，矿井总透水量约为 25 万 m^3，121 名矿工被困井下。

2) 抢救过程

事故发生后，安全监管总局局长李毅中、煤矿安监局局长赵铁锤率领有关人员当晚赶到事故现场指导抢险救灾工作，广东省委、省政府认真贯彻中央领导同志的批示精神，省政府立即成立了抢险救援指挥部，游宁丰副省长一直在现场亲自指挥，全力组织抢救。在安全监管总局和煤矿安监局的协助下，组织国内有关技术专家，制订了抢险方案，向江西、河南、北京中煤排水站请求支援，调集了 6 台大流量高扬程潜水泵，以及 19 名专业技术人员投入抢险排水。广东省、梅州市、兴宁市三级党委、政府和有关部门每天组织 500 余人参加抢险救灾工作，8 月 9 日 19 时 20 分主井水泵排水，8 月 15 日 3 时 40 分副井、风井相继排水。广东省抢险救灾指挥部一直坚持"只要有一线希望，就决不轻言放弃"的原则，做了大量艰苦细致的工作，千方百计加大抽排水力度，全力抢救被困矿工，并聘请专业队伍对透水点进行物探。广东省在组织抢救工作上做到了全力以赴，尽了最大努力。截至 8 月 27 日 24 时，累计排出积水 71 万 m^3，主、副风井水位与 8 月 9 日相比，分别下降 41 m、47 m，老采空区两个观测点水位分别下降 2.9 m 和 4.2 m，发现 6 具遇难矿工尸体。对透水点的物探工作已完成设计总工程量的一半，探测了 552 个测点，基本完成了透水点区域的物探工作。

广东省抢险救灾指挥部聘请从事生命科学研究的专家在对事故现场实地勘察并认真分析后，认定井下已不具备生命存活的条件，且继续抢排水存在安全隐患、难以达到预期目标，经请示上级领导同意，于 8 月 29 日终止了抢险救灾工作。

3. 事故原因

1) 事故直接原因

在大兴煤矿主井东翼四煤 -400 m 石门以东 150 m 附近，因煤层倾角大(75°左右)、厚度大(3～4 m)，小断层发育，煤质松散易塌落，-290 m 水平以下煤层在生产过程中均发生过严重抽冒，在此抽冒严重的情况下，大量出煤，超强度开采，致使 -290 m 水平至 -180 m 水平防水煤柱抽冒，导通了 -180 m 水平至 $+262$ m 水平的水淹区，水淹区积水大量溃入大兴煤矿，导致事故发生。

2) 事故间接原因

(1) 大兴煤矿违法、违规、违章进行采矿活动

①违法违规组织生产。在证照不全的情况下，该矿自建矿以来一直违法组织生产。兴宁市罗岗镇福胜煤矿 2005 年 7 月 14 日发生特大透水事故(以下简称"7·14"特大透水事故)、造成 16 人死亡和巨大财产损失后，兴宁市政府责令所有煤矿停产整顿，但该矿未经验收，擅自恢复生产。

②井下采掘布置混乱，严重超能力、超强度开采。该矿为了多出煤，在井下布置有 34 个采煤工作面和 12 个掘进工作面，导致大量人员在井下作业，透水后造成 121 人死亡；设计能力为 3 万 t/a，煤炭生产许可证载明能力为 3 万 t/a，但 2004 年生产原煤超过 15 万 t，2005 年

1～7月出煤超过8万t。

③安全管理混乱。该矿随意变动安全管理机构,负责人员均无任命文件,导致职责不清,制度不落实;主要管理人员长期不下井,井下安全管理混乱,采煤工作面发生大规模抽冒后不及时采取措施处理,仍然违章组织工人冒险作业。

(2)政府有关部门不执行或不正确执行国家有关法律法规的规定

对大兴煤矿安全生产监管不力,一些工作人员失职渎职、玩忽职守。

①煤炭工业管理部门。兴宁市煤炭局没有依法查处大兴煤矿无证生产问题;对大兴煤矿严重超能力生产不制止,安全管理混乱不整治,技术管理不过问;不认真落实政府整顿非法煤矿的有关要求,多次签署意见同意大兴煤矿复产,使该矿通过整顿验收;在大兴煤矿未取得采矿许可证的情况下,兴宁市煤炭局、梅州市经贸局同意其办理煤炭生产许可证,广东省经贸委(当时正在机构改革,相关业务和人员其后已整体划入省安全监管局)经办人员擅自向该矿发放煤炭生产许可证。

②安全生产监督管理部门。兴宁市、梅州市安全监管局没有依法查处大兴煤矿违法开采和无证生产问题,且对其安全生产监管不力;2005年5月23日,广东省安全监管局与省国土资源厅印发《关于矿山安全生产许可证审核颁发工作有关采矿许可证问题的通知》,违反国家法律法规规定,为大兴等非法煤矿办理安全生产许可证提供依据;省安全监管局违反法定条件和程序,向大兴煤矿发放安全生产许可证。

③国土资源管理部门。兴宁市、梅州市国土资源局没有依法查处大兴煤矿无证开采国家矿产资源的问题;兴宁市国土资源局在大兴煤矿办理安全生产许可证过程中,越权为其出具证明材料;2005年5月23日,广东省国土资源厅与省安全监管局会签《关于矿山安全生产许可证审核颁发工作有关采矿许可证问题的通知》,违反国家法律法规规定,为大兴等非法煤矿办理安全生产许可证提供依据。

④工商行政管理部门。兴宁市工商局未依法有效查处大兴煤矿无照经营问题。

⑤公安机关。兴宁市公安局违反有关程序规定向大兴煤矿发放爆炸物品使用许可证和爆炸物品储存许可证,并违规、超用量批准该矿购买爆炸物品;梅州市公安局对下级公安机关爆炸物品管理混乱问题监管不力。

(3)有关地方政府贯彻执行国家法律法规和上级政府决定、命令不力

①黄槐镇政府贯彻执行上级政府指令不力,在7月14日以后实施的煤矿企业停产整顿中,没有认真履行职责,未能发现和制止大兴煤矿擅自组织生产的问题。

②兴宁市政府贯彻执行国家法律法规不力,没有督促有关部门对大兴等非法煤矿依法取缔;对防治水重点矿井监管不力,在2004年下半年开展的煤矿停产整顿中放宽验收标准,致使大兴煤矿应关闭而未关闭;安全生产责任制不落实,致使7月14日以后实施的煤矿企业停产整顿中,对大兴煤矿的监管不到位。

③梅州市政府贯彻执行国家法律法规不力,没有督促有关部门对大兴等非法煤矿依法取缔;在2004年下半年开展的煤矿停产整顿中,印发《关于继续做好煤矿停产整顿验收复产工作的通知》,放宽验收标准;安全生产责任制不落实,致使针对煤矿企业的安全生产专项检查和停产整顿工作未落实到位。

4. 防范措施

(1)广东省要对全省煤矿进行彻底排查,凡是在水体下开采的小煤矿一律予以关闭。

"五证一照"不全拒不停产或无证生产的矿井、已被关闭又非法生产的矿井、经整顿仍然达不到安全生产条件的矿井,也必须立即依法予以关闭取缔。

(2)广东省所有保留的煤矿要强化水害防治工作。严格落实水害防治责任制,加强矿井水文地质基础工作,查明矿井的水文地质条件,对矿井周围的水患情况进行认真的摸底排查,定期收集、调查和核对相邻煤矿和废弃的老窑情况,及时填绘采掘工程平面图。接近积水区域掘进前必须编制探放水设计,坚持"有疑必探、先探后掘"的探放水原则,采取有效措施,防止同类事故再次发生。

(3)广东省政府有关部门要严格证照管理。要依法加强采矿许可证、煤炭生产许可证、煤矿安全生产许可证、营业执照颁证、换证和年检管理,要严格按照有关法律、法规规定的条件颁证,不得采取变通、降低颁证标准等做法违规颁发有关证照,对应予取缔和关闭的各类煤矿,不得换发、补发或变更相关证照。

(4)要按照《国务院关于预防煤矿生产安全事故的特别规定》(国务院令第446号,以下简称《特别规定》)和安全监管总局等五部委有关严厉打击煤矿违法生产活动的要求,开展联合执法,切实加大执法力度,防止煤矿组织超能力生产和在停产整顿期间违法进行生产。要监督被责令停产整顿的煤矿制订整改方案,落实整改措施和安全技术规定,整改结束后,要严格按标准进行验收,经验收不合格的,依法予以关闭。

(5)广东省各级地方人民政府要充分认识这起事故的严重性,认真吸取教训。要按照《特别规定》的要求,突出抓好煤矿安全工作,加强领导,落实责任,建立健全煤矿安全生产监管体制,认真做好煤矿整顿关闭工作,打击违法生产行为,依法关闭取缔非法和不具备安全生产条件的矿井,坚决遏制重、特大事故的发生。

【例10-5】　吉林舒兰丰广矿五井水砂溃决淹井事故

该矿井始建于1975年10月,1983年移交生产,设计能力为45万t/a。于1979年12月至1980年6月17日,+150 m水平东翼集中运输大巷施工中发生漏顶,引下18层煤顶板砂岩水,溃出大量水砂,导通地表河流,使水害加大,造成淹井事故,停止建井6个月。仅地面处理一项费用就达150万元。

1. 水害发生经过

丰广五井+150 m水平东翼集中运输大巷在18层煤内,成巷320 m。一石门往前256 m为料石发碹支护,再往前为锚喷支护,两种支护衔接处于1979年12月23日18时漏顶,导通18层煤顶板砂岩,溃出大量水砂(出水点巷道标高为+152.2 m),初时涌水量0.95 m^3/min,含砂率20%,以后逐渐减少,但砂层内已形成空洞,逐渐往浅部发展。到1980年4月29日,间隔129天,18层煤顶板砂层露头处于"天河"底部范围出现冒顶,第四系潜水和少量河水灌入井下。1980年5月26日井下水量增至3.07 m^3/min。进入6月,连降大雨,河水猛涨,地表水补给充足,陷坑日渐扩大。到1980年6月17日,陷坑直径达70 m×50 m,截断河流,河水全部溃入井下,最大流量达83.3 m^3/min,井下+179.6 m水平以下巷道全部淹没。同时,溃水点以上的地面也出现陷坑,直径23 m,深16 m。6月18日,16层煤顶板砂岩露头处出现塌陷坑,直径10 m,深6 m。

2. 水害发生原因

(1)五井+150 m水平送东翼集中运输大巷时,一石门15~18层煤之间砂岩层已全部揭露,砂岩层微含水。忽略了砂岩层条带状含水的特点,对高水头砂层浅部具有流砂性质认识不清。这是本次溃水事故的根本原因。

(2)巷道两种支护衔接处支护不好,造成冒顶,破坏了隔水层,使砂岩水溃入井下,造成严重溃水事故。

(3)井下出水后,防堵水措施不利,工作抓得不紧,失去了宝贵的时间,导致雨季河水溃入,造成淹井。

3. 水害处理

(1)地面切断水源。采取临时改河道,回填地表塌陷坑,加固旧河床,用黄土铺设河底,减少地表水的补给,控制了井下涌水。

(2)井下涌水减小后,+150 m 水平出水点处连打三道料石防水密闭墙。

(3)排除井下水砂,恢复生产。

4. 经验教训

(1)主要含水砂岩层、浅部露头多半受地表水补给,静储量饱和,多呈流砂性质。建井和投产初期揭露,应在地面探清水位,以地表深进井抽水为主,控制水头达到小于 30 m 后,井下再行钻机放水。最好是主孔疏放,避免跑水溃砂。

(2)含水砂岩层具有条带状含水性质,含水条带发育在地表河流补给充足地区,条带内岩芯采取率小于 50%,巷道施工中要认清顶板砂岩层局部无水不等于其他地方都无水。

(3)凡大的透水事故都与地表水补给有关,否则不会造成大灾害。因此,在河床附近施工,必须采取防水措施。

(4)大的透水事故造成地表塌陷,破坏地表建筑物。今后要预计灾害范围,并加强观测,撤出居民,防止人身伤亡事故。

项目小结

本项目对矿井突水抢险救灾技术进行了详细讲解,提出了现场紧急处理抢险时控制水情的方法、抢险救灾指挥程序和方案编写要求;重点介绍了矿井透水事故时自救互救的原则、方法和实施要领;系统分析了矿井突水时的强排水技术、控水技术和注浆堵水技术;详细介绍了矿井突水时水文地质工作的具体内容和要求。

基础训练

1. 为了做好在灾害发生时的自救和互救工作,应提前做好哪些工作?
2. 简述矿井灾害事故发生后,临场抢救的基本原则。
3. 简述矿井灾害事故发生后,临场抢救的基本步骤。
4. 发生水灾事故时,现场人员如何抢救溺水人员?
5. 矿井发生透水事故后,现场人员如何进行撤退?
6. 井下人员在发生水灾事故后被围困在井下时应如何进行避灾自救?
7. 矿井发生透水突水后,应采取哪些措施控制水情,并简述其内容。
8. 对比立井潜水泵排水和斜井卧式离心泵排水在突水强排水时的优缺点。
9. 立井大型潜水泵排水是矿井抢险救灾和排水复矿的最好形式,在使用过程中应注意哪些问题?

10.作为矿井突水时常用的控水技术,堵水闸墙设计施工应注意哪些方面?

11.矿井突水时,设计注浆堵水技术方案时应遵循什么原则?

参考文献

[1] 武强，崔芳鹏，赵苏启，等. 矿井水害类型划分及主要特征分析[J]. 煤炭学报，2013，38(4)：561－565.

[2] 武强，董书宁，张志龙. 矿井水害防治[M]. 徐州：中国矿业大学出版社，2007.

[3] 国家安全生产监督管理总局，国家煤矿安全监察局. 煤矿防治水规定[M]. 北京：煤炭工业出版社，2009.

[4] 国家安全生产监督管理总局，国家煤矿安全监察局. 煤矿安全规程[M]. 北京：煤炭工业出版社，2011.

[5] 刘其志，肖丹. 矿井灾害防治[M]. 重庆：重庆大学出版社，2010.

[6] 俞启香. 矿井灾害防治理论与技术[M]. 徐州：中国矿业大学出版社，2008.

[7] 李华奇. 矿井防治水[M]. 北京：煤炭工业出版社，2012.

[8] 国家煤矿安全监察局. 中国煤矿水害防治技术[M]. 徐州：中国矿业大学出版社，2011.

[9] 张正浩. 煤矿水害防治技术[M]. 北京：煤炭工业出版社，2010.

[10] 张荣立，何国纬，李铎. 采矿工程设计手册[M]. 北京：煤炭工业出版社，2003.

[11] 中国煤炭工业劳动保护科学技术学会. 矿井水害防治技术[M]. 北京：煤炭工业出版社，2007.

[12] 庞渭舟，刘维周. 煤矿水文地质学[M]. 北京：煤炭工业出版社，1986.

[13] 李世峰，金瞰昆，刘素娟. 矿井地质与矿井水文地质[M]. 徐州：中国矿业大学出版社，2009.

[14] 武强. 煤矿防治水手册[M]. 北京：煤炭工业出版社，2013.

[15] 赵全福，张景海，等. 煤矿安全手册 第5篇 矿井防治水[M]. 北京：煤炭工业出版社，1992.